中国科学技术馆 | 实践书系
CHINA SCIENCE AND TECHNOLOGY MUSEUM

科普资源开发与创新实践

DEVELOPMENT AND INNOVATION PRACTICE
IN SCIENCE POPULARIZATION RESOURCES

2018

中国科协研究生
科普能力提升项目成果汇编

中国科学技术馆　编

社会科学文献出版社
SOCIAL SCIENCES ACADEMIC PRESS (CHINA)

前 言

为贯彻落实党的十九大精神及《全民科学素质行动计划纲要（2016–2020年）》，提升中国科协服务效能，搭建科普交流平台，促进科普专门人才成长，引导、支持高校科普相关专业方向在读研究生积极参与科普研究和实践，增强其对科普工作的兴趣和创新创业能力，2018年，在"中国科协研究生科普能力提升项目"已经实施多年的基础上，中国科协科普部继续实施"中国科协研究生科普能力提升项目"。项目旨在为科普及相关专业的研究生提供研究和实践机会，提高其科研能力，帮助学生深刻理解科普内涵、开阔思路、增进对科普事业的了解和关注。项目面向全国高等院校以及科研机构中科普教育、科普产品创意设计、科普传媒等相关专业的全日制在读研究生设立，支持研究生根据《全民科学素质行动计划实施方案（2016–2020年）》和《中国科协科普工作发展规划（2016–2020年）》，在"科普中国"框架中开展网络科普作品创作及活动策划、场馆科普活动策划、科普展品设计。

2018年度，共计收到来自全国65所高校及科研院所的240份申报材料，最终有54个项目受到资助。项目均顺利通过结题验收，并且产生了一批包括展品、文创衍生品设计方案，科普视频、漫画及游戏等新媒体作品，教育活动方案等在内的成果。为了更好地展示项目成果，促进优秀项目成果转化，特将各项目结题报告修饰成文，集结出版。

目　录

网络科普作品及活动

虚拟现实技术在生物科学普及中的应用 ……………………………………… / 3

啄木鸟为什么不得脑震荡？ ……………………………………………… / 12

"航空那些事儿"动态科普条漫创作 ……………………………………… / 29

揭秘水果的前世今生 ……………………………………………………… / 35

化学元素的伯乐 …………………………………………………………… / 45

基于 ChatBot 聊天机器人化学科普游戏设计与开发 …………………… / 51

提升小学生自然观察能力的手账 App 开发 …………………………… / 60

地震科普

　　——"营救计划"的设计与开发 ……………………………… / 74

荧光造影手术原理及技术流程的科普性图文展示 ……………………… / 83

丙型病毒性肝炎防治科普漫画 …………………………………………… / 92

基于 Minecraft 的 Python 编程活动设计 ……………………………… / 105

科学 E 剧场

　　——共创网络科普电台 …………………………………………… / 113

旨在普及免疫学知识的跨平台游戏

　　——Battlefield Cell 设计开发 ………………………………… / 123

利用化学实验探究科普"酒"中的科学知识 …………………………… / 129

享"瘦"科学

　　——基于短视频平台的科普活动策划 …………………………………… / 141

抑郁症系列科普动画作品创作 …………………………………………………… / 150

分一分

　　——垃圾分类科普游戏 ………………………………………………… / 159

基于《我的世界》3D 沙盒游戏的沉浸式虚拟科普园区设计 …………… / 168

药学科普音乐的理论研究与创作推广 ………………………………………… / 181

厉害了，我的桥！

　　——斜拉桥索力调整科普微视频 …………………………………… / 197

药学科普书籍的编写与出版 ……………………………………………………… / 203

用技术刺激你的想象

　　——电影艺术与科技发展 …………………………………………… / 209

区块链技术在农业中的应用 ……………………………………………………… / 218

特殊孩子不特殊 …………………………………………………………………… / 227

方寸间的航天

　　——科普新媒体作品 ………………………………………………… / 238

基于场馆展品的青少年科普教育微课设计与制作 ………………………… / 245

青少年新媒体科普作品

　　——《走进无人驾驶》 ……………………………………………… / 253

光学知识科普网页游戏 …………………………………………………………… / 262

从对特殊儿童生活现状视频制作浅析"弱有所扶" ………………………… / 270

新媒体系列科普漫画

　　——地质公园背后的故事 …………………………………………… / 277

矿山的前世与今生

　　——探秘国家矿山公园 ……………………………………………… / 285

丹霞奇石列传：前世今生以及未来的命运 …………………………………… / 294

播火者：四位中国杰出现代 X 射线物理学家剪影 ………………………… / 305

场馆科普活动

基于5E教学模式的密码学科普类探究性活动设计 …………… / 315

"丝丝入扣"

　　——科技馆主题探究式教育活动设计与开发 …………… / 323

基于ARCore平台的AR场馆学习系统的设计开发 ………… / 335

数学史科普教育活动

　　——数史通折的设计与开发 …………………………… / 346

基于场馆的中国古天文科普活动设计 ……………………… / 357

基于地理核心素养的馆校结合互动式教学设计 …………… / 365

"A4纸的工程PARTY"

　　——基于科学与工程实践的科普活动设计 …………… / 373

培养高阶能力的基于知识创新的馆校结合教学活动设计

　　——以"探索宇宙"为例 ……………………………… / 386

"小杠杆撬起大世界"

　　——STEM理念下的教育活动设计 …………………… / 395

便捷的风能

　　——馆校合作下STEM综合实践活动 ………………… / 404

科普展品

蝴蝶翅膀科普展品设计效果展示 …………………………… / 417

"心慌方"

　　——体验式心理障碍科普展成果 …………………… / 426

太空垃圾清理宇宙超人VR体验 …………………………… / 434

无"线"可能!

　　——无线充电科普展品设计 ………………………… / 444

改变世界的她们

    ——诺贝尔科学奖女性得主的专题展 ·················· / 454

面向乡村小学生环保科普行动的立体展品设计 ·················· / 461

隐形的手

    ——电磁力自适应平衡杠杆 ·················· / 471

一种直线电机倒立摆系统 ·················· / 479

"香薰球"式"载人平衡车"科普展品设计 ·················· / 494

基于电磁力的系列互动展品的设计与实现 ·················· / 501

"会说话的喷泉"

    ——基于激光通信原理的声音传输效果展示 ·················· / 508

附录　中国科协 2018 年度研究生科普能力提升项目资助名单 ·············· / 516

网络科普作品及活动

虚拟现实技术在生物科学普及中的应用

项目负责人：刘楠
项目组成员：徐魁　黄文泽
指导教师：王宏伟　张强锋

摘　要： 结构生物学是一门在分子水平上研究生命活动的学科，能够帮助我们理解疾病病理、指导药物研发。我国在该领域持续取得重大科研突破，引领世界前沿。然而，至今还没有一种有效、直观、有趣的方式，使这些结构生物学领域的科研成果走进社会公众，尤其是中小学生的视野。在本项目中，我们使用一种基于虚拟现实技术的可视化结构生物学平台，塑造生物分子结构的虚拟现实世界，配以科学故事讲解，让社会公众可以虚拟化地直接走进生物分子内部，使得结构生物学科学知识能够以一种浅显有趣的方式进入人们的业余生活，实现科研资源科普化。

一　背景介绍

我们的生命活动是由细胞表面和细胞内生物大分子的构象变化和相互作用所介导的。结构生物学利用冷冻电子显微镜技术、X 射线晶体衍射以及核磁共振（NMR）技术等，确定生物大分子的结构，从分子水平上理解生物大分子的功能机制，从而可以直接为药物研发、分子改造等提供理论指导。近年来，在结构生物学方面，我国持续产出了具有重大国际影响力的成果，比如清华大学生命学院施一公院士实验室对真核生物剪接体的研究。现阶段的结构生物学科学研究中存在许多可视化的分析软件，如 Chimera、PyMol 等，然而这些软件大部分只能提供立体结构的二维展示效果，对于用户理解生物大分子结构意义不够直观。更重要的是，这些具有科研用途的分析工具对专业化知识水平的要求很高，难以直接应用到科普教育上来，无法推动高端科研资源科普化，更无法在科普教育中发挥科技人才、资源的优势。因此在结构生物学课程教学和科学知识普及中，急需一种浅显有效的平台来宣传、展示我国科学家在结构生物学领域中取得的科研突破，以提高全民生物科学素养。

虚拟现实（Virtual Reality，VR）技术是利用计算机模拟渲染出的一个虚拟的、交互式的仿真系统，其具有视觉、触觉、运动等多感知性，能够给使用者提供强真实性、沉浸式的三维立体环境，给予使用者一种身临其境的视觉、感觉体验。该技术需要实时快速的计算机三维空间构建技术、宽视野真实空间式的高仿真显示技术、使用者的准确追踪技术和交互系统构建技术，是计算机仿真领域中的一个重要研究方向。虚拟现实技术针对性强，而且能够完全保障安全性，已经广泛应用于医学、灾情救援以及航空航天训练等领域。虚拟现实技术能够提供丰富的感受环境和动态自主的操作，在娱乐游戏、艺术表达等领域也有较为广泛的应用。

本项目使用基于虚拟现实技术的可视化结构生物学平台——VRmol，采取既生动有趣又具备科学深度的科普方式，致力于立足结构生物学领域的科研前沿，面向社会大众，实现针对包括中学生、小学生在内的教育教学对象的科学普及。该平台提供在线版界面，不用安装，使用便捷。该技术能够让社会公众走进生命构造的内部，感受构成生命体大分子的互作方式；同时配以科普讲解，使得基础生命科学原理能够以一种浅显有趣的方式进入人们的业余生活。VRmol平台兼具真实感和科技感，能够实现结构生物学领域科研成果科普化、接地气，助力高校科研院所的科技教育产出和校外科普活动的有效衔接。

二　结构生物学虚拟现实平台构架

（一）数据来源介绍

目前结构生物学科学研究中经常使用的生物大分子结构数据库有 PDB 等，疾病相关的突变信息数据库有 TCGA、CCLE 等，生物大分子结构对应的药物分子数据库有 DrugBank。PDB 数据库包含蛋白质、核酸和脱氧核酸等分子结构，注释三维空间上的原子坐标和原子类型，并标记出特殊位置的化学键。TCGA 等疾病相关数据库含有基因组突变信息，尤其是突变致病的位点。DrugBank 数据库中则含有特定的药物以及药物靶点分子的信息。本项目将整合这些数据库，并利用虚拟现实技术使其可视化、可自主操控化。

（二）平台构建思路

VRmol 平台通过网络实时渲染的方式，进行生物分子模型的虚拟现实三维空间搭建（见图 1）。具体而言，该系统基于 JavaScript 从生物分子结构数据库在线获取用户指定的分子结构文件，并解构分子结构信息，然后建模，最终使用 Three.js 算法绘制结构的几何势貌，完成结构可视化展示。之后，采取 Web-VR 实现 VR 设备与模型的交互，实现用户浸入式自主体验，使用户了解其感兴趣的构成生命体的形貌特征。以下简单介绍该系统的实现路线。

a. 用户指定特定生物大分子结构编码，VRmol 系统链接到相应的数据库，解析数据格式（例如 pdb、map、mrc、ccp4 等格式）。

b. 基于解析获得生物分子结构信息，使用 Matching Cube 算法设计多种结构模型的展示风格，并用三阶贝塞尔曲线拟合出结构主链轨迹。将微观世界里的蛋白质分子模型，类比展示成我们日常生活中搭积木、俄罗斯方块等常见的有趣、易于理解和接受的表现形式。

c. 采用 WebGL 和 WebVR 技术，通过线性和非线性插值的方法生成平滑的 3D 结构几何图形，同时配以灯光渲染。通过 VR 设备（比如 HTC VIVE、Microsoft Mixed Reality 等）的各种触发事件，进行编程，实现与生物分子模型的交互。实现用户真实体验，让用户仿佛置身于微观世界，像玩 3D 游戏、看 VR 电影一样，真切地感受生命科学领域里的科研世界。

d. 设计开发用户语音操作的命令，使用户用语音就能操控分子模型的风格切换、模型变换、结构计算等功能，操作起来更加便捷、简易。

e. 借助清华大学生命科学学院科研资源和智力支持，开展结构生物学故事塑造和志愿者讲解等活动。

在虚拟世界完成生物分子结构建模后，我们面向清华大学的学生以及中小学生，进行了结构生物学知识传授和科普体验活动，配合社会热点、生物学故事，采取虚拟现实技术，以一种浅显有效的方式，成功吸引了大家的兴趣，让参与者深入微观世界，理解生命基础。

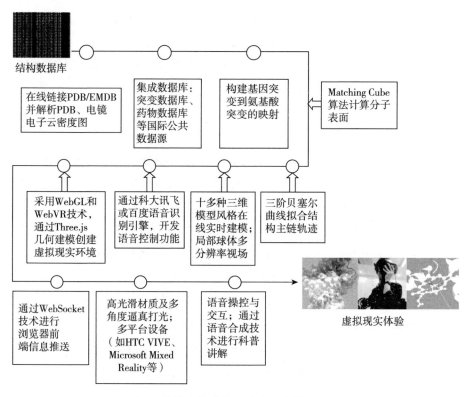

结构数据库

在线链接PDB/EMDB并解析PDB、电镜电子云密度图

集成数据库：突变数据库、药物数据库等国际公共数据源

构建基因突变到氨基酸突变的映射

Matching Cube算法计算分子表面

采用WebGL和WebVR技术，通过Three.js几何建模创建虚拟现实环境

通过科大讯飞或百度语音识别引擎，开发语音控制功能

十多种三维模型风格在线实时建模；局部球体多分辨率视场

三阶贝塞尔曲线拟合结构主链轨迹

通过WebSocket技术进行浏览器前端信息推送

高光滑材质及多角度逼真打光；多平台设备（如HTC VIVE、Microsoft Mixed Reality等）

语音操控与交互；通过语音合成技术进行科普讲解

虚拟现实体验

图1　结构生物学虚拟现实平台搭建流程

三　结构生物学虚拟现实平台所具备的功能

（一）分子结构的可视化展示

在虚拟空间中，我们提供了多种分子展示和渲染形式。stick 模式展示原子之间的共价键；Ball&Rod（球棍）模型既表示原子位置，又显示它们之间的连接方式；Tube 模型展示蛋白质肽链的二级结构走势。针对不同的原子（atom），配以不同的上色方式，即碳原子为绿色、氮原子为蓝色、氧原子为红色等。除了以上基于单个原子表示的方式之外，我们还设计了对于整体蛋白质分子表面（surface）展示的模式，比如范德华力表面（Van der Waals Surface）、透明表面等。

在虚拟现实环境里，我们将分子结构按照操作目的的不同，拆分成小单元元件（fragmentation），比如氨基酸链、单个氨基酸或者小分子元件。然后在同一个蛋白质分子内将这些元件进行异化展示，同时凸显不同组分，使虚拟空间中的结构体验或者教学互动变得便捷而富有层次。在同一个蛋白质分子中，我们使用了条带（显示主链走势和二面角信息）、球棍模型和小分子配体多样化的表示方法（见图2）。同时，在虚拟空间中，使用 VR 手柄计算两个氨基酸位点的距离以及角度等信息，提供一个深入研究蛋白质结构功能的方法。

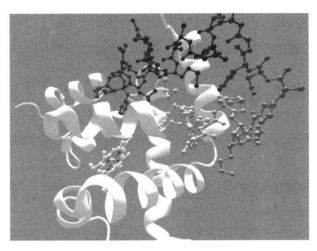

图2 同一个蛋白质分子进行区域化异化展示效果

（二） 虚拟空间中的操作

VRmol 平台对目前较为常用的商业虚拟现实设备有较好的兼容性，比如 HTC VIVE、Wincrosoft Mixed Reality 等。在虚拟空间中，用户使用 VR 设备和操控手柄可以实现分子结构的靠近、远离、旋转和突变等功能。手柄的触发扳手用于选择某个结构或者某个操作选项；上下按键用以靠近和远离分子结构。我们还设计了虚拟空间中的操作使用面板，上面列出了所有的功能操作方式，教师可以通过操控面板来实现更为复杂的分子结构展示和分析。

（三） 药物分子和靶标蛋白的互作研究

结构生物学的一个重要应用是指导药物设计和药物优化。本项目根据特定蛋白质的结构信息，获取其发挥功能的作用位点，进而针对该位点的形状、生化性质来设计特异性高、结合力稳定可控的药物小分子。这个目标的实现，需要研究者对蛋白质表面性质，尤其是功能活性区域的性质具有足够的了解。我们设计了蛋白质表面性质的展示模式，可以直观地观察蛋白质的表面地势和表面性质，并且支持小分子在目标蛋白质表面根据表面地势、亲疏水性等性质搜寻结合位点（Docking 模式）。

四 VRmol 平台在结构生物学教学
和科普拓展中的应用

（一） VRmol 平台在课堂的知识传授中的应用

目前生物学科的课堂教学仍主要依赖于幻灯片课件这一单一的知识传授方式。然而，在幻灯片教学过程中，学生的参与感和体验感不强，尤其是对于结构生物而言，二维的幻灯片教学难以展示出生物大分子结构的三维丰富度。在清华大学结构生物学课堂上，我们尝试使用该平台开展教学活动，取得了很好的效果。在展示分子间距离的测量中，幻灯片教学需要费较大精力去寻找最佳展示角度，之后再进行静态展示；而在 VRmol 平台中，师生只需戴上 VR 眼镜即可三维立体地进行测量和观察（见图 3），并可以迅速切换到分子结构的其他相关区域。

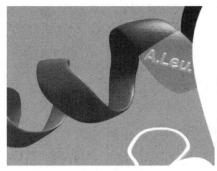

图 3 虚拟现实环境下分子间距离的测量

（二） VRmol 平台在结构生物学科普中的应用

虚拟现实平台具有很强的交互性，形式新颖有趣。面向雄安新区的 200 余位师生团体以及清华大学洁华幼儿园的小朋友，我们使用 VRmol 平台，直观展示了格列卫药物分子治疗慢性粒细胞白血病的机制。慢性粒细胞白血病的一大诱因就是，人体内的 Abl 激酶蛋白质的活性区域因为突变而极度活跃，进而促使慢性粒细胞过度增殖。格列卫药物分子能够完美地卡入 Abl 激酶蛋白质的活性腔体，从而抑制该蛋白的过度激活（见图 4）。同学们戴上 VR 设备，直接走进该蛋白质，观察格列卫药物结合的靶点（见图5）。在蛋白质结构内部，同学们可以发现一个深凹的腔体，而且腔体周围全部是深红色（代表非常疏水的区域）标注。格列卫药物分子也是一个较为疏水的分子，并且它的形状和Abl激酶蛋白质的腔体非常吻合。在该平台中，同学们还可以拖拽药物分子来人工搜寻最佳结合位点，该平台的互动性、游戏性强，极大地引起了同学们对于结构生物学的兴趣。走进蛋白质分子内部的直观体验，使同学们深入理解了格列卫治疗疾病的机理。大家体验完后，纷纷表示还想继续了解其他疾病的蛋白质结构。

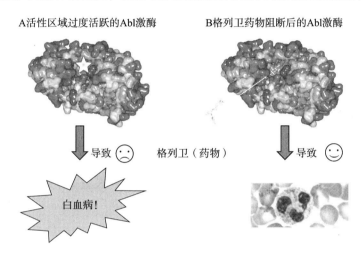

图4　诱发慢性粒细胞白血病的 Abl 激酶蛋白质结构

注：A. 它的活性区域被持续激活后，细胞恶性增殖导致白血病。B. 活性区域被格列卫药物分子（球棍模型表示）占据后，促使细胞过度增殖的能力得到抑制，从而缓解白血病。

图5　利用虚拟现实技术开展结构生物学科学普及活动

五 展望

随着虚拟现实技术越来越成熟，其必将进一步普及千家万户。该技术自主可控性高、代入感强，可以一种游戏的方式使人们体验虚拟世界，使用门槛较低。我们经过试验，发现该技术和结构生物学高端科研知识结合起来能够打造一种有效、有趣的科普教育系统。我们基于虚拟现实技术，读取和建模生物大分子结构，整合基因突变信息和对应的药物小分子库，搭建了一个结构生物学科普平台。在这个平台中，使用者戴上 VR 设备，走进生物大分子结构内部，观看和操控生物结构，了解生物分子的组成信息、相互作用模式，以及与疾病相关的结构变化等。更重要的是，用户可以直观地、身临其境地观察和搜寻药物小分子和蛋白质的结合靶点，这对深入理解药物治疗疾病的机理具有重要意义。另外，该系统能够配合传统的生物学课堂讲授模式，提供一个科技感强又便捷有趣的知识传授方式。我们利用这个系统，面向中小学生以及幼儿园学生，成功开展了一系列的结构生物学科普知识讲座和体验活动，效果很好。

在实际操作中，同学们对于生物学科普有较为强烈的需求，尤其是对有效的科普方式有很多期盼。我国智力资源较为集中，生物学高端科研知识更是难以深入群众，如何创新创造普及性高、时效性强的科学普及方法仍然是一个重要课题。社会公众的生物学知识素养普遍较低，对于人体本身的了解较少，对于疾病机理、治疗方法更是较难接触到。而知识讲座等活动还远不够解决这些问题，激发兴趣、武装手段、便捷获取、个性化定制将会是全社会科普工作进一步努力的方向。借助信息通信科技的发展，利用网络传播、手机即刻获取、形式新颖的科学普及手段，真正让生物学科学普及像玩游戏、看新闻一样深入民众的生活。

参考文献

1. Jing Hang, Ruixue Wan, Chuangye Yan, Yigong Shi. Structural Basis of Pre-mRNA Splicing [J]. Science, 2015, 349 (6253): 1191 – 1198.

2. Chuangye Yan, Jing Hang, Ruixue Wan, Min Huang, Catherine C L. Wong, Yigong Shi. Structure of a Yeast Spliceosome at 3.6 – angstrom Resolution [J]. Science, 2015, 349 (6253):

1182 – 1191.

3. Pettersen E F，Goddard T D，Huang C C，Couch G S，Greenblatt D M，Meng E C，et al. UCSF Chimera—A Visualization System for Exploratory Research and Analysis［J］. Journal of Computational Chemistry，2004，25（13）：1605 – 12.

4. Janson G，Zhang C，Prado M G，Paiardini A. PyMod 2. 0：Improvements in Protein Sequence-structure Analysis and Homology Modeling Within PyMOL［J］. Bioinformatics，2017，33（3）：444 – 6.

5. Berman H M，Westbrook J，Feng Z，Gilliland G，Bhat T N，Weissig H，et al. The Protein Data Bank［J］. Nucleic Acids Research，2000，28（1）：235 – 42.

6. Cancer Genome Atlas Research N，Weinstein J N，Collisson E A，Mills G B，Shaw K R，Ozenberger B A，et al. The Cancer Genome Atlas Pan-Cancer Analysis Project［J］. Nature Genetics，2013，45（10）：1113 – 20.

7. Barretina J，Caponigro G，Stransky N，Venkatesan K，Margolin A A，Kim S，et al. The Cancer Cell Line Encyclopedia Enables Predictive Modelling of Anticancer Drug Sensitivity［J］. Nature，2012，483（7391）：603 – 7.

8. Cowan-Jacob S W，Fendrich G，Floersheimer A，Furet P，Liebetanz J，Rummel G，Rheinberger P，Centeleghe M，Fabbro D，Manley P W. Structural Biology Contributions to the Discovery of Drugs to Treat Chronic Myelogenous Leukaemia［J］. Acta Crystallogr D Biol Crystallogr，2017，63：80 – 93.

啄木鸟为什么不得脑震荡？

项目负责人：张雨薇

项目组成员：黄慧雯　田山　姚艳　唐智莉　张冬蕊　吴泽斌　刘景龙

指导教师：樊瑜波　王丽珍

摘　要：啄木鸟是一种森林鸟，每天可以消灭 1500 条左右的害虫，如天牛、吉丁虫、透翅蛾、蝽虫等。啄木鸟捕食时需要啄开树木表层，用舌头勾出隐藏在树干内部的害虫，在此过程中，啄木鸟的头部展现了出色的抗冲击能力。啄木鸟在啄木过程中的冲击速度高达 6m/s～7m/s，最大加速度能够达到 2170m/s^2，这一数值甚至远远高于火箭发射时的加速度数值。啄木鸟是如何在高速的冲击中减少对自身头部损伤的呢？本项目将以生动有趣且通俗易懂的漫画形式向大众展示啄木鸟头部的解剖结构、头部抗冲击生物力学机制以及头部抗冲击机制成果转化应用的最新研究进展，让大众了解啄木鸟的"神奇"之处及其原理，同时增加大众对生物力学发展趋势以及科学前沿技术的了解，提升大众对仿生科学的兴趣，激发大众对神奇自然界的探索热情，吸引更多人参与医工结合的仿生研究。

一　项目概述

（一）研究背景

啄木鸟是常见的留鸟，是著名的森林鸟，可消灭树皮下的害虫，如天牛、吉丁虫、透翅蛾、蝽虫等，每天能吃掉 1500 条左右。啄木鸟捕食时需要啄开树木表层，用舌头勾出隐藏在树干内部的害虫，在此过程中，啄木鸟的头部展现了出色的抗冲击能力。研究表明，啄木鸟在啄木过程中的冲击速度为 6m/s～7m/s，最大加速度能够达到 2170m/s^2，这一数值甚至远远高于火箭发射时的加速度数值。啄木鸟是如何在高速的冲击速度中减少对自身头部损伤的呢？

1. 喙部结构

喙部是鸟类的一个十分重要的结构，在啄木行为中，喙部是最先接受冲击的部位。鸟类学家的研究表明，啄木行为会使喙部结构发生一些变化。第一，啄木行为越专业，喙部结构越直。啄木鸟曲率较低的喙部结构特点更有利于承载啄力，而其他曲率较高的鸟喙承载咬合力的能力更强。第二，除去喙部外层的角质部分后，啄木鸟上下喙的骨质结构长度并不相等。王丽珍等发现啄木鸟的喙部结构中，下喙的骨质部分略长于上喙的骨质部分，这样的结构造成的结果是，在啄木鸟啄木时，冲击波沿喙部的角质部分传递而来，由下喙的骨质部分先承受，这使得头部下方和颈部承受冲击中的绝大部分力量，从而保护了位于头部上方的脑组织。他们又进一步提出，啄木鸟上下不等长的喙部骨质结构和强壮的翼直肌为其提供了一个冲击吸收系统。Lee 等运用材料学观察手段发现了啄木鸟喙部的分层结构，主要有三层，分别是外层的喙鞘、中层的泡沫状结构和内层的骨质结构。受啄木鸟喙部和颈部防冲击系统的启发，美国的研究人员设计了新型橄榄球运动员防护装置，通过在橄榄球头盔底部与运动员肩部之间加装多个动态稳定装置，在碰撞时限制颈部的运动而降低头部的加速度，降低脑损伤的发生概率。

2. 舌骨结构

舌骨是大多数鸟类都有的一种在喙部及头部内的骨结构。啄木鸟的喙部结构相对其他鸟类较长，自喙部下侧开始，分左右岔绕到颅骨后侧，并在前额前方再度交会。王丽珍等发现啄木鸟的舌骨明显长于戴胜鸟等其他鸟类，啄木鸟在啄木过程中将撞击力集中于下颚，避免应力传导到脑部，因此舌骨有近似安全带的特性和动力吸振器的作用。还有研究分析了舌骨黏弹性的材料性能，其有利于将鸟喙部的应力进行分散。还有研究发现，舌骨和肌肉给第一颈椎提供了强有力的约束，因此减少了颈部的相对运动。Jung 等人发现了啄木鸟舌骨的关节连接结构和分层结构。目前，已经出现了一些根据啄木鸟舌骨的抗冲击机理设计的仿生学系统和设备，如汽车座椅安全带，通过改变发生碰撞时的受力点，起到保护乘客颈部和头部的作用。

3. 颅骨结构

啄木鸟的颅骨是保护啄木鸟脑组织不受外部冲击的坚实屏障。1976 年，May 首先描述了啄木鸟颅骨夹层的"海绵状"松质骨结构。王丽珍等首先通过计算机显微断层扫描技术（Micro – CT）扫描了大斑啄木鸟、戴胜鸟和百灵鸟的颅骨，发现啄木鸟的颅骨具有更紧密的排列方式、更"厚实"的结构，并且骨小梁的形状更加接近于板状，啄木鸟颅骨特殊的微观结构特性或许有助于保护其脑组织。随后他们还发现和戴胜鸟、百灵鸟相比，大斑啄木鸟颅骨的松质骨结构能够更加有效地承受外部冲击力。目前，已经有研究者仿照啄木鸟特殊的颅骨松质骨结构，设计了仿生头盔夹层结构，形成了类似于骨骼构造的"三明治"结构。受到啄木鸟颅骨松质骨多孔结构的启发，李宁公司推出了新一代的减震跑鞋，该新型跑鞋的多孔气垫鞋底采用弧形设计，起到了很好的减震作用。除此之外，啄木鸟在啄木过程中眼睛闭合、"摇头"前冲等有效减震方式都具有一定的仿生应用前景。

（二）研究过程

项目组承担本项目之后，首先调研了大量啄木鸟头颈部抗冲击科学原理的文献资料及啄木鸟头颈部抗冲击机制成果转化应用，进行信息调查与整理。随后根据收集的资料，项目组确立了啄木鸟头部抗冲击的生物力学机制及其仿生学应用的科普内容与科普要点，明确四个系列科普漫画的主题与重点，并与多位专家教授讨论，以确保科普内容的科学严谨性。

接下来就是漫画的创作过程。我们依据啄木鸟头部抗冲击的生物力学机制及其仿生学应用的科普内容与科普要点，结合漫画设计中力求通俗易懂、形象生动、配文简洁等原则，首先，完成了漫画的大致故事情节与主角设定。其次，完成了漫画的主要形象设计、故事内容设计、漫画角色对话确定及版式设计等，细化到每个系列的每一幅漫画，将啄木鸟头部解剖结构、啄木鸟头部抗冲击的生物力学机制及其仿生学应用等科普要点融入漫画形象、故事情节与配文，并参考专家教授与部分科普受众的建议对漫画内容等进行完善。再次，根据设计的漫画内容完成手绘稿，包括线稿与填色稿，并进行漫画的修饰与后期处理。最后，项目组将漫画与配文进行排版设计，编辑成微信文章用于线上科普的推广宣传，漫画稿排版设计成科普漫画册，印制成册用于线下科普的推广宣传（见图1）。

（三）研究内容

本项目的主要研究内容为制作四个系列的科普漫画。四个系列科普漫画的

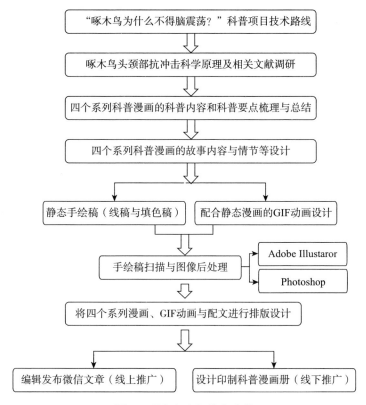

图1　研究方法与技术路线

具体内容如下。

1. 引子——啄木鸟居然没得脑震荡

啄木鸟是一种森林益鸟，为了从树皮下觅食和在树干上凿洞，这些身长 20～40 厘米的小鸟，平均每日重复啄木 8000～12000 次，将喙部以 20 次/秒的频率和 $1200\mathrm{m/s}^2$ 的加速度撞击树干，这相当于我们骑着自行车以 25.7km/h 的速度每天撞墙 12000 次。我们骑着自行车，一旦以此速度撞击一次墙壁，就是非死即伤，脑震荡更是绝对的大概率事件，啄木鸟却依旧活泼无恙，这不得不令人称绝，它们头部神奇的生理构造和功能究竟是什么样的？

因此，第一部分的科普内容介绍了啄木鸟的基本特征、啄木鸟啄木的速度及加速度、啄木引起的冲击力等内容，引出了"啄木鸟为什么不得脑震荡"这一问题和主题。

2. 啄木鸟抗冲击的第一道防线——上下喙和颈部肌肉

啄木鸟下喙骨质部分比上喙骨质部分长 1.6 毫米。所以，在啄木的过程

15

中，冲击波沿喙部的角质部分传递而来，由下喙的骨质部分先承受，使得头部下方和颈部承受冲击波中的绝大部分，从而保护了位于头部上方的脑组织，使其受到的冲击波减少。同时，被引导到舌骨和颈部的冲击波，在具有"安全带"特性的舌骨和颈部强壮的翼直肌的保护下被成功吸收。

这种长下喙—翼直肌结构已被应用于橄榄球头盔的设计。头盔的底部有略微凸出的部分，且头盔底部与运动员肩部之间加装动态稳定装置，模拟啄木鸟的翼直肌对冲击波的吸收作用，降低橄榄球运动员脑损伤的发生概率。

3. 啄木鸟抗冲击的第二道防线——"安全带和动力吸振器"——舌骨

啄木鸟的舌骨结构"巧夺天工"，舌骨从其喙部开始绕过后脑，一直延伸至额部上沿，形成一个类似"安全带"的结构。啄木鸟舌骨明显长于其他鸟类，舌骨有3个关节，由4个部分组成。在啄木过程中，啄木鸟的舌骨前端和头部始终在一个直线上，使得冲击力作用于舌骨，而舌骨特殊的骨质结构和关节结构会对头颈部进行约束，具有近似"安全带及动力吸振器"的作用，通过撞击前收缩的方式，吸收冲击能量，达到减震的效果。

舌骨近似"安全带"的特性，可以用于车辆安全带及航空航天防护背带的设计。车辆内凹式保险杠的设计就借鉴于此：当车辆发生碰撞时，保险杠使前后车发生嵌入连接并尽量处于一条直线上，避免旋转力和撞击力叠加，能尽量减轻车内人员的损伤。

4. 啄木鸟抗冲击的第三道防线——"天然抗震头盔"——头骨

啄木鸟的头骨结构很有趣，具有双层结构，外层为较薄且致密坚硬的头盖骨，中间是一层较厚且较稀疏的"海绵层"骨，里面包裹着啄木鸟的脑组织。在啄木冲击过程中，坚硬的外层头盖骨充当"引流器"，能分散冲击形成的冲击波，使其不会因集中在头部某一点而产生伤害；"海绵层"骨就像是三明治中的夹层，它不是实心的，具有特殊的三维结构，大部分呈板状，中间富含空气，且在头颅中分布不均匀，在受到压缩时，各个部位受力非常平均，充分吸收冲击波。密与疏两层骨质相互配合，在强大的冲击力下也能很好地保护啄木鸟的脑组织。

目前这种特殊的海绵状骨结构，已被应用于头盔夹层的设计。该夹层位于坚硬的头盔外层和需要保护的人体头部之间，模拟啄木鸟头部"海绵层"骨的几何结构，吸收并均摊冲击导致的冲击波。另外，李宁新一代的跑鞋也参照这种特殊的"海绵层"骨结构，设计了弧形的多孔气垫鞋底，具有很好的减震效果。

二　研究成果

本项目最终研究成果为兼具趣味性、科学性及艺术性的四个系列科普漫画。

（一）引子——啄木鸟居然没得脑震荡

该系列漫画为大众科普了啄木鸟的基本特征以及啄木鸟每日啄木速度之快、加速度之大的啄木现象。通过小啄木鸟与啄木鸟妈妈的对话引出对啄木鸟没得脑震荡深层次原因的探究，并引出后续系列漫画。封面和引子的成果见图2至图7。

图2　漫画册子外封面

图3　漫画册子内封面

17

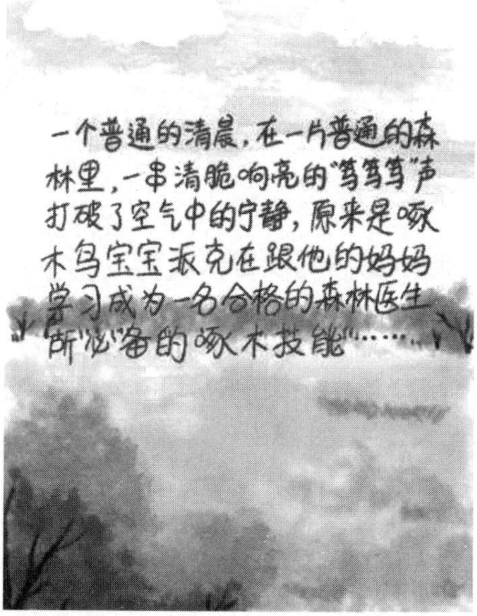

图 4 漫画开始

图 5 漫画角色介绍一

图 6 漫画角色介绍二

图7 引言漫画——啄木课程

（二）啄木鸟抗冲击的第一道防线——上下喙和颈部肌肉

该系列漫画为大众科普了啄木鸟上下喙骨质结构以及颈部肌肉在头部抗冲击能力中的作用，展示了啄木鸟不等长的上下喙骨质结构、下喙对震荡波的引流和对脑组织的保护、颈部肌肉对震荡波起到的吸收作用，以及在橄榄球运动员头盔设计中的应用。该系列漫画成果见图8及图9。

图 8　上下喙与颈部肌肉漫画一

图9 上下喙与颈部肌肉漫画二

（三）啄木鸟抗冲击的第二道防线——"安全带和动力吸振器"——舌骨

该系列漫画为大众科普了啄木鸟舌骨的基本结构、防冲击原理及仿生应用。展现了啄木鸟类似"安全带"和"动力吸振器"结构的舌骨结构和舌骨撞击前收缩、减震并吸收冲击能量的过程，以及在车辆安全带及航空航天防护背带设计中的应用。该系列漫画成果见图10及图11。

21

图10　舌骨漫画一

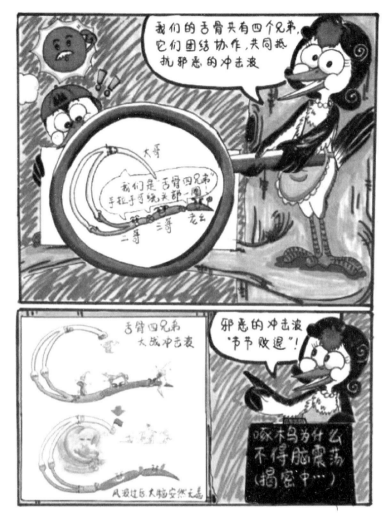

图 11　舌骨漫画二

（四）啄木鸟抗冲击的第三道防线——"天然抗震头盔"——头骨

　　该系列漫画为大众科普了啄木鸟头部巧妙分布的"海绵层"骨的结构特点，及其在头部抗冲击中起到的作用，展现了啄木鸟有趣的双层头骨结构、头部皮质骨与松质骨非均匀分布的特点，以及在头盔夹层设计和多孔气垫鞋底中的应用。该系列漫画成果见图12及图13。

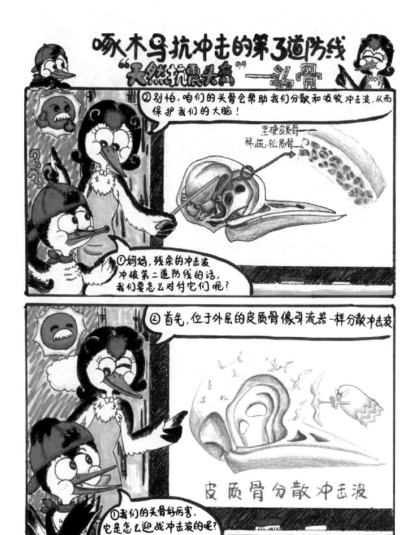

图 12　头骨漫画一

图 13   头骨漫画二

（五） 漫画结尾

　　漫画的结尾是小册子的底部封面，即小啄木鸟在学习啄木技能后，依靠上述种种"防震技能"，和妈妈一起承担起保护森林健康的任务（见图14）。

图 14　漫画结尾

三　创新点

（一）科普内容 "通俗化"

本项目科普漫画选题视角独特，首次以啄木鸟为科普对象，介绍其头颈部抗冲击能力的仿生学研究。以通俗易懂的系列漫画形式，将啄木鸟舌骨的"安全带和动力吸振器"作用、"海绵层"骨充当"空气弹簧"起缓冲作用、头盖骨充当"引流器"分散震荡波作用、长下喙—颈部肌肉吸引和吸收震荡波作用等的抗冲击生物力学机制向大众科普，使仿生学的科学原理和大自然的神奇之处得到广泛科普，架起读者对科学世界进行探索的桥梁。

（二）兼具艺术性和趣味性

漫画作品均由手绘完成，制作精美、风格清新、配色舒适、吸引力强。同时，漫画中的主角形象亲和力强，其不仅是一个二维的漫画形象，更是带领读者探索科学世界的朋友。此外，故事内容丰富有趣、深入浅出、节奏明快、逻辑性强。

（三）结合实际应用 "接地气"

除了啄木鸟的仿生学发现，本项目还进一步科普了这些原理在日常生活中的具体应用，如车辆安全带、航空航天防护设备、车辆内凹式保险杠、跑鞋气垫鞋底和橄榄球头盔，将其机制和作用直观、清晰地展现出来。

（四）科普宣传具有 "广泛性"

本漫画覆盖人群广，5周岁及以上的读者人群均适用。

四 应用价值

本项目用生动有趣、通俗易懂的系列漫画形式，为大众介绍啄木鸟头部解剖结构、啄木鸟头部抗冲击生物力学机制，以及啄木鸟头部抗冲击机制成果转化应用的最新研究进展，使大众了解啄木鸟的 "神奇" 之处和啄木鸟抗冲击生物力学机制的研究现状，同时增加大众对生物力学发展趋势以及科学前沿技术的了解，提升大众对仿生科学的兴趣，激发大众对神奇自然界的探索热情，吸引更多人参与医工结合的仿生研究。在项目实施过程中，主要遵循以下三个原则。第一，生动有趣，将晦涩枯燥的科学原理用拟人化的漫画形象、直白的语言和直观的图片加以转化，从而更好地展示啄木鸟的解剖结构、各个结构在抗冲击中起到的作用和原理，以及啄木鸟仿生结构在安全带、航空航天防护设备、车辆内凹式保险杠、跑鞋气垫鞋底和橄榄球头盔设计中的实用性帮助。第二，仿生科学原理化繁为简，将啄木鸟的解剖结构（舌骨、头骨、上下喙、颈部肌肉）和不同特殊结构防冲击机制以及相应仿生结构在车辆、体育运动、航空航天中的应用，仅用十几张科普漫画图片和相应的配文清晰地展示出来，保证不同年龄层次和不同文化背景的人能够全面了解动画中的内容。第三，结合生活实际，在介绍啄木鸟头部抗冲击机制的仿生学应用之时，使用车辆保险杠、头盔、跑鞋等常见且易于理解的应用，让公众看到仿生学的广泛应用及价值。

参考文献

1. 赵正阶. 中国鸟类志［M］. 长春：吉林科学技术出版社，2001：18 – 108.

2. May P R, Fuster J M, Haber J, et al. Woodpecker Drilling Behavior: An Endorsement of the Rotational Theory of Impact Brain Injury［J］. Archives of Neurology, 1979, 36 (6): 370 – 373.

3. Gibson L. Woodpecker Pecking: How Woodpeckers Avoid Brain Injury［J］. Journal of Zoology, 2006, 270 (3): 462 – 465.

4. Wang L, Cheung J T-M, Pu F, et al. Why do Woodpeckers Resist Head Impact Injury: A Biomechanical Investigation［J］. PloS One, 2011, 6 (10) .

5. Zhu Z D, Ma G J, Wu C W, et al. Numerical Study of the Impact Response of Woodpecker's Head［J］. AIP Advances, 2012, 2 (4) .

6. Liu Y, Qiu X, Zhang X, et al. Response of Woodpecker's Head During Pecking Process Simulated by Material Point Method［J］. PloS One, 2015, 10 (4) .

7. Jung J Y, Naleway S E, Yaraghi N A, et al. Structural Analysis of the Tongue and Hyoid Apparatus in a Woodpecker［J］. Acta Biomaterialia, 2016, 37: 1 – 13.

8. Wang L, Lu S, Liu X, et al. Biomechanism of Impact Resistance in the Woodpecker's Head and Its Application［J］. Science China – Life Sciences, 2013, 56 (8): 715.

9. Lee N, Horstemeyer M, Rhee H, et al. Hierarchical Multiscale Structure-property Relationships of the Red-bellied Woodpecker (Melanerpes carolinus) Beak［J］. Journal of the Royal Society Interface, 2014, 11 (96) .

10. May P A, Fuster J, Newman P, et al. Woodpeckers and Head Injury［J］. The Lancet, 1976, 307 (7973): 1347 – 1348.

11. Wang L, Niu X, Ni Y, et al. Effect of Microstructure of Spongy Bone in Different Parts of Woodpecker's Skull on Resistance to Impact Injury［J］. Journal of Nanomaterials, 2013: 1 – 6.

12. Evenski D. Headstrong: Concussion Reduction Using Biomimicry［J］. 2017.

13. Schwab I R. Cure for a Headache［J］. British Journal of Ophthalmology, 2002, 86 (8): 843.

"航空那些事儿"动态科普条漫创作

项目负责人：栾皓童

项目组成员：白雪　白瑶　侯文博

指导老师：于晓敏

摘　要：随着科学技术的不断发展，航空逐渐走进人们视野并变成生活的一部分。人们对于航空的热情也推动了航空领域科普的发展。本研究以航空科技发展史为研究对象，通过网络数字漫画——条漫的形式向普通大众传递航空历史的相关知识。通过航空史内容选择、条漫内容设计、作品实施与评估三个方面，进行具体研究与实践。结果表明，利用条漫科普相关航空科技史时，受众年龄分布较广，适用于各个年龄层人群，所取得的科普效果良好，达到预设的科普目标。同时，条漫所特有的数字化特点，为科学普及提供了一种动静结合的全新表现形式。

一　项目概述

（一）研究背景

航空工业是一个国家高端制造水平的综合体现，同时它也与国家的领土安全及国民经济的发展有十分紧密的联系。近年来，我国航空工业呈现蓬勃发展之势，歼-20、运-20、COMAC C919 等一批国之重器的成功研制激发了人们对航空的热情。同时，航空出行、飞行游览使得飞机逐渐走入人们的生活，公众开始关注航空相关领域，也渴望了解航空发展史、学习航空知识，对航空的热情也逐渐高涨。可以说，对航空领域知识、历史的科学普及正当其时。

因航空领域涉及学科众多、内容专业，一直与普通大众有一定的距离，又出于历史原因，航空也一直对大众保持一种相对疏远的神秘感。如何拉近航空与公众之间的距离，让人们感受到航空的广阔与魅力是众多航空科普工作者的目标。

（二）研究过程

本项目的研究过程主要分为三个部分，即前期资料收集、中期手绘创作和后期作品实施与评估。

前期资料收集主要有相关航空博物馆的实地调研、阅读航空类书籍、参加航空科普讲座这三种形式。通过整理收集的资料，编写漫画创作的相关文案，为漫画创作打下基础。

中期手绘创作，即将创作好的文案以漫画的形式表现出来，主要通过制图软件 SAI 和电脑手绘工具数位板来实现。手绘创作中也涉及漫画人物形象、飞机形象、知识点内容、动态效果等的设计。

后期作品实施与评估，即将创作好的漫画作品通过网络平台进行推广。笔者借助《航空知识》的微信公众号、微博和今日头条等网络平台进行推广，并利用用户的留言数据对作品的科普效果进行评估。

（三）研究内容

1. "航空那些事儿" 动态科普条漫内容的选择

航空发展史虽仅有百年，但其间涉及的历史事件、人物等纷繁复杂，如何在其中找出一条清晰的时间线进行讲解就显得十分重要。因此，在创作前期主要进行航空史的资料收集工作，包括航空博物馆实地调研、参与航空科普讲座和阅读航空类书籍等工作。

2. "航空那些事儿" 科普条漫的设计与创作

依据科普条漫和航空的各自特点，确定作品所要达到的传播目标。根据收集整理的相关航空史料编写文案。利用该文案，并结合漫画创作理论、视觉传播理论和科学传播理论，进行条漫中的场景设计、人物设计、飞机设计和画面文字设计。依据互联网移动端的阅读方式和网络平台的特点，调整画面的结构排版，设计画面中的动态图片。

3. "航空那些事儿" 科普条漫的效果评估

该作品通过微信公众号、微博和今日头条网站进行发布，利用阅读数、点赞数和公众留言等数据对航空科普条漫的知识性、趣味性、传播性等效果进行评估。

二 研究成果

漫画以其独特的优势成为科学传播者传播知识的工具之一,受网络技术和手机移动端快速发展的影响,漫画也改变了其传统分格形式,自上而下阅读的条形漫画出现在人们面前。条漫的出现优化了人们在移动端阅读漫画的体验,也更利于网络传播。目前,航空领域的科普形式主要是视频、微信图文、书籍等,几乎没有利用漫画科普航空领域知识的形式。本项目旨在利用条漫来科普航空知识,为航空科普探索新的形式。

本项目通过实地考察航空博物馆、参加相关航空科普讲座、阅读航空类书籍等方式确定了"航空那些事儿"科普条漫内容。在选取具体内容时,依据以下三点进行选择:①故事线清晰;②不过多涉及专业知识;③好玩有趣、引人关注。最终确定"航空那些事儿"科普条漫内容分别从三个角度对航空科技史进行普及。首先是飞机发明前人们对于飞行的探索过程,该部分命名为《像鸟儿一样飞翔》;其次是飞机发明后在军事领域中的用途,该部分命名为《天空中的战士》;最后是飞机发明后在民用领域中的用途,该部分命名为《伟大的旅途》。各部分主要以时间为脉络讲述航空科技发展史,并采用对比、提问、分类等方式展开。

在设计"航空那些事儿"科普条漫时,笔者首先对条漫作品的受众进行分析,将其定位于青少年和成年人。其次,确定了作品所要达到的科普目标,在依据受众和科普目标进行相关调研后选取相关航空发展史的内容,并明确了条漫的实现形式。在设计时着重考虑了画面设计、文字语言设计、动态图片设计、知识点表现形式等方面。最后,将完成后的作品通过微信公众号、微博、今日头条等网络平台推送出来。根据不同平台的特点,设置图文结合、图片等形式进行推广。对阅读数、点赞数、分享数、评论数等进行统计,着重分析了受众的评论,并以此为基础开展效果评估。

通过对"航空那些事儿"科普条漫的设计、创作和评估,笔者归纳出以下三点结论。

1. 对不同的领域进行科普时,应依据该领域特点进行目标设定

以航空领域为例,因其涉及知识点过多、知识内容复杂,对航空领域的科普不应该将重点放在对知识点的讲解上,而是放在激发受众对航空领域的兴趣上，引导他们继续学习、深入学习。

2. 利用条漫进行科普时，应充分发挥其优势

长条状的图片呈现形式和动态图片的应用使条漫在画面处理上更加自由灵活，利用连续的画面和运动的图片处理相关科学知识能够加深受众的印象，促进他们对知识的理解。

3. 通过结合用户评论，反映网络科普作品的效果

该作品在网络上发布后得到了阅读数、点赞数、分享数、评论数等多种数据，但仅通过分析数字多少来评估科普效果就显得过于简单、片面。本项目构建了以评论内容为主的内容分析法，在分析数字数据的基础上，结合了用户的评论，以此来反映作品是否达到科普目标，这更具有说服力。

三　创新点

（一）研究对象

本项目以航空科技发展史为研究对象，利用条漫的形式讲述航空科技发展史。航空科技发展不过百年之久，但其所涉及的飞机、人物、知识等纷繁复杂，如何整理出一条清晰合理的时间线是本研究的难点和创新点。本项目以莱特兄弟成功试飞"飞行者一号"为分界点，这之前是人们对于飞行的探索历史，这之后是飞机应用于军事领域和民用领域的历史。

1903年，莱特兄弟成功试飞人类历史上的第一架飞机，从此人们进入航空新纪元，而莱特兄弟的成功不是一蹴而就的，他们是站在无数航空先驱的肩膀上完成的这一伟大壮举。在莱特兄弟之后，飞机进入军事领域和民用领域，并不断发展壮大。

（二）研究方法

1. 实地调研法

本项目通过实地调研来收集相关航空史料。在走访各大航空馆如北京航空航天大学内的北京航空航天博物馆、北京昌平区的中国航空博物馆和四川成都的立巢航空博物馆后，对相关航空史料、飞机原型图以及历史脉络进行梳理。

2.文献分析法

本项目通过阅读与航空相关的文献资料、书籍来选取所要科普的历史。同时阅读相关漫画创作理论、科普漫画书籍，整理出创作漫画和漫画表现形式的方法，为科普条漫的创作打下基础。

3.内容分析法

本项目通过内容分析法对"航空那些事儿"科普条漫进行效果分析。内容分析法是一种对研究对象的内容进行深入分析，透过现象看本质的科学方法。通过理解并阐释公众在微信公众号、微博等新媒体平台上对科普作品的留言来反映"航空那些事儿"科普条漫的传播效果，为改进科普条漫创作过程和确立科普条漫评价方式提供一定的参考。

（三）研究成果

本项目充分利用数字媒体的特点，在静态漫画中加入了动态效果图。这些动态图片主要集中于飞机飞行姿态、人物动作表情、知识点解释、画面背景等方面。动静结合的形式给读者一种全新的阅读体验，并能激发他们继续阅读的兴趣，更好地让他们了解所要科普的内容。

四 应用价值

（一）航空科普的新形式

现如今航空领域科普主要以图文、视频的形式出现，几乎没有利用漫画来讲解航空知识的形式。本项目以航空科技发展史为研究对象，利用网络平台下的漫画新形式——条漫这一数字漫画来向普通大众传递航空科技发展史上的一些故事，进而体现人们在航空领域中的创新思维。作品在网络上传播后受到航空爱好者和非航空爱好者的一致好评，认为漫画的形式有助于人们理解航空，转变对航空的看法，更好地传递航空所展现的人文精神，有助于培养新一代青年对航空的热情。

（二）航空科普条漫受众人群的扩展

青少年时期是人们培养和激发兴趣的重要时期。通过向青少年传播航空科技知识，培养他们对航空科技知识的兴趣和爱好，利用科技历史的变迁引导他们树立正确的科学观，激发他们对航空的热情，扩大航空爱好者的群众基础。青少年还具备发现问题、处理问题、反思总结和创新的能力。

近年来，随着我国航空事业不断发展进步，青少年不再是普及航空知识的唯一对象，包括成年人在内的更广年龄层人群都有对航空知识的需求。漫画的受众也从小朋友扩展到更广泛的人群，因此除了青少年外，"航空那些事儿"科普条漫还面向成年人及任何对航空感兴趣的人群。我们应该摆脱"漫画只是小孩子看的"这种惯性思维。

（三）条漫在科普领域的优势

条漫这种漫画形式最早于2000年由美国漫画理论家斯科特·麦克劳德在《重构漫画》一书中提及，漫画可以在数字环境中采取任意尺寸和形状，图像可以连续出现，即在网络中可以实现"无限画布"。这种自上而下的阅读方式也使条漫具有特有的叙事方式，通过连续的画面来转换不同的内容，从而向读者展现一种由上而下的超长镜头，由此给读者带来全新的阅读体验。利用这种连续的画面科普相关知识，能够使受众印象深刻、易于理解。

同时，在新媒体平台下产生的条漫可以利用新媒体平台的优势将动态图片、音乐、音效以及大量的交互式操作结合在一起，达到更好的科普效果。本项目主要利用动态图片来创作条漫作品。

参考文献

1. 闵航. 推动航空科普发展恰逢其时［N］. 中国航空报，2018 - 06 - 21（7）.
2. 王睿. 航空科普教学体系建设初探［J］. 科技视界，2018（21）：212 - 214.
3. 邱均平，邹菲. 关于内容分析法的研究［J］. 中国图书馆学报，2004（2）：14 - 19.
4. 汪豪. 新媒体对条漫创作的影响［J］. 新媒体研究，2018（10）：116 - 117.
5. 张鑫. 数字媒体环境下条漫的视觉艺术特性研究［J］. 艺术评鉴，2017（8）：150 - 151.

揭秘水果的前世今生

项目负责人：许健

项目组成员：杨凯钦　刘启盈　钱景隆　郭幸君

指导教师：李玉顺

摘　要：随着新媒体技术的发展，科普游戏、动漫迅速进入公众视野，逐步受到人们的关注。在科技馆的各种形式中，科普游戏发挥了极大的作用。但是，这并不意味着科普游戏无往而不胜，其发展还是存在一定的问题的。本项目以交互式游戏为设计基础，基于元认知理论，运用 H5 技术，以"揭秘水果的前世今生"为任务而设计一款教育游戏，从而增强学生对知识的理解和运用能力。一方面在元认知提升策略指导下普及科学知识，另一方面提升学生的元认知能力。实践应用表明，以元认知理论及游戏引导的学习能提高学生的学习兴趣和对科普问题的思考和分析能力。

一　项目概述

（一）　研究缘起

1. 游戏已经成为科普的重要形式

2006 年 3 月 28 日，国务院办公厅印发了《全民科学素质行动计划纲要（2006—2010—2020 年)》，其中明确提出要"研究开发网络科普的新技术和新形式。开辟具有实时、动态、交互等特点的网络科普新途径，开发一批内容健康、形式活泼的科普教育、游戏软件"。2016 年 2 月 25 日，国务院办公厅印发了《全民科学素质行动计划纲要实施方案（2016—2020 年)》，其中提到要"提升科技传播能力，推动传统媒体与新兴媒体深度融合，实现多渠道全媒体传播，大幅提升大众传媒的科技传播水平"。同年 3 月 18 日，《中国科协科普工作发展规划（2016—2020 年）》中明确提出，"支持科普新游戏开发、现有游戏增加科普内容，开展技术交流和创意交流，加大科普游戏传播推广力度。到 2020 年，实现 40% 的网络用户使用含有科普内容的游戏进行娱乐和学习"。由此可见，依托新兴媒体技术设计、开发科普游戏将成为未来科普的一种重要形式，我们应该顺应这种趋势，普及科学知识，提升全民科学素质。

2. 科普游戏发展现状

（1）科普的教育性与游戏的娱乐性之间的度难以把握

虽然科普游戏是公众最喜闻乐见的游戏之一，但是科普的教育性和游戏的娱乐性会成为科普游戏设计中的难点。出现这个问题的原因是科普工作者和游戏设计者之间缺乏有效沟通，彼此不能理解游戏设计的意义，或认为科学普及只是游戏的附属，致使科学性不足；或认为游戏只是一种手段，科普凌驾于游戏之上。游戏作为科普的方式，具有一定的教育性是必须的，但也不能忽略游戏本身的娱乐性。

（2）缺乏市场竞争力

科普游戏实际上是网络游戏的一种，但是在众多的网络游戏中，其竞争力却远远比不上其他网络游戏。科技馆中的每一款科普游戏的开发都投入了大量的人力、物力和财力，但由于受到多方面因素的限制，其趣味性和体验性十分有限，针对的人群更是有限。同时，科普游戏自身的定位——科普教育也会让许多孩子产生抵触心理。科普游戏只能依靠权威的科学机构和著名的教育机构来获得市场份额。

（3）缺乏一定的自主创新能力

目前，我国科普游戏的发展还处在模仿阶段，主要借鉴国外一些优秀案例中的设计方法、语言、场景等，国内的科普游戏发展历史并不久，缺乏相应的理论支撑和专业的游戏设计人才。我国市场上运营的游戏很多，但是科普类的游戏并不多见，而且大多数的科普游戏类别相同、玩法单一。在大多数情况下，科普游戏的针对性玩家是儿童，面向青少年的科普游戏数量少、类型单一，缺乏一定的技术含量。笔者以中国数字科技馆中的游戏作为分析对象，发现大部分的游戏，其模式仍然是传统的闯关形式，因此，设计、开发出一系列具有创新性、面向更为广泛人群的科普游戏，提高科普游戏的自主创新能力是我国科普游戏发展的一个重要目标。

3．基于元认知的交互式游戏

教育游戏既具备教育性又具备游戏性，具有激发学习动力、促进认知发展、培养社交技能、调节内心情感的作用，这些都是教育游戏的最关键特质，也是解决当前科普游戏问题的最应该关注的点。元认知理论强调个体要有意识地去计划、监控、调节学习活动，从而发现问题、设计策略、解决问题，这与在交互式游戏中发现线索、计划策略、解决问题的过程相一致，能与游戏概念良好契合。所以本项目基于元认知理论设计、开发科普游戏，以期解决当前科普游戏出现的问题。

（二）研究过程

本项目按照申报书原定的研究计划，持续推进项目进展，项目研究过程记录见表1。

表1　项目研究过程记录

实施阶段	项目研究阶段	当月预计完成的工作内容	是否完成项目研究
2018 年 11 月	前期调研	1. 收集文献资料，确定需要揭秘前世今生的水果 2. 咨询农业科学相关专家	是
2018 年 12 月	技术学习	1. 学习基于 H5 的交互式游戏开发技术 2. 确定游戏交互式规则 3. 咨询交互式游戏设计专家	是
2019 年 1 月	游戏 1 设计、开发编制问卷	1. 设计、开发"香蕉大作战"交互式科普游戏 2. 梳理文献，编制元认知策略测量问卷 1.0 版	是
2019 年 2 月	游戏 1 二轮迭代问卷优化	1. 迭代"香蕉大作战"交互式科普游戏 2. 与教育学、心理学专家交流沟通，编制 2.0 版问卷 3. 与交互设计师沟通，编制 3.0 版问卷	是
2019 年 3 月	游戏 1 三轮迭代问卷优化 游戏 2 设计、开发问卷试测	1. 进一步迭代优化"香蕉大作战"游戏 2. "莓"有不同游戏的设计、开发 3. 元认知策略问卷在小学高年级学生中进行试测	是

续表

实施阶段	项目研究阶段	当月预计完成的工作内容	是否完成项目研究
2019 年 4 月	游戏 2 二轮迭代问卷测试	1. 迭代"莓"有不同游戏 2. 分析问卷测试的结果，对游戏优化提供建议	是
2019 年 5 月	游戏 2 三轮迭代问卷测试	1. "莓"有不同游戏进一步迭代优化 2. 利用问卷测试学生游戏前后元认知能力变化	是
2019 年 6 月	梳理成果完成结项	1. 完善两款交互式科普游戏 2. 形成相关科普推文 3. 形成交互式科普游戏元认知策略测量问卷 4. 完成结项报告	是

（三）研究内容

1. 研究目标

本项目依据水果的构造和特性将水果分为七类，从中选择七种具有高识别度的水果，这些水果都是大众常见的，但大众对其缺乏系统的认知，通过对"揭秘水果前世今生"的游戏化设计来引起大众的有意注意；针对每种水果设计不同的游戏交互方式，让玩家通过游戏来实现和水果背后所蕴含科学知识的深度互动，提升玩家的元认知能力（见表 2）。本项目从七类水果中选出香蕉和草莓，开发"揭秘水果的前世今生"的交互式科普游戏。

表 2 "揭秘水果的前世今生"系列游戏框架

	水果类别	水果名称	游戏名称	游戏类型	元认知元素
揭秘水果的前世今生	浆果类	草莓	"莓"有不同	益智类	元认知知识
	柑橘类	橘子	"橘"色人生	剧情探索类	元认知体验
	核果类	桃子	绝妙"桃"亡	战略类	元认知监控
	仁果类	苹果	"苹"水相逢	益智类	元认知知识
	瓜果类	西瓜	种瓜得瓜	学科类	元认知知识
	热带类	香蕉	香蕉大作战	学科类	元认知知识
	坚果类	核桃	"核"心危机	战略类	元认知监控

2. 研究内容

（1）水果科普知识的梳理

关于水果前世今生的科普知识是游戏设计的核心，也是本游戏科普的重点，在开发游戏之前，需要通过多种渠道收集关于香蕉和草莓的相关知识，并梳理出公众了解较少的内容，对内容的表述做简化处理，使之达到易于传播的效果。

（2）游戏的设计与开发

在确定需要揭秘前世今生的两种水果之后，团队成员需要确定"香蕉大作战"和"莓"有不同游戏的教学设计；学习基于 H5 技术的交互式开发技术；不断推进游戏的开发，找实验对象试玩游戏，并不断对游戏进行迭代优化。

（3）梳理文献，形成交互式科普游戏元认知策略测量问卷

基于交互式科普游戏的元认知策略测量问卷是本项目重要的成果之一，通过梳理国内外文献，确定问卷的维度并完善问卷，通过游戏被试收集的问卷数据，测量问卷的信效度，并不断优化问卷，形成最终版问卷。

（4）科普推文的设计与制作

通过对水果知识的梳理，参考相关媒体平台科普的特点，设计制作与两款游戏配对的科普推文，并将科普推文进行传播或投放于相关媒体平台，完成水果知识科普的目的。

二　研究成果

（一）　研究作品

1. 香蕉大作战游戏

通过三轮的迭代优化及玩家的使用反馈，最终形成了预期的游戏（见图1）。

2. "莓"有不同游戏

通过三轮的迭代优化及玩家的使用反馈，最终形成了预期的游戏（见图2）。

3. 交互式科普游戏元认知策略测量问卷

在前期文献梳理的基础上，编制了交互式科普游戏元认知策略测量问卷，测量学生试玩本项目开发的交互式游戏之后元认知能力的变化情况（见图3）。

图 1　香蕉大作战游戏

图 2　"莓"有不同游戏

图 3　交互式科普游戏元认知策略测量问卷

4. 两款游戏对应的科普推文

（1）"香蕉大作战"游戏科普推文

"香蕉大作战"游戏科普推文见图4。

图4　香蕉大作战游戏科普推文

（2）"莓"有不同游戏科普推文。

"莓"有不同游戏科普推文见图5。

图5　"莓"有不同游戏科普推文

（二）研究观点

项目组经研究发现，青少年对科普游戏的接受度大于传统的纸质版形式，游戏吸引他们的兴趣及注意力，无论简单还是容易，他们都愿意去尝试，在玩游戏的过程中，其专注力得到明显提高，对知识的印象也会比较深刻，这对于科普传播来说，能产生巨大的作用。但是目前科普游戏的数量比较少，很多科普游戏缺乏科学的教学设计，学生学完之后对科普知识的掌握程度不高，并没有达到科普的目的，所以建议科普游戏应该在未来科普教育中成为一种重要的形式。

（三）研究结论

经历了游戏的设计与开发，并在学生群体中进行了试玩，让学生进行了元认知测试，研究团队得出以下几点结论：小学高年级学生对常见水果的科学知识了解匮乏，需要普及；科普游戏应该将教育性和游戏性有效结合；交互式的内容互动有利于提高学生的注意力；应当大力宣传科普游戏在科普中的重要性，提高全社会的认识，尤其是家长层面。

（四）研究建议

1. 转变公众对游戏与学习的认识

在项目研究过程中，遇到的很多家长和教师谈游戏色变，不管是什么游戏，在他们眼中都会影响学习，对学习没有好处，更别说是科普游戏了。要想提高科普游戏的科普效果，首先须转变公众对游戏与学习的认识，游戏和学习二者可以兼得，并且游戏还可以更好地促进学生的学习。这需要各界共同努力，打开公众的视角，宣传代表性案例，在社会上营造一定的氛围，为科普游戏的传播打下坚实的基础。

2. 科普内容应该源于生活，又高于生活

本项目的主题是揭秘水果的前世今生，水果是日常生活中的常见食物，但是通过学生试玩游戏的反馈来看，他们对水果的了解并不多，大多只停留在简单的口味和品种方面，对深层次的科普知识并不了解，这就是科普现存的问题：科普的对象远离生活或者科普深度较浅，导致学生的已有认知无法形成链接和进行拓展。未来的科普内容应该源于生活，又高于生活。

3. 科普不能只停留在简单的知识传播层面

科普是一件任重而道远的事情，最终的目的是提高公众的科学素养，但提高科学素养不能只停留在简单的知识传播层面，还需要科普的体验设计。游戏中的体验环节，给学生留下了深刻的印象，这种形式不仅巩固了科普知识，也给学生以真实的情感体验，甚至是创造性的解释和理解。就科普现状来看，简

单的知识传播占绝大部分，未来应该多借鉴游戏化设计的思路。

三　创新点

（一）研究对象

本项目面向的群体为小学高年级，这个阶段的学生正处于具体运算阶段（具象物体的逻辑思考），项目团队所做的水果主题科普游戏内容与生活密切相关，结合新颖的科普形式和学生对水果已有的认知，在学生的最近发展区内拓展与水果相关的知识，这些知识包含生物、地理、社会等方面，主题性的科普能够促使学习者快速进行知识整合；此外，游戏中融入了关于元认知知识、能力方面的训练，帮助学习者培养有意识地计划、监控、调节学习活动的能力，在游戏中发现线索、计划策略、解决问题，增强学生对知识的理解与运用能力。

（二）研究方法

本项目的游戏设计与开发遵循一定的规则。本项目采用了基于设计的研究方法，在设计阶段，通过文献调研和专家访谈，从教学设计和游戏设计两个方面进行游戏脚本设计，得出 H5 交互式科普游戏的脚本，并通过访谈一线教师，进一步修改完善游戏脚本。在开发阶段，开展关于设计的研究，在开发出游戏的初稿之后，找三到四位专家试用，并进行访谈，根据访谈结果，整理专家给的意见，进行游戏的修改完善，如此反复，进行三轮迭代。在验证阶段进行单组前后测设计。拟随机选择小学 4～6 年级的两个班作为实验对象，开展教育准实验，检验游戏干预对学生知识获得、元认知能力提升方面的影响，即实验组和对照组之间是否有显著差异（见图 6）。

（三）研究成果

本项目研究成果的创新性体现在以下几个方面：首先，研究团队开发出了两款游戏，游戏内容基于常见水果，丰富了科普的形式；其次，游戏开发技术基于主流的 H5 技术，能在移动端广泛传播，同时 H5 技术有较强的互动性，丰富了游戏的形式；再次，本项目的研究成果还有与之对应的科普推文，游戏和

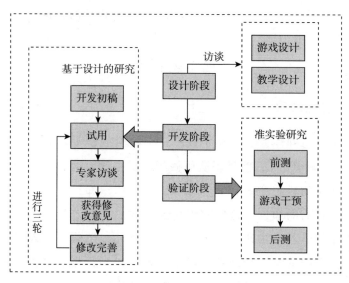

图6 基于设计的研究方法

推文可以搭配使用，虽然是相同的内容，但有更多的形式可以供用户选择；最后，本项目形成了元认知策略测量问卷，可以有效检验游戏的教育性，以及可以测量玩家在试玩游戏时的元认知能力的变化，可以借助这个问卷改进相关科普游戏，也可以进行相关学术研究。

四 应用价值

本项目所开发的游戏及相关研究成果能融合在一线教育教学活动中使用。所开发的两款游戏可以应用于科技场馆及小学科学课程中，一方面可以利用互动游戏提高学习者的参与度，另一方面可以有效补充科技场馆和课堂教学的资源，丰富科普的形式；制作的两篇科普推文，可以在相关媒体平台传播，微信以其非正式、可移动化的特点，成为目前科普传播重要的平台，本项目产生的两款游戏的科普推文借助微信公众号平台，以另一种形式进行科普；本项目形成的交互式科普游戏环境下的元认知策略测量问卷，可以用于游戏测评和学术论文研究，元认知策略测量问卷可以用于测量目前科普游戏在教育性方面的深度，避免因科普游戏的游戏性过强而忽视知识传播的问题。

化学元素的伯乐

项目负责人：杨凯钦
项目组成员：钱景隆　刘启盈　许健
指导教师：陈枞　王铟

　　摘　要：本项目对发现化学元素的科学家及其发现元素的过程展开描述。为了提高视频的可观性和易观性，满足视频适于在各移动设备上播放的需要，视频采用扁平化的设计，通过形状、色彩和层次来呈现清晰的视觉层次。微视频采用动画式的设计，画面力求简单干净，重点突出。为了拉近受众与科学家的距离，提高受众的兴趣，视频以第一人称介绍科学家与科学史。

一　项目概述

（一）项目背景

　　科学研究中使用的仪器设备在一定程度上标志着科学发展的水平。化学元素的发现史同技术手段的发展历史形影相随。化学元素的发现是科学发展的基础。18 世纪中期，天平的使用，为化学元素的发现打开了大门。19 世纪初，伽伐尼发现电流，伏特发明了产生电流的装置伏特柱。于是，戴维在短短两年内，用电解方法接连发现了钾、钠、钙等六种活泼金属元素。19 世纪中叶，基尔霍夫建立了光谱分析的基础。在此基础上，铷、铯、铟、铊及惰性气体等近二十种元素被陆续发现。

　　每一种元素的发现无不倾注了许许多多科学家毕生的心血，乃至他们的生命，正是他们的辛勤探索和无私奉献，才使人们逐步认识了这奥妙无穷的自然界。因此，研究化学元素发现史，不仅可以从中学到许多研究化学的科学方法，以及了解它对人类社会进步所做的巨大贡献，而且可以学到热爱科学、不畏权威、不逐名利等科学品质。

对科学家发现化学元素的过程与相关科学家生平的科普，有利于科普相关科学知识，弘扬科学家不为名利、追求真理的良好科学品质。

目前，对科学家的主要宣传途径是舞台剧、人物传记、纪录片、综艺栏目以及微视频等形式。其中微视频的覆盖面广，虽然涵盖的知识面相比于其他形式来说较少，但更利于传播，也更利于人们接受。

本项目的主要受众为网络用户。网络传播提供了双向互动的多媒体信息交流、传播和共享的平台。网络传播以其独特的魅力成为多数人在生活、工作及学习上不可或缺的一部分，显示出强大的影响力。

我国《全民科学素质行动计划纲要（2006—2020年）》规定"推进高等教育阶段科技教育和科普工作。加强科学史等科学素质类视频公开课建设"，"着眼于提高领导干部和公务员的科学执政水平、科学治理能力、科学生活素质"。这说明当今中国非常需要营造让公众了解科学家、科技史，理解科学工作的社会文化氛围，并在建构科学精神与科学文化的基础上，提升科学创新能力。

作为实现科学教育与传播的重要载体，科学家系列微视频是能够满足这类需求的科普作品。物理学家杨振宁认为，科学史和科普工作在中国的重要性被极大地低估了，需要更多人去做这项工作。

本项目希望通过制作发现化学元素的科学家系列微视频，以第一人称讲述故事的动画短视频方式，科普发现化学元素的科学家的故事及相关科技史。

（二）研究目的

本项目研究目的为以下几个方面。

第一，把元素和科学家发现元素的过程相结合，使受众了解元素本身、化学元素发现背后的意义以及科学与生活的相关性，并拉近受众和发现该元素的科学家之间的距离。以此培养受众对化学元素的兴趣，以及对科学发现的理解。

第二，介绍与科学家相关的科技史，使受众了解化学元素发现背后的意义以及科学与生活的相关性。中国科学院研究生院人文学院教授李大光认为，科学其实是具有天然的故事性的，只是现在，我们在传播的时候往往把中间的情节删除了，只讲最后的结果，因此索然无味。本项目希望通过挖掘科学家发现和合成化学元素背后的科学素养，普及科学精神。

第三，尝试以新型微视频介绍科学家的方式，从科学史的角度来了解科学理论的产生和演变过程。把科学理论与特定的科学事件或科学家联系起来，更容易理解和掌握。视频的动画风格以简洁性为主，用诙谐幽默的语言来表达，提高受众对视频的兴趣。

第四，通过新媒体传播的方式，扩大本系列视频的传播范围。受众可以通过各种主流的网络渠道获取系列视频。受众可以了解科学家发现或合成化学元素背后的科学素养，从而传播科学精神。

二 研究成果

（一） 项目内容

本微视频将对发现化学元素的科学家及其发现元素的过程展开描述。主要特点有以下几个方面。

第一，以科学家为第一人称进行故事的讲述，让受众从情感上获得对科学家和科学史的亲近感。

第二，科学家的名人名言以科学家自己讲述的方式传达给受众，使受众更容易受到精神上的熏陶。

第三，提供相应化学元素的化学反应与应用视频，或采用图文推送（番外相关视频）的方式使读者对相关化学元素有更进一步的了解。从科学家、科学史与科学应用三个方面全面感受科学就在身边，以及科学带来的便利与发展，提升受众的科学素养。

（二） 脚本案例

微视频系列中《皮埃尔夫妇与钋和镭》微视频脚本案例如表 1 所示。

表 1 《皮埃尔夫妇与钋和镭》微视频脚本案例

主题	皮埃尔夫妇与钋和镭
使用对象	在线观看微视频的受众

续表

技术说明	视频时长：3 分钟 制作形式：Flash + ESP（手绘）+ 配音 制作说明：多利用图片和一些动画代替抽象的文字，进行视觉刺激；配音时多种声调起承转合，注意角色的扮演，引起听觉持续注意
文字脚本	**设计说明** 开头引入：简单介绍本视频讲授的主要内容，让学生对本视频所学的内容有一个大致的了解，让学生在学习的内容上做好心理准备 中间论述：将整个内容分成几个部分，每个部分的内容按照一定的逻辑恰当衔接，形成一个学习内容的框架 结尾总结：提示学生内容学习结束并进行总结，加强学生的记忆；进行适当的内容升华，进行人生观、价值观、社会观的教育 **逐字稿** **1. 人物简介** 皮埃尔（以下简称 p）：大家好，我是皮埃尔·居里 我于 1859 年出生于巴黎，1878 年在巴黎大学获得物理硕士学位，又在 1895 年获得了博士学位，成为物理学教授，在物理实验室工作 （p）当然，这一年还有更重要甚至改变了我一生的一件事：与玛丽·斯克罗多夫斯卡结婚。没错，就是这位美丽的少女 玛丽（以下简称 m）：大家好，我是玛丽·居里。我听说大家现在都叫我"居里夫人" （m）我于 1867 年出生于波兰，然而由于历史原因，身为女性的我无法在俄罗斯或波兰的大学进修。于是我在姐姐的支持下移居巴黎，才终于取得巴黎大学的物理及数学两个硕士学位。并在实验室工作，与我的丈夫皮埃尔共事 （m）钋是我们共事后的第一个研究成果 **2. 钋的发现** （m）1896 年，法国的物理学家贝克勒尔发现了铀盐能够自身发出一种神秘的射线而在黑暗中使底片曝光。于是，我决定将铀射线作为我的博士论文选题进行研究 （m）就在 1898 年初，我发现钍和它的化合物能够像铀一样发出射线。并且呀，我还发现沥青铀矿的放射强度比铀和钍大得多。这可引发了我极大的好奇心。于是我猜测其中一定含有人们还不知道的放射性元素 （p）当玛丽和我说出她的猜想的时候，我真是太激动了！于是决定中止自己当时在晶体方面的研究，参与玛丽的工作 （m）在我们的共同努力下，3 个月后，我们向巴黎科学院提交了论文，说明了放射性比铀强 400 倍的放射性新元素 （m）我还用我的祖国波兰的名字命名了新的元素为"钋" （p）半年后，我们又发表论文，宣布发现了新的化学元素"镭"

续表

文字脚本	**3. 镭的发现** （m）那段时间，我们的条件是多么艰苦啊 （p）是啊，那时我们也没钱购买含镭的沥青铀矿，只能花掉了全部的存款，买到了十几麻袋含铀量只有百万分之一的沥青铀矿矿渣 （m）还记得我们的实验场地吗？我们借了一间医学系的尸体解剖室，下面是泥土地，上面是玻璃顶盖。我把上千公斤的沥青矿残渣一锅一锅煮沸，还要用棍子在锅里不停地搅拌，搬动很大的蒸馏瓶，把滚烫的溶液倒进倒出 （p）我们提炼了多少矿渣呢，大概是成吨的吧，不过我们得到了0.12克铀盐，也就是化学中的纯氯化镭，初步测定出镭的原子量为225 （p）那段时间，真的让你受苦了 （m）可正是在这陈旧不堪的棚子里，度过了我们一生中最美好和最幸福的岁月 （m）人必要要有耐心，特别是要有信心，我应该相信，自己对于某种事业有特殊的才干，并且应该不惜任何代价来完成这个事业 **4. 总结升华** （m）不久后，人们发现镭有治疗癌的功效，很多朋友都劝我们申请专利，有了这项专利，我们就能成为人间首富，皮埃尔，你还记得那个星期天吗 （p）当然记得。那天，我们放弃了镭提炼技术的专利 情境转换到在木屋里的一个星期天 （p）或许我们可以自居镭的所有者和发明家，但我认为这样做不好，我不愿意我们这样轻率地决定。我们的生活很困难，而且恐怕永远是困难的。我们有一个女儿，也还会有别的孩子。为了孩子们，为了我们，这种专利代表很多的钱，代表财富。有了它，我们一定可以过得很舒服，可以去掉辛苦的工作。我们还能有个好的实验室 （m）我们不能这么办，这是违反科学精神的。物理学家总是把研究全部发表的，我们的发现不过偶然有商业上的前途，我们不能从中取利。再说，镭将在治疗疾病上有大用处，我觉得似乎不能借此求利 （p）是啊。我们不能这么办，这是违反科学精神的 情境转换回讲述状态 （p）那是多么美好的星期天啊，我记得我们还在田野里摘了些绿叶和鲜花 （m）科学的探讨与研究，其本身就含有至美，其本身给人的愉快就是报酬；所以我在我的工作里面寻得了快乐

三　创新点

　　本项目采用微视频的形式，对于化学元素的发现以及相关科学家进行科普。为了提高视频的可观性和易观性，满足视频适于在各移动设备上播放的需要，视频采用扁平化的设计，通过形状、色彩和层次来呈现清晰的视觉层次。参考日本节目《啊！设计》的简洁画面设计。考虑到受众年轻化，易于被简单、色彩突出的画面吸引，微视频采用动画式的设计，画面力求简单干净，重点突出。为了拉近受众与科学家距离，提高受众的兴趣，视频以第一人称介绍科学家与科学史。考虑到部分内容可能需要真实场景的支撑，那么在必要时会将摄影与漫画相结合，将漫画人物结合到真实图像的场景之中。

本项目主要采用的研究方法是以下两种。

情景分析法：艺术史的研究方法之一，关注人与情境之间的关系，强调依据作品的直证性，也就是可感知性。

设计式研究方法：通过设计、实施、评价、再设计的迭代循环来完善作品。

四　应用价值

第一，科普微视频不仅可以在项目组内自行投放，还可以被其他科普网站、科普公司等使用，加强科普效果。

第二，对发现化学元素的化学家的介绍可以让受众对成果背后的化学家有更深刻的认识，并可以与"国际化学元素周期表年"的相关活动进行结合。

第三，"化学那些小事"文章专题的建立和运营可以对化学相关知识进行传播。其中的文章可以被其他科普号和科普平台转载，实现知识共享。

第四，对短视频传播知识的效果进行研究。在简书网中建立"化学那些小事"专题栏目，按照每周一篇的频率进行推送。主题包括化学家、化学中的奇妙反应、化学史上的重要历史时刻、化学史上鲜为人知的故事等。由项目组专人对专题进行运营。

基于 ChatBot 聊天机器人化学科普游戏设计与开发

项目负责人：夏爽

项目组成员：石祝　何喆　李萌

项目指导教师：李艳燕

摘　要： 在人工智能大数据的背景下，科普游戏成为重要的网络科普形式之一。本项目基于 ChatBot 聊天机器人技术，建构了基于化学元素的基本性质、历史、应用等信息的化学元素拟人化科普游戏。本项目的研究内容包括需求分析、软件程序的开发与设计、视觉设计、语料库的编纂与设计和科普游戏评价设计。本项目为科普游戏、聊天机器人技术在科技场馆的展品介绍以及新媒体平台客服等领域提供了一条参考路径。

一　概述

（一）　项目研究缘起

1. 新媒体时代科普形式的演变——科普游戏

今天，以移动互联网为载体的新媒体已经渗透进人们工作与生活的方方面面。在如此大环境下，忽视新媒体就意味着错过了最广泛的受众。《全民科学素质行动计划纲要（2006—2010—2020 年）》中提到，"发挥互联网等新型媒体的科技传播功能，研究开发网络科普的新技术和新形式"。科普作为一种社会教育，同样要依赖传播平台和传播工具。科学普及的社会性、群众性和持续性特点表明，科普工作必须运用社会化、群众化和经常化的科普方式，充分利用现代社会的多种传播渠道和信息传播媒体，不失时机地广泛渗透到各种社会活动之中，才能形成大规模、有生机、社会化的大科普。

近年来，随着 4G 技术在移动互联网的广泛应用、流量资费的大幅下降和无线网络覆盖率的日益提高，视频与游戏成为新媒体的主要内容之一。广义的科普游戏是指具有一定科普功能，能够向参与游戏的用户传播科学知识、科学思想、科学方法和科学精神的游戏。虽然这些游戏中的一部分的设计初衷并非以科普为目的，但他们在内容或情节设计上具有一定的科普功能与教育性，因而也属于广义的科普游戏。我们经常提到的益智游戏等都能划归到广义的科普游戏范围内。

狭义的科普游戏则是指以科普为目的、以互联网为数据传输介质，参与用户可以从中获得科学知识、科学思想、科学方法和科学精神的游戏。

科普游戏以游戏为表现形式，具有较强的娱乐性和趣味性，对用户富有吸引力，并能在娱乐的过程中潜移默化地发挥科普功能。区别于传统科普形式，科普游戏因其娱乐性和趣味性而更容易为受众特别是青少年所接受。同时，在科普受众分散化的背景下，游戏正好能为科普带来全新的模式。目前游戏领域有数以亿计的用户，这一点恰恰是科普所期望的。如果能借助游戏这个平台，使得一部分游戏用户转化为科普用户群，就很容易促进科普的推广。此外，游戏具有很丰富的叙事能力，丰富的游戏情节有助于用户对科普知识的理解。还有，游戏具备强大的虚拟世界构建能力，科普往往无法将完整的科学过程和科学原理清晰地呈现给受众，而游戏可以构造一个很强大的虚拟世界，更为形象地展现科普知识。

有关教育游戏、严肃游戏的研究表明，以游戏的方式进行学习，对学生的知识获取和内容理解、学习动机与情感、认知方式、行为改变这几个方面具有积极的效果。Chuang 在研究中表示，学生可以通过游戏来提升认知能力，学生玩游戏的过程是他们了解并存在于这个复杂社会的证明。而对移动端的科普游戏来说，Furio 的研究表示，虽然 iPhone 端的移动科普游戏与传统科普游戏相比在教学效果上并没有显著差异，但96%的学生愿意再一次使用 iPhone 移动端的游戏。因此一个优秀的移动端科普游戏可以成为非常有效的学习工具，可以让学生在任何时间地点进行学习而无须教师的监督。

2. 化学元素游戏化科普交互的必要性

2019 年是国际纯粹与应用化学联合会（IUPAC）成立 100 周年，同时也是化学元素周期表发明 150 周年。由俄罗斯联合国代表提议，在 IUPAC 等 6 个国际组织，以及包括中国化学会在内的来自五十多个国家和地区的众多科学团体和研究机构的支持下，联合国批准 2019 年为"国际化学元素周期表年"。由于

IUPAC 主导对新化学元素发现的审核，并发布化学元素周期表的权威版本，2019 年将由其主导并陆续开展"青年化学奖元素周期表""化学元素周期表竞赛""IUPAC 故事""世界女化学家早餐会""世界化学领导者会议""绿色化学研究生暑期学校"等活动，共同庆祝"IUPAC 百年及国际化学元素周期表年"。联合国将 2019 年设为国际化学元素周期表年，说明其已经意识到提高全球对促进化学可持续发展的认识的重要性。

对我国来说，当前 9～12 年级的学生在化学学习过程中，由于化学中各种元素种类繁多、元素之间相互关系的知识结构复杂，教师为学生呈现的图文资料以及语言讲解，并不能有效地与学生原有概念相联系，很多学生反馈很难建立化学元素间的关系。另外，由于很多实验室化学药品不充足，加之许多元素具有危险性，通过实物和实验向学生呈现的方式只能局限在几种元素和几种化学反应之内，不能使学生形成广泛联系的知识结构。再者，由于缺乏必要的支持，学生在知识结构不完备的情况下，很难从自己的最近发展区进行学习，被迫使用机械的背记方法适应教师的进度，对学生的学习动机和学习兴趣造成影响，并且这种机械刻板的知识结构也很难适应实际应用。

在化学科普工作中，由于大众对多数化学元素和化学原理并不熟悉，形成了对化学元素＝有害物质、化学＝副作用、化学＝危险等刻板印象，不时会出现一些基于化学现象的谣言，例如"水中的铁锈""塑料袋做紫菜"等明显失实的消息。但是化学元素的各种符号公式在化学科普过程中又难以阐述。因此，开发一种通俗易懂且具有良好知识结构的化学科普游戏，对于很多并不具有化学知识背景的人了解生活中必要的化学常识具有重要意义。

3. ChatBot 聊天机器人技术

聊天机器人技术是人工智能的应用途径之一，它是一种使用自然语言与人类进行对话的软件机器人，又被称为"对话系统"。当前学术界对于聊天机器人的研究主要产生了两种模型：基于检索的模型（检索模型）和基于生成的模型（生成模型）。检索模型主要依赖于知识库、检索技术和排序特征的提取，生成模型则依赖于大量的训练数据，以及能够表示出自然语言的语义特征。由 IBM 开发的 DeepQA 系统采用了海量并行和基于证据的概率模型架构，整个系统体现了高级自然语言处理、信息检索、知识表示、自动推理和机器学习等开放式问答技术。

聊天机器人作为一种对话问答系统，集成了多年来自然语言处理（Natural Language Processing）研究与应用的各种成果，包括词法分析、词性标注、浅层或深层句法分析、命名实体识别、指代消解、词义消解、文本检索、信息抽取（包括关系抽取）、机器学习、本体知识获取、知识挖掘、知识表示、逻辑推理等。由于中文不似英文有空格之类的词语分隔符，句子由连续的词语组成，必须先进行中文分词才能进一步处理。此外，中文中没有疑问词的区分，不能像英文那样根据疑问词确定问题类型。因此国外的开源聊天机器人例如 ALICE（Artificial Linguistic Internet Computer Entity）、Dialog flow（原 API. AI）等对中文自然语言的处理尚不成熟。

（二） 项目研究过程

从 2018 年 12 月至 2019 年 6 月，项目研究的步骤如下。

1. 用户需求调研

依据《"00 后"人群洞察报告》《千禧一代中国"00 后"群体研究报告》等文献与实际对"00 后"中学生的访谈，调研用户需求。并依据调研结果设计游戏内容、实现形式和美术风格。

2. 图灵机器人语料库的编辑与扩充

根据元素周期表序号 1～20 号元素、剩余主族元素及副族元素的顺序，按照范式模型设置语料库。请相关领域专业人士审核内容。

3. App 程序的开发

过程包括前端开发—程序开发—接口对接—第三方接入（图灵机器人等）—定期进行项目会议沟通和管控项目开发进展。

游戏视觉的设计包括制定视觉风格、界面设计和元素图鉴设计。

4. App 程序测试与迭代

过程包括 App 内容测试、App 性能测试、App 视觉测试和对 BUG 调试修复。依据测试结果修改程序的不合理设计，完善游戏个性化内容。对游戏进行二次迭代。

5. 研究成果整理与项目报告的撰写

根据研究内容与研究成果撰写项目结题报告。

（三） 项目研究内容

1. 游戏需求分析

游戏的目标用户为"00 后"的学生，特别是中学生，以及对化学感兴趣的社会人士。"00后"中学生是在优越的物质生活与移动互联网内容大爆发的背景下成长的,"00后"的中学时期正是用智能手机上网的时代。众多社交平台在这一时间段出现,与"90后"所在的 PC 时代相比,"00后"的平均上网时间更多,接触到的内容更加丰富。但"00后"的课业负担更重,参加课外班的时间达到"90后"的3倍。

因此,目标用户的系统描述为:"00后"的中学生年龄在12~18岁,普遍持有智能手机,习惯使用学习类 App,也喜欢移动端游戏,碎片化时间多;偏爱二次元文化以及可视化信息,喜欢生动有趣兼具深度有内涵的内容。

2. 游戏内容设计

本项目计划设计一款将化学元素拟人化,通过对话互动、培养好感以解锁新元素的移动端游戏。在这个过程中,玩家将了解到有关化学元素相应单质与化合物的基本物理性质、化学性质、应用、最新要闻、考题连接等内容。通过生动的形象与语言,加深用户对该元素的认识与理解。游戏内容设计包括确定游戏主题、选定开发工具、游戏视觉设计和游戏评价设计。

(1) 确定游戏主题

本项目以化学元素为主要科普内容,因此游戏内容主要围绕与化学元素相关的知识点。通过文献综述整理出了1~18号化学元素的基本信息、化学史料、应用领域等信息。聊天内容主要围绕以上三个方面进行设计。

(2) 选定开发工具

本项目基于微信小程序平台开发,小程序可以在微信内被便捷地获取和传播,同时能够兼容各种移动终端,使用户获得良好的体验。

聊天机器人工具选用基于 DeepQA 技术的图灵机器人。功能包括中文聊天对话、自定义身份属性、情感识别、内置多领域智能回答、场景对话功能等。

视觉设计工具选用 Adobe Photoshop,可用于处理以像素构成的数字图像,进行有效的图片编辑工作。

(3) 游戏视觉设计

游戏的视觉界面是游戏软件的图形化交互界面。它是学习者进行游戏化学习时,对游戏进行控制并获得反馈信息的接口,是学习者和游戏化学习环境之间视觉性信息传递、交换的媒介。游戏的视觉化界面,联系着学习者和游戏化学习环境。视觉效果设计主要涉及具体的界面元素的位置安排、色彩搭配是否能够满足学习者的视觉感知要求,它需要考虑是否会对学习者的游戏化学习产生噪声干扰。因此，本项目依据风格保持一致原则、方便易用的设计原则和容错性设计原则来设计交互界面。

（4）游戏评价设计

项目基于对游戏化学习评价的参考文献的梳理，发现了现行科普游戏评价主要有三种方式：将科普游戏视为软件从而对其可用性、界面友好性、人机交互性进行评价；将科普游戏视为课程，通过分析其教学效果如知识、能力与认知等方面的提升来进行评价；使用现有的游戏评价框架，但现有游戏评价框架的实际效果还需进一步实践验证。

本项目结合将科普游戏视为软件与将科普游戏视为课程这两种观点，通过调查问卷对游戏的可用性、界面友好性、人机交互性和教学效果进行评价。

二　研究成果

（一）化学元素基本信息的收集

从 HPS 教育的理论出发，科学史与科学哲学可以有效地整合科学知识，促进科学教育，加深学生对科学本质的理解。它可以使课程更好，使课程中各学科之间的联系更好。因此，以 HPS 教育为理论基础的化学元素拟人对话语料库应当包含以下要素。

1. 基本性质

基本性质包括化学元素的名称、元素符号、相对原子质量、物理性质与化学性质和应用等信息。

2. 科学史

科学史包括化学元素发现的历史，以及对未来的展望。该元素对应单质或化合物在历史上的应用等信息。

3. 与日常生活相关的信息

与日常生活相关的信息包括化学元素对应单质、化合物在生活日用品中常见的应用注意事项，特别是有毒、有害、有腐蚀性、易燃易爆危险化学品的保存与使用注意事项。

4. 传统文化、文艺作品中的相关信息

传统文化、文艺作品中出现该元素相关信息的出处。

（二） 化学元素知识库的构建

图灵机器人系统提供公有知识库，并且支持自定义私有知识库，可在 NLP 知识库中逐条新增或使用 EXECL 批量导入。化学元素私有知识库的构建以收集到化学元素基本知识的资料为基础，以关键词为中心增加同义语库的方式，提高对话匹配的准确度。同时依据化学元素的性质，为聊天机器人设置不同的性格、语气特征。

（三） 游戏视觉设计图

根据科普游戏视觉界面设计的一般原则，对不同属性的元素设计不同的视觉风格。

（四） 游戏程序设计

微信小程序主要由 WXML 负责构建页面结构，由 WXSS 负责为页面添加效果，并由 JavaScript 控制交互行为。为了方便开发，并保证程序的扩展性，本项目采用美团的开源小程序开发框架 mpvue 作为主要的开发框架，根据不同功能为每个页面构建了不同的可复用组件，并使用 Vuex 状态管理模式对应用中的数据进行统一管理，对整个应用进行模块化的开发，使程序功能稳定，并具有扩展性。在自由聊天的功能中，使用微信原生的请求接口向图灵机器人提供的接口进行请求，实现了主动聊天与被动聊天功能，以及其他的展示等功能，整体取得了良好效果。

（五） 游戏评价问卷与访谈提纲

在游戏试用后，利用访谈与问卷调查两种数据收集方法，收集游戏对学生知识、态度等方面的影响以及学生对游戏的改进意见，形成了聊天机器人游戏效果反馈问卷、游戏者访谈提纲与在职化学教师访谈提纲。

三 创新点

（一） 将 ChatBot 聊天机器人技术应用于科普游戏

随着技术的不断创新和市场需求的持续增大，人工智能正成为数据、科技进入人类生活的重要桥梁。ChatBot 聊天机器人作为人工智能技术在自然语言处理、深度学习、语言识别领域的一种应用，可以模拟真人对话模式。本项目将 ChatBot 技术应用于科普游戏，为人工智能技术与游戏化学习提供新的结合点，为今后科普游戏的开发与设计提供新的参考路径。

（二） 将化学元素拟人化， 帮助学习者形成对于化学元素的感性认识

区别于传统的公式和模拟图，通过游戏将化学元素用图片和文字对话的形式呈现出来，有助于提升学习者对于化学元素的感性认识，同时带来类似人和人之间语言互动的情感体验，同时玩家主动输入内容获得反馈的过程提升了学习者的内在动机，使学习者更积极主动地探索游戏，了解化学知识的内容。与此同时，学习者与化学元素进行对话的过程有助于其构建情景记忆，将原有化学知识内化到知识结构中。

四 应用价值

（一） 场馆展品介绍

科技场馆、自然博物馆以展品为基础，传统博物馆的展品信息内容是通过设在展区的图文版、说明牌和有限的文字说明来进行传播的。而观众参观的时间有限，说明牌的文字空间也有限，阅读说明牌无法让观众充分了解展品的特点与价值。ChatBot 技术可以通过简短的对话问答来调动观众了解展品的动机，灵活地结合图像、短视频等形式一步步将展品信息向参观者展示。该种方式与语音讲解方式相比，便于回顾与记录；与图文信息相比，更加生动有趣，避免了认知疲劳。

（二） 新媒体平台智能客服

ChatBot 技术还可参照其在电子商务领域的应用，成为科普新媒体平台的智能客服。参观者可从聊天机器人处获取诸如近期科普展览信息、常见科学问题、问题反馈等信息。近年来，拟人化营销风靡全球，人工智能技术功不可没。聊天机器人技术作为人工智能的一种应用路径，特别是线性问答的聊天机器人作为一种弱人工智能，技术门槛低，应用场景非常广阔，无论是技术自身

还是其承载内容都能很好体现网络科普的特点。

（三）科普游戏

本项目即 ChatBot 技术应用于科普游戏的案例。用对话形式增强与游戏者的互动，游戏者在使用聊天机器人时更像是与朋友聊天。依据科普主题内容适当加入激励机制，就可以平衡游戏的学习性与趣味性，特别是对于互联网快速发展下的社会，人们的整段时间非常少，往往是在碎片化时间中接受科普知识的。那么聊天机器人形式的科普游戏可以让学习者有效利用碎片化时间，迅速把握要素信息，与整段文字的科普图文或需要沉浸式体验的科普游戏不同。

提升小学生自然观察能力的手账 App 开发

项目负责人：李燕勤

项目组成员：金鹏　马祎曦　何喆　林滢珺

指导教师：吴娟

摘　要： 本项目是中国科学技术协会主办的 2018 年度研究生科普能力提升项目，从对小学生观察能力的研究及培养工具的现状入手，展开了一系列的工作，如调研、方案设计、内容设计、原型设计、论文撰写、微信小程序开发等。从教育技术领域专家、准科学教师、一线教师、小学生、国内外学者的评价及反馈中可以得知，本项目所开发的自然观察手账小程序能有效提升小学生的自然观察能力和科学探究能力，激发小学生对自然观察的兴趣，是一款具有新意、有使用前景的教育类移动应用。

一　项目概述

中国学生核心素养对教育教学提出了新的要求，培养全面发展的人成为教育工作者共同的追求，培养符合 21 世纪时代要求的新型创造性人才，是时代对人才培养的期待。

观察能力能够帮助学生更好地认识世界，也是提高学生能力、培养学生创造性的重要途径。观察力是智力的重要组成要素，与记忆力、思维力、想象力、创造力共同构成学生的五个基本能力。观察是实验探究的基础，因为在探究自然事物的活动中，首先要在认真观察周围常见事物的基础上发现问题，然后经过思考，再通过实验验证，最后才能得出正确、科学的结论。并且，在实验探究的过程中，认真细致、实事求是的观察又伴随探究过程的每个细节。因此，观察能力的培养直接影响其他能力的培养。作为一种重要的科学研究方法，观察是一切科学研究的源头，也是任何新发现、新发明的入口。体现在学生的科学探究过程中，观察是进行探究的第一步，是在后续全部探究过程中需要用到的一种方法。

《义务教育小学科学课程标准》（2017）在其科学探究目标部分强调，"在教师指导下，能从具体现象与事物的观察、比较中提出可探究的科学问题"，在其科学知识目标部分强调，要"观察、描述常见物体的基本特征"。小学生对周围的事物听觉、视觉、嗅觉的观察，能丰富他们对事物的认知，锻炼他们勤于动脑、善于思考的能力，锻炼他们逻辑思维的能力。对小学生来说，观察能力的培养既有必要性，又是比较容易进行、比较容易为小学生所接受的。

调查研究显示，中小学生的观察能力与观察教学主要存在以下六个问题：学生对观察的相关认知较贫乏；观察缺乏计划性与条理性；在观察过程中缺少质疑；观察活动不能持久；不能很好地做观察记录；教师的观察教学活动较少。

虽然观察能力是智力结构中的基本内容，是学生的基础能力之一，科学课程标准也十分强调科学观察的重要性，但是小学生观察能力的水平与观察能力教学的现状却不容乐观。究其原因，该现状和教师观念与学校评价制度不无关系，教育界对观察能力培养的研究深度与广度较为欠缺也是重要原因之一。

观察活动是学生获取感性认识的基本途径，是一个发现、分析与解决问题的探究过程，这种始于问题的观察有利于学生学习兴趣的激发。教师要让学生亲身经历以探究为主的学习活动，从中学会运用正确的方法进行观察，逐步养成自然观察的习惯和良好的科学态度，增强学生对科学奥秘的兴趣，从而提高学生认识世界的能力。

综上所述，本项目从培养学生对自然的观察能力入手，开发自然观察手账小程序（本项目立项时预期开发 App，后考虑到微信小程序在传播、使用、开发方面的优势，改为开发微信小程序，二者形式不一，但功能和目标一致），使小学生能够便捷、灵活、随时随地地记录观察自然的手账，以此鼓励、引导学生观察周围的世界，帮助小学生学会观察、热爱观察，记录观察的所见所得。在记录手账的过程中，小学生的自然观察能力、科学探究能力均得到相应提高，进而促使他们较好地达到科学课程标准中对科学观察能力的相关要求，也使他们能够适应未来社会对人才的基本素养的需求。自然观察手账系统包含三大功能模块：手账制作、个人中心和交流社区。各模块还包含一些特定的功能。在手账制作模块中，用户需要先根据自己所在的年级选择年段（低年级、中年级、高年级），年段代表相应的难度。然后再选择观察的主题，如"今天吃什么""探索你的家""一起去郊游吧"等，每个观察主题下有五个观察题目，用户可根据实际情况选择对应的观察题目。在特定的观察题目之下，学生首先需要阅读引导性文本，了解相应的背景知识和观察需求，而后对所处的自然环境进行切身的观察，最后在手账小程序中进行手账创作。在个人中心中，用户可以管理自己发布过的手账，将手账分享到交流社区，还能查看自己收藏过的手账作品。在查看手账作品时，用户能同时看到他人对该作品的评价，并且能将手账作品下载到本地进行保存。在个人中心中，用户还能查看自然观察手账的评价量表，明白要制作一份好的手账作品，需要考虑哪些因素，可以从哪些方面入手，还能对自己的作品进行评价。交流社区即为手账的展示广场，用户在完成手账制作后能将手账分享到社区，所有用户都能查看并留言、收藏（见图1）。

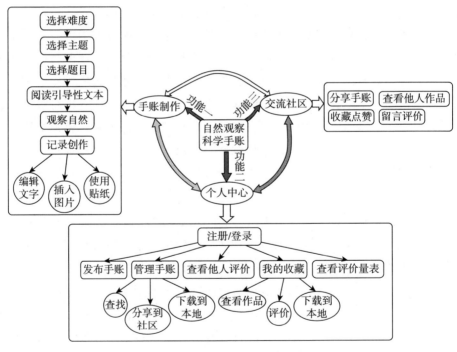

图1 自然观察手账系统功能

之所以选择自然观察手账应用来开发这一项目议题，一则是基于自然观察的重要性和自然观察实施欠缺的现实；二则是考虑到手账在记录日常生活感悟中的生动性和创造性；三则是希望借助App这种易于获取、传播、表现形式多样的电子产品帮助小学生通过记录自然观察的手账，更好地培养其观察能力。

为了实现以上所介绍的功能，本项目围绕以下十个内容展开进行。分别是：

①观察题材的选定；

②遵循循序渐进原则的题材顺序的设置；

③体现科普功能的引导性文本的选取（设定第一个学习支架）；

④体现观察过程、探究过程的手账模板设计（设定第二个学习支架）；

⑤原型设计；

⑥小程序功能模块（手账制作、交流社区、个人中心）的实现；

⑦手账制作小工具（文字编辑、图片插入、贴纸）的实现；

⑧UI 美化；

⑨评价体系的建立；

⑩小程序的测试和使用。

在整个项目的进行过程中，一方面要完成对小程序所预期的各项功能；另一方面，项目各阶段的流程开展要具有可操作性，前面阶段的工作是后面阶段工作的基础和前提。本项目的研究过程见图 2。

项目研究过程可以分为五个部分：内容设计、原型设计、小程序开发（App 开发）、评价体系设定和测试使用，最后还有收集数据进行准实验研究。由于项目持续时间较短，准实验研究这部分工作暂时还没有开展。在项目结束以后，项目组成员还将继续改善该自然观察手账小程序，并将该移动应用投入课堂使用，收集来自小学生的第一手数据，进行准实验研究，证实该手账小程序在提升小学生自然观察能力上的有效性。

在内容设计阶段，需要设计出能引起小学生兴趣、有实践可行性的观察主题和各主题下的题目，每个题目下都包含一定的学习支架，这些支架使得学生在进行自然观察之前对所要观察的事物有大致的认识，并且了解自己的观察指向，有目的地展开观察。在小程序开发之前，需要先进行原型的开发，将各个功能分配到不同的页面，为每个页面的布局进行规划，并确定不同页面之间的跳转关系。除此之外，原型设计阶段还要依据内容设计部分所规划的观察主题，设计出符合观察主题的贴纸和符合支架的模板页面。在小程序开发阶段，三个模块功能的实现是重点，在实现功能的过程中，用户界面的美化也是必要的。再接着是评价体系的设定，包括用于学生进行自然观察能力自我评价的问卷以及他人对学生手账作品的评价量表。最后，在实现手账小程序的整体功能以后，再对小程序进行测试，依据每次的测试结果进行相应部分的修改和完善，使小程序更加符合小学生的使用习惯和自然观察的主题。

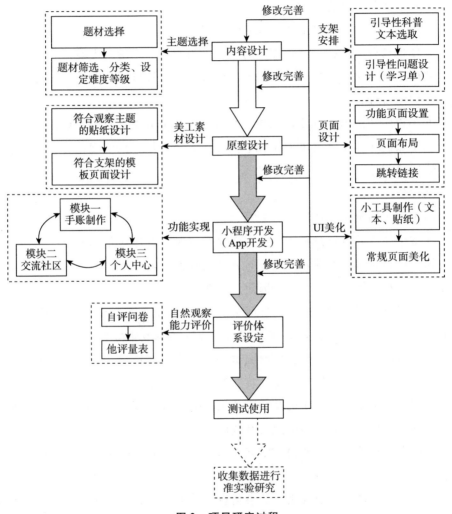

图 2　项目研究过程

二　研究成果

本项目的研究成果包括 2 个观点、2 个方案、1 个原型、1 篇论文以及 1 个移动应用。

（一）观点

1. 半结构化访谈

对 3 名专家、10 名准科学教师进行半结构化访谈，初步认为该手账 App（后改为微信小程序）有助于提升小学生的自然观察能力及其他科学素养。

访谈结论如下。

①访谈对象普遍认为该手账 App 所关注的研究主题——观察，是十分基础且重要的，该原型设计总体上符合观察活动的特征。

②小学生有足够的认知与操作能力来使用该 App。在手账模板的一步步引导下，学生在进行观察活动时能更有目的性和方向性，有利于为参与者进行自主学习提供辅助支持。

③该自然观察手账 App 能逐步提升小学生的自然观察能力，逐步养成自然观察习惯和良好的科学态度，增强学生对科学奥秘的兴趣，从而提高学生认识世界的能力。

2. 小程序使用调研

在开发好手账小程序以后，除了让项目组成员和导师进行使用测试以外，还让教育技术领域专家、一线小学科学教师、小学生使用了该自然观察手账小程序。

调研从四个维度展开：小程序的使用体验和用户需求的满足情况、使用难度和设计合理性、对小学生的兴趣和观察能力的提升情况、小学生的使用意愿。每个维度包含 2 个问题。自然观察手账小程序调研内容与结果见表 1。

表 1　自然观察手账小程序调研内容与结果

序号	维度	问题	回答
1	使用体验、用户需求	1. 你认为学生在使用该手账小程序的过程中，能体验到自然观察的过程吗？ 2. 你认为该手账小程序能满足小学生进行自然观察的工具需求吗？	1. 引导性文本能帮助学生很好地体验自然观察 2. 相比纸质材料，移动设备、软件能为学生提供多模态的创作工具，能满足学生的需求

续表

序号	维度	问题	回答
2	难度、合理性	1. 你认为小学生能独立使用该工具吗？是否存在技术上的操作困难？ 2. 模板、素材设置是否合理，符合小学生的使用习惯吗？	1. 不存在操作难度，即使有，在教师简单指导下也能很快地上手 2. 模板和素材的设置都体现了自然观察的特点和要求，也符合小学生的认知特点，因此符合他们的使用习惯
3	兴趣与能力提升	1. 你认为该手账小程序能提升小学生对自然观察的兴趣吗？在哪些方面体现？ 2. 你认为该工具能提升小学生的自然观察能力吗？在哪些方面体现？	1. 小学生最喜欢图文并茂的学习工具，该工具的使用能很好地激发学生对自然观察的热情 2. 要想提升自然观察能力，在很大程度上需要教育者的指引，手账模板在一定程度上充当了该功能，但还需要加入技巧性的引导
4	使用意愿	1. 这款手账小程序上线以后，你是否有意愿将它放入自己的课堂，充当辅助性的教学工具？ 2. 你会在什么情境下使用该手账小程序？	1. 十分乐意，并且十分期待 2. 科学课上，会将该手账小程度与教学内容结合，展开科学活动；在家里、社区、野外，都可以将此工具作为日常学习和休闲工具

（二）方案

1. 观察题目、主题和引导性文本的设计

这部分内容确定了 7 个观察主题、前 3 个主题中 45 个题目的设置、引导性文本设计。

2. 自评问卷和他评量表的确定

学生对自然观察能力的自我评价问卷，参考的是台湾地区学者周鸿腾所提出的《学生自然观察智能与仿生设计能力自评量表》中的自然观察能力自评部分（见表 2）。对学生的手账作品进行评价时所参考的是波特兰州立大学的 Karinsa Michelle Kelly 在硕士论文中所提出的自然观察记录作品评价量表（见表 3）。

表 2　学生自然观察智能与仿生设计能力自评量表

自然观察智能		少许符合	部分符合	大部分符合	完全符合
感受	1. 在户外自然生态环境时常常感到很舒适自在	1	2	3	4

续表

自然观察智能		少许符合	部分符合	大部分符合	完全符合
感受	2. 对大自然的事物保持高度的学习兴趣	1	2	3	4
	3. 在遇到问题时，会沉浸到大自然中，找寻启发或灵感	1	2	3	4
	4. 会感受并且注意到微小事物的变化	1	2	3	4
具体观察行动	5. 喜欢利用工具来观察生物，如放大镜、望远镜、显微镜等	1	2	3	4
	6. 喜欢为动物、植物或是生态环境写生素描或照相	1	2	3	4
	会选择阅读、观看有关动植物或是生态环境的书籍或节目	1	2	3	4

表3　自然观察记录作品评价量表

CRITERIA	1	2	3
Accuracy	Observations are mostly inaccurate	Observations have some inaccuracies	Observations are all or mostly accurate
Detail	Observations have little to no detail	Observations include basic, conspicuous details and/or use plain descriptions	Observations include inconspicuous details and/or use rich descriptions
Qualitative Data	Does not include	Estimates	Counts or measures

（三）　原型

原型包含小程序操作页面的整体功能设置、布局，展现页面之间的功能跳转情况，使用 xiaopiu App 制作而成。现已将原型设计设置为公开，读者可依据个人需要进入 https://www.xiaopiu.com/h5/byId? type = project&id = 5d6d160b62ad1e4d5efcdf8a 下载。

（四）　论文

在原型设计和对原型设计的半结构化访谈的基础之上，我们撰写论文介绍该手账 App 之功能、预期与使用者评价，题为《小学生自然观察手账 App 的原型设计》，被第 23 届全球华人计算机教育应用大会（GCCCE 2019）收录。由于篇幅限制，读者可自行至大会网站——http://it.ccnu.edu.cn/GC-CCE2019/home.html查阅论文。

（五）移动应用

本项目由原先的App开发改为小程序开发，之所以改变产品类型，是因为考虑到微信小程序在使用、获取、传播方面的便捷性和快捷性。虽然产品类型改变了，但内容实质不变，指导理念和功能目标也都不变。

自然观察手账小程序包含三大功能模块：手账制作、个人中心、交流社区。三个模块的功能在第一部分内容中已经详细介绍过，此处不再赘述。图3至图5分别是手账广场、手账个人中心和手账制作界面。

图3 手账广场界面

图 4　手账个人中心界面　　　　　图 5　手账制作界面

三　创新点

本部分将对研究成果所具备的创新点一一介绍。

（一）观点

对"提升小学生自然观察能力的手账 App 原型设计"进行的半结构化访谈，收集了来自专家、学科教师的第一手资料，从而为该手账的设计及开发提供立论支持，为后期的准实验研究提供研究假设。更重要的是，访谈对象在访谈过程中所提出的许多有价值的建议都是后期改进的参考点。

自然观察手账微信小程序的测试使用调查，使我们对该手账小程序的用户使用感受有了更深的体会。从与一线教师和小学生的言谈中得知该手账小程序具备可用性、创新性，能极大地激发小学生进行自然观察的兴趣，方便对教师和学生展开自然教育。

（二）方案

观察主题、观察题目、模板设计以及素材设计，确定了内容设计部分的大体框架，符合小学生的认知特点。观察主题和观察题目大多是小学生喜闻乐见的，都是他们在生活中便能轻松进行的活动，具备可行性。各个观察题目所对应的模板，包含背景图片、引导性材料和引导性题目，以及各种贴纸素材，风格多样而具备童趣，能有效激发小学生的学习热情。

在评价这一环节，我们找到了合适的对自然观察能力进行评价的方案，包括学生对自我进行的评价，分为"感受"和"具体观察行动"2个维度，每个维度包含3~4个问题。而手账评价量表是他人对学生手账作品的评价，通过对手账作品的评价间接地了解学生的观察能力，该量表分为3个维度，分别是准确性、细节和量化数据。这两个量表为学生、教师、家长及科普人员提供了评价观察活动开展效果、学生作品完成情况的参考标准。当然，这两个量表不是固定不变的，评价者可以根据学生的实际情况进行调整，有些维度可以舍弃，还可以添加一些符合实际观察对象、观察环境和学生评价的维度。

（三）原型

原型设计将小程序所要实现的功能、页面的布局和链接跳转情况展示出来，便于小程序开发的技术实现。在进行原型设计的过程中，小程序的各个功能得到了更加明确细致的划分，系统的工作流程、数据的流动方向、数据库存储和提取的设置都更加清晰，使得后期的开发更加顺利。

（四）论文

在《小学生自然观察手账 App 的原型设计》这一论文中，我们从对观察能力的研究及培养工具的现状入手，确立了研究内容的依据，并基于系统的功能模块和数据流图对 App 系统架构进行了原型设计。为了确认手账 App 在提升小学生自然观察能力方面的作用和价值，项目组还对 3 名专家及 10 名职前科学教师进行了半结构化访谈。结果显示：自然观察手账 App 既能为小学生自然观察活动提供辅助引导，提升小学生的自然观察能力，又具有发展科学探究能力、提升科学素养的潜力。

（五） 移动应用

将 App 改为小程序，更加便于传播和日常使用，三个模块的功能相辅相成，有助于自然观察记录的实现，培养学生的观察能力。

与传统的纸质版自然笔记相比，该自然观察手账小程序是信息化的教学辅助工具，在传播、存储、创作形式，以及修改、反馈上都有更大的优势。目前许多科学教育领域的教育类移动应用关注的多是具有显著观察效果的可见、可操作的实验，少有关注自然观察、自然教育的移动应用，大多不是跨时较长、关注过程性技能的实验。本项目所开发的自然观察手账小程序，鼓励情境化的教学，学生在自然环境中展开观察、提出问题并尝试解决问题。在创作手账的过程中，学生不仅能充分地发挥个人的文字编辑和图案美工技能，还能与同伴进行分享，在社区交流平台上互相学习、共同进步。

科学观察的记录与日常琐事的记录不同，它更关注科学性和逻辑性。每个观察题目所对应的模板都在一定程度上体现了科学探究的性质，有的包含了科学探究的部分流程，有的包含了完整的流程（提出问题、做出假设、收集数据、分析整理数据、得出结论、交流讨论）。但毕竟手账是一种记录工具，支架的提供需要适量，否则会使学生的认知负荷过重。

四 应用价值

本项目的成果有观点、方案、论文，还有移动应用程序，这些成果都是围绕自然观察和手账记录展开的，每一项成果对自然教育的科普工作都有建设性的应用价值。对于未来的科普工作，本项目中最具有应用价值的成果当数移动应用程序，即自然观察手账小程序。

自然观察手账小程序能很好地体现循序渐进、启发诱导的科普功能。用户在使用该小程序的过程中，需要有观察周围世界美好事物的眼睛，在类似于学习单的模板的引导下，用户能亲历观察、探究过程的流程，调动视、听、嗅、尝等所有感官，在观察的现场用图片或视频记录当时的场景，用文字在一旁简单注释、写下感受，如有疑问可标注在一旁，后期通过查阅资料、搜索观察事物的特征与奥秘来补充手账。整个流程能充分调动用户的所有感官和灵感，使其专注于观察、记录，逐步提升自身的观察能力及寻找美、发现美、探究美的能力。观察越多，感受越多，理解就越深入，原本那些孤立的事物，也会因为观察的增多而变得熟悉、亲切起来。随时随地、每时每刻地感受与周遭世界的关联，孩子们对大自然、对自己生活环境的理解和认识会日益深刻，在与他人分享认识和感受时，其表达能力也得到提高。

观察手账还是一种有价值的学习方法。观察手账中事实、数据、图像等基础信息进入学生的大脑后，经过加工处理分散到大脑的不同区域，图像的加工处理存在于我们负责创造和情感的右脑，而右脑已被科学家实验证明具有神奇的记忆能力。因此观察手账体现了左右脑并用的学习方法，有助于形成用左右脑来思维的习惯。

在使用微信小程序进行科学手账记录的过程中，用户不仅能使用文字、图片、视频轻松记录观察的所见所得，借助图案画笔、贴纸、背景图片等工具美化手账编辑界面，还能分享个人作品到社区交流平台，并与他人在社区平台上进行交流互评。小程序的管理人员、学生家长以及学校科学老师，都能给学生的手账作品点赞或发表评论，通过评论功能回答学生的问题、引导学生自主解决问题、激励学生进行下一步的观察探究活动等。从这个角度来说，自然观察手账可以作为校内科学课程以及科技场馆的辅助教学工具，帮助老师（特别是科学老师）和科普人员引导学生积极有效地进行观察活动。当然，学生也可以把手账当作个人隐私作品，在完成手账创作后将手账保存到个人空间，设定浏览权限。

本项目的最终目标在于教小学生如何做自然观察的科学笔记，同时提出一种学习思路、一种学习观察的方法，并在此过程中有力地提升小学生的观察能力。该自然观察手账小程序到目前为止，功能大体实现，但有些细节还不是十分完善。后期我们将会继续完善小程序的细节，并把小程序真正投入使用，了解小学生在使用该手账小程序过程中的真实情形。我们还会为该自然观察手账设计对应的自然观察课程，开发出配套的教师资源和学生资源。实践出真知，愿该项目的成果在未来的科普教育中发挥其最大的成效。

参考文献

1. 高蕾，张净银．中韩小学科学课程标准中科学素养的比较分析［J］．天津师范大学学报（基础教育版），2019（2）：29 – 33.

2. 颜永平. 小学科学教学中观察能力的培养研究［J］. 小学科学（教师版），2018（4）：34.

3. 尹坤玉. 初中生观察能力培养的研究［D］. 武汉：华中师范大学，2012.

4. 周鸿腾，王顺美. 引导式仿生教学对大学生自然观察智能与仿生设计能力之影响［J］. 环境教育研究，2016（1）：1－39.

5. Kelly K M. Science Journals in the Garden：Developing the Skill of Observation in Elementary Age Students［Z］. ProQuest Dissertations Publishing，2013.

地震科普

——"营救计划"的设计与开发

项目负责人：王宇菲

项目组成员：金鹏　何喆　夏爽　乐向莉

指导教师：李艳燕

摘　要：我国地震多发，由于地震的不可预测性和社会影响较大，青少年，尤其是小学生自我保护意识较为薄弱，开发一款针对小学生的地震科普游戏势在必行。目前，市面的地震科普形式主要为视频，且大多为纪实视频，存在趣味性不足等问题。本项目在游戏的设计上以学生的需求为切入点，采用卡通风格的界面，并在其中插入活泼可爱的视频以帮助学生强化地震知识的学习。这款游戏已在线下实施，并在收集意见后进行了多轮迭代。此外，本项目针对如何做好地震科普提出了三点建议，可为将来相关游戏的开发提供思路。

一　项目概述

（一）研究背景

1. 地震科普必要性

我国是地震灾害多发的国家，地震带分布广、震级高、震源浅、灾害重、社会影响大。由于欠缺预防地震灾害的能力，以及地震的不可预测性，地震科普宣传在防震减灾中具有非常重要的地位。通过加大对群众的科普宣传，可有效减少财产损失和人员伤亡。

2. 国内地震科普现状

由于我国地震频发，公众对于地震科普的需求也越来越强烈。目前，我国在地震教育方面已经取得了一定的成果，主要通过图书、宣传册、广告、讲座、培训、演习、音像制品、软件和科普网站等进行科普教育。在部分高校，也存在学生前往支教地进行地震科普教育的模式。

总的来说，我国科普工作已经初具规模，全国防震减灾科普基地的建设逐步进入高潮，科普宣传形式和媒体宣传日益繁荣。截至 2017 年，共建成科普基地 396 个，其中国家级科普基地 96 个、省级科普基地 300 个。在科普基地数量不断攀升的同时，我国地震科普的形式、内容以及面向对象不够丰富。目前国内地震科普作品创作存在以下问题。

（1）创作形式不够丰富

近些年，数字地震科普场馆的数量不断增加，但是对于大多数学生尤其是非一线城市学生来说，课堂外接触地震知识的媒介依然是传统媒体，通过视频、书籍等方式，没有充分利用电子游戏这一强大的现代媒介。

（2）内容上趣味性不足

我国的地震科普内容多见于地震基本知识、避难救治、震害防御等方面。对于地震心理、职业兴趣等的科普内容相对较少，且形式枯燥，缺乏吸引力。没有合理利用卡通形象等趣味性标签。

（3）缺乏科学的理论支撑

目前市面上的地震科普，大多倾向于僵硬的知识灌输，对学生的情感以及动机转换的引导不够全面，导致地震科普无法真正走入学生内心，进而影响到学生科学素养的培育。

（4）游戏水平参差不齐

由于部分游戏公司的非专业性，对理论基础、科普内容、学习者分析等的把握不到位，地震科普游戏市场参差不齐，令人担忧。

（二）研究方法

1. 研究方法

（1）风格分析法

风格分析法是艺术史的研究方法之一，对于已有作品的表现形式进行分析。

（2）设计式研究方法

设计式研究方法通过设计、实施、评价、再设计的迭代循环，可使作品更加完善。

2. 设计思路

（1）思考科普目标（希望玩家学到什么）

在设计游戏之前，应对玩家的学习地震知识积极性及知识需求做前测，从目标人群的角度确定科普目标。

（2）在设计游戏前，找到可提供支撑的学习理论、策略或工具

在本项目中，我们选择心流理论作为理论基础，同时采用激励性学习策略，并计划建立量表来测量目标人群的科普成效。

（3）为玩家更高层次的学习提供支持

在本项目中，主要以提供适当的挑战及提示为主，注重情感体验。

（三）研究过程

1. 内容细化与编创

根据受众特点，进一步从参考书目、文献、科普网站中寻求内容来源，进行故事化编创。对已有作品案例进行分析（主题设定、故事情节等角度），以借鉴其优点、避开其欠缺之处。细化本项目游戏设计框架内容，请相关领域人士审核内容。

2. 游戏主题敲定

选择合适的画风，匹配主题大纲内容。在表现科学内容的部分要注意细节，保证逻辑严谨。

3. 完善游戏任务，筛选合适的科普内容

4. 游戏开发及相关科学活动设计

5. 测量评价

测量评价科学传播效果，通过问卷评价该项目对目标人群科学素养和地震常识的提升效果。

（四）主要内容

1. 研究目的

第一，设计一款有趣合理的地震科普游戏。

第二，分析当下目标人群的科普需求。

第三，不仅科普地震是什么，更要科普为什么地震。

第四，为其他地质类游戏的设计开发提出建议。

2.预设目标

第一，分析目前学生对于地震科普的盲点与需求点。

第二，通过有趣的地震科普视频，增强学生的安全意识和防范意识，使学生对地震有进一步的理解。

第三，地震科普小游戏中的内容可以在其他科普号和科普平台转载，促进全民科普的形成。

3.研究内容

本项目采用游戏的方式进行地震知识科普，并将继续探索其他地质灾害的科普形式。本项目的游戏设计以三、四年级小学生为主要对象，尊重小学生的个体发展差异性，本游戏允许玩家参与对话学习进而用于地震知识教育。学习系统包括以下三个模块：

第一，边缘知识学习模块，在虚拟环境中提供基于课堂的基本信息，以饶有趣味的方式教导玩家地震科普盲点及地震求生等方法；

第二，地震检查游戏模块，玩家运用所学地震知识，引导玩家在地震时停留在较为安全的位置；

第三，职业素养培养模块，通过震后心理修复，进一步掌握地震的相关知识；

游戏强调对大众的优势和益处，通过边做边学，可以为玩家提供优质的地震科普体验。

4.游戏简介

场景一：玩家进入游戏后，身份为一名光顾地质探险所的超级英雄，可以营救人类，玩家在课余生活中需要像蜘蛛侠一样做一个小孩子，需要给自己选一个身份。

玩家参与：绘图、选择自己心仪的角色。

场景二：作为一名超级英雄，生活中也需要面对各种各样的危险，科学知识是超级英雄的强大武器。

玩家参与：进入科学实验室，学习相关地震科学知识。

场景三：超级英雄要获得能量宝石，这样才可以去拯救人类。

玩家参与：在规定时间内答题闯关，题目内容为科学老师课堂所讲授的知识。

场景四：教室里发生了地震，超级英雄需要使用时光宝石，启动时光机回到过去，争取在灾难发生之前将同学们解救出来，时光机需要答对题目才能启动。

玩家参与：在规定时间内答题闯关。

场景五：超级英雄将同学们拯救了出来，但是时间紧迫还需要去拯救其他被困的人类。

玩家参与：认真倾听，答题；针对被困人员的问题，选择合适的答案。

5. 分析地震科普需求

通过游戏前后的访谈以及学生在游戏后绘制的思维图，我们可以初步得出学生对地震的兴趣，可进一步调整科普游戏的内容及环节。相较于传统科普兴趣调查，玩家在游戏中的行为数据可能更接近自身的真实水平。另外，数据的时效性和准确性也可以得到保证。

6. 游戏优化措施

为了吸引玩家，我们需要从学习者分析的角度考虑游戏优化。由于面向对象主要是学生，相比内容，游戏的展现形式可能会更吸引他们的注意力。所以考虑从内容展示、页面风格两个方面提升。

（1）内容展示

考虑到学生对于大段文字可能会出现抵触情绪，我们在游戏中加入了富有趣味的动画。

（2）页面风格

我们对整个游戏的页面进行了多轮迭代，从最开始的简洁风到后面的卡通风，以学生为主体，优化学生的体验感。

（五）项目创新点

本项目的优势与创新性主要体现在以下几个方面：

一是游戏内容设计科学合理；

二是游戏可准确分析当下目标人群的科普需求；

三是游戏不仅科普"是什么"，还科普"为什么"；

四是游戏趣味性强，能激发学生群体的认同感；

五是游戏具有较强的可扩展性、可传播性。

二 研究成果

（一）科普游戏

通过头脑风暴、上网浏览等方式，成员进一步了解游戏制作时的具体细节和模块组建，不断通过草画和电脑作图的方式优化游戏细节，最终以草图的方式推出了游戏 1.0。结合技术开发难度和效果，对游戏进行了第二次迭代，推出了游戏 2.0，并以此为基本模型进行了搭建。游戏制作过程中，根据图片、视频大小、兼容性以及不同机型展示效果进行调整。之后在实施过程中，发现游戏存在奖励信息不明显等问题，进行了第三次迭代，推出游戏 3.0。之后我们进行了线下测试，发现学生对原有游戏风格存在疑惑，根据学生的体验偏好，我们重新调整并设计了游戏页面，推出游戏 4.0。游戏界面见图 1。

图 1　游戏界面

（二）科普视频

视频共 2 个，视频主题分别为：地震是什么；地震逃生须知。本项目通过和地质研究方向老师的沟通来不断优化精简。为了更好地迎合受众群体——小学生，本项目将许多难度较大的知识点，以及部分文字阅读体验感较差的知识点，以可爱动画的形式插入游戏页面。在视频的制作上，通过咨询心理学老师以及查阅文献等方式来了解当下学生的情感发展，最终选择了纯色背景的视频，再交付给教育技术学专业的学生进行设计制作。

在制作视频时，上网观看国内外地震科普视频，阅读科普类公众号（"果壳网""科普中国"等）推文。通过反思已有视频的不足，借鉴前人的优点，总结视频制作过程中的关键点。此外，也进行了组内的交流沟通，在征集大家意见的情况下进行了视频的制作与设计。采取鼓励激发的策略和亲切可爱的画风，让学习者在轻松快乐的环境中学到知识。视频制作见图 2。

图 2　视频制作

（三）科普文章

由于游戏体量限制，游戏本身知识承载厚度不够，因此我们选择通过公众号文章进一步对知识进行补充分析的方法，将地震知识补充内容提炼并排版成学生较为喜欢的可爱风格，并通过诙谐可爱的方式向学生解释地震形成的原因（可参考大米饼与果冻模拟地震）。另外，公众号本身也有便于传播的特点。

结合开发经历，项目组分别以 Web of Science、中国知网为搜索平台，搜索游戏、在线教育相关文献 50 篇，认真研读并总结重点，对教育游戏发展趋势进行分析，以期为今后的教育游戏设计与开发提供思路。教育游戏可以从游戏的定义与特质、游戏的特性、游戏的分类、游戏的吸引源、游戏偏爱、游戏相关理论、教育游戏的迷思、教育游戏的设计原则、游戏式教学的设计原则等方面进行分析和讨论。在教育游戏的设计上，要考虑游戏到底要学生学习到哪些内容，在安排活动前要尽量先找出指导游戏的策略或理论，并且要能满足学生更高层次的需求。

结合游戏开发过程提出以下建议。

（1）内容应由浅到深

注重科学原理而非科学概念，重点在于让学生掌握自然科学规律，其次才是了解科学概念与科学知识。内容上要多运用浅显易懂的语言，较长较难的大段概念可用视频或动图的方式呈现。

（2）重视科学素养的提高

尽可能避免传统问答，传统问答作为评估方式的一种，具有用时短、反馈快等优点，但不可否认的是传统问答具有明显的"训练效应"，并且学生在进行问答时思维是线性的，在没有外界干涉的情况下很难与已有知识联系起来。对于地质学等基础科学，可采用思维导图、概念图的方式代替原有问答评估。

（3）游戏主线故事需丰满生动

可通过学生熟悉的动漫人物或故事情节引入，对于游戏涉及的知识要仔细敲定。内容引入要与故事主线相吻合，避免出现脱节。

三　应用价值

本项目共产出了 2 个科普视频、1 个 H5 游戏、多篇地震科普文章，都已在公众号中发布。在未来，可用于科学教师辅助工具，辅导小学科学课中"地球与宇宙"模块的学习。视频可以投放于优酷等平台进行多次传播，公众号文章可通过中国科学技术协会公众号等权威平台进一步推广，教师也可进行使用。游戏既可作为学习手段，也可作为教师评测学生学习情况的工具，其通过学生在游戏中的表情，以及游戏结束后绘制的思维图对学情有更准确的把握。

总之，教育游戏是集娱乐与教育于一体的学习模式，设计与开发需要从学生的角度入手，最终以促进学生的学习为落脚点。

参考文献

1. 周琳 . 我国防震减灾科普工作现状分析及对策研究［J］. 科技创新与应用，2018（28）：146 – 147.

2. 王一嫒 . 北京市中学生防震减灾科普情况调查研究 ［J］. 国际地震动态，2013（8）：19 – 24.

荧光造影手术原理及技术流程的
科普性图文展示

项目负责人：曾剑平
项目组成员：许康立　沈建　黄凯源
指导教师：詹仁雅

摘　要： 荧光造影手术是医学上重要的新型手术方式，可以显著提高手术的准确度，降低术后并发症。本项目通过制作简明卡通图文，对荧光造影手术技术的物理原理及操作流程进行科普讲解。同时利用简易材料和设备对临床荧光造影显微镜进行仿制，并进一步利用小龙虾、鸡蛋、鸡翅等生活中常见食材进行独创的模拟手术及荧光造影，展示荧光造影手术效果。最后结合实际临床荧光造影手术资料，探讨荧光造影技术的临床应用现状，深入浅出地对荧光造影手术技术进行科普讲解。

一　概述

（一）研究缘起

颅内动脉瘤是指动脉壁因脑动脉内腔的局限性异常扩大而造成的一种瘤状突出。颅内动脉瘤多是因脑动脉管壁局部的先天性缺陷和腔内压力增高而引起的囊性膨出，是造成蛛网膜下腔出血的首位病因。颅内肿瘤又称脑肿瘤、颅脑肿瘤，是指发生于颅腔内的神经系统肿瘤，包括起源于神经上皮、外周神经、脑膜和神经胶质的肿瘤，淋巴和造血组织肿瘤，蝶鞍区的颅咽管瘤与颗粒细胞瘤，以及转移性肿瘤。

目前的流行病学统计结果显示，颅内动脉瘤及颅内肿瘤二者的发病率均呈现逐年上升的趋势。而且由于二者的发生、发展均伴随极高的致残率和致死率，一旦出现动脉瘤破裂或者肿瘤进展等情况，将对患者家庭和社会造成巨大损失。而荧光造影成像技术对提高该类疾病的治愈率起着极其重要的作用，通过对荧光造影技术的科普化宣传，有利于提升民众对这该类疾病的理解水平，促进医患沟通，建立更好的医患关系，为预防和治疗此类疾病打下良好的基础。

吲哚菁绿（Indocyanine Green，ICG）是一种感光染料，是美国食品药品监督管理局（FDA）唯一批准的体内应用染料。它注入血液后会迅速与清蛋白及α1-脂蛋白结合，随血液经过肝脏时，有90%以上被肝细胞摄取，再以原形由胆道排泄。它不参与体内化学反应，无肠肝循环、无淋巴逆流，不从肾脏等肝外脏器排泄，无辐射、无毒副作用，且排泄快，健康人20分钟内约有97%的吲哚菁绿从血液中排出。ICG在近红外光谱范围内能被较强吸收，而且具有与血浆蛋白结合率高、不被肝外组织吸收的特点，现已经应用于生物医学成像、光动力治疗、病理组织检测等领域。近年来，吲哚菁绿荧光造影技术在脑血管病手术中的广泛应用和推广，极大降低了围手术期发生动脉瘤破裂出血、无法夹闭，瘤颈残留，载瘤血管狭窄甚至闭塞等并发症的概率。ICG术中荧光血管造影因其近红外视频摄像头整合于显微镜内，术中造影时无须移开显微镜，从注药开始，2分钟内可获得影像，术者可根据造影结果，迅速调整动脉瘤夹的位置，并可在短时间内再次进行造影检查，检验调整结果。因终末支血管缺血15分钟即可发生不可逆性改变，而术中DSA经历时间较长，当获得血管闭塞或损伤信息时，脑组织缺血时间已经较长，术后出现神经功能障碍的机会增加。与术中DSA相比，术中荧光血管造影的另一个优势在于它有较高的空间分辨率。术者在显微镜术野中能看到的血管，荧光血管造影均能显示，甚至直径小于0.5mm的血管都可显现。因此，用DSA无法显示的微小穿通血管可以用荧光血管造影观察其通畅性。荧光造影则可根据术中的临时需要进行造影，提供即时诊断。

荧光素钠是一种橙红色粉末，无气味，有吸湿性；易溶于水，溶液呈黄红色，并带极强的黄绿色荧光，酸化后消失，中和或碱化后又出现，微溶于乙醇；其吸收光谱在465~490nm（蓝色光），发射光谱在520~530nm（黄绿色光）。荧光素钠进入血液后，有80%以上和血液中的蛋白（主要是白蛋白）结合，而我们所见的荧光主要来自血浆中未结合的荧光素。近年来，研究发现高级别胶质瘤、脑转移瘤、脑脓肿和脑挫裂伤等病变会导致血脑屏障的完整性受损，局部通透性增加，使血管中的部分物质易渗透至脑组织间隙。而静脉内注射的荧光素钠可通过上述原理，在局部血脑屏障破坏部位通过渗透作用进入脑组织，从而使血脑屏障受损脑区有荧光着色。这一原理与 MRI 增强扫描中的钆对比剂相似，因此，荧光素钠通常在 MRI 上呈现明显强化的高级别胶质瘤中同样具有良好的显示效果。因此，荧光素钠血管造影技术在提高脑胶质瘤切除率和改善患者无进展生存期方面具有广阔的应用前景。

（二）研究过程

2018 年 10 月：实验设备材料准备及设备调试。

2018 年 11～12 月：制作关于荧光造影技术的物理原理及操作流程的卡通图文。

2019 年 1～2 月：实验条件摸索及优化。

2019 年 3～4 月：实验的数据采集及分析。

2019 年 5 月：临床荧光造影手术的资料采集及处理。

2019 年 6 月：论文撰写及成果推广。

（三）主要内容

1. 制作荧光造影手术原理卡通图文

总结荧光造影技术资料及相关专家意见，对荧光造影手术原理进行卡通化，便于大众对该技术的科学原理的初步理解。

2. 仿制荧光造影手术显微镜

参考德国蔡司双荧光手术显微镜（OPMI - PENTERO - 900）的设计图思路，利用普通家用电器设备元件及网购相关部件对其进行仿制，实现家庭环境的临床荧光造影剂的激发和采集。通过使用 LED 灯代替激光、摄像头代替显微镜 CCD/COMS 等方法，利用普通家庭环境中可取得的材料对医学手术荧光进行简单模拟，实现家庭环境下的荧光造影剂激发。同时对自制的简易荧光造影显微镜进行调试，利用多种激发波段（460nm、480nm、500nm、520nm、760nm、780nm、800nm、810nm）的 LED 灯及相应不同波段的窄、宽带滤光片，对不同浓度的吲哚菁绿及荧光素钠进行激发，探索最佳激发波长、最佳滤过波段、最佳荧光剂浓度及激发时间、影像采集设备参数等，达到最佳的荧光造影效果。

3. 荧光造影模拟手术

利用普通家庭环境中可取得的食材，模拟实际临床手术中的荧光造影过程。

（1）鸡蛋荧光造影

利用小钻头或小螺丝刀在其蛋壳顶端钻出一大小约 0.5～1mm 的破口，利用小注射器抽吸出一部分蛋清，并将事先配好的荧光素钠/吲哚菁绿注入鸡蛋，破口用薄胶带封闭。将蛋壳置入特定波长的 LED 灯，进行荧光激发，并通过手机/改造后的摄像头进行拍摄。

（2）鸡翅血管荧光造影

在鸡翅的断端处找到鸡翅血管的残端，利用小注射器将事先配好的荧光素钠/吲哚菁绿缓缓注入鸡翅的血管，直至造影剂满溢反流。将鸡翅置入特定波长的 LED 灯，进行荧光激发，并通过手机/改造后的摄像头进行拍摄。

（3）鸡翅血管手术及荧光造影

用小工具刀在鸡翅的中间部位划一个小切口，找到鸡翅中的血管。在放大镜下利用小针小线对血管进行缝合，模拟临床血管缝合手术。后利用小注射器将事先配好的荧光素钠/吲哚菁绿缓缓注入鸡翅的血管，直至造影剂满溢反流。将鸡翅置入特定波长的 LED 灯，进行荧光激发，并通过手机/改造后的摄像头进行拍摄。

（4）小龙虾荧光激发

将活的小龙虾放到含有吲哚菁绿的水中养育过夜，倒掉废水后反复冲洗小龙虾 3 次，将小龙虾放置在 780nm 左右波长的 LED 灯下，进行荧光激发，并通过改造后的摄像头进行拍摄。

（5）小龙虾心脏的荧光造影

取已自然死亡的小龙虾，利用镊子将小龙虾心脏上方的虾壳去除一部分，利用小注射器向小龙虾的心脏内注射少量事先配好的荧光素钠，并将注射后的小龙虾置入特定波长的 LED 灯，进行荧光激发，并通过手机进行拍摄。

4. 荧光造影手术资料收集

收集荧光造影手术资料及相关荧光造影手术文献，筛选典型清晰的手术图片、视频并整理归纳，最后利用深入浅出的图文，对临床手术及荧光造影技术进行讲解。

5. 科普推广及专利申请

对项目中的荧光造影显微镜改造技术及荧光手术方法进行总结，通过微信公众号、模拟手术视频、课堂教学等方式在医学生及医学科普领域进行科普推广。对项目成果进行总结并申请相关专利，进一步产生经济效益。

二 成果

（一）方案

项目技术路线见图1。

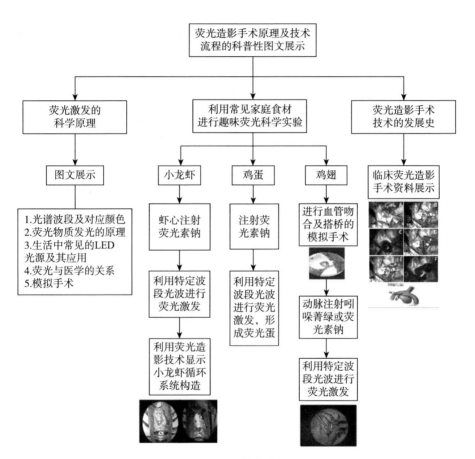

图1 项目技术路线

（二）作品

1. 荧光造影手术原理卡通图文

完成荧光造影技术相关卡通图文，对荧光造影手术原理进行卡通化，便于大众对该技术的科学原理的初步理解（见图2）。

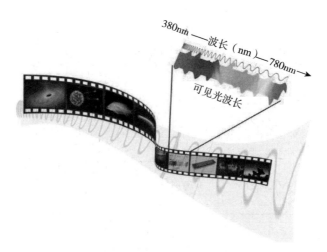

图 2 荧光造影手术原理：光的波长与可见光

2. 荧光造影模拟手术

利用小龙虾、鸡蛋、鸡翅等生活中的常见食材进行模拟手术及荧光造影，展示荧光造影的实际效果（见图 3、图 4）。

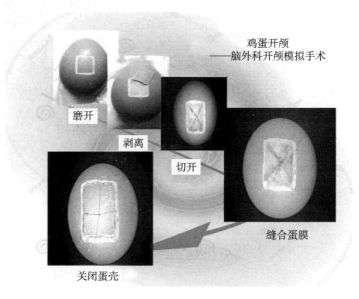

图 3 荧光造影模拟手术：模拟开颅手术（鸡蛋）

3. 荧光造影手术

搜集并整理相关荧光造影手术文献，利用深入浅出的图文对临床手术及荧光造影技术进行讲解（见图 5）。

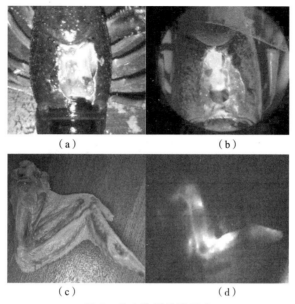

（a）　　　　　　　　　　　（b）

（c）　　　　　　　　　　　（d）

图4　荧光造影模拟手术

注：（a）、（b）：模拟血管造影（荧光素钠——小龙虾）（c）、（d）：模拟血管造影（吲哚菁绿——鸡翅）。

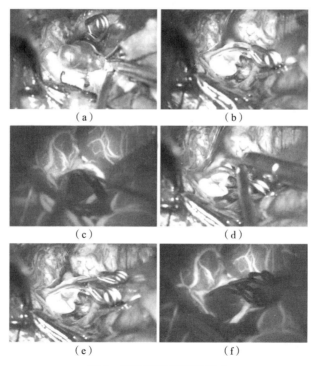

（a）　　　　　　　　　　　（b）

（c）　　　　　　　　　　　（d）

（e）　　　　　　　　　　　（f）

图5　吲哚菁荧光造影手术

三　观点结论与建议

本项目通过卡通图文、趣味实验等多种方式深入浅出地介绍了荧光造影手术原理及应用，具有一定的科普价值。但是项目着重探讨的荧光激发原理及手术显微镜技术原理部分相对深奥，虽经过项目组的总结及卡通画的展示，但仍需具有一定的物理、化学知识储备才可理解，不利于对低年龄层次儿童的科普宣传，但可作为受过高等教育及医学相关方向人群的科普资料。

四　创新点

科学结合生活，趣味实验所用器材及研究对象均为普通家庭常见事物，易操作，科普效果好。同时在研究方法上，本项目通过参考临床手术显微镜原理，创新性地对其进行仿制简化，并独创多种还原度极高的模拟手术及趣味荧光造影手术的方式，达到良好的寓教于乐效果，相关荧光造影模拟手术技术为国内首创。同时可进一步总结相关模拟手术方式及显微镜改造方法并申请发明专利。

五　应用价值

本项目具有较大的进一步研究价值及产品转化潜能。其中对手术荧光显微镜的模拟方法可进一步用来设计低成本的荧光显微镜产品，进行生产和销售，弥补市场空缺，产生经济效益。同时本项目对家庭常见食材进行荧光激发的方法可在家庭及学校中进行推广，帮助青少年理解与荧光激发相应的科学问题。本项目利用家庭素材进行荧光造影手术实验的方法，可作为医学教育的补充，通过低成本的模拟手术，增加低年资医生的手术经验，提高其临床手术技巧。

参考文献

1. Brown R J, Broderick J P. Unruptured Intracranial Aneurysms: Epidemiology, Natural History, Management Options, and Familial Screening[J]. Lancet Neurol, 2014, 13 (4): 393－404.

2. Ajiboye N, et al. Unruptured Cerebral Aneurysms: Evaluation and Management[J]. Scientific-World Journal, 2015.

3. Gusyatiner O, Hegi M E. Glioma Epigenetics: From Subclassification to Novel Treatment Options [J]. Semin Cancer Biol, 2018, 51: 50 – 58.

4. Chen R, et al. Glioma Subclassifications and Their Clinical Significance [J]. Neurotherapeutics, 2017. 14 (2): 284 – 297.

5. 寿涛涛, 孙晓阳, 丁涟沭. 颅内动脉瘤形成的相关因素研究[J]. 临床神经外科杂志, 2019, 16 (4): 362 – 366.

6. Reinhart M B, et al. Indocyanine Green: Historical Context, Current Applications, and Future Considerations[J]. Surg Innov, 2016, 23 (2).

7. Pandey A, et al. Usefulness of the Indocyanine Green (ICG) Immunofluorescence in Laparoscopic and Robotic Partial Nephrectomy[J]. Arch Esp Urol, 2019, 72 (8): 723 – 728.

8. Egloff-Juras C, et al. NIR Fluorescence-guided Tumor Surgery: New Strategies for the Use of Indocyanine Green[J]. Int J Nanomedicine, 2019, 14: 7823 – 7838.

9. Yanagi Y, et al. The Outcome of Real-time Evaluation of Biliary Flow Using Near-infrared Fluorescence Cholangiography with Indocyanine Green in Biliary Atresia Surgery[J]. J Pediatr Surg, 2019.

10. Kim M, et al. Anaphylactic Shock Followed by Indocyanine Green Videoangiography in Cerebrovascular Surgery[J]. World Neurosurg, 2019.

11. Catapano G, et al. Fluorescein-Guided Surgery for High-Grade Glioma Resection: An Intraoperative "Contrast-Enhancer" [J]. World Neurosurg, 2017, 104: 239 – 247.

丙型病毒性肝炎防治科普漫画

项目负责人：陆璇

项目组成员：王菊　岑蒙莎

指导老师：徐福洁

摘　要： 丙型病毒性肝炎（以下简称"丙肝"）是由丙肝病毒（HCV）感染引起的肝脏疾病，它是造成慢性肝病、肝硬化和肝癌的主因之一，并已逐渐成为危害公共安全的世界公共卫生问题。中国现阶段共有丙肝感染者约980万人，但关于丙肝的科普却非常稀缺，导致大众对丙肝产生恐惧和误解。本项目利用科普漫画的形式，设计了丙肝病毒和它在体内的生存环境等，展示了丙肝的传播途径、疾病进展、疾病检测、治疗方法及高危人群等，以简单直观的方式，从宏观和微观两个角度全方位地对丙肝进行介绍，将通过网络以及在医院、体检场所等区域投放的方式，使普通群众对丙肝有基本的了解，使高危人群能及时进行丙肝筛查及治疗。

一　项目概述

（一）研究背景

丙型病毒性肝炎（以下简称"丙肝"）是由丙肝病毒（HCV）感染引起的肝脏疾病，它是造成慢性肝病、肝硬化和肝癌的主因之一，并已逐渐成为危害公共安全的世界公共卫生问题。全球范围内约有1.8亿名丙肝感染者，在中国，这个数字约为980万。丙肝患者初期通常无明显的临床症状，因此丙肝病毒被称为"沉默的杀手"，但是随着疾病进展，其可导致严重的肝脏问题。感染丙肝病毒后，有75%～80%的患者会演变为慢性丙肝，而慢性丙肝如没有得到及时、正确、合理的治疗，有10%～30%的患者会发展为肝硬化，丙肝肝硬

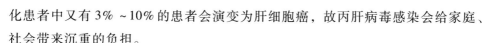

化患者中又有 3% ~10% 的患者会演变为肝细胞癌，故丙肝病毒感染会给家庭、社会带来沉重的负担。

丙肝主要是通过输血及血制品、注射、针刺、器官移植、骨髓移植、血液透析等途径传播，它并不会通过拥抱、接吻、共用餐具或哺乳传播。而人类对 HCV 普遍易感。抗-HCV 并非保护性抗体，感染后对不同株无保护作用。

随着全口服的治疗方案的简化和治疗费用的大幅降低，消除丙肝已经成为全球战略。在 2016 年的欧洲肝病年会上，来自美国、欧洲、亚太地区和拉丁美洲的肝病学会主席，共同签署了一份宣言，希望全球各地共同合作，在 2030 年消灭病毒性肝炎。2017 年 9 月 3 日，中国清除丙肝联盟公益项目在北京人民大会堂启动，项目将在政府领导下，通过肝病专家指导、基层医院落地的方式，开展丙肝防控公众宣传、患者筛查检测、医生培训交流，推进国际主流口服抗丙肝病毒治疗方案的临床应用，提高患者的就诊率和治愈率，落实世界卫生组织到 2030 年消除丙肝的战略目标。近二三年，新药上市的改革为中国实现这一目标带来了实质性的进步。维建乐（奥比帕利片）联合易奇瑞（达塞布韦钠片）丙肝治疗方案已于 2018 年 3 月 2 日获得中国国家食品药品监督管理总局（CFDA）批准，其治疗基因 1b 型、初治、轻度至中度肝纤维化（F0 - F2）慢性丙型肝炎患者，疗程可缩短至 8 周，这是中国首个获批的 8 周治疗方案。这不仅缩短了治疗时间，同时全口服的治疗方案还提高了患者的依从性，从而提高了治愈率。国家对于丙肝的重视不止于此，2018 年 8 月 30 日，李克强主持召开国务院常务会议，审议通过了《关于完善国家基本药物制度的意见》。丙肝患者的福星之药——丙通沙，刚在中国上市就进入了国家基本药物目录，这说明国家逐步提高了对于丙肝患者的实际保障能力。

丙肝尚无有效疫苗，我国暂未将其列入常规体检项目，各人群丙肝检测率均较低，但其危害严重。因此提高公众特别是高危人群对丙肝的认识，是实现成功防控的第一步。中国健康教育中心于 2009 年针对一般人群和高危人群开展了丙肝知识、行为与宣传材料的需求调查，调查显示近一半的调查对象从未听说过丙肝，对丙肝的认知也仅限于对乙肝、甲肝等肝炎知识的推测。丙肝传播途径知晓率依次为吸毒人员（8.3%）、暗娼（5.5%）、城市居民（1.8%）、流动人口（0.6%）。丙肝预防方法知晓率依次为城市居民

（3.6%）、吸毒人员（0.9%）、流动人口（0%）、暗娟（0%）。丙肝高危行为普遍存在，一般人群为做牙科治疗、做内窥镜检查、做手术等的人；高危人群主要为与他人共用注射器、有多名性伴侣等的人。90%以上的调查对象没有接触过丙肝防治的宣传资料，而各类人群都渴望通过宣传资料了解更多有关丙肝防治的知识。

目前在中国拥有较多用户的微信、微博及抖音等互联网平台中，关于丙肝的科普内容较少。在丁香园、《肝博士》等医学专业科普网站及杂志中，已有的关于丙肝的宣传内容也大多局限于文字直接讲解，大片的医学专有名词对于没有受过医学教育的普通群众而言较难理解，甚至在某些平台上出现搜索"丙肝"话题后下方出现关于"乙肝"的内容及留言，可见群众对丙肝的概念较为模糊。除了文字解释外，科普丙肝的方式还包括科教片、动画片、挂历、扑克牌等，但就可读性、易得性、传播性而言，以漫画方式制作成的纸质版和网络版的宣传资料具有明显优势，因此如何利用医疗场所及公众号等平台，以漫画形式科普丙肝的传播、检测、治疗和预防，是我们努力的方向。我国在乙肝、艾滋病等方面的宣传效果较为显著，丙肝的宣传可借助这二者的成功经验。医学知识、检验途径、治疗方案对于大多数人群来说较为抽象，因此使用漫画图文的方式，将丙肝的传播途径、疾病进展过程、检验方式、治疗过程直观地展现在群众面前，提高群众对丙肝的认知，从而使患者能积极就医、遵循医嘱，加强患者与医者之间的互相理解，更加有助于打好治愈丙肝这一攻坚战。

（二）研究过程

一是收集需要进行科普的资料，包括丙肝的传播途径、易感人群、检测手段、疾病进展、治疗方法等。

二是向漫画绘制者及时传达任务书内容，分享科普资料，商议画风、主题等。

三是制作严格的项目进度表（见表1）。

四是完成漫画剧本。

五是进行初步人物设计。

六是完成漫画分镜。

表1 丙肝科普漫画项目进度

日期	任务	备注
2018 年 12 月 28 日前	上交第一章剧本	
2019 年 1 月 2 日前	完成人物设计草稿并修改	
2019 年 2 月 8 日前	上交第二章剧本	
2019 年 2 月 12 日前	完成第一章初稿、简略涂色	
2019 年 2 月 22 日前	完成第三、四章剧本	
2019 年 3 月 2 日前	完成所有剧本的校对修改并提供所有剧本	
2019 年 3 月 31 日前	完成第二章剧本分镜及色稿	
2019 年 4 月 10 日前	完成第三章剧本分镜及色稿	
2019 年 4 月 20 日前	完成第四章剧本分镜及色稿	
2019 年 5 月 31 日前	完成终稿	

（三）主要内容

以科技图文的形式向群众展示丙肝的传播途径、易感人群、检验手法、发展过程、治疗手段及治愈故事。主要采用分卷彩色漫画手法，用分格漫画将丙肝病毒拟人化，展示其存在于患者体内的生存环境及发展趋势，使群众对丙肝病毒能有直观印象。配以对话形式的文字解说，将复杂的疾病发展、治疗过程转换为通俗易懂的对话讲解，以更生活化的方式使之更易被群众接受。漫画内容主要包括以下四个方面。

1. 故事背景、肝脏的常识、丙肝的传播途径及高危人群

首先交代故事发生的背景。根据 WHO 要求，到 2030 年，新发慢性丙肝减少 90%，丙肝死亡率降低 65%，慢性丙肝治疗覆盖 80% 的患者。我国 HCV 感染人数众多，现有 HCV 感染者约有 980 万例，近 60% 的患者为基因 1 型 HCV 感染，为了达到 WHO 清除丙肝的目标，在 2030 年前，我国需要治疗 800 万例患者，意味着每年至少需要治疗约 57 万例患者，丙肝防治任务繁重。这些背景将以画外音的方式向读者展示。

接下来将简明地介绍肝脏的功能、所处部位等信息，给读者提供一个鲜明的第一印象。

了解丙肝的传播途径及高危人群对丙肝的预防十分重要。漫画将展示丙肝病毒是如何通过输血、共用针筒、不安全性行为等方式进入人体的，同时也将介绍易引起人群误会但不会引起传播的各种行为。高危人群将通过丙肝病毒在人体内"遇到"其他细菌或病毒，在未完全消毒或重复使用的手术仪器、针筒等处存活等方式体现。

2. 丙肝的疾病进展及检测手段，突出"沉默的杀手"

恐慌来自未知，轻视也来自未知，了解丙肝的疾病进展有助于提高患者对于病情的认知及对丙肝严重性的理解，从而使患者更加配合治疗，提高患者依从性。疾病的进展主要有慢性肝炎、肝硬化、肝癌等过程，可逐步体现，将每一阶段患者可能出现的症状及机体变化，通过与丙肝病毒同处一处的身体各个细胞组织表现出来。这些细胞组织在漫画中也将进行拟人化处理，在感染丙肝病毒后它们与机体同时"生病"，过程中出现炎症水肿、纤维化、癌变等现象，从而"患者"这一个整体也出现了相对应的症状，从微观世界和宏观世界两个层面展示疾病进展。

丙肝的检测手段包括丙型肝炎病毒抗体的筛查、丙肝病毒 RNA 的检测、转氨酶的检测、肝脏活检等。普通人群一生进行一次丙肝病毒抗体筛查，如为阳性再进一步进行病毒 RNA 的检测。高危人群在进行高危行为之后的6~12月内进行丙肝病毒抗体的检测。这部分内容对于没有受过医学相关教育的人而言较为枯燥难懂，漫画也将其进行拟人化处理。丙肝病毒抗体与丙肝病毒处于敌对阵营，病毒 RNA 则为丙肝的心脏，转氨酶为肝细胞"死亡"后"吐出"的"血液"。

3. 丙肝的治疗方法，突出"抗病毒神药"

这一部分应为患者和高危人群最关注的内容。目前丙肝的口服治疗方案最短可在 8 周内实现病毒学的治愈，我国目前主要使用的治疗方法需要 12 周，已极大地缩短了治愈所需时间，且部分药物已经进入国家基本药物目录，减轻了病情带给患者的经济负担。这些都是丙肝患者的福音，应该广而告之。而在漫画中，这一部分将以药物在人体内与丙肝病毒的"战争"来体现。在这持续 12 周的大战中，我方阵营"粮草"充沛、"武器"先进，丙肝病毒几乎"全军覆灭"。而在"战争"结束后，我方将进行为期12~24周的"清理战场"阶段。这是因为在丙肝患者成功完成丙肝病毒的治疗后，丙肝病毒载量在患者体内存在一个不可检测时期（也就是通常所说的病毒转阴），如果这个不可检测时期在治疗停止后持续 12 周，则称为持续病毒学应答（SVR12）。这个时间段通常导致另外一个持续 12 周的不可检测的 HCV 的出现，也就是自治疗停止以来的总共 24 周的不可检测期（SVR24）。通常获得 SVR24 的患者被认为已治愈丙肝。

4. 建议高危人群筛查

以"人生档案"的形式，表现出丙肝高危人群的几种类型。"高危人群"通过丙肝筛查的"安检"程序，从而能更放心地进行人生旅程。

二　研究成果

（一）人物设计

我们以宏观世界主角表现感染丙肝病毒后的各种症状，以微观世界主角表现丙肝病毒在人体内发生的故事（见图 1）。

宏观世界主角

丙肝病毒宿主：人类，名宋姨，性别女，年龄 40～50 岁，性格马虎、内向。患有丙肝但未表现出任何症状，能像正常人一样生活。穿着与常人无殊，唯独肝脏如透视一般显现出来，她的肝脏红肿，但没有人发现。

微观世界主角

①丙肝病毒：故事的主角，性别男，年龄 30～40 岁，属性邪恶，强壮、易传播（繁殖），较为冷酷沉默，进入人体后主要生活在肝脏中。其服装为恶魔披风并手持一把叉子，上有"丙肝"字样。身上或头上长出 2 个突出位点（作为药物治疗时主要的攻击点）。他的 RNA 是他的心脏，是检测丙肝病毒以及判断治疗效果的关键。

②正常肝细胞：性别男，年龄 18～20 岁，主要生活在肝脏中，勤勤恳恳的工人形象，服装穿着参考超级玛丽，头戴安全帽，上有"肝细胞"字样。他较为虚弱，易被丙肝病毒攻击。

③抗体：性别男，年龄 20～30 岁，身着警服，警帽上写着"抗体"，正直勇敢，是和丙肝病毒抗战的第一道防线。

④DAA 抗病毒药物：性别男，年龄 20～30 岁，穿军装，军帽上写着"DAA"，可靠勇猛，手中握有武器，是治疗过程中宿主服下的药物，在体内能定点杀死丙肝病毒，是其克星，也是在后期消灭丙肝病毒战争中的主力。

配角人物设计（可简单处理）

①艾滋病病毒：女，凶神恶煞，身穿黄绿色长裙，衣着较暴露，上有"AIDS"字样。

②乙肝病毒：男，邪恶，手中有砍刀之类的武器，衣服上写着"乙肝"（丙肝在患有艾滋病、乙肝的传染者中更加容易传播）。

③红细胞：身穿双凹状圆盘裙子，通体红色，设计为幼童，帽子上写着"红血球"（丙肝主要传播途径是血液传播）。

图1　人物设计

（二）漫画作品

1. 丙肝传播途径

丙肝传播途径见图2。

2. 丙肝筛查

丙肝筛查见图3。

3. 丙肝治疗

丙肝治疗见图4。

4. 丙肝高危人群

丙肝高危人群见图5。

图 2 丙肝传播途径

图 3　丙肝筛查

图 4 丙肝治疗

图 5　丙肝高危人群

三　创新点

长期以来，医疗科普都是老百姓关心的热点。医疗知识生涩难懂，但又与我们每个人的健康息息相关。本项目选择了丙型病毒性肝炎进行科普，出于以下几点原因。①中国是肝炎大国，丙型病毒性肝炎是造成肝纤维化、肝硬化、肝癌的主要原因之一，也在 WHO 的 2030 年消除病毒性肝炎计划之列，需要引起人们的重视。②丙肝的临床表现轻微，未被列入常规体检，也未像乙肝、甲肝一样存在有效疫苗，但它拥有治愈率极高的治疗方法，因此需要人们提高对它的认识，及时进行对丙肝的筛查和治疗。③丙肝的主要传播途径与艾滋病、乙肝相同，都是经血液传播的疾病，但丙肝的科普力度远远不及上述两种疾病，这使公众对丙肝的认识存在误区。

基于以上原因，我们选择了一种比较直观的漫画图文形式，使用了共 4 章、每章 8 张图的条漫，通过宏观世界和微观世界两个角度，让丙肝病毒"开口说话"，向公众全方位地展示了丙肝的传播途径、疾病进展、疾病检测、治疗方法及高危人群等。我们希望能将丙肝的知识普及给各个年龄段的人群，尤其是丙肝高危人群。

四　应用价值

科普漫画可用于网络平台的传播，包括移动客户端的传播。中国网民数量超过 8 亿人，移动客户端占了 98.3%，信息技术在医学教育科普方面已成为不可或缺的重要手段。网络平台上的阅读方便即时，利于保存及查找。科普漫画传播者可通过公众号、官网、微博等平台，向群众推送科普漫画信息，分卷形式利于分期推送，吸引广大网民的注意。

科普漫画也可应用于各大医院及体检场所。将科普漫画影印成纸质版的宣传册，配以文字解说，将其投放于医疗相关场所，使患者或体检者在进行检查前随意翻阅，了解丙肝相关知识，有助于普通群众及丙肝高危人群及时进行丙肝的筛查与治疗。

参考文献

1. Ghany G，Strader B，Thomas L，Seeff B. Diagnosis，Management，and Treatment of Hepatitis C：An Update［J］. Hepatology Apr，2009，49（4）：1335－1374.

2. Huiying Rao，Lai Wei，etc. Distribution and Clinical Correlates of Viral and Host Genotypes in Chinese Patients with Chronic Hepatitis C Virus Infection［J］. Journal of Gastroenterology and Hepatology，2014（29）：545－553.

3. Jie Wu. The Burden of Chronic Hepatitis C in China From 2004 to 2050：An Individual-Based Modeling Study［J］. Hepatology，2019，69（4）：1442－1452.

4. 任姗. 抗丙肝病毒药物治疗慢性丙型肝炎真有那么神奇吗？［J］. 肝博士，2017（1）：31－33.

5. 中华医学会肝病学分会，中华医学会传染病与寄生虫病学分会. 丙型肝炎防治指南［J］. 中华肝病学杂志，2004，12（4）：194－198.

6. 刘童童，肖瓅，李雨波，靳雪征，王新伦. 不同人群丙型肝炎知识及行为和宣传材料需求调查［J］. 中国艾滋病性病，2010（3）：273－276

基于 Minecraft 的 Python 编程活动设计

项目负责人：余悦雯
项目组成员：潘金晶　叶晨晨　姚佳佳
指导教师：李艳

摘　要： 随着新科技革命的推动，以及人才培养对学生发展的高要求，编程教育越来越受到人们的重视，计算思维也成为青少年的必备素养之一。青少年编程教育在不断发展，但依然存在教学形式单一、内容低龄化等问题，并缺乏有理论指导的教学设计。因此，本项目从编程教育的发展现状与问题出发，积极响应科技人才培养的号召，基于 Minecraft 游戏平台，创新设计 Python 语言的编程教学活动，为日后的编程教育提出改进意见，也为其他编程教育工作者提供借鉴，从而促进游戏在教育上的应用，推动编程教育的发展。

一　项目概述

（一）　研究缘起

1. 时代要求

2015 年 5 月，习近平总书记在致国际教育信息化大会的贺信中提到，"信息技术的发展，推动教育变革和创新，构建网络化、数字化、个性化、终身化的教育体系，建设'人人皆学、处处能学、时时可学'的学习型社会，培养大批创新人才，是人类共同面临的重大课题"。近年来，例如云计算、大数据、慕课等新型科技及新型学习方式在不断改变人们的生活，逐渐成为促进社会发展前进的中坚力量、推动教育发展的主要力量，更昭示着有无限可能的世界前景与未来。国家与政府充分意识到信息技术教育的重要性。2016 年 6 月，教育部制定了《教育信息化"十三五"规划》，其中提到：要积极探索信息技术在新的教育模式中的应用，着力发展学生的信息素养、增强学生的创新意识和创新能力，促进学生的全面发展。由此可见，信息技术课程内容、教学方式的创新，以及如何运用好信息技术，让它更好地为教育服务，都是亟待探索的领域。科技创新人才已成为全世界争相抢夺的资源，为抓住信息时代发展的重大战略机遇，构筑我国信息技术教育发展的优势，2017 年 7 月，国务院颁布的《新一代人工智能发展规划》明确指出，要实施全民智能教育项目，在中小学设置人工智能相关课程，逐步推广编程教育，鼓励社会力量参与寓教于乐的编程教学软件、游戏的开发和推广。国家开始意识到编程教育以及教育游戏的重要性，这是实施智能教育项目、提升学生信息素养、培养创新人才的良好途径。

科学发展的竞争正是人才的竞争。信息化社会的大背景下，编程教育的发展和创新在科技人才的培养过程中是必不可少的环节。作为信息社会的"原住民"，高水平的信息素养和创新能力也应成为每一位青少年的必备能力。

2. 能力要求

2016 年 9 月，我国发布《中国学生发展核心素养》，指出学生应具备的能够适应终身发展和社会发展需要的必备品格和关键能力，可表述为文化基础、自主发展和社会参与三个方面，分为人文底蕴、科学精神、学会学习、健康生活、责任担当、实践创新六大素养。之后，在中小学课程设计中，核心素养便成为重要的参考依据，对每个学段的学生在各个科目学习之后应达到何种程度都有了一定的要求，这既可帮助教师提高专业素养，又可帮助学生更好地规划未来的发展方向。其中，信息技术学科的核心素养可界定为信息意识、计算思维、数字化实践力和信息社会责任，可以培养学生的创新实践、逻辑思维、探索研究等素养要点。

综上可以发现，要培养适应时代发展的新人才，则必须注重其创新、批判等思维能力的提高。针对基础教育阶段的学生，新内容、新形式的信息技术教育，尤其是编程教育，越来越受到重视与关注，其能有效帮助学生理性思考、勇于探究，勤于反思、总结经验，掌握科学的学习方法，拥有追求真理的科学态度。

3. 现阶段编程教育存在的问题

在 2007 年美国麻省理工学院发布 Scratch 这款面向儿童的简易编程工具后，人们才意识到原来编程可以变得如此有趣。Scratch 把枯燥的代码变成可爱的积木，把生硬的逻辑变成生动的游戏。2012 年，Scratch 在中国得到一定的普及，在信息技术教育领域掀起一股变革狂潮，其具有简洁明朗的界面、模块化的指令语言和拼图化的写作语法。即使学习者英语水平较低，也可以轻松制作出交互式动画或游戏，这在很大程度上改变了传统编程软件的环境，受到了广大学生以及相关教育者的一致好评。

然而，编程教育存在的问题也日益浮现。首先，Scratch 软件在中小学编程课堂独领风骚，但其形式内容单一，久而久之，学生略显疲态，学习积极性不复从前。其次，Scratch 积木搭建的动画风格固然有趣，但其面向的主要是偏低龄的学生，缺少面向中高段学生的学习方法和内容。编程教育作为信息技术教育和人工智能教育的重要基础单元，在培养学生学习兴趣的基础上，更应该关注语言语法，以语法和算法为导向，培养学生的逻辑能力，提高学生的计算思维。对学生而言，学习编程的意义重大，教育者应通过编程活动、创意计算实践来培养学生的创造性思维、系统性推理和协同创作的能力。

（二） 研究过程

本项目通过文献分析法，调研、梳理编程教育、计算思维等的研究现状，发现问题和不足，并确定教学活动编程语言的选择、实施游戏平台，深入分析相关教学理论与教学案例，以游戏化学习为理论基础，设计基于 Minecraft 的 Python 编程活动，从编程学习兴趣和计算思维水平等角度来评价该编程教学活动的实施效果，做好总结、反思、改进工作，为后续的编程教育活动提供参考，本项目技术路线如图 1 所示。

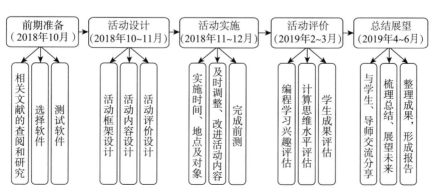

图 1　本项目技术路线

（三） 主要内容

本次活动于某初中初一年级实施，该校非常注重对 STEAM 教学课程的建设，对编程类活动十分感兴趣，因此本次研究受到了校方的大力支持，为开展编程活动创造了良好环境。

活动安排在固定时间段，即 2018 年 11～12 月每周五下午的社团活动期间，共 10 个课时，共 30 名学生参加。学生与时间因素都较为稳定，可保证参与活动的每名学生都能系统地学习完整课程。

本次活动除了活动内容以外，实施过程还包括编程学习兴趣、计算思维水平、学生作品等评价环节。这些环节穿插在活动实施过程中，研究课时安排如图 2 所示。

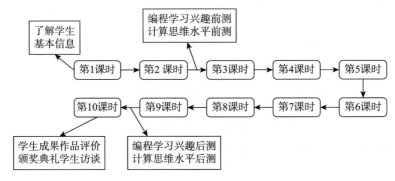

图 2 研究课时安排

本次编程活动框架如表 1 所示，共分为四个阶段。整个过程中，学生是主体，任务是主线，知识目标和技能的获得为暗线。第一阶段，创设学习情境，起到启发、联系的作用，可以结合生活中的一些现象或者体验经历，让学生更好地集中注意力，激发其学习兴趣，并且要求学生对上节课程的内容进行复习回顾，以便进行下一节课程。第二阶段，任务是整个教学活动的载体，须与教学内容、生活实际等相联系，针对学生学习到的知识技能进行加工，且需要具备一定的趣味性和挑战性。学生通过教师的知识讲解，学会主动思考，配合教师的引导，与教师互动、与同学分组讨论，明确学习任务，针对任务和目标提出解决办法。教师在该阶段也要做好引导工作，灵活掌握教学节奏和问答互动过程，帮助学生理解知识点和任务，引导学生提出问题及解决问题的方案。第三阶段，学生分为多个学习小组，重点在于小组之间的讨论交流以及互帮互助，一起讨论解决方案并改正其中的不足之处，让思维碰撞、智慧绽放，强化所学知识，完成学习任务。第四阶段，学生与教师、同学分享本节课的成果和收获，在他人中肯的评价中取得进一步的收获，并反思不足之处。

表 1　基于 Minecraft 的 Python 编程活动框架

阶段	要点
吸引学生兴趣，调动课堂气氛	创设学习情境 回顾上节课程内容 结合生活现象展开与主题相关的讨论
明确学习目标，确定学习任务	讲解涉及的相关知识 熟悉游戏操作、游戏情境 分组讨论、明确学习任务
协作探究学习，完成学习任务	以小组为单位，分工合作 在游戏中进行探究学习，完成学习任务
积极分享成果，总结反思不足	积极与他人分享成果与收获 进行评价，反思不足之处

整个教学活动以"我是小小农场主"为主题，共 10 个课时的活动，如表 2 所示。学生将利用所学知识，分阶段地完善农场布局、优化农场功能等，最终完成对农场的设计。每个课时的内容既独立又连贯，同时覆盖 Python 语言的重点基础，节奏紧凑、内容有趣，可以充分激发学生的学习兴趣，提高学生的计算思维水平。

表 2　基于 Minecraft 的 Python 编程活动大纲

课时	教学主题	教学目标
第 1 课时	我的世界我做主	熟悉 Minecraft 游戏基本操作，在游戏中尝试搭建农场
第 2 课时	大声告诉你	完成农场搭建，并与同学老师交流、分享创作过程
第 3 课时	向新世界问好	学会连接编程软件和游戏，学会创建、保存文件等操作，理解练习第一个打印语句
第 4 课时	猜猜我在哪儿	理解三维坐标的含义并学会使用 理解变量与字符的概念并学会相互转化 理解双引号的作用，学会并练习获取角色坐标语句
第 5 课时	欢迎光临我的农场	理解并使用时间模块，学习 while 语句和 if 语句
第 6 课时	防盗意识不能少	学习用坐标表示区域，加强练习 while 语句和 if 语句，学习 if…else 长语句，明确 "=" 与 "==" 的作用和区别

续表

课时	教学主题	教学目标
第 7 课时	造房小能手	学习新模块 Block，学习创造方块的新语句，并掌握参数含义，学习 for 循环语句，完成简易模型的搭建
第 8 课时	造房小能手	结合之前所学的知识，绘制终极农场模型草稿图
第 9 课时	造房小能手	根据所学及草稿图，编写完善代码，丰富农场结构图
第 10 课时	我是小小农场主	提交最后代码及农场效果图，与同学分享创意和思路

二　研究成果

（一）编程学习兴趣

通过上海师范大学的高思鑫基于 Arduino 的创客项目学的代码学习兴趣量表，展现学生对编程学习兴趣的评价情况，从情感、认知、行为三个维度进行前后两次测量。使用配对样本 T 检验的方法对前后测数据进行分析后，发现该研究项目可显著提升学生对编程的学习兴趣。

（二）计算思维

通过 Ozgen Korkma 等人在 2017 年提出的量表，展现学生对计算思维的评价情况，考虑到初中学生的知识水平和理解能力，对该量表略进行调整，从创造力、算法思维、批判性思维、问题解决、合作思维五个维度进行前后两次测量。使用配对样本 T 检验的方法对前后测数据进行分析，发现该研究项目可显著提升学生的计算思维水平。

（三）学生作品

经过本次对 10 个课时的 Python 编程活动的学习之后，学生交出最后的成果作品，包括农场效果图及相应代码。参考浙江省大学生多媒体作品设计竞赛评价量规，评价的内容从游戏性、创新性、技术性、现实性、艺术性等方面进行考量。游戏性是指编程作品的有趣性、可玩性，创新性是指游戏设计的新颖程度，技术性是指游戏设计的难易程度，现实性是指编程游戏设计的创意是否与生活实际紧密联系，艺术性是指编程作品的美观性。优秀学生作品如图 3 所示。

图 3　优秀学生作品

三　创新点

首先，这是游戏化学习与编程教育结合的一次崭新尝试，充分发挥 Minecraft 的游戏特色，挖掘游戏化学习的潜力，培养学生正确的游戏观，提高学生的学习兴趣与动力。该编程活动也可使编程这件事不再像大众认为的那样深奥难学，以更有趣、更生动也更易学的方式传播编程知识。其次，目前的青少年编程教育仍以图形化编程（如 Scratch）为主，它有界面可爱有趣、图形化的表达更容易理解等优势。本项目在保留这些优势的前提下，引导学生学习高级命令语句的编程，这可有效提升学生各项能力，也可以为日后的编程学习和工作打下基础。最后，随着 Python 进入高考体系，现在的中小学信息技术课程也在积极探索新的改革，将 Python 学习有效地融入现有的课堂。本次教学活动设计难易适中，为中小学信息技术改革提供了新方向和新形式。后续教育者也可在本次教学活动的基础上设计进阶课程，因为其具有很好的延展性，且包含数学、英语、科学等学科内容，符合跨学科教学理念。

四　应用价值

在这个信息技术飞速发展变革的时代，创新型科技人才成为全世界争相抢夺的资源，编程教育也越来越被人们重视，计算思维成为应对未来挑战的必备素养之一。本项目将编程活动与游戏化学习结合，使学生的学习兴趣和计算思维水平有了一定的提高，让学生们感受到了编程学习和创作的乐趣。之后可以考虑将本项目与中小学信息技术课堂相结合，也可与跨学科教学融合。这进一步丰富了青少年阶段编程教育的形式和内容，促进了游戏在教育领域的发展和应用，可为其他教育工作者在编程教育的研究和对学生计算思维的培养上提供一定的借鉴和参考，为编程教育教学设计提供新思路。

教育与游戏有机结合，是教育前进和改革路上的必然趋势。虽然目前还存在形式内容单一、缺乏相应系列教材和专业教师、缺乏完善的评价标准，以及缺乏针对不同年龄段的教学实践等问题，但相信经过广大教育工作者积极不断的尝试和实践，在不久的将来，编程教育会得到足够的重视和发展，游戏会在教育领域大放异彩。

参考文献

1. 新华网. 习近平致国际教育信息化大会的贺信［EB/OL］. http://www. xinhuanet. com/politics/2015 - 05/23/c_1115383959. htm.

2. 教育部. 教育信息化"十三五"规划［EB/OL］. http://www. edu. cn/xxh/focus/zc/201606/t20160621_1417428. shtml.

3. 国务院. 新一代人工智能发展规划［EB/OL］. http://www. gov. cn/zhengce/content/2017 - 07/20/content_5211996. htm？from = timeline&isappinstalled = 0.

4. 核心素养研究课题组. 中国学生发展核心素养［J］. 中国教育学刊, 2016（10）：1 - 3.

5. 任友群, 李锋, 王吉庆. 面向核心素养的信息技术课程设计与开发［J］. 课程·教材·教法, 2016（7）：56 - 61.

6. 北京教育科学研究院. 核心素养统领下. 课程教学如何变革［N］. 中国教育报, 2016（3）：6 - 11.

7. Resnick M. Mother's Day, Warrior Cats, and Digital Fluency：Stories from the Scratch Online Community［C］. Proceedings of the Constructionism 2012 Conference. Athens, Greece. 2012.

8. 高思鑫. 提高学生代码学习兴趣的 Arduino 创客项目学习设计研究［D］. 上海：上海师范大学, 2017.

9. Ozgen Korkmaz, Recep Çakir, Yasar Ozden M. A Validity and Reliability Study of the Computational Thinking Scales（CTS）［J］. Computers in Human Behavior, 2017, 1：558 - 569.

科学 E 剧场

——共创网络科普电台

项目负责人：林靖哲

项目组成员：刘阳丹　苏雅煌　赵舒旻　樊艺蕾

指导教师：禹娜

摘　要：当前网络电台科普类节目存在受众低龄化、模式单一两大问题，本项目通过在喜马拉雅 FM 平台上创建网络科普电台"科学 E 剧场"，将教育、科普剧、新媒体平台等元素有机结合，以科普广播剧的形式对中学生进行以生命科学为主题的科学传播；同时，基于该电台发起共创计划，将征集的科普广播剧剧本作为节目素材，并为参与共创者提供培训支持，吸引更多爱好者参与到科普广播剧的创作和电台建设中来，让科普受众转变为科普行动者，从而进一步扩大科普电台的影响范围。

一　项目概述

（一）研究缘起

1. 科普宣传大形势需求

随着科普渠道日新月异，结合不同人群实际情况采取灵活多样的科普形式，成为当前科普工作的一个重要特点。有学者从受众体验角度出发，提出科普活动的主体首先应进行精准的受众细分和目标定位，并在此基础上进行活动内容的定位、活动传播策略的制定。因此，丰富多样的科普传播形式和精准定位的科普方法为大环境所需。本项目与该需求的对应体现在以下两个方面。

第一，科普剧是一种新颖独特的科普表现形式，它把科学知识通过戏剧情节展现出来，激发观众对科学的兴趣。吴耀楣曾提出，"科普剧作为一种新的教育形式，是传统科学教育的新出路"。而网络电台作为优秀的新兴网络音频产业，客户数量日趋增大。如喜马拉雅 FM 于 2013 年 3 月上线，迄今为止注册激活用户量已超 3.5 亿人。作为国内首屈一指的网络电台平台，其影响力正逐步扩大，无疑是科学传播平台的最佳选择之一。

第二，从受众角度来看，国内外研究表明，多数国家把青少年作为最主要的科普对象，是因为"以青少年为主要科普对象，是选择了一条阻力最小、效果较好的路径"。在我国，中学生的主要任务为学习、升学，他们对于吸收与教材无关的"课外知识"表现出的积极性较低。中学生长期面对枯燥无味的课本教材，缺乏新鲜的学习方式，因此对视频、音频表现出浓厚兴趣。将科普节目内容与教学内容紧密结合，有利于从认知内驱力、自我提升内驱力及附属内驱力入手，激发中学生的科学学习动机，提高其科学素养。因此，针对处于青少年阶段的中学生进行科普传播，极大地符合我国目前的科普工作路线。

2. 电台网络科普板块建设需求

本次网络电台选择的音频平台为喜马拉雅 FM。作为国内首屈一指的网络电台平台，它为用户提供诸多音频服务。其联合创始人余建军认为：出版、教育和音频是分不开的，因此，喜马拉雅 FM 始终围绕这些内容在做尝试。本项目将教育与音频以科普剧的形式结合在一起，与该平台理念一致。

然而，我们在对喜马拉雅 FM 科普电台模块进行调研时发现，该模块目前具有以下两大问题。

一是受众面窄，主要体现在绝大部分科普电台都将自己定位在少儿科普行列中，电台风格低龄化，知识水平层次较低，难以调动其他年龄层群体的积极性。

二是内容播放形式单一，绝大多数电台可归类为"十万个为什么"和"科学小故事"两种形式，缺乏创意。且该平台中针对中学生的频道"教育培训"的呈现形式则是按照教材内容照本宣科，更加缺乏新意。

3. 科普创作培训需求

随着全国各地高校科普开放日活动的开展，科普创作工作成为越来越多人的共识。当前科普作家老龄化趋势明显，各高校和科研单位的年轻力量成为新的科普主力军，其创作热情高、思维活跃，但缺乏文字功底，急需加强锻炼和提高能力。出于上述原因，旨在提高科普创作水平的培训正逐步兴起。这类培训通常由各类科普作家协会、教育局等联合牵头，以邀请专家做专题讲座为培训形式，培训人员多为大学生和科普创作爱好者。

PBL (Project-Based Learning) 是一种教学方法，即学员通过调查和应对真实、复杂的问题，从中获得知识和技能。PBL 工作坊是一类围绕 PBL 教学模式，以解决问题为目标，让学员能够有效共同参与的培训方式。目前已有大量PBL 工作坊的培训案例，如三有 PBL 开源实验室将美国巴克教育研究院和 HTH工作坊引入中国。作为一个成熟的学习、培训模式，基于 PBL 工作坊的科普创作培训还无人尝试，本项目借鉴 PBL 工作坊的培训方式，旨在发展目前贫乏的科普创作乃至科学传播培训模式。

（二）研究过程

1. 前期研究，分析受众需求

分析通过喜马拉雅 FM 进行科普传播的可行性，包括相关电台节目的成功模式、目前已有节目的特点和不足、用户需求。

2. 梳理框架，总结创作流程

以初中生物学课程标准为依据，对知识进行系统梳理，建立生命科学主题框架。总结剧本创作流程与注意事项，为剧本创作以及 PBL 工作坊的开展确定指导方针。

3. 开展工作坊，形成培训章程

在华东师范大学组建以科普剧本为产出的 PBL 工作坊。邀请三有项目式学习团队对项目组成员进行系统培训，总结经验后形成 PBL 工作坊章程。在公众号等平台招募成员参与到工作坊中来，以科普剧本创作为核心，进行项目式学习，产出剧本大纲和创意。

4. 制作节目，运营网络电台

在喜马拉雅 FM 平台创建"科学 E 剧场"科普电台，依照先前建立的生命科学主题框架、梳理的知识点、总结的剧本创作流程、产出的剧本提纲来进行科普剧剧本内容的创作，通过微信公众号等途径来招纳配音演员参与节目录制；在公众号"ErSha 爱教育"上开设专栏"科学 E 剧场"，联合教育创新学社和华东师范大学教育学部进行电台推广。

5. 举办大赛，聚集共创人才

通过举办线上科普广播剧剧本创作大赛，遴选优质剧本，对其分类汇编并进行二次创作，使其成为电台节目台本。在为电台节目提供剧本的同时，进一步推广电台，提高其知名度，吸引更多优秀科普爱好者共创电台，实现电台的可持续发展。

（三）主要内容

1. 科普剧剧本创作

（1）建立生命科学主题框架

在《义务教育生物学课程标准（2011年版）》一级主题的基础上，确立电台节目的生命科学主题框架，包括"生物与生物圈""生物体的结构层次"等八大主题（见图1）。

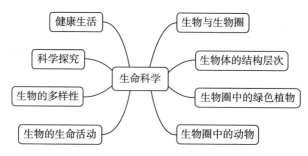

图1　生命科学主题框架

（2）知识点梳理、形成剧本选题创意库

在详细阅读教材并对教材中的知识点进行梳理后，形成剧本选题创意库。

（3）剧本筛选与细化

经讨论后进一步筛选优质剧本并进行加工。选取学生易混淆的知识点并将其融入剧本，同时适当进行拓展。例如教材中只说明生石花是植物，我们在剧本《我是生物吗?》中补充了生石花既可进行有性繁殖又可进行无性繁殖的知识点；教材表明大多数的生物需要呼吸氧气，我们在剧本中补充了厌氧生物——破伤风梭菌的相关知识点。这些知识的补充，拓宽了学生的知识面，同时也澄清了一些迷思概念。

（4）剧本内容审核

剧本推出前需经过全体组员、指导教师及其他专业人员的审核，确保无科学性错误。

2. 电台节目发布与推广

（1）电台节目发布

在喜马拉雅FM上创建"科学E剧场"电台（见图2），并在电台中定期发布节目。

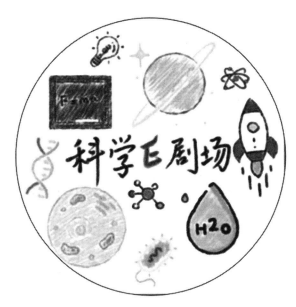

图 2 "科学 E 剧场" logo

（2）电台节目推广

项目组成员基于公众号"ErSha 爱教育"（见图 3），联合华东师范大学教育学部进行电台节目的推广，包括电台配音演员招募、电台新剧本的介绍及推广等。

图 3 "ErSha 爱教育"公众号二维码

项目组的工作受到众多生物教育同行的认可，中文核心期刊《生物学教学》在其公众号开设"科学剧场"专栏，并同步发布电台节目。此外，节目还在多个初、高中生物教师网络社群中被广泛推广。

另外，我们也通过线下社团等渠道来对节目进行推广，例如自主开发科普周边文创产品（见图4）。

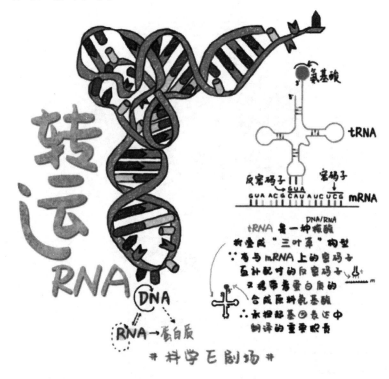

图4 科普周边文创产品设计

3. 科普创作工作坊的开展与推广

项目组在华东师范大学开展了2次PBL工作坊活动（见图5），并在三有PBL学院的帮助下，借助项目组成员与该团队共同发起的"易行动"职前教师PBL培训计划，在北京师范大学、上海师范大学、陕西师范大学等6所知名高等师范院校开展了宣传活动，推进科普创作主题PBL工作坊的落地。工作坊采取线上、线下联合招募的方式，不设置门槛，有较好的科普教育意义。

图5 华东师范大学PBL工作坊活动现场

4. 举办科普广播剧剧本创作大赛

项目组前期拟定了科普剧剧本创作大赛的流程与评分细则。随后依托公众号"ErSha 爱教育",联合华东师范大学教育学部,发布了第一届"科学 E 剧场"科普剧剧本创作大赛征稿通知。征稿主题限定为初中生物学科内容,参赛对象不限,要求剧本须与初中生物知识点相结合,并在此基础上加以拓展,内容须积极向上,符合初中生身心健康发展的要求。

截稿后,项目组邀请了 6 位生物教育领域的专家,每位专家依据评分细则进行评分,共评选出 18 个获奖作品。

项目组后期将从比赛来稿中遴选优质剧本,对剧本分类汇编并进行二次创作,使其成为"科学 E 剧场"电台节目的台本,这大大丰富了电台的剧本选题创意库。科普剧创作者也很乐于看到自己的成果被制作为电台节目,从而吸引更多优秀的科普爱好者加入电台创作,达到共创电台、合作双赢的效果,实现电台的可持续发展。

二　研究成果

(一) 科普剧剧本创作流程

第一,研读《义务教育生物学课程标准 (2011 年版)》,确定主题框架。

第二,研读人教版初中生物教材,挖掘适合科普拓展的内容。

第三,明确知识点,收集、整理素材。

第四,进行剧本创作,确定背景、角色、台词。

第五,专家审核,修改后定稿。

(二) 电台节目发布与推广方案

一是依托公众号"ErSha 爱教育"发布节目预告和配音演员的招募启事,并依托教育创新学社,借助华东师范大学教育学部创设展进行线下宣传。

二是通过线上、线下招募渠道,遴选配音演员,分配角色后进行音频录制及后期音效制作。同时撰写推文,为节目推广做准备。

三是在喜马拉雅 FM 平台上发布电台节目,同时在多个公众号上推广节目。

四是积极与听众进行互动,通过公众号、喜马拉雅 FM 电台等平台,开展赠送科普周边等活动，鼓励听众发表观点与提出建议，不断改进电台的内容，提高制作水平。

（三） 科普创作工作坊活动方案

（1）头脑风暴

学员独立思考，产生 N 个选题创意。

（2）组内讨论

将所有成员的选题创意进行归类，并整合筛选出 7 个选题。

（3）谏友互动

同伴之间互相提出具体化、补充性的建议，在此基础上筛选出 3 个选题。

（4）剧本构思

确定最终的选题，设置驱动问题，链接学科知识。

（5）组间互动

借助各位学员不同的学科背景，小组之间相互提出建议。

（6）小组构思

整理并填写剧本大纲，确立科普目标、故事背景、角色和剧情冲突。

（7）组间互动

各小组之间进行批判性反馈，促进剧本大纲的优化。

（8）重复第 4 项至第 7 项工作，进行总结

（四） 科普剧剧本创作大赛流程

1. 科普剧剧本征集

大赛面向全社会征集科普剧剧本，剧本主题限定为初中生物学科内容。

2. 编制 "科普剧剧本大赛" 评分表

评分维度包括：①科学性（30%）；②主题和深度（20%）；③趣味性（20%）；④创新性（20%）；⑤思想性（10%）。满分总计 100 分。

3. 专家评选参赛剧本

共邀请 6 位生物学科教育专家、一线优秀教师作为剧本评选的评委，共遴选出 18 份优秀作品。后续联系获奖选手进行奖金及奖状的发放。

4. 优秀获奖剧本的录制

通过网络投票选出最具人气剧本。后期将进行剧本录制的相关工作。

三 创新点

本项目组聚焦于开创"科学性 + 趣味性"的科普广播剧模式,在科普的道路上走出一条创新之路。目前已创作的情境化科普节目,以初中生物相关内容为主,将生物科学知识以故事的形式表达,旨在进行有趣、有料的科普传播。除此之外,本项目组将科普广播剧的创作与 PBL 工作坊有机结合,吸引受众和广大高校生参与到科普广播剧剧本的创作中来,从"授人以鱼"转化为"授人以渔",让科普受众转变为科普者,从而进一步扩大科普广播剧的影响范围。科普剧剧本创作大赛的举办,使更多人了解到"科学 E 剧场",积极参与到剧本创作大赛之中,并关注电台,收听节目。

总体而言,本项目运用多种形式,进行科学传播,将教育、科普剧、网络电台等元素进行了有机结合;以 PBL 工作坊形式进行的创作者培训,也是一大创新。

四 应用价值

项目组制作的电台节目和科普剧剧本,既可起到丰富学习资源、助力课堂教学、丰富学习方式的作用,亦可被改编为线下科普场馆科普剧、课堂剧等。此外,研究中产生的"电台节目发布与推广方案""科普创作工作坊活动方案""科普剧剧本创作大赛流程"等亦可在高校社团、各地科普作协等组织中复制推广、落地实践,促进科普人才的挖掘与培养。

参考文献

1. 任福君,翟杰全. 我国科普的新发展和需要深化研究的重要课题 [J]. 科普研究,2011 (5):8 - 17.

2. 白亚峰. 从受众体验谈科普活动传播[J]. 科技资讯,2015 (11):5 - 6.

3. 钟青. 浅谈科普剧创作的主题选择[J]. 科学大众(科学教育),2017 (12):183 - 184.

4. 吴耀楣. 新型科普推广形式之校园科普剧创作表演与推广实践探究——以广东省科技图书馆为例[J]. 广东科技,2017 (10):93 - 95.

5. 陈贝蕾．喜马拉雅 FM：知识网红孵化地［J］．中国企业家，2018（12）：91 – 93.

6. 蓝新华，王勤龙．大学数学科普创作的探索和实践［J］．科协论坛，2018（8）：12 – 15.

7. 吕秀齐．科普出版创作现状分析——兼谈缘何中国缺乏科普创作大师［C］∥首届科技出版发展论坛论文集．北京：科学普及出版社，2004：116 – 121.

旨在普及免疫学知识的跨平台游戏

——*Battlefield Cell* 设计开发

项目负责人：陈玮

项目组成员：姜凌霄　李继洲　冯锦欣　何天豪

指导老师：禹娜

摘　要： 在科普信息化的背景下，以电子游戏为载体向民众普及免疫学知识是提升公民科学素养的可行途径。本项目借助 Unity3D 游戏引擎，设计开发一款面向青少年、青年和中年群体，以科普为主要目的，以免疫学知识为主题，能在多平台普及，具有评价反馈机制，可玩性高的 HTML5 科普游戏，并进行访谈评测。该科普游戏具有知识与素养并进、游戏多平台普及、科普效果可反馈等创新点。本项目从研究缘起、研究过程和研究内容三方面进行项目概述，列举了研究成果和创新点，并展望了其应用价值。

一　项目概述

（一）　研究缘起

近年来，我国公民具备的科学素养不断提高。2018 年 9 月 17 日至 19 日，世界公众科学素质促进大会在北京举行，会议期间发布了《中国公民科学素质建设报告（2018 年）》。报告显示，2018 年，我国具备科学素质的公民比例达到了 8.47%，这一数据比 2015 年的 6.2% 提升了 2.27 个百分点。提升速度明显加快，逐步缩小了与主要发达国家的差距。但也存在公民科学素养水平与公民科学素养建设能力发展不平衡、不充分的问题，主要表现在体制机制和组织方式尚不完善，城乡、区域发展不平衡，优质科普资源的供给不充分，传播方式和能力有待提升，科学精神的思想引领作用仍需加强等方面。

科普事业的发展同样是在呼唤科普手段的变革。如何变被动教育为主动教育，变国家强推为公众自愿，变居高临下的普及为平起平坐的互动交流，这些都是在市场经济环境下进行科普教育亟待解决的问题。

游戏正好是科普的一种新媒介。目前游戏领域有数以亿计的用户，这一点恰是科普所期望的，如果能借助游戏这个平台，使得一部分游戏用户转化为科普用户群，那么科普的推广工作也就变得更为容易；此外，游戏具有很丰富的叙事能力，丰富的游戏情节有助于用户对科普知识的理解；还有，游戏具备强大的构建虚拟世界的能力，科普往往无法将完整的科学过程和科学原理清晰地呈现给受众，而游戏可以构造一个很强大的虚拟世界，更为形象地传播科普知识。

人体免疫系统具有防御外来病原体的功能，可监视、清除体内衰老、损伤或异常细胞，以维持机体稳定，它时刻呵护我们的健康。目前，越来越多的民众认识到，学习免疫学知识对深入理解接种疫苗的机制和意义、提高全民身体素质等具有重要意义。遗憾的是，由于免疫学知识相对抽象，加之人们缺乏获取免疫学知识的有效途径，其在民众中的普及程度一直不高。

有鉴于此，本项目借助 Unity3D 游戏引擎，设计开发一款面向青少年、青年和中年群体，以科普为主要目的，以免疫学知识为主题，能在多平台普及，具有评价反馈机制，可玩性高的 HTML5 科普游戏。

该游戏参考严肃游戏的设计模型，依托成就动机理论，引入评估和反馈机制，融合知识传递与评价检验，将科普性与可玩性有机结合，兼具教学效应和社会价值，能够反哺游戏自身的发展和生存周期，并提供一种有效科普的游戏范式。同时，在游戏设计上，通过情境导入和过程交互对玩家进行教学引导，具有辅助教学的潜在意义，是科普游戏化的一次新尝试。

（二）研究过程

1. 综述

本项目通过文献研究法，基于多名学者对"教育游戏"的定义，界定了"生物类教育游戏"的概念，即指在游戏内容中融入生物学相关知识，或在游戏进程中运用生物学探究手段，能够培养游戏使用者的知识、技能、智力、情感、态度、价值观，并在生物学领域具有一定教育意义的计算机游戏类软件。在此基础上，对生物类教育游戏的理论依据、市面上现有的生物类教育游戏案例、已发表的在生物类教育游戏设计开发方面的研究成果等方面进行整理分析，并对分析结果进行归纳总结，为生物类教育游戏的相关研究提供一定的指导思路。

2. 科普游戏设计

（1）知识内容的科普化呈现

本项目经过相关免疫学知识的梳理和整合，结合利用文献研究法分析得到的群众需求，筛选出适合作为科普内容的重难点免疫学知识，将其作为科普游戏的主要内容。参考前期整理的教育游戏理论和相关游戏设计原则，为科普内容匹配相适应的呈现方式，为科普游戏的后续设计做铺垫。

（2）科普内容的游戏化设计

本项目将科普内容的游戏化设计分为三个主要阶段，即概念设计、原型设计和系统设计，并在此基础上进行具体化设计，撰写游戏策划案。然后根据策划案的理念和要求，进一步将其转化为程序开发需求、美术资源需求等，指导后续科普游戏软件的制作与开发。

3. 科普游戏开发

在游戏开发前期，将游戏设计过程与软件开发过程相结合，设计了一个完整的游戏开发模式。该模式借用了软件开发中的增量模型，并将该模型的四个阶段即需求设计、原型建模、软件开发、软件测试（提交），与游戏开发的常见阶段即概念设计、原型设计、用户体验测试深度融合，辅以项目管理、团队合作的常用方法，从而科学地进行游戏开发，使得开发风险大幅下降（见图1）。

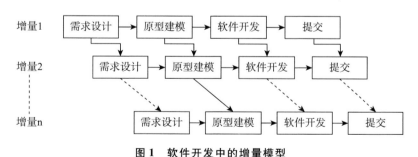

图1 软件开发中的增量模型

团队协作是项目正常实施的基础，在此过程中，本项目组应用的文档协作工具为 Microsoft OneNote——一个用于自由形式的信息获取以及多用户协作的工具；版本控制工具为 Subversion——一个开放源代码的版本控制系统，可帮助多个人共同开发同一个项目，共用项目资源。

本项目借助 Enterprise Architect 工具，使用统一建模语言（Unified Modeling Language，UML）来创建图示，以描述整个游戏系统包含的模块，以及各模块存在的意义。

在游戏软件开发过程中，本项目采用面向对象的分析和设计（Object Oriented Analysis and Design，OOAD）技术进行游戏软件的开发，使用 Microsoft Visual Studio 作为软件设计工具，使用 Unity3D 作为游戏引擎。

4. 推广和评测

本项目借助华东师范大学教育学部平台，以线下展览辅以海报宣传的形式，向大众推广该科普游戏。来访者在经过游戏试玩体验后，参与访谈评测，并由项目组汇总分析，撰写访谈报告。

（三） 研究内容

为了设计开发一款兼具科普性和可玩性的免疫学科普游戏，项目组通过文献分析法研究生物类教育游戏的理论依据及发展现状，为免疫学科普游戏的设计开发获得理论和思路上的指导；通过文献分析法来梳理免疫学知识中的要点部分，确立科普内容，并参考游戏设计原则，设计科普游戏化框架，并撰写科普游戏策划案；根据科普游戏策划案，执行策划并将其转化为程序需求汇总，借助 Unity3D 游戏引擎，以增量模型为核心架构完成对软件原型的开发；通过访谈法来进行用户游戏体验的评测。

二 研究成果

（一） *Battlefield Cell* 科普游戏策划案暨设计说明

从游戏概述、科普内容、游戏机制、游戏角色、游戏进程、游戏美术等 6 个模块对本项目所开发的科普游戏设计进行说明，是游戏开发的指导性文件。

（二） *Battlefield Cell* 科普游戏程序

在策划案的指导下开发完成可在移动端和 PC 端运行的科普游戏程序，包括 PC 端软件程序源代码和移动端 Android Package，以演示视频的形式呈现。

（三） *Battlefield Cell* 科普游戏访谈测评报告

本次访谈从基本情况、游戏科普性、游戏可玩性三个维度设计访谈提纲，共包括 9 个问题。通过收集、梳理访谈实录，对本科普游戏进行评测分析。

在游戏的科普性方面，该游戏使得大部分玩家了解到免疫细胞与病原体的类型、人体免疫防御的两种方式。但游戏对免疫机制具体过程的呈现稍显复杂，有的玩家还未能将学到的知识内化并复述出来。不过，该游戏引导教程的设计能帮助玩家更好地理解科普内容。待改进之处在于，详情和引导教程的文案需要更加通俗易懂，免疫细胞和病原体的名字可以在玩家进入下一关卡时出现，起强调作用。

在游戏可玩性方面，其一，游戏的玩法容易理解，玩家对游戏玩法的学习成本不高，这也更利于他们对科普知识的学习；其二，游戏的美术风格对玩家有很大的吸引力，同时，细胞角色形象的设计有所考究，能与对应细胞的特点相联系；其三，游戏引导教程的设计，为玩家掌握游戏玩法搭建脚手架，可使玩家快速了解游戏玩法。待改进之处在于，核心玩法的耐玩性不高，对玩家的激励不够，须进一步完善游戏玩法。

总体而言，大部分受访者对该科普游戏表示欣赏和鼓励，并期待该游戏的进一步完善和功能的进一步拓展。

三　创新点

（一）　知识与素养并进

该项目的科普内容融合科学知识和核心素养，既包括人体免疫系统的相关生物知识以及与疫苗、癌症、艾滋病等有关的热点话题，也通过游戏特有的交互作用培养了玩家的各方面素养，将科普内容与游戏过程有机结合。玩家可通过游戏进程和人机互动来理解科学知识，同时发展自身的核心素养能力。

收集有科普价值的学科知识，提炼重难点并与科普化方式进一步匹配，参考相关游戏的设计思路，通过头脑风暴、实物原型模拟、理论模型参考等方式将本项目的科普内容与游戏进程有机结合，整合、创造有利于传授知识、提升素养的游戏设计方案。

（二） 游戏多平台普及

以 HTML5 网页游戏作为该游戏的主要传播形式，可同时在多平台进行普及。其中 PC 端为基础平台，可以在科技馆展出，也可以在与科普相关的网站以及各类游戏网站上发布。同时移动端为附加平台，可进一步扩大该游戏的科普影响力和传播范围。

通过 Unity3D 游戏引擎开发的游戏，支持导出移动端和 PC 端的 HTML5 网页游戏，也支持导出 Android 和 iOS 端的手机 App 游戏，以及 PC 端单机游戏。同时，选择社交推广和参赛推广的策略，实现该科普游戏的多平台普及。

（三） 科普效果可反馈

该项目兼具过程性教学与过程性评价，可及时反馈游戏的科普效果。通过设计和构建游戏的剧情安排与任务系统，玩家可以利用教程引导和操作过程来获取游戏所要传达的科普内容，可在每一阶段的进程中通过答题系统及时巩固知识并获取反馈信息，达到对科普效果评价的目的。

参考严肃游戏的设计模型来设计游戏的反馈机制，并分别在参考成就动机理论的风险选择模型和自我评价模型的基础上，设计游戏的教程系统和任务系统，构建游戏的整体框架，完善游戏的奖惩机制与评分系统。

四 应用价值

本项目将基础的人体免疫学知识与电子游戏相结合，面向青少年、青年和中年群体，通过网络传播的形式达到科普大众的目的。在后续阶段，将对游戏进一步完善和优化，在网络游戏平台或科普平台上线发行，并通过独立游戏或科普教育相关的网络媒体进行宣传推广，以期本项目能为科普游戏和教育游戏的发展提供一定的参考价值和借鉴意义，也为科普事业和教育信息化进程提供助力。

利用化学实验探究科普"酒"中的科学知识

项目负责人：刘天澍

项目组成员：高嘉家　卢文静

指导教师：丁伟

摘　要： 该项目调查了生活中人们对于酒的谣传以及错误看法，利用6个科普微视频进行科学辟谣。科普微视频以新颖的视频设计思路串联内容，通过6个生活场景纠正了人们对于酒的错误认知，同时帮助人们树立了正确的科学观念。

一　项目概述

《利用化学实验探究科普"酒"中的科学知识》——科普微视频系列共有6集，全部围绕"酒"这一主题，在辟谣人们对于酒的错误认识、科普相关科学知识的同时，科普相关交通法律法规及民族文化知识，以提升全民科学素养。该科普微视频系列的主题内容为：《酒，我误会了你》《你会喝酒吗?》《药与酒的相爱相杀》《百变的酒》《果酒的诞生》《一不小心被酒驾》。根据内容特点，将这6集分成两部分，每部分3集，每集虽然为独立内容，但也会有串联内容的设置，帮助观看者构建知识联系。图1为科普微视频内容。

项目最终成果为6个科普微视频，科普微视频成果封面如表1所示。

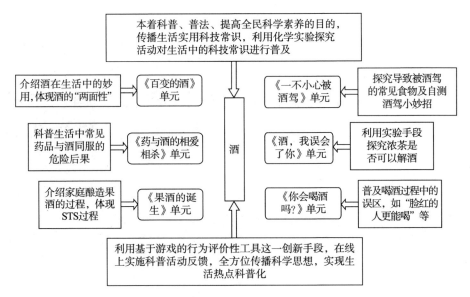

图1　科普微视频内容

表1　科普微视频成果封面

科普微视频1：《你会喝酒吗？》（动画）	科普微视频2：《药与酒的相爱相杀》（动画）

科普微视频3：《酒，我误会了你》（动画）	科普微视频4：《百变的酒》（实验操作）

续表

微视频5:《果酒的诞生》(实验操作)	微视频6:《一不小心被酒驾》(实验操作)

二 项目研究成果

(一) 理论研究成果

利用问卷调查法,我们将学历和"酒量是能练出来的"这一大众普遍认为的观点进行了交叉分析,结果证明,"酒量是可以练出来的""酒是越喝越能喝"的观点在各个学历中的占比都是最大的,也就是说这种错误观点是普遍存在于各个学历阶段的。类似的结论还存在于对"喝酒脸红的人越能喝"等谣言的看法上。不同年龄、地区、学历、性别的人对于酒的错误认识是普遍的,不存在背景差异,因此面向大众科普与酒相关的知识是必要的且有意义的。从科普内容来看,"酒"这一科普内容是大众化的,与生命健康安全息息相关。同时,结合调查数据,这种知识是人们主动需要的,有需求才会进一步去探寻。主动探究知识的效果往往好于被动灌输。从科普受众人群的认知水平来看,大众对于"酒"的一些错误认识普遍存在,例如"喝茶可以解酒""酒量越练越好"等,这种错误认识不局限于学历、性别、年龄、地区,是一个大众化的问题。同时科普微视频也不局限于观看者的知识水平、时间、地点,具有普遍性。综上,采用科普微视频的方式去科普酒中的科学知识是非常有意义且科学的。

(二) 实践研究成果

科普微视频1:《你会喝酒吗?》(动画)

动画部分虚拟了男孩小科一家,围绕小科一家的故事展开,从生活中发现"酒"的问题,更具有代入感,可拉近与受众的距离。小科是一个上小学的男孩，他的哥哥是位年轻的实习医生，从医生的口中传递出来的知识会更加具有说服力。《你会喝酒吗?》重点介绍了喝酒"脸红""脸青""脸白""面不改色"的几种面色背后所体现的科学知识。在生活中大家都认为"喝酒脸红的人更能喝"或者"脸白的人酒量好"，实际上这是一类谣传，因此以此为切入点。故事背景为小科和他的哥哥在川剧变脸现场观看表演，以"川剧变脸"类比"喝酒变脸"更加生动形象，趣味性十足。动画由小科认为"爸爸和舅舅也都会变脸"引出科普知识，实际上，爸爸和舅舅的面色是因为喝酒而改变的，这时小科的哥哥开始进行"喝酒变脸和川剧变脸可不是一回事"的科学解说，在解说完毕之后，小科的哥哥还向大家科普了"酒量是不能练出来的"的知识，打破大家固有的错误认知，影响深刻。科普知识完成后，剧院里的其他人也频频点头，创设"科普中的科普"。川剧散场后，小科跑出门，赶紧去告诉爸爸和舅舅，这一情节设计是为了体现在对错误知识进行纠正后的正确表现，真正实现科普目的。最后小科友情提示大家：弘扬健康酒文化，文明饮酒不逞强。该结尾设计突出了第1集科普微视频的主旨，朗朗上口的标语使得科普效果深入人心。表2为《你会喝酒吗?》视频部分内容。

表 2　《你会喝酒吗?》视频部分内容

为了真正实现科普目的，达到科普效果，科普微视频按照图2所示脚本进行设计。《你会喝酒吗?》科普微视频以知识为线索，将其设置在川剧表演故事情境中，体现科学普及的特点。该集科普微视频得出结论为："喝酒脸红的人更能喝"以及"酒量是可以练出来的"系谣言。

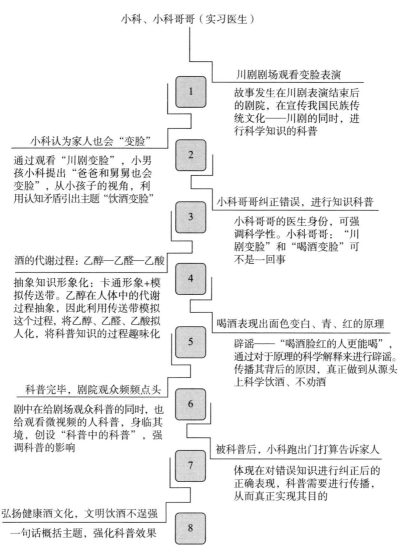

小科、小科哥哥（实习医生）

1
川剧剧场观看变脸表演
故事发生在川剧表演结束后的剧院，在宣传我国民族传统文化——川剧的同时，进行科学知识的科普

小科认为家人也会"变脸"
通过观看"川剧变脸"，小男孩小科提出"爸爸和舅舅也会变脸"，从小孩子的视角，利用认知矛盾引出主题"饮酒变脸"
2

3
小科哥哥纠正错误，进行知识科普
小科哥哥的医生身份，可强调科学性。小科哥哥："川剧变脸"和"喝酒变脸"可不是一回事

酒的代谢过程：乙醇—乙醛—乙酸
抽象知识形象化：卡通形象+模拟传送带。乙醇在人体中的代谢过程抽象，因此利用传送带模拟这个过程，将乙醇、乙醛、乙酸拟人化，将科普知识的过程趣味化
4

5
喝酒表现出面色变白、青、红的原理
辟谣——"喝酒脸红的人更能喝"，通过对于原理的科学解释来进行辟谣。传播其背后的原因，真正做到从源头上科学饮酒、不劝酒

科普完毕，剧院观众频频点头
剧中在给剧场观众科普的同时，也给观看微视频的人科普，身临其境，创设"科普中的科普"，强调科普的影响
6

7
被科普后，小科跑出门打算告诉家人
体现在对错误知识进行纠正后的正确表现，科普需要进行传播，从而真正实现其目的

弘扬健康酒文化，文明饮酒不逞强
一句话概括主题，强化科普效果
8

图2　科普微视频1《你会喝酒吗?》（动画）脚本设计

科普微视频2：《药与酒的相爱相杀》（动画）

《药与酒的相爱相杀》从小科一家正在观看电视新闻的情节入手，新闻中

播放的是一男子因酒后服用头孢被送进医院抢救的画面。这种新闻也是我们在生活中经常碰到的，以此引出话题可使场景更加真实，更具有说服力。接着小科发出疑问："爷爷还说中医用药酒来养生，药酒也是酒，为什么就可以一起喝？"该部分设置共有两个目的：①引出中医药酒，宣传我国中医中药文化；②利用中药与酒相结合能产生疗效，同药与酒不能同服的认知矛盾与争议，强化科普渗透效果。接着，小科哥哥从专业的角度给弟弟讲解知识，将药和酒设置成卡通人的形式。当以"药酒"出现时，二者勾肩搭背；当"药"与"酒"被同服时，出现乌云密布、兵戈相向的画面。在科普头孢与酒的双硫仑反应后，又介绍了一些常见药品与酒同服后会出现的症状，帮助大家增强安全意识，预防危险。最后以小科爸爸出门应酬，小科在听完哥哥讲解的知识后，学以致用，利用所学提醒爸爸的场景作为结束，强调应用性。借小科之口宣传主旨：服药饮酒很危险，谨遵医嘱要牢记！表3为《药与酒的相爱相杀》视频部分内容。

表3 《药与酒的相爱相杀》视频部分内容

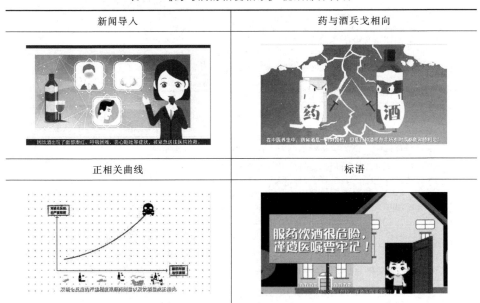

将晦涩难懂的教育传播学理论与情境线索结合起来，可以更好地传播专业知识。在设计《药与酒的相爱相杀》的每一句脚本文案时，力图将抽象的知识具体化、形象化，将故事主角"药"和"酒"拟人化，使其嵌套在人为设置

的故事情境中，具体脚本设计如图3所示。科普微视频得出结论为：不仅头孢类药物不能与酒同服，其他含乙醇药物如感冒止咳糖浆、藿香正气水、养阴清肺糖浆、人参蜂王浆也不能与酒同服。

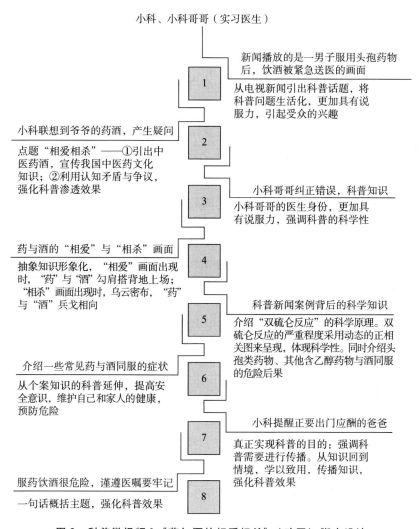

小科、小科哥哥（实习医生）

1 新闻播放的是一男子服用头孢药物后，饮酒被紧急送医的画面
从电视新闻引出科普话题，将科普问题生活化，更加具有说服力，引起受众的兴趣

小科联想到爷爷的药酒，产生疑问
2 点题"相爱相杀"——①引出中医药酒，宣传我国中医药文化知识；②利用认知矛盾与争议，强化科普渗透效果

3 小科哥哥纠正错误，科普知识
小科哥哥的医生身份，更加具有说服力，强调科普的科学性

药与酒的"相爱"与"相杀"画面
4 抽象知识形象化，"相爱"画面出现时，"药"与"酒"勾肩搭背地上场；"相杀"画面出现时，乌云密布，"药"与"酒"兵戈相向

5 科普新闻案例背后的科学知识
介绍"双硫仑反应"的科学原理。双硫仑反应的严重程度采用动态的正相关图来呈现，体现科学性。同时介绍头孢类药物、其他含乙醇药物与酒同服的危险后果

介绍一些常见药与酒同服的症状
6 从个案知识的科普延伸，提高安全意识，维护自己和家人的健康，预防危险

7 小科提醒正要出门应酬的爸爸
真正实现科普的目的：强调科普需要进行传播。从知识回到情境，学以致用，传播知识，强化科普效果

服药饮酒很危险，谨遵医嘱要牢记
8 一句话概括主题，强化科普效果

图3　科普微视频2《药与酒的相爱相杀》（动画）脚本设计

科普微视频3：《酒，我误会了你》（动画）

《酒，我误会了你》这一集内容重点在于科普茶不能解酒的知识。我国自古代以来就有"用茶解酒"的习惯，相关古籍对此均有记载，但这确实是一个"谣传"。根据前期调查，九成以上的人都有"茶能解酒"的认知，因此动画

内容旨在纠正这一错误观念。故事背景为小科一家在吃年夜饭，小科的妈妈打算为大家泡茶解酒。这是生活中的典型场景，也是大多数人家的普遍生活习惯，可增加代入感。这时，从小科的哥哥引出剧情内容，他问道："小科，提到解酒，哥哥可要考考你了！你认为茶可以解酒吗？"小科将学到的关于我国古代"以茶解酒"的趣味小故事——大诗人刘禹锡向白居易换六班茶以解酒，讲述给哥哥听，从此入手，体现我国源远流长、影响深远的传统文化，进行"茶"不能解酒的科学知识的科普，强调"茶能够使人清醒"但是"存在身体危害"的事实。在介绍了"茶"不能解酒的科学知识后，又向大家科普了"酒和碳酸饮料不能混着喝"以及"白酒和啤酒不能混着喝"的知识，这是酒桌上容易被大家忽略的危害健康的习惯，突出人们对"酒文化"的误解。最后回到剧情，以小科跑去厨房将"茶"不能解酒的知识告诉妈妈作为结尾，突出了科普是一个纠正错误、传递科学知识的过程。表4为《酒，我误会了你》视频部分内容。

表4　《酒，我误会了你》视频部分内容

设计倾向于从全方位、多角度渗透不同方面的知识，如传统文化、科学知识、生活文化以及技巧等，希望以最精炼的篇幅涵盖最广泛的科普知识，从一个知识延伸到其他相似知识，从点扩散到面，这也是使知识接受效果最好并且

能够被长时记忆的一种好方法。同时，还希望在设计上体现"科普中的科普"，在观看科普微视频时，观众会不自觉模仿剧中人物正确的行为示范，突出科普特点，具体脚本设计如图4所示。

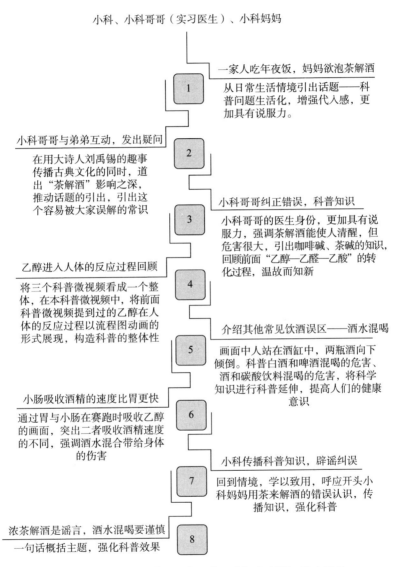

小科、小科哥哥（实习医生）、小科妈妈

1 一家人吃年夜饭，妈妈欲泡茶解酒

从日常生活情境引出话题——科普问题生活化，增强代入感，更加具有说服力。

小科哥哥与弟弟互动，发出疑问 **2**

在用大诗人刘禹锡的趣事传播古典文化的同时，道出"茶解酒"影响之深，推动话题的引出，引出这个容易被大家误解的常识

3 小科哥哥纠正错误，科普知识

小科哥哥的医生身份，更加具有说服力，强调茶解酒能使人清醒，但危害很大，引出咖啡碱、茶碱的知识，回顾前面"乙醇—乙醛—乙酸"的转化过程，温故而知新

乙醇进入人体的反应过程回顾 **4**

将三个科普微视频看成一个整体，在本科普微视频中，将前面科普微视频提到过的乙醇在人体的反应过程以流程图动画的形式展现，构造科普的整体性

5 介绍其他常见饮酒误区——酒水混喝

画面中人站在酒缸中，两瓶酒向下倾倒。科普白酒和啤酒混喝的危害、酒和碳酸饮料混喝的危害，将科学知识进行科普延伸，提高人们的健康意识

小肠吸收酒精的速度比胃更快 **6**

通过胃与小肠在赛跑时吸收乙醇的画面，突出二者吸收酒精速度的不同，强调酒水混合带给身体的伤害

7 小科传播科普知识，辟谣纠误

回到情境，学以致用，呼应开头小科妈妈用茶来解酒的错误认识，传播知识，强化科普

浓茶解酒是谣言，酒水混喝要谨慎 **8**

一句话概括主题，强化科普效果

图4 科普微视频3《酒，我误会了你》（动画）脚本设计

科普微视频4：《百变的酒》（实验操作）

从科普微视频4开始为实验操作真人视频，之所以采用这种形式而非动画的形式，是因为受到内容的影响。该部分内容操作性较强，不适合进行动画演

示，真人实验操作更具有说服力。《百变的酒》这一集为了打破大众心中固有的关于酒的负面认知，介绍一些酒在生活中常见的妙用，如清洁油污、除异味、养护植物等。借此帮助大众树立正确的科学观念，使其能够以正确的态度去多多了解科学、善用科学，进而提升全民科学素养。在科普微视频操作的具体设计上，为了能真正将视频内容落实到生活中，选取的都是生活中很常见的情境，比如下班回到家冰箱里的冻鱼、冻肉解冻很慢怎么办？新买的鞋子味道很重怎么办？在利用酒教大家解决这些问题的同时，也相应传播一些科学知识，让大家在了解妙用方法的同时，也知晓其背后的原理，如乙醇的凝固点、乙醇的理化性质。本集科普微视频的成果为：教会大家酒的生活用途，如清洁、除异味、养护植物、解冻。具体脚本设计如图 5 所示。

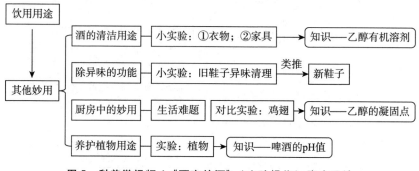

图 5　科普微视频 4《百变的酒》（实验操作）脚本设计

科普微视频 5：　《果酒的诞生》　（实验操作）

《果酒的诞生》这一集介绍了在家酿造果酒的方法，利用完整流程传播科学知识，将科学活动落实到生活实践中。通过科学化的流程、有趣的实际操作，向大众传播近年来提倡的 STS 思想，体会科学、技术与社会生活之间的关联，感受化学实践过程，提高全民科学素养。《果酒的诞生》将科普知识迁移到科普实践中，实践成果会让大家在获得成就感的同时潜移默化地学习科学知识，帮助大家体会科普实践带来的乐趣。本集科普微视频的成果为：成功教授了家庭果酒的酿造方法。具体脚本设计如图 6 所示。

科普微视频 6：　《一不小心被酒驾》　（实验操作）

近年来新闻上经常会出现这样的报道：明明没有喝酒，酒精检测却显示酒驾。这给很多人的出行带来了困扰，一不留神就有可能"被酒驾"。《一不小心被酒驾》这一集的视频内容就是向大家介绍了生活中几种典型、常见的可能会导致"酒驾"的食物、药品与用品。利用酒精检测仪的导出数据得出结论。科普微视频第 6 集重点是为了在趣味性探究过程中向大家科普知识,同时普及法律,降低事故发生率,帮助大家增强生命安全意识。具体脚本设计如图 7 所示。

本集科普微视频成果为:缓解大家因不了解上述情形而带来的抵触情绪,蛋黄派、荔枝、藿香正气水、红腐乳、酸梅汤、漱口水等都是会引起误会的食物、药品与用品。

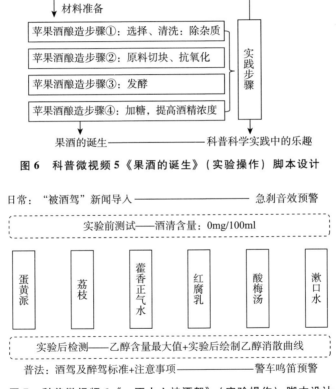

图 6　科普微视频 5《果酒的诞生》(实验操作) 脚本设计

图 7　科普微视频 6《一不小心被酒驾》(实验操作) 脚本设计

三　项目研究创新与应用价值

项目创新在于内容的设计与构思:这 6 集科普微视频短小精悍,每集的科普内容为独立的个体,但是力求整体性和统一性,贯穿和而不同的理念。比如前三集动画视频中都设置成以小科一家的生活为背景，围绕小科和小科哥哥的对话展开科普内容。在此期间小科爷爷、小科妈妈、小科爸爸作为剧情推进人物出现，人物形象一致，但在每集中的打扮不同，从整体进行统一、从细节进行区分。除此之外，在第一集出现过的乙醇、乙醛、乙醇脱氢酶、乙醛脱氢酶等抽象的形象，在第三集也会出现；第一集出现过的"人体传送带"过程，在第二集也会出现，以此来强化知识，增强连贯性，最大限度地进行科普。第三集重点解释了"茶不能解酒"的科学事实，同时通过流程结构图回顾了乙醇在人体中代谢的过程。实验操作的三个视频，采用统一风格的封面，在题目周围的细节之处进行区分，如《果酒的诞生》标题周围是葡萄、苹果和吃剩的苹果核，暗示葡萄酒和苹果酒的内容。而《一不小心被酒驾》的标题周围利用一辆行驶得歪歪斜斜的汽车和一颗荔枝突出主题，暗示视频内容。

对于其应用价值的研究，从科普载体上分析，我们曾经从教学专业的角度对社会热点进行过讨论，"为什么越来越多的孩子会沉浸在刷小视频中，在学习过程中却表现得困倦、精神状态不佳？"这个问题的关键点在于短视频因为其时长较短，观看者能够在很短的时间内就得到反馈，获得视觉、听觉上的刺激和心理上的满足感，而学习是一个长过程，需要很久才能看见效果，才能获得由反馈带来的满足感。因此，我们将科普微视频的时长控制在三分钟以内，这样能够使被科普的人群在很短时间内完成对问题的解惑。用动态的画面刺激观看者的大脑，使其知识储存得更深刻，科普效果也会更好。这种以短视频传播的方式会在未来媒体发展中占有非常重要的地位。

享"瘦"科学

——基于短视频平台的科普活动策划

项目负责人：赵舒旻

项目组成员：黄子义　陈柏因　刘一萱

指导老师：朱广天

摘　要： 本项目基于青少年营养与健康现状，结合国内外科学体重管理相关理论知识，并借助抖音短视频平台的传播优势，设计基于抖音短视频平台的"科学体重管理"专题活动，采用短视频、线上互动、线下活动等方式，以生活场景模拟、新媒体平台模拟和人物访谈的形式，以通俗化、对话式的方法传播体重管理的相关科学知识、方法及态度。本项目制作的短视频重点围绕"科学体重管理"系列下的"肥胖的定义""肥胖的类型""肥胖的原因""科学体重管理方法"四个专题，发布作品数19个，获赞2060次，粉丝1351人，共编写约20份视频脚本，并于2019年5月获得"DOU知短视频科普知识大赛"入围奖，此外项目策划具有可复制性。

一　项目概述

（一）研究缘起

随着我国经济高速发展，青少年体质健康问题受到大众的普遍关注。教育部自1979年开始组织实施"中国学生体质与健康调研"，《我国青少年体质健康发展报告》显示，我国青少年体质健康问题仍然突出，超重和肥胖现象严重，2008年学生不同营养状况检出率中，营养不良占8.58%、低体重占42.21%、标准体重占37.01%、超重占4.55%、肥胖占7.65%。2010年统计数据显示，肥胖、超重占比分别为9.41%、5.05%，表明由营养过剩导致的肥胖和超重情况又有所增加。当前，青少年群体营养状况呈现典型的"双峰现象"，即超重和肥胖问题十分突出，营养不良和低体重继续存在。我国青少年体质健康不容乐观，如何通过科普传播的手段引发学生对健康问题的关注，促进中小学生饮食结构合理化、行为习惯健康化是本项目需要重点研究的问题。

健康生活是科学普及的热门话题。《全民科学素质行动计划纲要实施方案（2016—2020年）》强调，方案的目标之一是大力宣传并普及高新技术、绿色发展、健康生活等知识和观念，促进在全社会形成崇尚科学的社会氛围和健康文明的生活方式。该方案还在"实施科普信息化工程"中提出具体措施：繁荣科普创作，支持优秀科普原创作品以及科技成果普及、健康生活等重大选题，大力开展科幻、动漫视频、游戏等科普创作。《中国科协科普发展规划（2016—2020年）》提倡实施科普惠民服务拓展工程，深入开展全国科普日及健康中国行、食品安全宣传等活动，围绕公众关切的健康安全、科技前沿等热点、焦点问题，及时、准确、便捷地为公众解疑释惑。

为了响应国家相关文件的号召，解决青少年体质健康不容乐观的问题，本项目基于青少年营养与健康现状，结合科学体重管理的相关理论知识和抖音短视频的平台优势，设计基于抖音短视频平台的"科学体重管理"专题活动，用短视频、线上互动活动等方式，以通俗化、对话式的方法传播体重管理的相关科学理论、方法及态度。

（二）研究过程

在前期调研中，调查、分析国内外有关短视频制作传播的文献，阅读营养学教材，整理营养学的重要知识点。接下来分析抖音短视频上已有的科普账号的内容及传播形式，借鉴成功的传播模式。在此基础上，结合短视频制作和传播理论形成活动策划方案。下一步是视频制作，具体包括脚本设计、分镜绘画、拍摄、剪辑和生成视频上传，在部分视频结尾处提出一个开放式问题，邀请学习者参与线上互动，并在四个专题后改进、完善活动，促进活动的顺利进行。本项目的研究过程如图1所示。

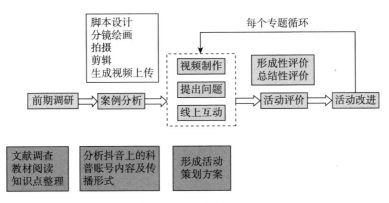

图 1　项目研究过程

（三）研究内容

1. 项目活动体系设计

基于我国青少年营养与健康现状，结合营养学 "体重管理" 部分的理论知识，确定 "科学体重管理" 系列短视频的四个专题（见图 2）：

①肥胖的定义；

②肥胖的类型；

③肥胖的原因；

④科学体重管理方法。

2. 短视频内容研究

每一个短视频的时间控制在 1min 内，内容的呈现顺序为：

①体重管理的相关现象或案例；

②利用科学知识、科学方法解释或分析；

③视频内容相关的资料来源、资源推荐；

④提出与视频内容相关的探讨问题与受众进行互动。

环节①中体重管理的相关现象及案例来自时事热点、网络传言及受众的反馈，以引起学习者的注意，同时也构建与学习者的生活经验的联系。环节②中的科学知识、科学方法来自文献资料、专业书籍、专家观点，确保传递信息的可靠性和权威性。环节③将会附上视频内容的相关信息来源，同时还为学习者提供与内容相关的书籍、网站等资源，并在评论区提供链接，为学习者提供一

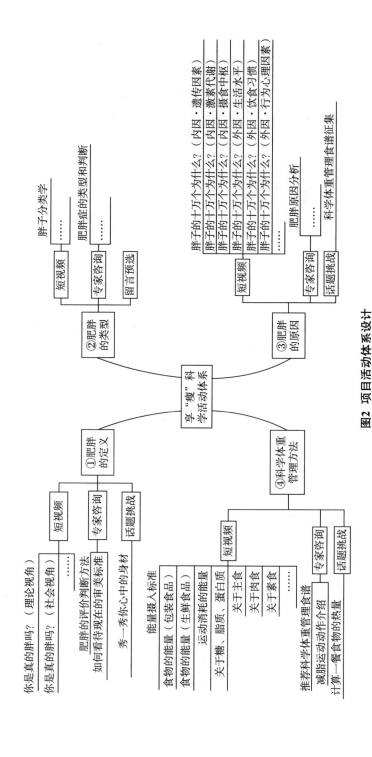

图2 项目活动体系设计

定的学习支持，使其在学习过程中构建信心。以短视频为基点，触发学习者对科学体重管理问题的参与和探讨。环节（4）基于本视频内容或下期内容提出问题，号召学习者以评论、视频连接等方式参与互动，使学习者能够利用在视频中学习的知识和技能实现学习目标，进而获得自信；同时能够利用所学技能和知识解决生活问题，获得满足感。与受众的互动探讨将为下期视频的案例或现象提供来源，增强短视频的针对性；同时为线上直播、线上互动活动提供内容参考，激发受众参与科学传播的热情。

3. 短视频的传播形式研究

基于短视频平台的特色，结合前期对现有短视频的调研及短视频的有效传播理论，确定本项目短视频的多种传播方式：①动画；②实验室场景模拟；③生活场景模拟；④新媒体平台模拟（如微信对话等）；⑤人物采访；等等。本项目作品的传播形式主要为生活场景模拟、新媒体平台模拟和人物采访。

二 研究成果

（一）作品成果

1. 短视频制作与传播情况

截至 2019 年 6 月 9 日，项目组已注册的抖音短视频账号"享瘦科学"（抖音号：science1.）共发布作品 19 个，其中宣传性短视频 2 个、知识性短视频 17 个，获赞 2060 次，粉丝 1351 人，共编写约 20 份视频脚本。短视频重点围绕"肥胖的定义""肥胖的类型""肥胖的原因""科学体重管理方法"四个专题，介绍了如何计算常见食物的热量、红糖水是否可以补血、果汁与果糖、汉堡是否健康以及自制健康汉堡、隐形肥胖及测量等知识点。本项目制作的部分抖音短视频作品如表 1 所示，其中播放量最高的知识性短视频为"如何测量隐性肥胖？"，播放量超过 15 万次，点赞量为 264 次，评论量为 20 次。本项目制作的宣传性短视频播放量超过 1 万次，获 87 次点赞，取得了较佳的宣传效果。

表 1　项目组制作的部分抖音短视频作品情况

单位：次

作品名称	播放量	点赞量	评论量
如何测量隐性肥胖？	15.4 万	264	20

续表

作品名称	播放量	点赞量	评论量
什么是隐性肥胖？	10.7万	193	17
什么是GI值	1.7万	95	8
健康吃甜食的秘籍	1.7万	246	11
汉堡真的健康吗？	769	63	10
健康餐盘	734	93	16

2. 线上互动与反馈情况

为突出学习者的主体地位，项目组成员在每一个短视频的评论区和受众积极互动，及时解答受众提出的问题，采纳受众提出的部分建议，为下一个视频的制作和改进奠定基础。截至2019年6月9日，与用户互动总次数超过80次，平均每个短视频与用户互动次数超过8次。项目组认真听取用户的反馈建议并加以改进。受众的评论主要集中在三个方面：一是对视频中难以理解的知识点提出疑问；二是对视频的内容发出感慨或是感叹；三是对视频的拍摄和制作效果做出反馈和提出建议。针对受众不同类型的评论，项目组成员均给予了不同的回应，如表2所示。

表2　项目组成员与受众线上积极互动情况

受众评论	项目组回应
天！以后不敢吃鸡排了	是的，尤其是炸鸡排，它的热量太高了
原来水果更容易变胖，那水果沙拉是不是不再是减肥餐了	水果沙拉的热量不在于水果，而在于沙拉，沙拉的热量很高哦
谷物是什么？大米饭算吗	大米饭算是精粮哦，可以多吃糙米、燕麦等谷物
每天都有在锻炼的话有可能是隐性肥胖吗	还要看体脂率以及腰臀比！具体可以看我们的下一期视频
镜头应该关注汉堡包，因为视频的主题是食物和健康。还有为了让食物看起来更诱人，应该用暖色调的灯光或滤镜，不要开人物美颜。拍摄地尽量选在室内	感谢您的建议
配音不够清楚，太小声，可以后期录音，或者在讲解的时候不要用人脸出境，拍摄主角直接是食物，配音演员直接对着耳机讲，声音可以清楚很多	谢谢您的建议

受众评论	项目组回应
好喜欢主角，感觉情节还可以更有趣一些	谢谢您的建议
这么棒的科普应该被大力宣传	谢谢您

3. 线上活动策划情况

本项目基于互动直播平台，举办以"测定生活中常见食物含糖量"为主题的线上活动，该活动以实验演示的方法测量生活中常见饮料（如可乐、雪碧、绿茶等）和不同甜度（三分糖、五分糖、七分糖、九分糖、全糖）奶茶的含糖量，为观众树立了合理摄入甜食的观念，获得了观众较为热烈的反响，同时本次线上直播活动为本项目吸引了较多的人气。活动开展的地点选择在华东师范大学河西食堂一楼，同时邀请部分学生参与该活动，让学生了解饮料中的含糖量及其对人体的危害。

4. 线下活动策划方案

为了引起大学生对体重管理问题的关注以及推进抖音短视频平台与科普活动的融合发展，我们制定了以"享瘦科学，悦 DOU 校园"为主题的线下活动方案。

此次线下活动主要是通过现场活动，为在校大学生做"科学饮食""科学运动""科学管理体重"等主题的科普视频宣传，解答学生们关于科学管理体重方面的疑惑，同时通过"互动活动""现场实验"等方式，为在校大学生科普科学管理体重的知识，帮助其树立正确的体重管理观念，进行具有科学性的体重管理实践。

线下活动包括：①科普视频展示宣传；②互动活动；③食品含糖量测评。在线下活动结束后，通过受众的反应、参与活动的人数，以及向参与活动的师生发放反馈问卷来评价此次活动的效果。

（二）短视频获奖情况

2019 年 3 月 21 日，中国科学院科学传播局、中国科学技术协会科普部、中国科学报社、中国科学技术馆、字节跳动联合发起名为"DOU 知计划"的全民短视频科普行动。项目组成员积极响应该行动，制作"如何测量隐性肥胖？"和"什么是隐性肥胖？"两个抖音短视频，参与"DOU 知短视频科普知识大赛"，从1078件参赛作品中脱颖而出，获得"DOU知短视频科普知识大赛"入围奖（前50名）（见图3），本项目参赛作品还被科学网官方账号"科学号"转发，进一步扩大了项目的影响力。项目组在参赛过程中，不仅视频制作能力得到了很大的提升，提高了科普作品的质量，还获得了比赛主办方的流量扶持，从而扩大了本项目的宣传力度。

图3 "DOU知短视频科普知识大赛"获奖证书及奖杯

三 创新点

（一）选择抖音短视频平台作为科普传播媒介

在"互联网＋"背景下，科普设计要更加凸显学习者的中心地位，同时要尽可能适应碎片化学习的特点。与其他新媒体相比，抖音视频的拍摄制作难度较低，且都以动态视频的方式展现，更能体现其操作的简便性以及传播的广泛性、及时性、开放性。上述特点使得抖音一方面可成为非正式情境下学习的重要工具；另一方面为群众参与科学传播提供新渠道，提升群众参与科学传播的积极性。

（二）科普传播过程兼具科学性与传播性

科普传播过程使用ARCS模型，通过外部设计来持续激发学习者的内在动机，可使学习者在娱乐化、趣味化的短视频平台中不断进行学习。在科普传播过程中保证资料来源的权威性、可靠性，且与权威机构专家建立联系，监督、把关视频的内容，同时定期与受众进行交流。

（三） 实现科学与学习者的对话和互动， 尤其凸显学习者的角色

本项目以抖音平台为基点，借助视频评论区的互动评论功能、视频连线功能与受众进行互动；借助抖音直播平台让专家与学习者进行对话，让直播团队与学习者进行资源、活动的共享；线上活动的策划充分利用短视频平台的功能，以趣味的方式调动受众参与科普传播活动的积极性；学习者的反馈是视频制作、专家直播、线上活动的重要参考，在此活动过程中，学习者不仅是知识的接受者，还成为知识的受益者、传播者甚至生产者。

四 应用价值

（一） 拓宽普及健康生活的知识渠道

本项目共制作知识性短视频 17 个，围绕 "肥胖的定义" "肥胖的类型" "肥胖的原因" "科学体重管理方法" 四个专题，介绍了健康生活的知识点。借助青年人喜爱的抖音短视频平台，拓宽普及健康生活知识、传播健康生活理念的渠道。

（二） 线上线下活动策划具有可复制性

本项目举办的以 "测定生活中常见食物含糖量" 为主题的线上活动策划和 "享瘦科学，悦 DOU 校园" 为主题的线下活动策划具有一定的可复制性。中、小学教师可以模仿测定生活中常见食物含糖量的方案，举办相关活动，向学生普及摄入大量糖分、喝饮料的危害；在大学里可以模仿 "享瘦科学，悦 DOU 校园" 活动方案，通过现场活动，进行 "科学饮食" "科学运动" "科学管理体重" 等主题的科普视频宣传，解答大学生在科学管理体重方面的疑惑，科普科学管理体重知识，帮助大学生树立正确的体重管理观念。

参考文献

吴键. 我国青少年体质健康发展报告[J]. 中国教师，2011 （20）：9.

抑郁症系列科普动画作品创作

项目负责人：曾文娟

项目组成员：许明　姚格

指导教师：刘秀梅

摘　要：近年来，国家在政策和资金上加大了对科普创作的扶持，医学健康类知识作为科普内容的重要组成部分，其作品数量也在逐年增加。综观国内外医学健康类科普动画作品，发现普遍存在知识与故事情节脱节、说教性强、缺乏趣味性等问题。本项目运用动画的形式分别介绍抑郁症的病因、日常的临床症状、治疗方法等内容。与网上流行的单纯以解说为主的科普动画短片不同，本作品运用各种叙事策略和动画创作手段，将科普知识巧妙地融入故事，以曲折生动的故事情节和打动人心的情感力量，潜移默化地向观众普及科学知识，具有深厚的人文精神关怀，兼具故事性、知识性和艺术性。

一　项目概述

科技创新和科学普及是实现创新发展的两翼。近年来，党和国家高度重视科学技术普及和创新文化建设工作。2002 年 6 月 29 日通过的《中华人民共和国科学技术普及法》，首次把科普工作纳入法治的轨道。在 2017 年 5 月 8 日印发的《"十三五"国家科普和创新文化建设规划》中，国家明确提出要重点提高科普创作研发传播能力，大力支持优秀科普作品（影视、微视频、微电影、动漫）等的创作与传播。科普动画是科普创作的重要表现形式，繁荣科普动画创作，是科普能力建设的一项重要内容。由此可见，进行科普动画的创作与研究，具有非常重要的社会时代意义。

（一）研究缘起

随着社会生活节奏的加快和社会压力的增大，患有抑郁症的人数迅猛增加，据世界卫生组织发布的数据，现在全球患有抑郁症的人数已经超 3 亿人。抑郁症已经成为世界第四大疾病，其在最严重时可引致患者自杀，每年因抑郁症自杀死亡的人数约为 100 万人。但全球只有不足一半的患者（在许多国家中仅有不到 10% 的患者）接受了有效治疗。

中国抑郁障碍患病率为 4.2%，焦虑障碍患病率为 3.1%。但我国对抑郁症的医疗防治还处在识别率较低的层面，地级市以上的医院对其识别率不足 20%，只有不到 10% 的患者接受了相关的药物治疗。同时抑郁症已开始出现低龄化（大学乃至中小学生群体）趋势。影响抑郁症有效治疗的因素主要有：民众对抑郁症不够了解，社会对抑郁症等精神疾患的歧视；缺乏资源，精神卫生服务资源不足，尤其是临床医护人员短缺等。由此可见，对抑郁症的科普、预防工作急需加以重视。

动画是深受大众喜爱的表现形式，用动画的形式传播科普知识可以做到寓教于乐。科普动画是科学与艺术结合的实践与成果，是科学内容的主要载体，动画已成为科普知识尤其是抽象知识内容的形象化表现形式。然而，当今我国科普动画存在普遍的问题和弊病，比如科普动画作品平淡无趣，"说教"痕迹重，带有比较强的灌输性；动画形式与科普内容严重脱节，科普内容生硬地插入故事，缺乏有深度的、为大众喜闻乐见的优秀科普动画作品；等等。

本项目以抑郁症系列科普动画作品的创作为例，具体探讨在科普动画的创作过程中，如何在叙事策略和造型形象塑造两个方面，使科普内容巧妙地运用动画形式、运用拟人化的卡通形象和感动人心的故事，形象地展示抑郁症的患病原因、症状以及治疗方法等，让观众在主人公的治愈和成长故事中了解抑郁症的相关知识，并从中体会到家人和朋友的理解、关爱对抑郁症患者的重要性，以人们易于理解的方式，让人们轻松、愉快地了解抑郁症。

（二）研究过程

项目研究过程大致可以分为四大块：前期调研、创意策划、实体的动画创作以及后期的推送传播。

前期调研：通过问卷调查，了解普通大众对于抑郁症的了解和熟知程度以及对于抑郁症的态度和看法；访问身边的抑郁症患者，了解他们的内心想法和所遭遇的困难。

通过查阅大量有关抑郁症的最新国内外文献以及咨询专业的抑郁症专家，详细了解抑郁症的患病现状和其中涉及的专业医学知识，包括抑郁症的病因、临床症状以及治疗方法，为后期的创意策划和动画创作提供严谨的科学依据和参考。

创意策划：根据前期调研所获得的有关大众对抑郁症的了解程度和所持的态度与看法，找出大众对抑郁症的知识盲点和所持的错误看法，着重针对这些内容进行科普；结合抑郁症的专业知识，确定具体的科普内容和科普重点。

观看大量优秀的科普动画，特别是医学健康类科普动画，参考和总结其中实用和有效的叙事策略和形象设计风格，选定适用于抑郁症科普主题的设计形式、艺术风格和叙事方法，对抑郁症的科普内容进行设计和策划。

实体的动画创作：根据之前的创意策划内容来进行剧本和文字分镜的撰写，对人物进行设定，包括人物的外部造型设计、内在的性格设定等；运用动画创作艺术和技巧来进行人物设计、场景设计，以及之后的动画制作和视频合成，完成三个系列动画短片的创作。

后期的推送传播：将完成的三个系列科普动画短片用于抑郁症等健康普及教育活动，并在科普健康的微信公众号等网络新媒体上进行推送、传播，收集受众反馈的意见与建议，针对相关专家提出的修改意见进行完善，整理、总结项目结题材料，进行结题、验收。具体的项目技术路线如图1所示。

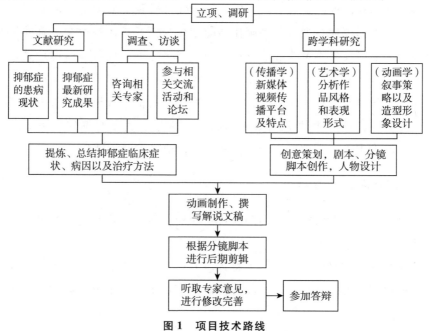

图1　项目技术路线

（三） 主要内容

通过前期的调研发现，在理论研究方面，现今对于科普动画的研究还处于初级阶段，大部分还是单纯地对技术以及动画在某个具体领域的应用和以经验归纳为主的研究，而对于科普动画具体在造型、叙事以及表现形式等方面的动画剧作的理论研究很少，系统、全面的研究几乎没有；而在实践创作方面，当前国内外比较专业科学和系统的有关抑郁症的科普动画很少，而且大部分动画都是通过直接说教的形式进行的简单科普，缺乏系统性、趣味性且不易被理解，而以拟人化的卡通形象和巧妙有趣的故事来科普抑郁症的动画还没有出现。

有关抑郁症的科普动画视频主要有两类。

第一类：名人、专家的演讲科普类视频。这一类作品主要是通过名人和专家公开讲述自身患病经历、医治病例或者传播最新的治疗手段的方式来向大众进行抑郁症的科普。比如 Andrew Solomon 的 TED 演讲《抑郁症是一种什么感受》、Kevin Breel 的 TED 演讲《一个抑郁症喜剧演员的自白》、Nikkl Webber Allen 的 TED 演讲《抑郁的人，不要再默默忍受痛苦了》、Andres Lozano 的 TED 演讲《用基因治疗抑郁症》，以及央视《开讲了》在"大医生开讲健康中国"这一期邀请了北京协和医院心理医学科主任魏镜就抑郁症进行演讲等。

第二类：抑郁症 MG 演示动画。有关抑郁症系统专业的科普动画很少，而且现有的这类作品大部分都是直接讲解科学原理，缺乏有趣的情节和故事，有些还会直接使用一些专业术语，具有很强的说教性，不易于普通大众的理解。比如 Asar science 中的 "The Science of Depression" 就是直接使用很多专业术语，运用画外音解说词的形式对抑郁症的生理机制进行解释，说教痕迹太重，缺乏趣味性。

本项目运用拟人化、卡通化和故事化的形式，通过拟人化的卡通形象和巧妙有趣的故事，形象地演绎抑郁症的病因、临床症状以及治疗方法，具有很大的社会价值和创新性。此外本项目也希望能够借助创作抑郁症系列科普动画作品，探索出适用于一般医学健康类科普动画的叙事策略、创作经验和技巧，以期能够对此类科普动画的创作有所指导和借鉴。

二　项目成果

抑郁症系列科普动画作品主要是三个时长为 6 分钟左右的系列短片，分别介绍抑郁症患者的心理感受、患病现状、病因、日常的临床症状、生活状态以及抑郁症的治疗方法等医学知识。

（一）心理篇——《心中的"幽灵"》

《心中的"幽灵"》主要描述抑郁症患者在凌晨两点所做的噩梦的内容。梦中男主角一个人低着头孤独地走在广袤无边的荒野上（见图2），荒野上空旷无人，只有乌鸦和麻雀飞过。没过多久，天色突然变暗，白雾丛生，整个荒野变得恐怖阴森起来，男主角感到恐慌，于是加快脚步。这时，一个发出恐怖笑声的黑色幽灵挡住了他的去路，并一步步逼近，男主角掉头就跑，黑色幽灵一直在后面紧追不舍，不一会儿便追上了男主角。男主角最后被黑色幽灵席卷、吞没。结尾男主角被噩梦惊醒，一直失眠到天亮。这个短片主要把抑郁症幻化成黑色幽灵，表现男主角被抑郁症追随和与之纠缠时的恐慌而绝望的心情，同时也反映出抑郁症患者有在凌晨常做噩梦、被噩梦惊醒后便不能入睡的症状。

（二）症状篇——《艰难的日常生活》

《艰难的日常生活》主要展现了患有抑郁症的男主角从起床到上班再到深夜回家的一天的生活情况。主要通过男主角的内心独白进行讲述，其起床后全身无力，哈欠连天，一直赖床不想上班；出门后讨厌靠近人群，觉得周围的人对自己指指点点；好不容易来到公司，公司其他的员工都在认真干活，男主角却一个人有气无力地呆坐在座位上（见图3），工作出现错误，被老板骂得狗血喷头，却只能默默地忍气吞声；最后拖着疲惫的身体回到黑漆漆的屋子，直奔房间倒头就睡，不吃、不喝，也不理会家人和朋友的信息，渐渐身体和意识变得麻木，甚至出现幻觉，感觉身体掉入了黑洞，漫天的黑暗从四面八方袭来，压得他喘不过气，直至沉入深渊的底部，男主角昏迷了。这个短片主要描述的是抑郁症患者常见的临床表现和症状，以及邋遢颓废的生活状态，让观众深入了解抑郁症患者内心的真实感受和想法，以此唤起观众对抑郁症的关注和重视，消解观众对抑郁症的偏见和歧视。

（三）治疗篇——《滚蛋吧！抑郁症》

《滚蛋吧！抑郁症》主要讲述了男主角被送到医院，隐瞒的病情被父母知道，之后父母把男主角接回家，男主角回家之后从开始的烦躁、无故发脾气，拒绝与父母沟通到后面被父母的爱感化，对母亲敞开心扉的故事（见图4）。最后男主角在父母和好友的帮助下积极接受药物治疗、进行心理咨询，培养健康、轻松的生活方式，病情慢慢好转直至痊愈。这个短片通过讲述抑郁症患者被治愈的故事，让观众了解抑郁症的治疗手段以及家人的关爱与理解对抑郁症患者的重要性，达到科普抑郁症相关知识、使观众正确认识抑郁症的目的。

作品除了有三个讲述抑郁症患者从患病到治愈的故事外，还在每个故事短片后面附带一段科普知识小结的动画，通过画外解说词加上简单抽象的线条和灵活变化的形状，精炼演绎出与抑郁症的现状、病因、症状、治疗方法等相关的医学知识，让观众既能欣赏故事情节和受到情感的熏染，还能学习医学知识，兼具故事性、知识性和艺术性。

图2　《心中的"幽灵"》剧照

图3　《艰难的日常生活》剧照

图4　《滚蛋吧！抑郁症》剧照

三　创新点

（一）研究对象

本项目研究对象是近几年患病数量猛增、以显著而持久的心境低落为主要临床特征的心境障碍的主要类型——抑郁症。项目选择抑郁症作为科普对象的原因主要有两个：第一，近年来，随着社会节奏的加快与社会压力的增大，越来越多的人患上抑郁症，抑郁症已经成为全球健康不良和残疾的主要原因。根据世界卫生组织的最新估计，目前约有3亿人罹患抑郁症，从2005年至2015年，患者数量增加了18%以上。在中国，抑郁症的防治形势也不容乐观，数据表明，我国抑郁症患者已经达到9000万，发病率为4%~8%。而且社会上普遍存在对抑郁症的偏见与歧视，这种对抑郁症的污名化使很多抑郁症患者害怕甚至拒绝接受治疗，以致耽误治疗的最佳时期而遗憾终生。现实生活中，很多人对抑郁症不够了解，甚至把抑郁症与普通的情绪忧郁混淆在一起，觉得自己或者身边的朋友、家人情绪低沉很正常，但是如果不对他们及时关注和加以重视，时间一长，可能会导致其病情加重甚至造成无法挽回的后果。所以，作品选择科普抑郁症的相关医学知识，目的是希望加强大家对抑郁症相关知识的了解，破除大众对抑郁症的歧视与偏见，呼吁更多的抑郁症患者勇敢接受治疗，也希望大家重视自己的身体和心理健康，养成健康、轻松的生活习惯，加强与家人和朋友的沟通与联系，一起预防抑郁症。

（二） 研究方法

本项目主要运用了文献研究法、个案研究法、跨学科研究方法和调查法。

文献研究法，通过查阅国内外有关科普动画、叙事学、动画叙述艺术以及抑郁症等最新文献资料，了解有关科普动画最新的理论研究成果以及抑郁症最新的研究现状，为本项目选题和创新论点的提出提供理论依据，也为抑郁症科普动画作品的创作提供科学参考。

个案研究法，观看大量国内外优秀的科普动画作品以及有关抑郁症的影视作品，比如《头脑特工队》《工作细胞》《终极细胞战》《神奇校车》等科普动画以及《丈夫得了抑郁症》《忧郁症》等影视作品，分析、归纳其中的叙事策略以及形象塑造的方法，总结创作经验，为论文和作品的开展做好准备。

跨学科研究方法，科普动画属于特殊的动画类型，是科学教育和动画创作的结合体，涉及科学传播以及动画艺术创作等领域，而医学健康类科普动画更是涉及医学健康的知识，因此，对于医学健康类科普动画的研究和创作需要综合运用多种不同学科的理论和方法。

调查法，抑郁症属于精神和心理疾病，对于其中的专业科学知识需要咨询相关领域的权威专家和学者，具体了解有关抑郁症的病因、临床症状以及治疗方法，为作品的创作提供严谨的科学参考。

四　应用价值

由于项目的成果是三个系统介绍抑郁症的科普系列动画，作品符合"科普中国"的框架，可以运用于抑郁症等健康科普教育活动中，也可以用于对医学健康类网络新媒体的传播等。此外，作品在呈现知识的同时，也进行了故事叙述和艺术表达，实现了三者的和谐与平衡，达到既让人易于接受、产生共鸣，又传播科学知识、完成科普的目的。本项目提出了十分有见地的想法和解决方案，表现形式新颖、有创意，突破了对科普动画的传统认知，这对于之后相关的医学健康类科普动画的创作具有很好的借鉴和参考价值。

参考文献

World Health Organizationn. Depression and Other Common Mental Disorders：Global Health Estimates［EB/OL］. 2017 – 02. http：//apps. who. int/iris/bitstream/handle/10665/254610/WHO-MSD-MER – 2017. 2 – eng. pdf；jsessionid = D8213DF537C0F42AA85D39FD7C151A07？sequence = 1.

分一分

——垃圾分类科普游戏

项目负责人：方慧玲

项目组成员：梁芹芹　来青霞　金怡靖　许亮

指导教师：沈甸

摘　要：分一分——垃圾分类科普游戏项目主要以科普小游戏这种轻松易上手的形式向公众宣传垃圾分类的相关知识，以微信小程序为载体，线上、线下相辅助，可有效指导居民在现实生活中进行垃圾分类，让公众切实认识到垃圾分类与每一个人都切身相关，且没有想象中那么复杂艰难。此项目会对网络游戏后台的数据进行处理，深入分析公众垃圾分类的现状，采用多种数据处理软件进行处理，并对结果进行总结，这对于后续垃圾分类工作的进行具有很大的帮助，且可放大社会效益，让受益面更广。

一　项目概述

垃圾分类理念在公众心目中已经有了初步的影响力，但是公众垃圾分类的行为积极性还有待提高。相关数据表明，七类典型垃圾的平均分类准确率仅为 56.8%，说明公众第一次垃圾分类准确性并不高，而如今还存在不少居民小区仍依赖环卫工进行二次分类的现象。造成这种现象的原因是：一方面，对垃圾分类的宣传工作还处于理念阶段，未深入细节方面；另一方面，垃圾分类的硬件设施还有发展空间。本项目立足于垃圾分类的新媒体传播方面。传统的宣传方式比如发放宣传册、绘制宣传画报、开展宣传讲演，存在交互性差、公众收获少等问题。针对这一情况，我们将现代信息技术应用于科普宣传中，响应《全民科学素质行动计划纲要实施方案（2016—2020

年）》（以下简称《方案》）的号召，《方案》明确指出要"充分发挥现代信息技术在科技教育和科普活动方面的积极作用"。现代信息技术内容丰富，我们从中选择了科普小游戏尤其是线上的科普游戏，其具有趣味性强、交互性高、科普范围广等优点，人们可利用碎片化的时间，在玩游戏的过程中获取知识。此外，《中国科协科普发展规划（2016—2020年）》中明确指出，在未来五年，我国将着力实施六大重点工程，带动科普和公民科学素质建设整体水平的显著提升。其中提到，要实施"互联网＋科普"建设工程、实施科普创作繁荣工程，推动科普游戏的开发。

在本项目中我们将进行以下工作。

（1）以现代信息技术手段——微信小程序为游戏开发平台

（2）设计制作一款线上的关于科普垃圾分类知识的小游戏

现有的垃圾分类科普游戏存在缺陷，普及性低且它们只能告诉用户其垃圾分类的行为是否正确，而无法针对其错误进行解释并教授正确的垃圾分类方法，这也是造成垃圾分类正确率一直不高的原因之一。因此，我们以普及性高且易操作的微信小程序为游戏开发平台，并且将在游戏中增添一个环节：对用户的错误操作，即将垃圾扔入错误的垃圾桶给予相关的解释，使用户在错误操作中获得正确的垃圾分类方法。

（3）设计相关响应线上游戏的线下快闪游戏

通过线上、线下游戏的结合，使公众在游戏中掌握垃圾分类的方法，以及增强公众的环保意识和提高公众的科学素养。

将对在游戏中获得的用户操作数据进行后台存储，通过数据分析和数学建模，分析公众垃圾分类的习惯、特点和误区。

我们希望利用这些数据，继续优化游戏设计方案，以及在普及垃圾分类知识时，给予我们自身或者相关研究者一些灵感和建议，从而扩大社会效益。

二　研究成果

（一）游戏方案的设计

1. 小程序界面

一开始进入"垃圾分一分，环境美十分"的游戏界面，随后跳出游戏的前言部分："数据显示，全世界每年生产4.9亿吨垃圾，中国城市垃圾就占到1.3亿吨。以某城市为例，生活垃圾日综合处理能力要达到3.28万吨以上，而目前某城市实际的垃圾日处理能力仅为2万多吨。垃圾的不正确放置导致了资源的低效利用，那我们又该如何正确进行垃圾分类呢？"

2. 游戏按钮

随后进入"开始游戏"，"开始游戏"下方有三个按钮，分别是：

"选择模式"——简单模式、一般模式和困难模式；

"游戏战况"——遗忘曲线、游戏周报和微信好友排名；

"游戏设置"——包括音效、声音与学习提醒时间设置。

3. 游戏规则

进入游戏之后，主人公格林开始介绍游戏规则。游戏主要以闯关的形式进行，其中"简单模式"对应的是四种类型的垃圾，即我国对于垃圾的分类：可回收垃圾、有害垃圾、湿垃圾和干垃圾。"进阶模式"对应的是以日本为代表的五种垃圾分类模式（可燃垃圾、不可燃垃圾、可利用资源垃圾、粗大垃圾、塑料包装垃圾）。

4. 游戏界面

正式游戏界面下方会出现若干种类型的垃圾桶，现以简单模式为例，其包括可回收垃圾、有害垃圾、湿垃圾和干垃圾四种垃圾桶。界面上方会出现匀速下降的"垃圾"，用户需要在"垃圾"的最下端接触垃圾桶之前，点击四个垃圾桶中的其中一个按钮，将"垃圾"放入垃圾桶。每次游戏都有五次错误的机会，以五滴爱心生命水的形式存在，在游戏期间，每答对一次积累20能量，答错不扣能量。同时设置能量梯度，即每答对一次，"简单模式"可积累20能量，而"一般模式"与"困难模式"分别对应30与50的能量。若五颗爱心生命水用完，用户每天有一次通过分享小程序链接到朋友圈的形式来额外获取一滴生命爱心水的机会。

5. 正式游戏

在界面上出现"3，2，1，Ready？Go！"的声音与文字提示之后，用户开始正式进入游戏环节。以下以"简单模式"为例进行说明，当用户将"垃圾"放入正确的垃圾桶后，会出现令人愉悦的"叮咚"声，同时界面上显示一个绿色的"√"。比如，把易拉罐放入可回收垃圾桶后，显示放置正确，用户会增加20能量。反之，会出现令人不快的"嘟嘟"声，同时界面上显示一个红色的"×"。比如用户把纽扣电池放入可回收垃圾桶，界面上会出现"有××%的人跟你一样投放错误哦！一颗投放错误的纽扣电池产生的有害物质，可污染60万升水，这相当于一个人一生的用水量，因此纽扣电池属于有害垃圾！"的文字。

6. 游戏结束

直到爱心生命水用完，游戏结束。后台自动统计并记录用户数据。

（二）游戏产品的开发

基于微信开发平台，我们将游戏产品开发成小游戏的形式。利用微信小游戏的兼容性及其提供的开发工具，让使用不同手机的用户，可以通过微信来体验小游戏。这些都有利于简化小游戏的开发过程，减小用户的安装难度，从而取得更好的推广与科普效果。另外，利用后台服务器，对用户的游戏信息进行实时采集，形成反馈，包括用户做出选择的统计数据、得分、活跃时间、活跃人数等。这些反馈数据能够在某种程度上反映公众对于垃圾分类的理解与关注情况。之所以选用微信小程序作为垃圾分类的科普游戏形式，在很大程度上是因为现今微信的两大优点，即普及程度广以及易操作性。

项目组开发的游戏产品的二维码见图1。

图1　游戏产品的二维码

（三）基于游戏后台数据的方案优化及分析报告

1. 用户得分和游戏时间的统计分析

本次统计分析总共采集了游戏次数13844次，平均得分是317分。最低分是0分，最高分是2200分。数据中有50%的用户得分超过80分，25%的用户得分超过 420 分, 用户总体得分较高。

用户进行一次游戏的最少时间是 11 秒, 最长一次游戏时间是 340 秒, 平均玩一次游戏的时间是 41 秒。超过 25% 的用户玩一次游戏的时间是 52 秒。用户总体玩游戏时间较短。

随着游戏的进行, 同个用户的游戏时间虽有缩短, 但得分有所提高, 表明用户通过垃圾分类小游戏的高效体验, 能够学习垃圾分类知识, 迅速掌握垃圾分类的技能。

2. 游戏难度和得分相关性分析

普通/困难模式下得分箱线如图 2 所示。0.0 代表普通模式, 1.0 代表困难模式, 根据统计结果可知: 普通模式的得分主要分布在 0 ~ 500 分, 困难模式的得分主要分布在0 ~ 100 分, 普通模式的得分高于困难模式, 表明游戏在难度设计上较为合理。

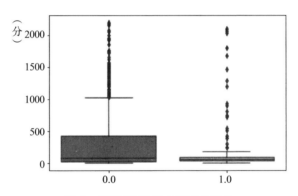

图 2　普通/困难模式下得分箱线

3. 用户玩游戏时间和得分的相关性分析

由统计结果可知: 用户玩游戏的时间和玩游戏的得分呈正相关, 即随着玩游戏时间的增加, 游戏得分将会越来越高, 表明游戏设计合理, 能够使用户随着玩游戏时间的增加而对垃圾分类的知识掌握得更加牢固。

此外, 在游戏的普通模式和困难模式两种模式下, 对用户玩游戏的时间和得分进行比较可以发现, 困难模式的得分和游戏时间比例比普通模式的比例更高, 表明在困难模式下, 用户对垃圾分类技能的学习效率更高, 表明游戏设计合理, 用户在学习难度增加情况下的学习效率更高 (见图 3)。

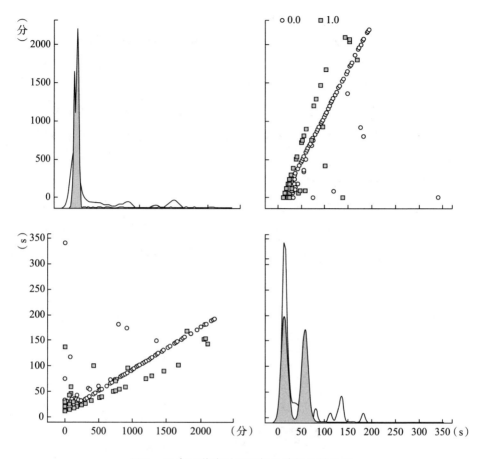

图 3　用户玩游戏时间和得分的相关性分析

4. 用户得分曲线分析

本次随机抽样了 300 名用户，对其玩游戏次数和得分之间的相关性进行统计分析。由图 4 用户得分曲线可知，随着用户玩游戏次数的增加，用户得分率明显上升，表明该游戏设计十分合理，能够让用户不断学习垃圾分类的相关知识。此外，用户曲线斜率呈上升趋势，表明用户在玩游戏过程中，学习效率越来越高。因此，在设计游戏时，可以适当增加游戏难度。

5. 垃圾种类统计分析

由统计结果可知，游戏中不同种类垃圾出现的次数基本呈现 1:1 的关系，针对不同用户，不同种类垃圾出现的次数略有不同（见图 5）。

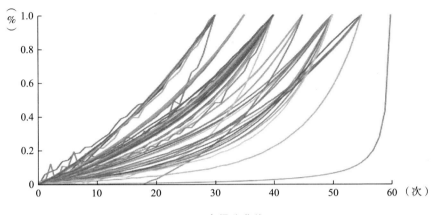

图 4　用户得分曲线

有害垃圾	112971
可回收垃圾	110321
干垃圾	107921
湿垃圾	103795
可燃垃圾	2596
可利用资源垃圾	2144
大颗粒	1563
塑料包装垃圾	1432
不可燃垃圾	950

图 5　垃圾种类统计

注：每一行数据分为两列，左边是垃圾类型，右边是该类型垃圾在游戏中出现的次数。

6. 垃圾种类得分率统计分析

项目组统计了所有用户的分类情况，灰色条状代表分类正确，白色条状代表分类错误。由结果可知，各类垃圾的得分率基本相同，表明游戏对各类垃圾的难易程度设计十分合理，能够让用户均衡地学习各类垃圾的正确分类方法（见图6）。

此外，不同种类垃圾分类的得分率维持在 50% 左右。在后期游戏设计中，可让用户在玩游戏之前学习教程，更快地掌握游戏的规则和垃圾分类知识，从而提高总体的各类垃圾分类得分率。

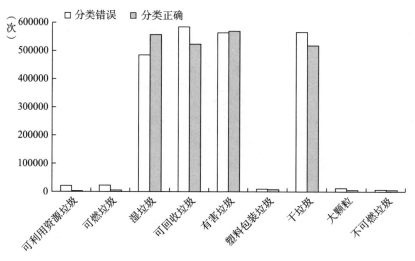

图6　不同种类垃圾正确和错误分类的次数

结合以上的大数据分析结果，进行游戏方案优化。

用户认知

根据图3的用户得分和玩游戏时间的相关性分析可以得出，用户得分与玩游戏时间呈正相关，随着时间的增加，用户垃圾分类的正确率变得越来越高。同时结合图4用户得分曲线分析可知，用户的得分曲线梯度上升得越来越快，学习效率不断提升，表明用户对垃圾分类的初始认知程度较低，对垃圾分类的正确认识是逐渐加深的，并且在后期的学习效率变得越来越高。因此，尽管用户对于垃圾分类缺乏正确的认识，但只要培养用户正确的垃圾分类意识，就能使其很快学习大量的垃圾分类知识。

规律养成

通过图4中用户得分曲线分析可知，用户的得分曲线梯度平均在玩游戏30次后发生快速变化，用户对垃圾分类的正确率呈现近似指数型增长。在实际的垃圾分类过程中，让用户在生活中连续进行30天的垃圾分类，就可以促使用户养成垃圾分类的习惯，对垃圾分类知识的掌握就会达到非常熟练的程度。

垃圾盲区

湿垃圾分类的正确率要明显低于其他垃圾分类的得分率，表明用户对湿垃圾的概念和分类知识较为缺乏。因此在垃圾分类的科普过程中，应当着重传播湿垃圾的分类知识，让用户对湿垃圾的辨别更加精准，在生活中更加注意对湿垃圾的分类。

科普启示

根据以上数据，分析得出：①垃圾分类本身难度不高，用户在进行学习后，普遍可以很好地掌握垃圾分类的知识，而重点在于要使用户养成垃圾分类的习惯；②用户保持一个月的垃圾分类习惯，会掌握大量垃圾分类的知识，对垃圾分类的准确率大大提升，逐渐养成垃圾分类习惯；③在垃圾分类的科普过程中，尤其要重点传播湿垃圾的分类知识。

三　创新点与应用价值

随着现代信息技术的发展，开发具有教育意义的线上游戏已成为可能。科普游戏是以电子游戏为载体进行科学普及的活动形式，是挖掘科普资源，顺应理念转型，丰富教育手段，进而提升科普效果的一种重要途径。科普游戏具有趣味性强、交互性强、只占用碎片化时间、边玩边学等优点。

将垃圾分类科普游戏做得更有互动性，能够使用户得知垃圾的正确归类方法，此外，还能够使其知道垃圾分类的缘由、垃圾分类的益处。

产生社会价值，即游戏运营成熟后可以进行推广，并且为创造美好生活助力，同时能提高人们对身边环境的关注度。

抽象建立数学模型，在反复验证后得到垃圾推广过程中的关键因素与习惯养成之间的关系，从理论上得到相对正确的引导方向。用信息自动化的技术手段辅助完成一些数据收集和分类工作，并且通过正向反馈和激励措施，完成对用户的正向引导。

参考文献

上海生活垃圾分类现状调查报告（摘编）[J]. 上海质量，2018（8）：40 – 47.

周荣庭，方可人. 关于科普游戏的思考——探寻科学普及与电子游戏的融合[J]. 科普研究，2013（6）：60 – 66.

基于《我的世界》3D 沙盒游戏的
沉浸式虚拟科普园区设计

项目负责人：孙宇雯
项目组成员：李钰铖　涂雯洲　高欢　徐琦
指导教师：李太平　黄芳

本项目致力于设计、建造以《我的世界》（*Minecraft*）为平台的虚拟科普园区。园区建设应用了地理信息技术和格式转换程序，在《我的世界》游戏服务器中导入真实地形和教学模型，利用沙盒游戏的高自由度优势设计了对技术要求低、成本低的科普游戏和课程开发方案。对未来以《我的世界》（教育版）为平台的科普游戏开发提供参考。

一　项目概述

随着游戏产业的不断发展，功能游戏的概念被提出，其中科普游戏是被关注最多的功能游戏的一种。教育游戏化虽然在国内教育界的呼声很高，但碍于技术、人员、资金的限制，实际发展得十分缓慢。

与此同时，国外的教育游戏化发展迅速，以《我的世界》为代表的开源游戏平台，甚至建立了可供教育者自由开发虚拟线上课程的游戏平台。在这个平台上，教育者可以更轻松地搭建虚拟教室和教具，学生作为玩家可以进行在线交流、组队合作。在国内，《我的世界》应用于教学的时间相对较晚，主要集中在经济发达的城市及其他地区，如北京市朝阳区的一些小学将《我的世界》和 Steam 一起作为两门新增的课程安排到教学中。网易公司代理了《我的世界》后，《我的世界》在国内也成为炙手可热的网络游戏。《我的世界》在 2018 年 1~8 月 iOS 端的下载量为 1262 万，长居手游类 App 前十位。这说明，《我的世界》在中国拥有相当大的用户群体。

因此，本项目致力于提出一种基于网易《我的世界》游戏平台的科普游戏开发方案和课程设计方案。该方案力求减少资金开支和降低技术要求，让更多的包括一线教师在内的科教工作者，跨越技术限制直接参与到科普游戏的开发工作中去。

项目研究过程分为六个阶段：确认开发平台、前期研究、园区设计、园区搭建、测试反馈、总结游戏开发方案。项目研究过程如图 1 所示。

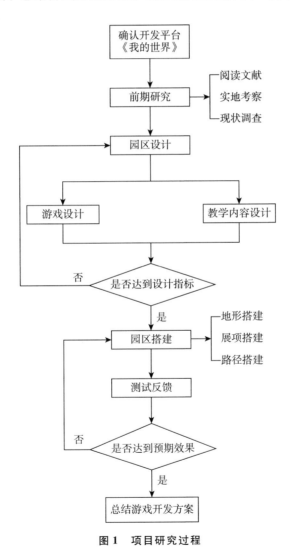

图 1 项目研究过程

（一） 确认开发平台

本项目确认游戏开发平台为《我的世界》。

（二） 前期研究

1. 以《我的世界》作为教学手段的优势和劣势

以《我的世界》为课堂教学工具，可以在多个方面显著提升课堂教学效果。例如促进学生小组合作、对自己的任务负责、提高沟通能力和社交能力等。但同时，《我的世界》作为教学工具，提高了对学校教学设备的要求以及对教师操作互联网和多媒体能力的要求。以电子游戏作为教学手段，需要教师和家长的指导和监督，以避免学生过分沉迷或错误使用电子设备。

2. 实地考察

为考察虚拟科普园区在科教场馆的展示前景，项目小组在初期考察了武汉科学技术馆和武汉自然博物馆。得出的结论为：虚拟科普园区具有作为现实科教场馆补充项目的前景。

3. 现状调查

从科协支持的科普项目类别和比例以及国家政策对教育游戏的关注来看，教育游戏的开发现状为呼声高、限制大、行动少。原因是教育游戏的开发缺乏教育工作者的关注和投入。

（三） 园区设计

1. 游戏设计

本项目将采取虚拟科普园区的建造形式，优先搭建"水形物语"（水资源和水利工程区）和"生命之树"（生命科学区），以供开发科普游戏的科教工作者参考。

在"水形物语"主题区中，导入长江流域的湖北宜昌河段地理遥感数据，导入三峡大坝发电站 3D 模型，模拟长江三峡流域的地理、生态、气候环境。玩家根据指引和说明坐船欣赏河道风景，学习区域地理知识。

在"生命之树"主题区中，导入 DNA 双螺旋模型、细胞模型。玩家在参观模型的同时，了解 DNA 和细胞的有关知识。

2. 教学内容设计

本项目根据教学内容设计和游戏难度等方面综合考虑，将对象年龄段设置为高中一、二年级。将教学内容设置为以下几个方面：长江三峡流域地理、生态、气候环境；水循环；DNA 双螺旋结构及其发现者；细胞结构及其发现者。

3. 设计指标

是否有利于内容维护和更新；玩家与环境是否充分互动；是否设置了玩家之间的互动交流环节；是否有效展示了核心科学概念、体现了科学史发展和人类认识历程、培养了科学素养和科学精神。

（四） 园区搭建

搭建园区之前，首先需下载安装最新版的网易《我的世界》客户端。

1. 地形搭建

本项目选址长江流域的湖北宜昌河段，即长江三峡工程所在河段。要导入真实地理数据，首先需要先得到真实地理区位的卫星遥感数据。在卫星遥感数据库中，选取开源 SRTM 数据库（SRTM Data Search；URL：http://srtm. csi. cgiar. org/srtmdata/）。选择范围更小的 5×5 的区块，并选择更容易进行格式转换且不容易形变的 Geo TIFF 遥感影像数据。长江三峡的经纬度信息为北纬 30°44′18″，东经 111°16′29″，对应图像块 srtm_59_06。下载并解压图像得到该地区的 TIFF 遥感图像。

扩大比例尺，利用遥感预处理软件 MicroDEM 来对 srtm_59_06 图像块进行预处理。安装 MicroDEM 后，将 MicroDEM 安装目录下的应用程序新建快捷方式到桌面。用该软件打开 srtm_59_06 的 TIFF 数据图（Open < file < open DEM/grid 打开 srtm_ 59_06）。右击图像选择 Grid/Graticule 绘制网格线，用工具栏中的 Subset&Zoom 工具切割三峡流域对应的位置，为图 2 中左下两图像块。

切割完成后，导出的切割后图像为灰度图，导出时标记内陆河道信息，设置对比色数量为 10。保存预处理后的灰度图为 bmp 格式（见图 3）。

灰度图处理完成后，需要下载专门绘制《我的世界》地图的 World Painter 软件，将高程灰度图转换成《我的世界》地图。该软件的运行需要 Java 环境。

171

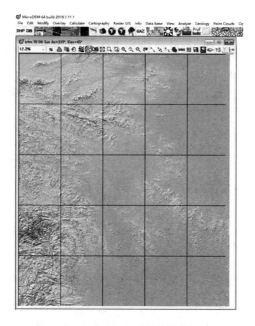

图 2　MicroDEM 预处理

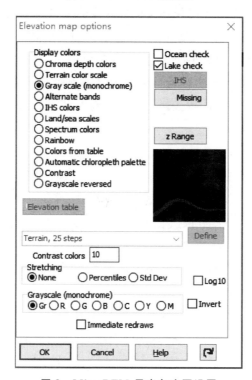

图 3　MicroDEM 导出灰度图设置

在 World Painter 中新建地图并导入 bmp 格式的灰度图（见图 4），导入时修改默认地面及海平面高度。陆地高度为 0，海平面高度修改为 19。设置玩家的出生点为靠近长江大坝的区域。根据需求删减不必要的区段。

图 4 bmp 灰度图导入 World Painter

修改后的图像存储为地图文件夹，版本为 1.2 – 1.12。导出时，常规选项设置为无边界、大型生物群系、打开宝箱、去掉随机事件、创造模式、和平模式。资源选项设置为允许生成资源，并调低资源比例，其他图层设定为自动填充。另外也要生成 World 文件以便用 World Painter 继续修改。

至此，地形制作完成（见图 5）。在《我的世界》游戏平台中开设联机房间"虚拟科普园区"，导入本地地图，服务器版本为 1.8。另外，World Painter 中的 file-Merge with Minecraft Map 可再次编辑存档地图。

图 5 模拟地形与实际地形对比

2. 展项搭建

通过 3D 模型导入和 MC Edit 图形编辑来搭建展项。《我的世界》可打开的 3D 模型文件格式为 level 和 Schematic，常见的 3D 模型转换 Schematic 格式的过程为：

➤ 3dsmax 软件将 max3D 文件转换为 3Ds 文件

➤ poly2vox 将 3Ds 文件转换为 kv 文件

➤ Kv6ToSchematic 将 kv 文件转换为 Schematic 文件

➤ MC Edit 将 Schematic 文件导入《我的世界》地图

第一，利用 3dsmax 软件将 max3D 文件转换为 3Ds 文件。购买获得三峡 max 模型文件，由 3dsmax 2014 版软件打开并另存为 3Ds 文件。

第二，利用 poly2vox 程序包将 3Ds 文件转换为 kv 文件。在 poly2vox 文件夹中新建 txt 文档，命名为 "run"，输入代码：

```
@ echo off
set /p FILE = Enter 3DS file name:
set /p DIM = Enter maximum dimension (less than 256 rec-
ommended, 1024 max):
poly2vox.exe % FILE% % FILE: ~0, -3% kv6 /v% DIM%
echo Done.
Pause
```

将 3Ds 文件存储在 poly2vox 文件夹中。双击运行 bat 文件，输入 3Ds 文件名 "sanxia" 后按回车，最大高度设置为 100。按任意键返回后，将生成的文件夹重命名为 "sanxia. sankv6"（见图 6）。

第三，Kv6ToSchematic 将 Sankv 文件转换为 Schematic 文件。用 Java 直接打开 Kv6ToSchematic. jar，选择使用默认面板（Use Default Palette）。模型材质选择彩色黏土材质（Use Colored Clay Blocks）。文件类型为所有格式，导入 sanxia. sankv 文件。

选择 Schematic 文件的导出位置为 sanxia 文件夹。同理，将 DNA 模型和 Cell 模型一并导入 poly2vox 文件夹（见图 7）。

第四，用 MC Edit 软件将 Schematic 文件导入《我的世界》地图。MC Edit

```
C:\WINDOWS\system32\cmd.exe
Enter 3DS file name: sanxia
Enter maximum dimension (less than 256 recommended, 1024 max): 30
Reading sanxia.md3
Reading sanxia.md2
Reading sanxia.3ds
Scale factor used (voxel/polygon units): 0.006364
x:1..29, y:0..27, z:0..3
Writing sankv6 (29x28x4)
0.07 seconds
Done.
Done.
请按任意键继续. . .
```

图 6　运行 poly2vox

图 7　DNA 模型和 Cell 模型

支持编辑《我的世界》1.8 版本的 level 地图文件，无法直接打开 World Painter 导出的地图文件，需要先在《我的世界》1.8 版本中建立存档。《我的世界》服务器存档文件地址为默认存档地址：\\ MC \\ MCLauncher \\ MCLDownload \\ Game \\ . minecraft \\ saves，用 MC Edit 打开"虚拟科普园区"存档中的 level 文件后，即可编辑地图中的模型以及所有方块。

用 MC Edit 的导入工具导入各个 Schematic 模型。模型的颜色和形状修饰都可以在 MC Edit 中进行。其他模型如 DNA、动物细胞等都可以利用上述方法导入。

3. 路径搭建

本项目的路径设置由"水形物语"开始，结束于"生命之树"，主要有船运、观光栈道和过山车三种交通方式。文字说明有两种表现方式：图书馆和命令方块。

图书馆可直接在物品栏中搜索图书和笔选项，右击图书编辑内容并落款（见图 8）。

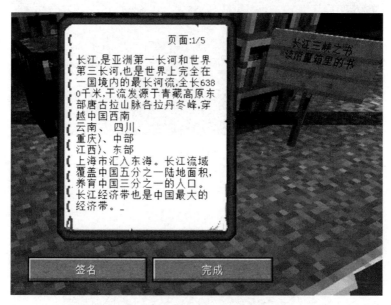

图 8　Minecraft 默认图书编辑器

命令方块设置的基本原理是运用命令方块创建一个隐形悬空的盔甲架，盔甲架本身悬空并隐形，但名字作为文字存在于隐形悬空盔甲架上方并随时面向玩家。主要步骤有：

➢ 放置命令方块

➢ 输入显示文字的命令代码

➢ 激活命令方块

（1）放置命令方块

进入服务器前，将服务器设置为可作弊、生存模型。进入游戏后，在英文输入法下输入"/"符号，在随后出现的对话框中输入"give 孙宇雯 minecraft：command_block"（代码中的名字为管理员的角色名称）。将命令方块 、红石 、石质压力板如图 9 放置。

（2）输入显示文字的命令代码

右击命令方块，在控制台指令中输入显示文字的代码：/summon ArmorStand ~ ~ ~{CustomName："欢迎来到科普虚拟园区"，CustomNameVisible：1b，NoGravity：0，Invisible：1}，双引号中是需要显示的文字（见图 10）。

图 9　命令方块放置图示

输入完成后点击完成，对话框显示设置成功。

图 10　控制台指令

（3）激活命令方块

控制角色踩踏石质压力板激活命令方块，即在显示代码中输入的文字。

二　研究成果

本项目研究成果包括整套游戏开发所需的组件和安装包，以及课程设计方案。

（一）安装游戏平台

网易《我的世界》安装包位置：MC-edu \\ 1. 安装游戏平台 \\ mclauncher_1. 5. 0. 5724。

（二）地形导入组件

长江三峡所在 SRTM 遥感数据压缩包位置：MC-edu \\ 2. 地形导入组件 \\

srtm_59_06，解压后得到 TIFF 图像 srtm_59_06。

遥感图像预处理软件 MircoDEM 安装包位置：MC-edu \\ 2. 地形导入组件 \\ microdem_setup。

预处理后图像保存为 MC-edu \\ 2. 地形导入组件 \\ 大坝。

Java 环境安装包位置：MC-edu \\ 2. 地形导入组件 \\ jdk-12.0.1_windows-x64_bin。

World Painter 安装包位置：MC-edu \\ 2. 地形导入组件 \\ worldpainter_2.6.5。

World 文件位置：MC-edu \\ 2. 地形导入组件 \\ 虚拟科普园区。

地图文件夹位置：MC-edu \\ 2. 地形导入组件 \\ 大坝。

（三）模型导入组件

三峡大坝 3dsmax 模型文件位置：MC-edu \\ 3. 模型导入组件 \\ 三峡大坝.max。

poly2vox 文件夹及各个格式的模型文件位置：MC-edu \\ 3. 模型导入组件 \\ poly2vox。

MC Edit 软件包位置：MC-edu \\ 3. 模型导入组件 \\ mceditzwb，将其中的应用程序建立桌面快捷方式后可直接使用。

（四）地图文件

本项目地图文件位置：MC-edu \\ 4. 地图文件 \\ LanGame-fd126b6e-013a-4818-98f2-5a1596432a8a。

（五）课程设计方案

科学技术教师在设计先导或远程课程时可采用以下方案。

1. 课程内容设计

课程内容设计以章节为单位，提出课程目标或教学目标。如人教版高中一年级生物第三章《细胞的基本结构》的教学目标为：学生能通过《我的世界》的细胞模型在脑海中构建出细胞的基本结构，并能说出各个细胞结构的名称、连接方式、位置和功能；能够通过这一章节的学习更容易理解细胞的基本形态和不同细胞工作方式的共同点，以及人类对微观生命体探索的历程。

设计以目标为导向的内容：基本概念、基本原理、拓展知识、科学史。将内容整理为文稿。

2. 绘制或下载 3D 模型 （地理模型为遥感数据）

根据课程内容绘制或下载所需的模型，如细胞结构模型。

3. 新建服务器

在网易《我的世界》客户端新建多人联网服务器。根据技术指导说明书导入模型，添加注解和活动路径。

4. 测试和应用

先由不同阶段的学生测试教学效果，根据实现教学目标的程度修改并增加注解，以满足不同学习程度的学生。在远程课堂或科学技术课堂上公布房间号，学生加入房间后可开始游戏。教师通过 YY 语音或输入 "/T" 指令发布课堂指令。

三　创新点

一是为教育游戏提供了一种技术门槛及成本更低的开发方法。

二是将互联网沙盒游戏应用于建设线上虚拟科普园区，用虚拟现实的手法建设线上科普平台。

三是应用 GIS 技术在沙盒游戏中模拟现实地形，应用 3D 模型在沙盒游戏中设计、建造教具。

四　应用价值

基于《我的世界》3D 沙盒游戏的沉浸式虚拟科普园区设计，是一种让老师和课程开发者用更简单的手段建设线上科普虚拟社区的方式，比以往的线上教学更立体、更具感染力。

地理老师可应用本项目提供的手段导入任何真实地理数据和模型，用于线上地理教学。可以直接指导学生建设自己的地形，通过在《我的世界》中建造虚拟地形，教会学生关于 GIS 的基本知识和数据处理方法。

利用本项目提到的模型导入技术，物理、化学、生物等课程均可在《我的世界》中建造虚拟教具，学生可以在任何联网的计算机上随时查看讲解和模型，从各个角度进行观察，理解立体的科学概念。

　　《我的世界》是一个极具应用前景的教育平台，拥有大量的用户群体和开源资源。本项目的实际应用价值是为教师和开发者群体提供了较为简便的入门操作方法。

参考文献

Mary Bulkot. Using MinecraftEdu to Establish Common Ground and Increase Collaboration in an American Literature College Course［R］．Utica，New York：State University of New York Polytechnic Institute，2015：18.

药学科普音乐的理论研究与创作推广

项目负责人：吴一波

项目组成员：卢文超　杜欣　李少强　张丰哲

指导教师：谢晓慧

摘　要： 近年来，随着人们对知识需求的增加，科普日益受到人们关注。科普需要科普工作者将科学知识、方法、精神等以大众更容易理解、参与的方式进行传播，其表现形式正逐渐多样化。音乐因其较强的表现力和亲和力，成为科普形式选择的新焦点。所谓科普音乐，是将科普与音乐进行深度融合，向公众普及科学技术知识、倡导科学方法、传播科学思想、弘扬科学精神的活动。目前，中外科普工作人员均对科普音乐进行了创作探索，但其理论研究在国内尚未充分展开。本项目拟对科普音乐的作用以及科普音乐应用成果展开综述，并简要介绍本项目的实践探索过程。

一　科普音乐的作用

（一）促进记忆，延长记忆时间

音乐可以教授知识，其在增强知识记忆方面有独特的优势。其原因主要是：第一，当音乐作为助记工具时，其对于记忆的刺激是结构化的，即可以将复杂、碎片化的知识在记忆时有序化，大大增强记忆效果；第二，大众可根据音乐的韵律、结构来组合信息，并选择适用于歌词的最佳内容，使音乐也成为辅助编辑工具，帮助科学信息在歌曲中整合及进行易读化、趣味化加工，让记忆更为容易；第三，音乐可以改变传统死记硬背的知识获取方法，使学生在欣赏的过程中产生自己的理解与联想，使知识在脑海中留下的印象更为深刻；第四，音乐的时间结构，如句子之间停顿的时间长短，比典型的语言表达要丰富，这可能也促进了学生对歌词等表面结构的记忆；第五，音乐可以唤起某些强烈的情感共鸣，在某些方面有助于增强记忆。因此相较于其他方式，科普音乐因其促进记忆、增加记忆时间的特点，或许具有更好的传播效果。

（二）集中注意力，促进科普知识的接收

在科普环境中，科普受众可能会因对科普内容感到理解困难而产生不安情绪或注意力的分散，愉悦的音乐环境可能会帮助其解决这种情况，促进科普知识的接收。首先，音乐不仅可以传递信息，也可以影响听众情绪，缓解他们的紧张和焦虑情绪。研究发现，许多学生往往会在科学课程中感到不适。例如，在一项讲座研究中，75%的学生反映相关歌曲可以使他们感到更容易理解讲座内容。在生理和行为研究中，音乐可降低学生血压、心率和体温，这种变化在一定程度上表明其焦虑情绪的减少。其次，音乐干预本身的吸引力就超出了其他干预措施。也就是说，以音乐方式进行科普可以减少科普带来的部分压力，使受众能够专注于内容。

（三）提升个人能力，辅助科普进行

因音乐的特殊性，音乐科普过程可能会提升听众的个人能力，辅助科普进行。第一，大多数人的大脑右侧负责创造性思维，大脑的左侧则更有条理地解决问题，而音乐是少数几个锻炼大脑两侧的活动之一。研究表明，具有扩展音乐训练的人比没有进行扩展音乐训练的人的大脑左右半球双侧神经具有更多的连接方式，从而可在大脑半球之间建立更有效的联系，提高人的思维能力。第二，音乐可以形象思维促进逻辑思维的发展，增强人的想象力和创造力，培养其创新意识，所以，有组织地将音乐与教学、科普结合，会提高受众的阅读、认知等学习能力，有利于其对科普内容的理解与掌握。第三，音乐还可以提高人的积极性和自我效能感，也就是使对象更愿意接纳科普工作并积极参与其中。

（四）便于通过不同感官、渠道传递科普信息

用音乐传播科学，使人们可以通过不同感官、渠道获得科学信息。在音乐应用中整合多感官主要是为了增加音乐体验，丰富的音乐体验可以有效增强科普效果。首先，科普音乐体验占主导地位的是听觉，除了歌词，音乐的音调、节奏的变化等均可以赋予科普音乐以相关含义，例如用较慢节奏去表现"固

体"、用较快节奏表现"液体"、用更快节奏表现"气体"等。其次，科普音乐可以结合其他感官，较为常见的是结合动态（如舞蹈、游戏）、视觉（如歌曲视频），这种以多感官混合模式传递信息的方式不仅可使音乐可视化，多角度、形象化地传递歌曲中蕴含的内容，同时可综合刺激不同的大脑区域，达到更好的信息传播效果。最后，多模式有时也意味着多用户交互共享音乐体验，模式结合有助于增强科普理解性并补充内容。

另外，科普音乐可采取多种传播模式，让科学内容在更广阔的范围内传播。如借助新媒体平台，或在讲座等传统科普方式中利用音乐辅助记忆，或利用"名人效应"，通过演唱者、作曲者的知名度来帮助歌曲传播出去，使宣传更为有力，从而达到科普的目的，普及科学知识，解决当前科普领域的难点之一——普及率，扩大科普范围，以达到更好的科普效果。

（五）增加趣味性，使科普更为有趣

音乐可大大增强科普的趣味性，将较为复杂的科学知识融于音乐之中，丰富科普途径，使得科普更为有趣。第一，科学中有足够有趣的东西，科普音乐正是提取出这些有趣的部分进行作词，并以大多数人可以接受的方式进行传播。这一点也是最为重要的。第二，歌曲可以产生基本的情感共鸣，使人在享受音乐的同时，也享受伴随音乐的学习过程。某个课堂研究发现，86%的学生认为，借助歌曲学习能让人感到愉悦。在当下，科普音乐契合快节奏生活中的情绪，能更有效地激发人们学习科学知识的兴趣，使受众在音乐中享受科普，更容易接收科学信息。第三，为迎合韵律所做出的歌词创作使科普音乐更为有趣，如 Sheldon Campbell 教授的微生物歌曲，其中"蠕虫在哪里欢快嬉戏……是面包呀"等歌词，用生动趣味的语言赋予微生物学独特的色彩。科普歌词简单有趣，伴随悦耳动听的旋律，使更多人有兴趣去了解其中所传达的科学知识，最终达到科普音乐的真正目的。科普音乐的作用见表1。

表1　科普音乐的作用

方面	依据	效果
记忆	①记忆刺激结构化；②韵律、结构辅助编辑；③联想法记忆；④丰富的时间结构；⑤情感刺激记忆	助记工具，延长记忆时间

续表

方面	依据	效果
注意力	①更易接收信息；②降低学生血压、心率和体温；③音乐本身的吸引力	缓解焦虑，集中注意力
个人能力	①音乐锻炼大脑两侧，在半球之间建立更有效的联系；②以形象思维促进逻辑思维；③高积极性和自我效能感	提升听众的个人能力与积极性
多模式传播	听觉为主，可结合视觉等丰富体验	全脑刺激
	①结合舞蹈等多种方式表达；②可使用的媒介多种多样	多渠道扩展科学普及范围
趣味性	①科学本身具有趣味性；②音乐带给人愉悦感；③迎合韵律的歌词创作	使科普更有趣

二　科普音乐在各领域的应用

（一）物理

物理和音乐有着不解之缘，很多相关学者也常从物理的角度对歌曲进行创作。Gaboury 发现的最早的关于科学的歌曲之一是来自物理学家 James Clarke Maxwell 的 *Rigid Body Sings*，该歌曲以有趣的歌词讲述了两个刚体的运动过程，除此之外，Maxwell 的传记也收录了许多可以唱的诗歌（超过 40 首）。物理学家 George Gamov 则通过三个咏叹调准确并饶有趣味性地描述了宇宙理论，且科学地表述了宇宙稳态理论。

目前，已有在小范围内尝试使用物理音乐进行教学的物理学教师，出现了许多物理版歌曲，如力学版《中国功夫》——力学功夫之歌，"自然有规律，力学为一宗。牛顿运动三定律，万有引力共……"，以耳熟能详的音乐配上介绍物理知识的歌词，使学生在听歌的同时学习物理。有些学者在创作流行歌曲时，也会在歌词中加入物理常识从而丰富其内容，增添趣味性，如"我们私奔到月球，让双脚去腾空"，描写了月球上的失重状态。处于音乐背景下的物理知识不仅是自然科学，还是一种教育的艺术，通过吟唱来强化学生对物理名词和规律的认识与理解，激发其兴趣，赋予物理科普新情境。

（二）化学

在 20 世纪 30 年代，*Industrial Engineering Chemistry* 便出版了几首由化学家

编写的科普化学的歌曲。Howard Shapiro 在 1997 年组织化学学会（The Histo-chemistry Society）年会上用吉他伴奏演唱的方式介绍了他对于组织学的研究。2011 年，"国际化学年"在中国开展了征集"化学之歌"的活动，其中著名高分子化学家周其凤创作的《化学是你，化学是我》受到热议，而这并非中国首个描述化学的曲目，在此之前就已有化学版《青花瓷》《江南》等歌曲在网络中进行传播，不同程度地论及化学方面的知识，巧妙的改编使化学知识精制化，充满新鲜感。

在生物化学方面，现已有氨基酸爵士乐，即用音乐元素表明蛋白质化学和结构的关键点。实验证明，该方法可以改变传统死记硬背的知识获取形式，爵士乐用语非常适合学生更快速、轻松地将单词串在一起，而不用建立蛋白质的物理模型。另外，广受欢迎的还有 Harold Baum 教授的 *The Biochemist's Song-book*，该书包括 19 首以智慧而有趣的语言介绍"柠檬酸循环"等生化途径的歌曲。在出版后的多年里，该书受到大量读者的青睐，也证明了科普歌曲的可行性及普及前景。

（三）数学

数学常被人贴上枯燥和严谨的标签，而音乐却是有趣、充满幻想的，这二者的结合既使音乐焕发数学魅力，又为数学注入新活力。2016 年，Thelonious Monk 爵士学院合作推出"数学，科学，音乐"计划，鼓励年轻人通过音乐来学习数学和科学，并设立专门的网站。哈佛大学、麻省理工学院等各所大学的音乐和教育专家尝试为数学、科学与音乐的结合创建创新课程。一些教师也尝试以"好曲唱新词"的方式将数学小诗和音乐歌唱结合，例如，结合《学习雷锋好榜样》旋律的"指数对数相辉映，立方平方看对称，解释数学无限事，三族函数建奇功"，或是通过儿歌如《数鸭子》，使幼儿掌握简单的数学知识。已有研究发现，数学歌曲不仅可以提高学生对数学的学习兴趣，而且比传统教学方法更有效。而数学本身的魅力也吸引了不少词作者为其作词，例如"如果我是双曲线，你就是那渐近线；如果我是反比例函数，你就是那坐标轴"，就以双曲线和渐近线、反比例函数和坐标轴的关系表现了两个人近在咫尺却无法接触的状态。

（四）医学

最广泛使用歌曲来展现知识的是医学，Howard Bennett 在他的 *The Best of*

Medical Humour 一书中记录了他曾演唱的一系列歌曲，其中就包括诊断等医学知识。一位心理学教授通过参考 Guns N'Roses 的歌曲 *Mr. Brownstone* 来解释药理学脱敏。Sheldon Campbell 教授也在医学微生物课堂上演奏了该歌曲，其中类似"从老鼠和鹿的血液进入人；当蜱虫进入时会引起感染"这样的歌词，用简明有趣的形式介绍了包含蜱虫感染在内的大量学科理论。Greg Crowther 则带着他的学生编唱了涉及人体解剖学和生理学的歌曲，并发表在个人网站上。我国的"青光眼乐队"成立于 2014 年，其中的 9 位成员是毕业于北京大学的"85后"医学博士，学科涵盖各个医学领域，《宫外风云》《急闭青》等歌曲内容包括疾病的症状、体征、检查、诊断等，利用有趣的歌曲吸引更多人了解医学科学。随着科普不断创新发展，越来越多的学者开始尝试使用音乐进行医学教育与健康科普活动，Q 方法、Meta 分析和意见挖掘等研究方法进一步证实了与医学有关的科普音乐的价值

另外，健康领域可能是最适合音乐助记法的应用领域，许多研究已经以音乐与其他方法相结合的方式来协助、促进亚健康行为的改变。在美国，专门开发了关于艾滋病的预防咨询协议，利用很多年轻人对嘻哈音乐的喜爱，疾病预防人员通过嘻哈音乐来推广 HIV 预防因素。"达医晓护"全媒体医学平台的 *Dr. Banana* 科普音乐杂志则是突破性地尝试以儿童为对象进行健康科普音乐的探究，探索性地进行健康科普童谣创作，代表曲《小药片的自述》等生动形象地介绍了健康的相关知识，便于儿童理解。

（五）安全

音乐与各种生活相关活动的结合已被证明可以改善生活质量，同时，在一定程度上有助于让参与者积极主动地改变自身行为并做出更积极的回应。例如，Gregory Crowther 汇总了一系列实践来证明将音乐用于科普理论的优势，其中 Mccurdy 等人发现，高中学生群体在接触了 9 首食品安全的歌曲后，其食品安全知识的得分高于对照组。在中国，2004 年 7 月开展的"生命之歌"全国安全歌曲大赛系列活动，鼓励单位、个人创作和传唱安全歌曲。各行各业也纷纷开始创作、编唱安全歌曲，宣传安全知识，以增强人们的安全意识。青海省地震局也进行了安全领域科普方式的创新，首次尝试用汉、藏双语歌曲进行防震减灾知识的科学普及，并于 2017 年发行《那一刻》音乐专辑。2018 年 6 月底，科普类亲子音乐剧《神奇校车·气候大挑战》全国巡演在长沙启动，

该音乐剧以"关注校车安全，呵护儿童成长"为主题，带领孩子们了解气候科普知识，同时深刻感悟保护环境、节约能源的重要性。科普音乐在各学科的应用见表2。

表 2　科普音乐在各学科的应用

学科	创作者	作品	应用方面
物理	物理学家 James Clarke Maxwell	*Rigid Body Sings*	刚体运动
	物理学家 George Gamov	三个咏叹调	宇宙理论
	王明美	力学版《中国功夫》——力学功夫之歌	力学
	物理教育学者	物理版中国流行歌曲	
化学	化学家	*Industrial Engineering Chemistry* 中的化学歌曲	
	Howard Shapiro	*Fluorescent dyes for differential counts by flow cytometry: does histochemistry tell us more than cell geometry?*	组织化学
	周其凤教授	《化学是你，化学是我》	
	化学教育学者	化学版《青花瓷》《江南》等	
	生物化学学者	氨基酸爵士乐	生物化学
	Harold Baum 教授	*The Biochemist's Songbook* 中的歌曲	生物化学途径
数学	各高校数学或教育学者	数学课堂音乐	
	王培芝	数学小诗版《小雨沙沙》《小松树快长大》《学习雷锋好榜样》等	数学初级学习
医学	MG Wilson	*The Best of Medical Humour*	医学诊断
		Mr. Brownstone	药理学脱敏
	Sheldon Campbell 教授	医学微生物课歌曲	蜱虫感染等大量学科理论
	Greg Crowther 及其学生	*Nephron Song*、*Tropomyosin and Troponin* 等歌曲	人体解剖学和生理学
	青光眼乐队	《宫外风云》《急闭青》等歌曲	疾病的症状、体征、检查、诊断等
	艾滋病预防咨询协议成员	艾滋病预防有关的嘻哈音乐	健康科普
	Dr. Banana 科普音乐杂志	《小药片的自述》等童谣	儿童健康科普

续表

学科	创作者	作品	应用方面
安全	Mccurdy	9 首食品安全歌曲	食品安全
	青海省地震局及其合作者	《那一刻》音乐专辑	防震减灾
	乔安娜·柯尔创作；小橙堡出品	《神奇校车·气候大挑战》	校车安全、环保节能

三　国外科普音乐特点

国外对科普音乐的研究及创作相对较早，在物理、化学、数学、医学等领域均已有所应用，科普音乐得到了广泛实践并卓有成效，其作用机理、效果等也均有相关研究。其创作特点主要有两个方面：第一，其创作者以该领域的研究学者为主，专业性较强，换句话说，许多科学领域的专家有将其知识与音乐进行融合并广泛传播的意识与理念；第二，在歌词与歌曲旋律创作方面，配合韵脚的同时选择用简明的语言，或是通过生动有趣的形容方式、节奏变化来介绍科学内容，歌词主题多样，歌曲形式丰富。至于其作用研究及应用效果，科普音乐具有增强记忆、减轻压力、锻炼思维、增加趣味性等积极作用，将音乐与科学知识有机结合，能够使大众更易于理解科学知识。

四　药学科普音乐的创作实践与推广

（一）药学科普音乐的创作实践——以 *I long to be king* 为例

本项目已创作 3 首药学科普歌曲，并通过科普、药师、音乐团队进行交叉学科合作。药师团队进行科普内容的选择，运用循证科普的理念进行歌词的谱写和科学性内容的审核，慎重、准确、明智地通过合理选取关键词和数据库，收集当前所能获得的最新、最权威的研究证据，对其进行评价，将最终入选的研究证据作为科普创作的参考文献资料，以此进行科普音乐内容创作。音乐团队负责创作歌曲，进行编曲与混音，并提供技术支持，即将音源插件或合成器当作虚拟乐器发声，运用效果器进行音色调节。操作者可以直接在 DAW 中的键盘编辑窗（Key Editor）进行作曲与音符编辑，在工程（Project）界面进行轨道编辑与效果器插入等。科普团队对整个项目进行协调，并整合相应资源，保证药学科普音乐的科学性、普及性与艺术性。

接下来以 *I Long to be King* 为例进行介绍。

赵晓刚的英文诗歌 *I Long to be King*（中文译名《我要当老大》），在 2017 年伊始登上了美国权威胸外科期刊 *CHEST*（SCI 收录期刊）（见图 1），引起轰动。

图 1　*I long to be king* 登上 *CHEST*

赵晓刚成为该期刊自创刊以来迎来的第一位中国籍医生诗人。*CHEST* 的编辑在录用赵晓刚作品时给出了这样的评语：这是一个非常有趣的关于肺部疾病的自白诗。该诗歌原文如下：

I Long to be King

I am ground glass opacity（GGO）in the lung，

A vague figure shrouded in mystery and strangeness，

Like looking at the moon through clouds，

Like seeing beautiful flowers in the fog.

I long to be king，

With my fellows swimming in every vessel.

My people crawl in your organs and body，

Holding the rights for life or death，I tremble with excitement.

When young you called me "atypical adenomatous hyperplasia"，

Then when I had matured，you declared me "adenocarcinoma in situ"，

When fully developed, your fearful denomination: "invasive adenocarcinoma".

You forgot my strenuous journey to become the king.

From tiny to strong,

From humble to arrogant.

None cared when I was young,

But all fear me we when full grown.

I've been nourished on the delicious mist and haze,

That sweetly warmed my heart,

Always loving when you were heavy drunk and smoking,

Creating me a cozy home.

When I was less than eight millimeters, I was so fragile,

Waiting for a chance to grow up.

Now, more than eight millimeters, I am more mature,

And considered worthy of notice.

My continuous growth gives me a chance to be king,

As I break through layers of obstacles,

Spanning the mountains and waters.

My fellows march to every corner and occupy every region.

My quest to become king was full of obstacles,

I was cut until almost dead in childhood,

Burned once I'd matured,

And poisoned when older.

Happiness after sorrow, rainbow after rain.

I faced surgery, radiotherapy, and chemotherapy,

But continued to chase my dream,

Some would have given up, but I will be the king.

I long to be king, with fellows and subordinates,

I long to be king, to have people's fear and respect,

I long to be king, to dominate my domain,

I long to be king, to direct your fate.

本项目组与赵晓刚博士沟通后，对本首英文诗歌进行了再翻译，将歌词进行了调整，聘请专业作词人和歌手进行演唱，修改后的内容如下：

I Long to be King（《我要当老大》）

作词：赵晓刚

歌词翻译与调整：吴一波

作曲：孙炅懿、赵吉

演唱：孙炅懿、张佳慧

编曲：赵吉

后期混音：赵吉

肺部磨砂玻璃影是我的大名

朦胧的身影披着神秘与诡异

你看我云中望月、雾里看花

我在云雾深处清晰地打量你

当老大是我一生中最大的梦想

我的手下遨游你的各处血管

我的子民遍布你的各个脏器

那大权在握的感觉令我战栗

我喜欢呼吸醇馥幽香的雾霾

散发着甘甜徐徐融入我身心

我更喜欢抽烟喝酒熬夜的你

创造着惬意的家园令我大受裨益

继续成长的我有机会成为老大

突破层层壁垒、千山万水，不曾放弃

当老大是我一生中最大的梦想

我的手下遨游你的各处血管

我的子民遍布你的各个脏器

那大权在握的感觉令我战栗

（二）药学科普音乐应用与推广

本项目所创作的科普音乐已入驻"达医晓护"全媒体医学科普平台。"达医晓护"全媒体医学科普平台（见图2），寓意为"通达医学常识，知晓家庭护理"，是在中国科协指导下，以中国科普作家协会、上海市科普作家协会医疗健康专委会的临床一线专家为主体的，集人才培养、作品原创、自媒体运营、实体基地打造、科普主题实践和科普学术研究为一体的纯公益医学科普品牌，也是上海市科委、科协科普信息化建设的重点项目，是2016年中华医学科普十大新闻事件、中国科学技术协会"科普中国"品牌、中国科学技术协会"科普中国共建基地"、人民网战略合作品牌、国家卫生健康委员会"健康中国"入驻品牌、国家社科基金重大项目团队。依托于这样的平台，药学科普音乐收获了一定数量的用户群体，同时引起大量用户的即时性互动评论与转发，具有一定的传播性。

图 2 "达医晓护"全媒体医学科普平台

五　考核指标的实现程度

考核指标的实现程度见表3。

表3　考核指标的实现程度

序号	考核指标内容	实现程度	完成状态
1	创作、录制并发表药学科普音乐3首	已完成4首原创歌曲、6首改编歌曲	超额完成
2	参加1次学术会议并对药学科普音乐进行宣传、推广	参加5次学术会议并对药学科普音乐进行宣传、推广	超额完成
3	举办结题报告会或专家研讨会	于2019年6月16日在北京大学医学部举办结题研讨会	完成任务
4	录用或发表一篇相关学术论文	文章已投稿《科普研究》杂志，已进入杂志终审	完成任务
5	初步形成药学科普音乐创作团队与品牌	入驻"达医晓护"医学传播智库，形成药学科普音乐创作团队与品牌	完成任务

六　不足与展望

　　总体而言，我国科普音乐实践虽刚起步但已小有成效，涉及领域不断扩大，研究重视程度也有所提升。然而，目前科普音乐仍存在一些问题有待解决：一是公众对于科普音乐的认知度不高，大多数民众没有听说过科普音乐，科普工作人员在这一方面所做的相关工作也较少，造成了科普音乐虽然优点多但较难推广的局面；二是难以迎合大众口味，不同类型的音乐对于不同受众的吸引程度不同，存在歌词是否容易被理解等问题；三是歌词内容科学性存在风险，科普音乐意在"科普"，是高传播度的音乐，所以其正确性是关键，内容一旦有偏倚就会造成极其严重的后果；四是版权问题，当开始创作科普音乐时，无论是原创或是填词，所采用的乐曲版权问题急需得到重视；五是理论薄弱，目前对于音乐科普的理论研究均来自国外文献，我国的理论研究十分薄弱，急需进行相应的理论探索以指导科普音乐实践。总而言之，科普音乐优势众多，具有广阔的发展前景，只有解决以上问题才能更好地发挥其优势，做到科普与艺术的结合。

参考文献

1. Schulkind M D. Is Memory for Music Special? [J]. Annals of the New York Academy of Sciences, 2010, 1169 (1): 216 – 224.

2. Bower G H, Bolton L S. Why are Rhymes Easy to Learn? [J]. Journal of Experimental Psychology, 1969, 82 (3): 453 – 461.

3. Crowther G J, Davis K. Amino Acid Jazz: Amplifying Biochemistry Concepts with Content-Rich Music[J]. Journal of Chemical Education, 2013, 90 (11): 1479 – 1483.

4. Tillmann B, Dowling W J. Memory Decreases for Prose, but not for Poetry[J]. Mem Cognit, 2007, 35 (4): 628 – 639.

5. Levine L J, Edelstein R S. Emotion and Memory Narrowing: A Review and Goal-relevance Approach. [J]. Cognition & Emotion, 2009, 23 (5): 833 – 875.

6. Hunter P G. Feelings and Perceptions of Happiness and Sadness Induced by Music: Similarities, Differences, and Mixed Emotions[J]. Psychology of Aesthetics Creativity & the Arts, 2010, 4 (1): 47 – 56.

7. Jiang J, Zhou L, Rickson D, et al. The Effects of Sedative and Stimulative Music on Stress Reduction Depend on Music Preference[J]. Arts in Psychotherapy, 2013, 40 (2): 201 – 205.

8. Jonathan Osborne, Shirley Simon, Sue Collins. Attitudes Towards Science: A Review of the Literature and its Implications[J]. International Journal of Science Education, 2003, 25 (9): 1049 – 1079.

9. Albers B D, Bach R. Rockin' Soc: Using Popular Music to Introduce Sociological Concepts[J]. Teaching Sociology, 2003, 31 (2): 237 – 245.

10. Savan A. The Effect of Background Music on Learning[J]. Psychology of Music, 2009, 27 (2): 138 – 146.

11. Russell L A. Comparisons of Cognitive, Music, and Imagery Techniques on Anxiety Reduction with University Students[J]. Journal of College Student Development, 1992, 33 (6): 516 – 523.

12. James M R, Townsley R K. Activity Therapy Services and Chemical Dependency Rehabilitation [J]. Journal of Alcohol & Drug Education, 1989, 34 (3): 48 – 53.

13. Kounios J, Fleck J I, Green D L, et al. The Origins of Insight in Resting-state Brain Activity [J]. Neuropsychologia, 2008, 46 (1): 281 – 291.

14. Patston L L M, Kirk I J, Mei H S R, et al. The Unusual Symmetry of Musicians: Musicians

have Equilateral Interhemispheric Transfer for Visual Information[J]. Neuropsychologia, 2007, 45（9）：2059.

15. 魏丹娇，陈志敏. 简析高校音乐教学对学生思维发展的作用[J]. 大众文艺, 2010（21）：288 – 288.

16. Thomas L. Musical Training Improves Brain Development in Children[J]. Lancet Neurol, 2006, 5（11）：905.

17. Forgeard M，Winner E，Norton A，Schlaug G. Practicing a Musical Instrument in Childhood is Associated with Enhanced Verbal Ability and Nonverbal Reasoning[J]. PLoS One, 2008, 3（10）：1 – 8.

18. Music Matters：How Music Education Helps Students Learn，Achieve，and Succeed[J]. Arts Education Partnership, 2011：6.

19. Mcpherson G E，Mccormick J. Self-efficacy and Music Performance[J]. Psychology of Music, 2006, 34（3）：322 – 336.

20. Sulaiman S，Ahmad W F W，Rambli D R A，et al. Multi-sensory Modalities for Music Learning[C]. International Symposium on Information Technology. IEEE, 2008：1 – 5.

21. Meena M. Balgopal，Alison M. Wallace. Decisions and Dilemmas：Using Writing to Learn Activities to Increase Ecological Literacy[J]. Journal of Environmental Education, 2009, 40（3）：13 – 26.

22. Rowe R C. More Songs o' Science[J]. Drug Discovery Today, 2005, 10（23 – 24）：1611.

23. Mclachlin D T. Using Content-Specific Lyrics to Familiar Tunes in a Large Lecture Setting[J]. Collected Essays on Learning & Teaching, 2011, 2：93 – 97.

24. Gaboury J. Sing a Song of Science[J]. Iie Solutions, 2001, 33（4）：6.

25. Campbell L，Garnett W. The Life of James Clerk Maxwell[M]. MacMillan & Co. London, 1882.

26. 王明美. 自编物理歌词 创设《大学物理》教学新情境[J]. 新课程研究（中旬刊）, 2012（6）：87 – 88.

27. Shapiro H M. Fluorescent Dyes for Differential Counts by Flow Cytometry：Does Histochemistry Tell Us Much More than Cell Geometry? ［J］. Journal of Histochemistry & Cytochemistry Official Journal of the Histochemistry Society, 1977, 25（8）.

28. 林莉莉，林燕吟，郑浩娟，黄俊生. 由一首化学歌曲引发的对化学语言的思考[J]. 江西化工, 2013（2）：282 – 284.

29. Hacker D J，Dunlosky J，Graesser A C. Handbook of Metacognition in Education[J]. Mallory International, 2009.

30. Baum H. The Biochemists' Song Book[J]. Crc Press, 1995.

31. 王培芝. 数学学习与音乐相结合的实践及思考[J]. 考试周刊, 2017（1）：57 – 58.

32. 魏豪, 徐章韬. 数学教学歌曲辅助高中数学教学实验研究 [J]. 教师教育论坛, 2017 (6): 72 – 77.

33. Crowther G. Using Science Songs to Enhance Learning: An Interdisciplinary Approach [J]. Cbe Life Sci Educ, 2012, 11 (1): 26 – 30.

34. Cirigliano M M. Musical Mnemonics in Health Science: A First Look [J]. Medical Teacher, 2013, 35 (3): 1020 – 1026.

35. Lee B, Nantais T. Use of Electronic Music as an Occupational Therapymodality in Spinal Cord Injury Rehabilitation: An Occupational Performance Model [J]. Am J Occup Ther, 1996, 50 (5): 362 – 369.

36. Stephens T, Braithwaite R L, Taylor S E. Model for Using Hip-hop Music for Small Group HIV/AIDS Prevention Counseling with African American Adolescents and Young Adults [J]. Patient Education & Counseling, 1998, 35 (2): 127 – 137.

37. Pouyollon F, Ratsimandresy M. Music Therapy Experiments with Young Psychotics [J]. Psychol Med 1993, 25 (9): 892 – 3.

38. Staum M J. A Music/nonmusic Intervention with Homeless Children [J]. Journal of Music Therapy, 1993, 30: 236 – 62.

39. Mccurdy S M, Schmiege C, Winter C K. Incorporation of Music in a Food Service Food Safety Curriculum for High School Students [J]. Food Protection Trends, 2008, 28.

厉害了，我的桥！

——斜拉桥索力调整科普微视频

项目负责人：廖一汉

项目组成员：蔡翔　徐润哲　高磊　黄飞鸿

指导老师：何沛祥　胡成

摘　要： 斜拉桥以超强的跨越能力等优点，日益向大跨度方向迈进，但也有很多问题随之而来。其中一条便是：如何在确保整个施工过程安全性的前提下，使桥梁顺利合龙且全桥合龙后的内力及线形达到设定的成桥目标状态。针对这一问题，目前已提出多种方法来控制成桥状态，其中较普遍使用的方法便是无应力状态法。无应力状态法，即通过确定各施工阶段合理施工状态的控制参数，以各控制参数为控制目标，最终使全桥顺利合龙，并达到设定的成桥目标状态。本项目通过动画，化抽象为具象，将斜拉桥的起源以及无应力状态法的应用向大众做一个简化的呈现。

一　研究背景

科学普及简称"科普"，又称"大众科学"或者"普及科学"，是指利用各种传媒以浅显的、通俗易懂的方式，推广科学技术、倡导科学方法、传播科学思想、弘扬科学精神的活动。科学普及是一种社会教育。琼·玛丽·勒盖曾在《普及科学的四项任务》一文中指出，普及科学的第一项任务是要告诉人们科学为人类做出了哪些贡献，即它已经使哪些东西成为现实，并对其加以探讨。普及科学的第二项任务是告诉人们科学是怎样发生作用的，研究是如何进行的，科学工作者是怎样工作的。普及科学的第三项任务是展望未来，即我们将从科学那里得到什么？我们可以向科学索取什么？普及科学的第四项任务是科学的文化作用，像音乐和绘画一样，科学也是文化的一部分，它能提高人类享受生活的能力。把科普工作作为现代社会的一种重要文化现象加以研究，是近年科普研究的一个热点。

近现代以来，随着我国社会主义现代化、工业化进程的不断推进，中国桥梁设计与建造水平已逐步进入世界顶尖行列。2018年，举世瞩目的港珠澳大桥工程顺利通车，成为我国由桥梁大国转变为桥梁强国的里程碑。自新中国成立以来，涌现出一批又一批卓越的桥梁工程师，正是因为他们为中国的桥梁事业奉献了青春与汗水，才有了此刻握于中国手中的这一张"桥梁强国"的世界名片。

斜拉桥（Cable Stayed Bridge）作为当前世界范围内大跨度桥梁领域主要选用的桥型，具有跨越能力大、造型优美、建筑结构小、受力合理等优点。斜拉桥又称斜张桥，诞生于17世纪，是一种古老的桥型。斜拉桥是将主梁通过许多拉索直接拉在桥塔上的一种桥梁，是由承压的塔、受拉的索和承弯的梁体组合起来的一种结构体系。作为一种拉索体系，斜拉桥比梁式桥的跨越能力更大。世界第一座斜拉桥可追溯到1784年意大利木匠 C. J. Löscher 在威尼斯完全用木材建造的斜拉桥。

1938年，德国 F. Dischinger 教授又重新发现了斜拉桥。1955年，他用先进的高强度钢丝和非线性计算理论成功地建造了主跨183米的瑞典 Strömsund 桥，并由此开辟了现代斜拉桥复兴的新纪元。半个世纪以来，斜拉桥以其经济性、施工便利和美学价值以及与悬索桥相比在刚度、抗风稳定性和拉索可更换等方面的突出优点，已发展成为现代大跨度桥梁的主流桥型，成为200米到1200米的跨度范围内最有竞争力的桥型。

我国的斜拉桥设计建造技术已步入世界先进行列，1993年建成的上海杨浦大桥，跨度602米，是世界瞩目的叠合梁斜拉桥。主跨1088米的苏通长江大桥于2008年建成通车，使我国斜拉桥跨入了千米级桥梁的行列。2018年，港珠澳大桥全面通车，其中通航段三座主桥——青州航道桥、江海直达船航道桥、九洲航道桥的跨径分别为1150米、994米、768米。从跨径的不断增大可以看出，我国斜拉桥的计算理论现已十分成熟。可以预期，随着斜拉桥跨越能力的进一步提高以及连续多跨斜拉桥的实践和不断进步，斜拉桥将会在未来人类开发和利用海峡的进程中发挥最主要作用。

二 研究目的

目前我国斜拉桥在施工阶段所要面临的重难点之一就是解决分段施工桥梁的安装计算和施工控制问题。于悬浇（悬拼）施工而言，拉索安装有先后顺序之分，之后安装的拉索会对已安装拉索的索力有较大影响，以至于安装结束后的索力与设计的成桥索力相差甚远。因此，需要在成桥时进行成桥索力调整，以期达到设计状态。常见的调整索力的方法是无应力状态法和影响矩阵法，两种方法虽截然不同但同样不易理解，不少施工现场工作人员也只知其然而不知其所以然。

笔者及该项目其他团队成员作为桥梁与隧道专业的研究生，学习了解了无应力状态法在斜拉桥施工中的应用，也希望将这一专业理念科普介绍给其他从业人员和桥梁爱好者。考虑到知识的严谨晦涩，我们借助视频的形式，并用较为通俗易懂的语言文字、动画，将无应力状态法的概念、在斜拉桥施工中的应用以及斜拉桥的一些基本知识、受力原理等，向业内人员与桥梁爱好者进行一次科学知识普及。

无应力状态法自秦顺全院士于 20 世纪 90 年代提出以来，至今已在众多座桥梁建造中得到应用，但是该方法一直是在中铁大桥局内部使用和完善的，直到 2007 年才有第一本专著《桥梁施工控制——无应力状态法理论与实践》出版，因此外界一直对此方法缺乏深入的了解，还有少数人对此方法的理解有些偏差。本项目的出发点就是采用时下流行的微视频形式，结合直观科学的动画，开门见山地将斜拉桥的索力调整过程和无应力状态法的原理与应用展现在观众面前，简化人们对于它的理解，加深人们对于它的认识。

三 研究成果

20 世纪 50～60 年代，大规模兴起的桥梁节段施工技术和拱桥的无拱架施工技术在很大程度上丰富了桥梁上部结构的建造方法，促进了桥梁技术的发展。分阶段施工桥梁的一个比较大的难题就是桥梁施工过程和由这一过程形成的成桥状态的结构分析问题。经典的结构分析方法不考虑结构的形成过程，或者说经典力学的分析方法是在已经形成整体的结构上施加外荷载，计算桥梁结构内力和变形的响应。为了解决节段施工桥梁内力和变形计算问题，传统的分阶段施工桥梁的结构分析方法是：用经典力学的结构分析方法，分别计算在施工阶段桥梁结构体系上施加外荷载增量所产生的结构内力和位移，并把各阶段计算出的结构内力和位移进行数值累加，从而得到桥梁施工中间过程和成桥状态的结构内力和变形情况。

相较于传统的力学分析方法，本项目要介绍的斜拉桥无应力状态法是用构件单元的无应力状态量建立起过程状态之间、过程状态与最终成桥状态的联系，确定分阶段施工桥梁结构过程状态与最终状态关系的方法，通过无应力状态量可以由桥梁最终状态的内力、线形直接求解桥梁施工中间状态的内力和线形。这样概念更加清晰，适应性更强。

科学的数值模拟分析是本项目科普的主要理论依据，在前期的理论铺垫工作中，结合指导老师意见，项目组成员需要结合实际工程建立 Midas/Civil 模型，模拟索力的调整，将模型的数据与实际工程资料进行对比，并在导师的指导下对结果进行分析研讨，强化对理论知识的掌握，保障后期科普视频制作工作的科学性和严谨性。

针对项目的核心工作，即斜拉桥的基本知识与索力调整中无应力状态法的概念普及，我们制作了 2 集微视频，每集时长为 1.5～2min，总时长为 4min。

四　研究创新点

对于桥梁施工，尤其是特大桥的施工，其中所涉及的专业词汇、专业理论知识对于非桥梁专业人士而言，具有一定程度上的理解障碍。本项目的价值便在于能够较好地把握住一个尺度，将桥梁建设中的一些复杂原理在不失科学严谨性的前提下，以生动形象、简洁明了的动画形式向观众们展现出来，以此达到科学普及的目的。

五　研究价值

在互联网和数字化时代的大背景下，随着读图时代向读视频时代的递进，科普微视频以其"短、平、快"的特点，受到各科普传播职能部门的青睐，成为社会公众获取科学知识、学习科学技能、提高科学素养的新途径。作为一种全新的科普传播形式，科普微视频具有巨大的社会价值和推广潜力。如何开展科普微视频创作，使之成为科协开展科普宣传工作的一大利器，成为当前需要思考的问题。

随着社会公众对科普微视频的关注度越来越高，其对微视频的内容和形式的要求也在发生改变。吸引受众的科普微视频不仅是科学原理的简单展示，还要在科学普及的同时娱乐大众，让其感受科学与艺术融合之美。构思奇特、新颖有趣、短小精悍正是这类科普微视频的共同特点。将科学原理、科学知识蕴藏于幽默风趣的语言和富有创意的动画表现形式当中，其会更易于被社会公众接受。

本项目的价值便在于以下几个方面。

第一，表现形式多样化有助于科普微视频的表达。

作为科普工作者，我们必须达成的共识便是：科普作品是科学性与艺术性的统一。科学性是科普微视频的目的和要求，艺术性是科学性的表达方式和实现手段。没有科学性，就不能正确地将科学的知识完整地传达给观众；没有艺术性，科普微视频将晦涩难懂，会失去影响力和关注度，科普诉求很难传达。其中，表达形式的多样化就是极为关键的纽带，就科普微视频这个角度来说，二维动画、三维动画、成长动画等可以在一部作品中被综合使用，以达到科普内容更易被理解的目的。同时，不论何种制作形式的科普微视频，如果在制作时配上合适的字幕就更能增加其艺术性，字幕可选择多种字体，字体颜色与背景颜色最好有差异，比如黑色字体和白色背景，这样才能让制作出来的微视频达到最佳科普效果。另外，语速应适中，过快过慢都会影响科普效果。为了不影响科普微视频的科学性，最好选择合适的背景音乐或者不使用背景音乐。

第二，注重视频制作水平与理论原理的结合。

严谨的科学知识是科普作品的骨架，正确理解科学原理是保障作品质量的前提。但在理论与表达这一过程中，我们秉持不为了表达而去表达、不本末倒置的原则。中科院研究生院人文学院教授李大光认为，"科学其实是具有天然的故事性的，只是现在，我们在传播的时候往往把中间的情节删除了，只讲最后的结果，因此索然无味"。自古以来，人们就有聚集在篝火旁或市井处听故事的习惯，科普微视频若以故事为载体，通过"故事 + 科普主题"的形式展开叙述，就应适当使用悬念和情感，这样更容易将观众带入故事，轻松地传播科学知识。

所以我们以科普工作者的身份，将科学知识带入科普作品的创作中时，要注意把握知识与艺术二者的结合度，使作品达到一个理想的效果。

第三，采取"短时长、多集数"的整体架构。

调研发现，科普微视频的时长越短，点击率就越高，在不同年代的不同媒体下，不同人群的注意力时长也有所不同。微软公司曾就手机和社交媒体对人们注意力时长和质量的影响做了一项调查，结果发现，2000 年人类平均注意力时长为 12 秒，2015 年只有 8 秒。同时，各个年龄段的注意力时长都在下降，18~24 岁年龄段的青年中有 77% 的人认为，"如果眼前没什么事情可做，大家想到的第一件事就是看手机"。全媒体环境下网络在线视频大学生受众调查问卷中，79.12% 的人可接受的广告时长不超过 60 秒。

结合调研数据，本项目基本采用"短时长、多集数"的整体架构，从两个方面展开科普内容，并对每集视频中的知识点数进行把控，从而保证科普微视频在一个相对轻松舒缓的节奏上进行，这易于科学知识的表达与理解。

药学科普书籍的编写与出版

项目负责人：郑智源
项目组成员：翁丽珠　郑欢芮　陈朝鑫　吴一波
指导老师：刘茂柏

摘　要：经过几十年的发展，我国的现代药学得到巨大发展，但仍有许多问题亟待解决。本项目成果《小药宝说药事》是一本贴近生活的关于药学科普的百科全书，全书共 27 个章节，包括介绍药物基础知识，以及安全用药的重要性。另外，还告诉人们生活中许多常见药的给药形式，以及解析生活中的用药误区。用精心制作的卡通插图以及通俗易懂的文字解释生活中药的作用和各种医药类小知识，并围绕这些相关内容进行讨论，从各章节角度出发，带读者了解生活中的医药知识。该书是一本家庭和学习中必不可少的医药百科全书。

一　项目概述

（一）研究缘起及过程

药学是一门医疗保健学科，它承担确保药品安全和有效使用的职责。随着现代化科学技术的不断加强，药学的任务也在不断细化。明确现代药学的主要任务对药学工作者开发、生产、销售和使用药品，未来药学工作者明确研究方向和药学的进一步发展有重要的现实意义。药学是一门以现代化学、医学为主要理论指导，研究、开发、生产、销售、使用、管理用于预防、诊断、治疗疾病的药物的科学。它承担治病救人的重要使命，是重要的基础学科。在 21 世纪，了解药学的发展历程、认清其主要任务具有重要意义。

药学经过四个时期的快速发展，已经获得了巨大进展。从天然药物的分离到化学药物的合成，从整体诊治到分子水平的调控，医学、化学、生物学三者紧密结合，研究体内调控过程，从整体直达分子水平，多学科渗透交叉，药学学科发展迅速，成果辉煌。

经过几十年的发展，我国的现代药学得到巨大发展，但仍有许多问题亟待解决。药学科普有利于推动我国健康事业的发展，发挥药师群体在健康中国战略中的作用，提升我国合理用药水平。我们必须肯定药学科普的重要性，为了让更多的人了解药物合理、安全使用的知识，进一步培养和增强全民安全用药意识，药师须以此为契机，进一步提升科普创作水平，创造出越来越好、受到人民群众认可的科普作品，造福大众。

项目目标是以通俗易懂的形式，向大众介绍医药的相关知识以及科普其作用。

药学科普的社会作用、医药的崛起，将成为 21 世纪医学的特点。人们对健康的需求不再仅仅是有病需治疗，而且还要无病促健康。我国人口的健康水平与发达国家有所差距的一个重要的原因就是卫生保健知识以及医药相关知识的普及度不够，社会人群还不善于运用已有的经济条件和科学知识进行自我用药以及自我保健。让广大人民学会自我保健，合理用药、理性用药，担负起对自身健康的责任，选择健康的生活方式，用科学知识来维护健康、促进健康，已经成为医药工作者的新任务。解决环境卫生、公共卫生、生态紊乱、公害污染、吸烟酗酒、心理紧张、不良卫生行为等问题，在很大程度上要依靠个人行动。这种新的健康需求离不开科普。要使先进的科学技术尽早为群众掌握和应用，就需要一个传播科学技术的形式和渠道，而科学技术普及工作就是理想的传播方式。

医药研究需要将科普药学科学技术作为人类健康的重要因素，它的强大程度，不仅表现在医学科学技术本身的发展水平上，还表现在它是否能够被公众理解和掌握，从而达到把药学科学变为人们的常识这样一种境界。因此，有人形象地把刚刚诞生的科学技术成果，比作"仅仅是一粒可以带来丰收希望的种子"，而只有当它被公众理解并付诸实践的时候，它才有生长的土壤，才有希望获得丰收。公众的这种理解过程，有赖于各种途径的宣传活动，而几乎所有的宣传方式（广播、电视、报刊等媒体和培训、咨询、讲座、讲演等活动）都建立在医学科普创作活动的基础之上。我们以书面图文的形式，为广大民众传播药学基础知识，这便是这个项目的根本目的与中心思想。任何学科的科研成果、技术成就，开始都只能被少数人发现和掌握。为了迅速而有效地将学科技术转化为社会效益，使科学家、技术人员开创的新领域广为人知，并将开拓者的艰苦卓绝、可歌可泣的献身精神通过各种途径，广泛而深入地传播开去，从而起到提高人民觉悟、增长知识、开阔眼界、启迪智慧、预防疾病、促进健康的作用，科普创作担负了重大的社会责任。

积极参加药学科普创作，也是医学科研工作者广泛联系群众、密切结合实际的重要途径。科研工作者艰辛攻关取得的科研成果，在普及推广后，可推动医药科学事业的发展，从而获得良好的社会效益和经济效益。反之，则往往会英雄无用武之地，发挥不了应有的作用。药学科普将成为一项巨大的社会活动，它的对象是全体人民，社会化是药学科普的重要特征。药学科普社会化的功能，加快了医药学新技术、新发明、新成果进入社会经济技术市场的过程。药学科普的社会化，也表现在人民群众越来越希望通过药学科学知识来保护集体与个人的健康和安全上面。现代医学的大发展必然伴随药学科普的大发展。药学科普以推广医药学科学技术、普及医药学卫生知识为重点，对增强人民体质、保护劳动力和提高医药学水平具有重要的作用，肩负提高全民族医药学科学知识水平的重任。

（二）研究内容

人吃五谷杂粮，怎能不得病。治病，就离不开药物。药物自从被发现以来，被人类使用了数千年，对人类健康和医学进步做出了重大贡献。不合理用药是一个世界性的问题，是对人类健康的严重威胁。在我国，由于相关科普教育比较薄弱，广大公众普遍缺乏药学常识，与此同时，出于经济、教育等方面的原因，一些基层医务人员也存在一些错误的用药理念。可见，各种不合理用药行为相当普遍，很多人的健康因此受到损害。更加令人忧虑的是，近年来，在医药领域，通过宣传虚假广告来欺骗患者的非法经营活动泛滥，虽然有关部门采取了多种整治措施，但上述非法经营活动屡禁不止，上当受骗者不计其数。要想纠正不合理用药行为，就要大力普及正确的药学知识，使广大患者掌握正确的用药知识，纠正错误的用药行为，这是保证安全用药、维护公众健康的重要手段。而要想杜绝医药领域的虚假宣传，同样要依靠药学知识的普及。科普宣传可以使患者具备必要的识别能力，不再为虚假宣传所迷惑，如此，便可使上述非法经营活动失去市场，使其失去赖以生存的土壤。无论从纠正错误用药行为的角度来看，还是从整治虚假宣传及非法经营活动的角度来看，药学科普宣传活动都是对广大公众的保护。希望此类活动能够长期开展下去，以全面提升我国公众的安全用药水平，使人民群众的身体健康得到更大保障。本项目从四大方面展开对药物科普的研究，从药物的基础认识到生活谣言的驳斥，深入浅出地解读药物科普。

药物的基础知识。人有进化，事有变迁，从古到今，药物也有自己的发展历程。该部分主要介绍药物自古到今的发展变化；主要介绍药物进入体内后怎样到达目的地、如何发挥作用；主要介绍常见药物的大体分类，以及药物包装上的字母编号的代表含义。青少年时期是人生中养成良好习惯的一个重要阶段，在此阶段，了解正确的健康与用药知识十分重要，科普将帮助青少年树立健康用药的意识。

生活中的用药误区。如今大多数人存在一种用药误区，即认为新上市的药物会比老药的疗效更好，因此盲目地购买价格昂贵的新药治病，排斥价格便宜的老药，到头来病没治好，钱却花了不少。其实，新药老药不重要，能治病的才是好药！近年来常听到"中药是纯天然的，比西药毒性低"之类的话，再加之本土意识，许多人盲目相信中药，项目组将在该部分理性分析中药的相关利弊。儿童用药过程十分复杂，再加上目前针对儿童的用药说明不够完善，导致家长可能选择用掰碎药片或减少成人药服药剂量等方式给儿童服药。但这种做法往往存在一定的潜在风险，可能会对孩子的身体健康造成损害，该部分会对儿童服用成人药的危害进行分析，并给出儿童用药建议。我们常会为追求省钱或者方便而用一种药来治疗多种病，这种方式实际是存在许多风险的，该部分会对生活中易"一药多病"的病与药及相关危害做出介绍。

说明书尚未明确的用药禁忌。随着医疗水平的提高，药品种类每年都在急剧增加，但药物种类增加并不代表服药种类的增加，该部分将会介绍如何正确地联合用药。某些饮品、水果、肉类、蔬菜含有与药性相克的物质，该部分主要介绍一些与常见药物相克的饮品、水果、肉类、蔬菜，提醒大家谨慎用药。

谣言还是真理。鸡蛋可以说是很多人家中常备的食物之一了，但当你感冒而又想吃鸡蛋的时候，可能就犯难了，因为听过感冒期间不能吃鸡蛋这样的说法，那么，感冒期间到底能不能吃鸡蛋呢？相信螃蟹爱好者都听过，西红柿和螃蟹不能同时食用，否则会引起中毒，因为螃蟹中的砷和西红柿中的维生素 C 在一起时会产生三氧化二砷（即砒霜）。草莓有鲜艳欲滴的外表，再加上酸酸甜甜的味道，成为许多人的心头好，可传言草莓里有蚂蟥一类的虫子。该部分将回答这些问题。雪莲果是菊薯的别称，在四川，它被称作万根苕，吃它的时候会有人避开糖类食品，因为曾有故事说吃完雪莲果后再吃糖会引起中毒。那事实如何？该部分将会解答大家的疑问。吃过毛桃、蟠桃等的人都被"洗毛"这个问题困扰过，那么，桃子表皮的毛能洗干净吗？桃子上的毛被吃下后会对人体有什么影响呢？该部分将会解决桃子"洗毛"以及"吃毛"的问题。大部分水果怕摔怕碰、怕冷怕热，所以，经常会出现部分变质的水果。大多数人觉得把它们丢掉又太浪费，于是将其变质部分去除后，继续食用。超市特价区的这类水果更是广大"吃土少年"的首选，这些水果是能吃还是不能吃呢？该部分将会解决这个问题。

二　研究成果

药学科普书籍《小药宝说药事》为最终成果。该书既有浅显的养生保健科普知识，又有深度剖析的原创科普文章，极具科学性、实用性和可读性，内容科学实用、通俗易懂，且版式精美、贴近实际生活。读者在其中能找到喜欢或者需要的文章内容。

本项目组制作了书本内卡通人物"药宝"的人物建模，正在进行专利申请，今后可用于图片、视频的创作与宣传。

三　创新点

第一，该书本着科学循证、客观公正、简洁实用的原则，利用"Q—S—A—S—Q"循环模式呈现每个章节的内容。第二，在选题方面，利用大数据了解公众的需求，这符合受众的要求和期待，并由药学专家对选题进行筛选和把关，确保选题的科学性。第三，将近期发生的热点问题与典型案例引入文章，并本着科学和实用的原则进行拆分，确保内容是公众需要而且可靠的。第四，从循证的角度为受众提供最新证据支持的回答，确保文章的科学性，摒弃商业利益和个人偏见，确保文章的客观公正，并考虑到受众的健康素养水平和阅读能力，确保文章的易读性。第五，在每个问题的前后都会有"一句话科普"，总结整篇文章的内容，这可以让读者在最短的时间内得到想要获得的知识。第六，在阅读文章后与读者进行互动，提出与文章相关的科学问题，引导读者进行深入思考。

与国内外对医药知识的大众化普及的研究相比，本项目抓住推广和实践这两个重点，使人才培养目标和实践的具体内容、实践方法与要求有机统一，"学"与"做"相统一。

本项目采用问卷调查法、文献研究法、个案研究法等多种研究方法，同时注重对我国医药知识普及度的背景分析，注意吸收社会学、经济学、医药学等相关学科的最新研究成果，并注重对大众群体的调研，找到符合大众的改革发展道路，构建全民医药知识普及的新模式。

四　应用价值

药学科普有利于推动我国健康事业的发展，能够发挥药师群体在健康中国战略中的作用，提升我国合理用药水平。我们必须肯定药学科普的重要性，为了让更多的人了解药物合理、安全使用的知识，进一步增强全民安全用药意识，药师须以此作为契机，进一步提升科普创作水平，创造出越来越好、受到人民群众认可的科普作品，造福大众。

用技术刺激你的想象

——电影艺术与科技发展

项目负责人：李孟婷

项目组成员：陈昀曲　郑泽　段强　禹华

指导老师：郑坚　李佳龙

摘　要： 电影是一项以技术的发明为生辰标志的艺术，在科技助力下的电影得以迅速成长，从无声电影到有声电影、从实拍电影走向"特效电影"、从"特效电影"到3D电影、从胶片放映到数字放映等，不断更迭的技术促进了电影艺术的发展。通过微视频的形式，我们不仅要展示原理，也将思考科技与电影艺术的辩证关系，以及如何使科技有效地为电影服务，又保持电影的艺术本质魅力。本项目通过对项目前期研究缘起与方法的总结，结合拍摄的视频成果，分析项目实施过程具有的创新性和最终成果所具有的应用价值。

一　项目概述

（一）　研究缘起

电影作为"第七艺术"，自诞生之日起，便与科技结下了不解之缘，它能广泛吸收所有于其有利的科技成果，这种与技术的兼容性是其他传统艺术难以企及的。所以从某种程度上来说，电影的发展就在于技术的发展，技术的进步也代表着电影的进步，两者相伴相生、不可分离。电影是艺术，也是技术。当市场上的电影产量、质量不断提高，影院建设如火如荼，电影票房节节攀升时，除了大家熟悉的诸多因素外，我们也应该注意到，这正是电影技术革命带来的成果。

当今社会，电影早已走进人们的生活，我们进入了一个视听发达的时代，多种多样的艺术形式早已成为人们生活中不可或缺的调味剂。然而，电影艺术与促进它诞生和发展的技术之间，究竟存在一种怎样的关系？却很少有人去研究。多数学者在分析电影艺术时，往往忽视了电影技术对于电影艺术的影响，他们认为电影的艺术风格完全是导演造就的，这未免失之偏颇。如若没有技术的支撑，视听效果有时会难以达到导演的预期，所以电影艺术其实与技术有着紧密的联系。

因此，我们从技术的角度研究电影的发展，主要是探讨技术发展对电影产生的影响，这使我们能够深入理解和把握电影与科学技术的关系。本项目通过向普通电影观众科普电影科技史与最新技术成果，拉近其与电影的距离，并从回顾电影艺术自诞生以来每一次重大变革背后的技术背景出发，探讨每一次技术进步对电影艺术产生的影响，以及艺术的需求对于技术的推动作用，以期推动电影产业的发展。

（二）研究过程

首先对研究对象进行了文献、资料分析，根据收集到的资料确定每集的主题，确保其与研究选题相匹配，力求做到全面包含研究内容。接着进行实地田野调查、采访，考察电影科技的相关场地，如博物馆、电影学院、拍摄工作室等，采访从业人员，了解电影技术的前沿动态，并咨询专家，确定最终拍摄计划，并在此基础上形成了5篇视频策划书，为后续的拍摄和后期制作指导方向。

在确定拍摄计划和整体策划后，便进入实地拍摄阶段。根据原先的考察地，联系相关人员，在取得拍摄许可后选取适当的场地进行拍摄。在上海电影博物馆，拍摄许多早期设备，了解电影科技的发展史；在上海温哥华电影学院采访专业老师，请其讲解相关技术的操作流程，并展望技术发展前景；在VR工作室了解这项前沿技术的目前状况，通过技术人员的演示和说明，对其发展动态有一定的把握等。实地拍摄后转入后期制作阶段，首先整合视频素材，适当修改视频策划书，经过讨论后确定系列短视频的整体风格，并撰写分集解说词。对动画部分着重强调，每集动画虽时长较短，但经过了详细的分镜头设计。在全部拍摄的视频中挑选出可用素材，利用剪辑软件进行视频编辑，配以解说词和音乐，成片后统一包装片头、片尾与字幕，形成系列短片成果。

（三） 主要内容

本项目将采用科普微视频的形式，从技术的角度阐述科技与电影艺术的关系，对电影艺术未来的发展趋势进行合理展望，并穿插电影科技史及相关原理，结合实例和具体从业人员的采访进行科普。

1. 第一集：现实摄影技术

这一集主要讲述胶片摄影到数字摄影的转变对电影摄影技术带来的变革。100 多年以来，化学胶片曾一直是捕获、冲显、放映和储存动态影像的唯一格式，但随着一种新技术的发展，数字技术已经进化到可以代替胶片作为最主要的创造和分享动态影像的方式。

2. 第二集：声音录制技术

电影从无声到有声的发展，可以说是划时代的。从技术角度来看，由最初摄像和录音分离的状态转变到如今的摄录一体拍摄，在电影中加入各种各样的声音元素，使其真正成为一门视听融合的高级艺术。

3. 第三集：3D 电影技术

《阿凡达》的诞生为全世界带来了一阵 3D 热潮，不仅让 3D 银幕数量有大幅度的增加，还让 3D 电视走入千万家庭。我们从热门 3D 影片切入，探讨 3D 技术为电影艺术带来的深刻改变，揭示 3D 摄像机的工作原理和拍摄原理，用影像的方式阐释 3D 技术在电影中所产生的视觉变化，并对这项技术的发展前景进行展望、对其弊端进行反思。

4. 第四集：后期特效技术

好莱坞著名导演詹姆斯·卡梅隆在创作《阿凡达》时曾说："毋庸置疑，特效公司和数字技术成为电影内容的载体。"CG 技术不仅给观众带来了极致的感官体验，更颠覆了某些传统电影编创的理论，为当代电影的制作和发展带来了前所未有的变化。首先，CG 技术为超现实主义电影的创作奠定了基础。其不仅解决了虚拟角色和虚拟场景的制作渲染问题，而且完成了真人演员与虚拟世界的有机融合。其次，CG 技术逐渐成为影视创作的核心技术，其改变了电影创作的整个制作流程。CG 技术不仅打乱了电影拍摄的传统顺序，而且将电影制作的主要设备从摄影机转换为计算机。这些新变化、新趋势使 CG 技术具有丰富的研究价值，也使科普 CG 技术的视频具有一定的实用意义。

5. 第五集：电影放映技术

这一集我们从电影放映技术出发，探究电影这门综合艺术背后的放映原理，向人们普及电影传播介质的工作原理。从电影放映机的角度切入，讲述电影草创时期的成像及其放映的基本原理，并解析在电影技术不断提升的过程中，科技所发挥的作用。通过对一位老放映员的采访，以呈现放映技术的递进以及职业解读为线索，赋予冰冷的机器以温度，这不仅丰盈了短片内容，也创新了短片形式。成片中部分动画截图见图 1。

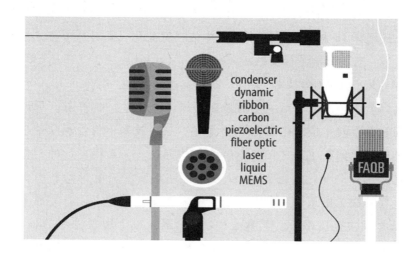

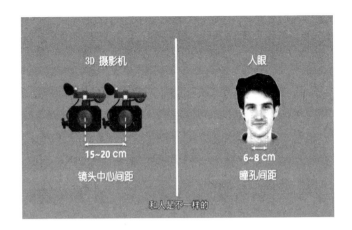

图1 成片中部分动画截图

二　研究成果

（一）作品

在文献整理以及实地拍摄的基础上，项目组成员进行后期剪辑并形成 5 集科普短视频，力图揭示电影技术与艺术的关系，从摄影、录音、3D、后期以及放映技术的角度展现电影科技发展。摄影技术是电影得以产生的基础，从诞生至今，电影艺术离不开拍摄技术的支撑。《第一集：现实摄影技术》揭示技术的发展脉络，以胶片摄影到数字摄影为例，剖析技术发展对电影影像呈现的影响。《第二集：声音录制技术》展现电影声音录制技术从机械录音到光学录音再到磁性、数字录音的发展过程，展现后期混音合成的工作过程，凸显声音技术在电影艺术中的重要地位。《第三集：3D 电影技术》从热门 3D 影片切入，探讨 3D 技术为电影艺术带来的深刻改变，揭示 3D 摄像机的工作原理。《第四集：后期特效技术》明确后期特效技术的指称，展示蓝绿幕抠图、CG 技术的操作过程，展望 AR、VR 等前沿技术的未来趋势。《第五集：电影放映技术》揭示放映机原理，梳理早期不同种类的放映机；探讨放映技术的不断革新对于观众观影习惯的改变，展现这一技术发展对于电影传播的促进作用。通过以上五个方面，对电影从制作到放映的技术流程进行呈现和解读，力求使观众了解电影的奥秘。

（二）结论与建议

将电影科技作为项目选题，一方面是因为其与项目组成员所学专业接近，成员们能够利用好身边的资源，也有信心完成项目的结项工作。另一方面，随着生活水平的不断提高，人们对生活娱乐的需求也在逐渐增加，电影已成为人们娱乐消费的重要组成部分，但人们对于电影技术的关注度远远不及电影本身。因此本项目希望通过这 5 集微视频，从摄影、录音、3D、后期特效、放映这五方面分别阐释电影背后的技术原理，向观众普及科技原理在电影中的应用，使他们对电影这门艺术有更深入全面的理解，通过微视频的形式来激发他们对技术的关注度。同时，相关工作者须不断反思与探讨技术对于电影发展的推动与阻碍作用，并思考不断发展的技术在未来会将电影艺术推至什么样的高度，给观众带来何种全新的视听体验。

项目对于科学原理的展现较为细致清晰，但仍存在一些问题，如动画效果不够统一、与中小学电影教育结合不够紧密等，本项目仍在不断完善，同时建议同类视频在制作中注意这些问题，力求做到对科技知识的专业普及。

三　创新点

（一）　研究对象

本项目聚焦电影科技与艺术，探讨了科技与艺术的互动关系，在一定程度上推动了该方面研究的发展。从呈现方式上来看，不仅有对拍摄、特效、放映等技术某一方面的全局性展现，包括其发展历史、未来发展趋势等，更是结合热门影片个例对其进行深入解读，充分突出电影科技与艺术的结合。除此之外，项目还兼顾科技、电影与观众间的关系，从电影与受众趣味的相互影响到对观众进行电影科技知识的普及，以受众为本位进行项目研究。因此，本项目按照从点到面、逐渐展开的研究思路，突出科技与艺术的互动关系，将科技、电影、观众融为一体，对观众进行电影科技知识方面的普及，展现电影艺术性与技术性的关系，展望电影科技未来的发展趋势。

（二）　研究方法

首先，采取文献研究法，通过查阅相关文献资料，了解摄影、录音、后期、放映等技术的发展历史及发展动态。以解说词的方式将其传达给观众，使观众能够对这些技术形成一个大体的印象。其次，进行田野调查，确定拍摄地点。采取个别访谈法，对上海温哥华电影学院 3D 动画与视觉特效系主任肖恩·蒂林等业内专业人士进行访谈，借助采访的同期声，将其所提及技术的目前发展现状及基本的制作流程传达给观众。虽然采取的是个别访谈法，但采访对象在专业领域的丰富经验和突出能力能为我们提供比较权威的知识信息。另外，我们还对受众反馈进行了一定的梳理。视频内容的知识性和实用性是科普视频的核心要义。因此，视频制作要注意逻辑清晰、详略得当，便于满足观众的实用心理。

（三） 研究成果

通过一系列的文献阅读、考察采访、拍摄制作等，本项目完成了 5 个科普微视频的预期成果，且体现出一定的创新性。首先，成果作品从电影出发，立足于科技，面向于受众，始终以受众为本位，在考虑受众科学知识的基础上进行视频制作，力求使科普微视频通俗易懂，将科学原理与艺术性展现在受众面前。其次，从内容上来说，本项目成果做到了电影拍摄、制作、放映流程的三位一体，全面展现电影的完整技术流程。以往的电影科普视频大多是聚焦于某一项技术或者艺术，很少将整个动态流程整体呈现出来，因此本项目所取得的研究成果在一定程度上推动了与电影有关的科普微视频领域研究的发展。

四　应用价值

影视艺术的诞生标志着文字语言文化向视听语言文化的转变，对人类文化的发展产生了深远的影响。作为一门集音乐、美术、戏剧等于一体的综合艺术，影视艺术肩负传播社会主义核心价值观、推动思想道德建设、促进艺术人文素养提升的重要使命。电影技术是当下技术与艺术共融的新发展，其让更多的人关注电影并走进电影院，然而电影的制作和放映原理却不为大众所了解，基于此我们拍摄了系列短片，通过视频这种喜闻乐见的形式向大家展示电影的秘密，揭开其神秘的面纱。

首先，我们制作的 5 集微视频具有一定的科普价值，能够让观众对电影制作技术有一定的了解。这对于观众期待视野的形成以及鉴赏能力的提高具有十分重要的意义。其次，该片对电影从业者有一定的启示。技术改变了电影制作的方式和流程，电影从业者应该及时了解这方面的知识，并不断地进行学习和实践，只有这样才能不被时代抛弃。

2018 年，教育部、中央宣传部联合印发《关于加强中小学影视教育的指导意见》（以下简称《意见》），把影视教育作为中小学德育、美育等工作的重要内容，将其纳入学校教育教学计划，与学科教学内容有机融合，与校内外活动统筹考虑，灵活安排观影时间和方式，使观看优秀影片成为每名中小学生的必修内容，保障每名中小学生每学期至少免费观看两部优秀影片。《意见》指出用 3 ~ 5 年的时间，实现全国中小学影视教育的基本普及。

可见，电影技术科普视频走进中小学课堂的市场前景十分广阔。作为一种教育手段，影视艺术教育具备极强的表现力和感染力，有着传统教学手段难以比拟的开放性和综合性，是对课堂知识的巩固和拓展，其对学生艺术素养和审美能力的提升具有重要的意义。相关工作者须利用大家所感兴趣的电影内容，制作出更多用科学原理解释的科普片，让电影走进课堂，让中小学生走进电影。

基于这些思考，电影技术的科普视频具有很大的传播与发展空间，既有趣味性又有科普性，且受众范围也很广，故我们所制作的这类科普微视频具有一定的意义与价值。

参考文献

1. 曹锦锦，王静.《阿凡达》：数字特效与人性审视的完美结合［J］. 电影文学，2010（22）：63.

2. 郭良鹏，朱岚，曾真. 从 CIFTE 2014 看电影技术发展［J］. 现代电影技术，2014（8）.

3.〔德〕本雅明. 机械复制时代的艺术品［A］. 程孟辉主编. 现代西方美学［C］. 北京：人民美术出版社，2008：457.

4. 高子伦. 影视后期制作在中国的现状及发展［J］. 理论界，2011（7）：75－77.

5.〔德〕马丁·海德格尔. 技术的追问［C］.〔德〕马丁·海德格尔. 演讲与论文集. 孙周兴，译. 北京：生活·读书·新知三联书店，2005：3－38.

6. 龙晓苑. 数字艺术技术基础教程［M］. 北京：清华大学出版社，2011.

区块链技术在农业中的应用

项目负责人：陈威

项目组成员：李志　张特　曾瑶　王欢

指导老师：郑坚　李佳龙

　　摘　要：当前，我国工业化、城镇化发展迅速，但农业现代化发展明显滞后，面临一系列严峻挑战。区块链技术作为当下最前沿的科技，其去中心化、去信任化、安全可靠等特点，对于解决我国农业表现出来的诸多痛点具有天然的优势。区块链的分布式数据库，决定了所有参与者会拥有完整的数据记录，信息一经产生则无法修改，仅供相互验证。单方面的信息修改将不再可能，这就把所有参与者放在了同等的位置上，大家都是信息的贡献者与拥有者。

一　项目研究背景

（一）项目研究目的

　　当前，我国工业化、城镇化发展迅速，但农业现代化发展明显滞后，面临一系列严峻挑战。作为我国第一产业，农业当然也要挖掘区块链技术在领域内的应用前景。

　　从农业生产经营形态来看，我国农业生产经营方式依然较传统、粗放，靠天吃饭的局面没有得到根本改变。

　　从信息化程度来看，我国农业信息化、现代化水平还处在刚起步阶段，需要引入更多的先进技术，提升农业智能化水平。

　　从食品安全角度来看，过去三十年我国农业发展一直处于"化学阶段"，食品管理体系缺乏安全性。

　　从资源可持续发展情况来看，在我国农业的生产过程中，大量资源和能源被消耗，致使生态环境被严重破坏，这直接影响生态安全、人民健康。

（二） 研究方法

立项结果下来后，我们小组在 2018 年 12 月中旬召开了一次集体会议。项目预期的成果是以 3 集视频的形式，对区域链及其在农业中的应用进行解疑释惑，并且保证每集视频时长在 3 分钟左右。因此，我们划分为三个小组同步展开工作。第一小组负责包装制作第一集短片《区块链概念科普》，由陈威、张特负责。第二小组负责制作第二集短片《聚焦农业》，由李志、王欢负责。第三小组负责制作第三集短片《应用实例》，由陈威、曾瑶负责。三个小组同步进行，互相协作。

二 项目研究内容

（一） 区块链技术的概念

区块链是分布式数据存储、点对点传输、共识机制、加密算法等计算机技术的新型应用模式。"它本质上是一个去中介化的数据库，同时作为比特币的底层技术，是一串使用密码学方法相关联产生的数据块，每一个数据块中包含了一次比特币网络交易的信息，用于验证其信息的有效性（防伪）和生成下一个区块。"

区块链主要解决的是交易的信任和安全问题，其主要包含四个创新技术。

第一个为分布式账本，就是交易记账由分布在不同地方的多个节点共同完成，而且每一个节点记录的都是完整的账目，因此它们都可以用来监督交易的合法性，同时也可以共同为其做证。

第二个为非对称加密和授权技术，存储在区块链上的交易信息是公开的，但是账户身份信息是高度加密的，只有在数据拥有者授权的情况下才能被访问，从而保证了数据的安全和个人的隐私。

第三个为共识机制，就是判断所有记账节点之间如何达成共识的机制，以此去认定一个记录的有效性，这既是认定的手段，也是防止篡改的手段。区块链提出了四种不同的共识机制，适用于不同的应用场景，在效率和安全性之间取得平衡。

第四个为智能合约，智能合约基于这些可信的不可篡改的数据，可以自动化地执行一些预先定义好的规则和条款。"以保险为例，如果说每个人的信息

（包括医疗信息和风险发生的信息）都是真实可信的，那就很容易地在一些标准化的保险产品中进行自动化的理赔。"

区块链工作原理如图 1 所示。

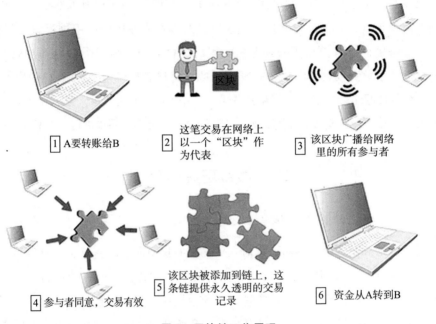

图 1　区块链工作原理

（二）区块链技术在农业上的应用前景

1. "质量安全追溯 + 区块链"

在农业产业化过程中，生产地和消费地距离拉远，消费者对生产者使用的农药、化肥以及运输、加工过程中使用的添加剂等信息根本无从了解，这导致消费者对生产的信任度降低。基于区块链技术的农产品追溯系统的优势在于，所有的数据一旦记录到区块链账本上将不能被改动，依靠不对称加密和数学算法的先进科技，从根本上消除了人为因素，使信息更加透明化（见图 2）。

2. "农村金融 + 区块链"

农民贷款整体上比较困难，主要原因是他们缺乏有效的抵押物，归根到底就是缺乏信用抵押机制。由于区块链建立在去中心化的 P2P 信用基础之上，超出了国家和地域的局限，在全球互联网市场上，其能够发挥传统金融机构无法替代的高效率、低成本的价值传递作用。新型农业经营主体在申请贷款时，需

图 2　"质量安全追溯 + 区块链"示意

要提供相应的信用信息，这就需要依靠银行、保险或征信机构所记录的相应信息数据。但其中存在信息不完整、数据不准确、使用成本高等问题，而区块链的优势在于依靠程序算法自动记录海量信息，并存储在区块链网络的每一台电脑上，信息透明度高、篡改难度高、使用成本低。因此，这些经营主体在申请贷款时无须银行、征信机构等提供信用证明，信贷机构通过调取区块链的相应信息数据即可帮助他们完成贷款的申请（见图 3）。

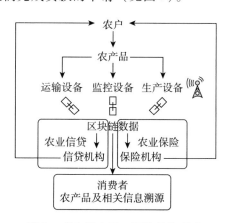

图 3　"农村金融 + 区块链"示意

3. "供应链+区块链"

何谓供应链？产品从生产到销售，从原材料到成品到最后抵达客户手里，整个过程中涉及的环节都属于供应链的范畴。目前，供应链可能涉及几百个加工环节，几十个不同的地点，数目如此庞大，给供应链的追踪管理带来了很大困难。区块链技术可以在不同分类账布上记录产品在供应链过程中涉及的所有信息，包括涉及的负责企业、产品价格、生产日期、生产地址、产品质量以及产品状态等，这样交易就会被永久性、去中心化地记录，节省了时间，降低了成本和人工出错率（见图4）。

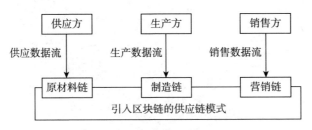

图4 "供应链+区块链"示意

（三）区块链技术在农业上的应用实例

中国是茶叶的原产地，茶文化历史悠久、源远流长。随着互联网的成熟，电商时代来临，但我国茶产业存在生产效率低、茶叶的标准化程度低且缺乏完善的供应链体系以及防伪系统等弊端，严重阻碍了茶产业的发展。

在此背景下，湖南省云上茶叶有限公司通过创新运营机制，将茶产业与新兴科技区块链技术相结合，打造了湖南省首个将区块链应用于茶产业的创新性技术平台。它将区块链独有的不可伪造、不可篡改、去中心化等属性应用于茶叶的种植、生产、包装运输以及销售上，以此来保证茶叶从生产到消费全过程的公开化、透明化，为湖南省安化黑茶打开国内市场、突破僵局，开辟了一条崭新的道路。

从茶叶的生产过程出发，茶叶需要经历种植、加工生产、运输及销售四个阶段，云上茶叶有限公司将其分为独立的四个信息管理子系统，并且将每个阶段的必要信息都储存在基于区块链技术所研发出来的智能二维码中。前后两个阶段之间的信息具有关联性，每个阶段的信息都是由实时监控设备自动上传的，即使是生产厂商也无权进行信息的修改，而每个终端用户可以通过扫描包装上的智能二维码对每个流程进行实时监督。这样一来，既去除了传统的中心化管理模式，又做到了各项数据的分布式管理。

在茶叶的种植阶段，全方位的智能监控设备能够对茶叶种植过程中的施肥、打药、空气温湿度、土壤温湿度、病虫等信息进行实时的记录监督。

在茶叶的加工生产阶段，该平台能够详细记录茶叶各个工序的加工时间、加工方式、加工责任人及产品的质量等级等信息，实现对茶叶加工生产阶段的实时监督。

在茶叶的运输阶段，该平台能够详细记录茶叶的运输车辆、运输路线、运输负责人、出库时间等信息，实现对茶叶运输阶段的实时监督。

在茶叶的销售阶段，该平台能够详细记录茶叶从出库到各级经销商之间的流通信息、经销商信息、经销商库存信息、经销商销售信息等，实现对茶叶销售阶段的实时监督。

以现在的科技发展水平来说，文字、图片甚至是政府的公文和公章的伪造都可以通过技术来实现，但是想要同时伪造每个流程的实时监控视频，恐怕是不可能的。对于那些想要恶意篡改信息的不法分子，除非他可以同时伪造所有流程的实时监控信息，否则是无法修改平台中的信息的。

三　项目研究成果

（一）　区块链技术的概念研究成果

1. 观点

区块链技术是基于密码学原理的完全通过点对点技术来实现的电子现金系统，它使得在线支付能够直接由一方发起并支付给另外一方，中间不需要任何金融机构的参与。其不仅降低了我们的交易成本，也能更好地维护我们的隐私，而其公开、透明以及不可更改的特征也能让我们对每次交易更加放心（见图5）。

2. 研究成果的创新性

视频的主要内容是对区块链这个抽象复杂的概念进行系统的科普，力求以最形象直接的方式将其呈现在视频中，确保受众在观看视频后能理解区块链这个概念。由于区块链概念晦涩难懂，我们最终决定放弃纯概念化的讲述方式，通过一个巧妙的故事，将区块链技术更加通俗、形象地展现出来。纯动画的形

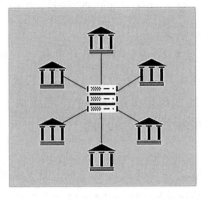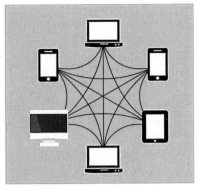

图 5　区块链解决的核心问题

注：左图为中心式存储架构；右图为分布式存储架构。

式，在保证科学严谨性的同时，也增加了许多趣味性。项目组对动画制作这一领域是比较陌生的，但是为了呈现更好的效果，还是决定尝试一下。在项目组潜心研究了一个月之后，最终用 AI 软件和 AE 软件将人物模型和背景全部画了出来，再结合 PR 软件做出最终的 MG 动画。

（二）　区块链技术在农业上的应用前景研究成果

1. 观点

区块链的核心是去中心化、去信任化，将区块链聚焦到农业中来，符合我国的国情，符合人民对于美好生活的追求，符合党和国家聚焦三农问题的政策，而我们拟建立的"质量安全追溯＋区块链"、"农村金融＋区块链"和"供应链＋区块链"模式都具有很重要的现实意义。

2. 研究成果的创新性

区块链技术在农业中的应用还要走很长的路。首先区块链技术还不够成熟；其次，我国的发展虽然位于世界前列，但是科技的发展、物流的发展、信息的发展还是无法全面满足区块链在农业中的彻底实施，目前只能简单地应用在农业中；最后，我国的大型互联网公司都在研究区块链，也在认真地进行实际操作，区块链的成熟和普及指日可待。

（三）　区块链技术在农业上的应用实例研究成果

1. 观点

区块链技术是可以为实体经济服务的，它区别于互联网电子商务的集中化信息管理。现如今打造的主要是通过信息数据的精确算法和系统的内部加密，以及去信任化的概念，达到除了交易双方明确知道信息之外，其余人只是负责核对信息的分别记账模式以获取佣金的目的。该模式能保证交易双方的交易信息和个人信息的私密性，使其放心、顺畅地进行交易（见图6）。

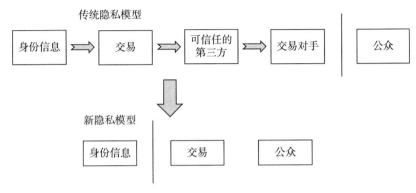

图6 区块链解决的核心问题：去信任化

2. 研究成果的创新性

区块链对于传统商业的运作模式具有创新性，其具有打破行业规则，实现经营模式重组的巨大潜力。因此，本项目的研究价值较高。

四 总结与思考

（一）建议

虽然区块链的去中心化更强调的是减少中间环节，增强买卖双方信任感，增加信任度，但是我们要明确：区块链只是一项技术，而不是赚钱的工具。在整个农业的发展过程中，区块链只能做赋能者，而不能做主导者。

我们提出以下建议。首先，在科技能给我们带来便利的大背景下，要对区块链的发展前景、人民的接受力度以及新产品技术与传统经营模式做出科学评估。其次，根据评估报告，在不同领域合理做出适应性试点工作，力求做到稳中求进，分析并把握不同群体的消费习惯以及不同地域生产者的思维模式的转变诉求。只有这样，才能与社会和谐稳定、民主集中的观念相向而行。

区块链是去中心化、去信任化的，如果区块链在农业中的应用成为现实，那么这对农业从业人员、农民、消费者都是有利的，但是去中心化会去掉一大批中间企业和机构，我们要考虑好如何安顿在这些企业和机构中被去掉的人员，满足人民的美好生活需要，维护社会稳定。

（二） 应用前景

区块链技术能很好地解决人们担心的食品安全，农业从业者担心的 "劣币驱逐良币"，农民贷款难、手续烦琐等问题，有广阔的市场应用前景。

区块链技术现如今已经在生鲜肉类和水果的营销领域实现实时监控和区块信息查询。例如湖南安化黑茶创新性地将茶产业与区块链技术相结合，为湖南安化黑茶打开国内和国际市场，开辟了一条崭新的道路。如果农产品从种植、生产、加工、销售环节都加入基于区块链的溯源体系，那么农产品生产环节上的所有数据都可以被信赖，数据伪造不复存在，人们也就可以放心生产、购买农产品了。

参考文献

1. 袁勇，王飞跃．区块链技术发展现状与展望[J]．自动化学报，2016 （4）：482 – 489.

2. 杨德昌，赵肖余，徐梓潇，等．区块链在能源互联网中应用现状分析和前景展望[J/OL]．中国电机工程学报，2017 （13） ．

3. 林小驰，胡叶倩雯．关于区块链技术的研究综述[J]．金融市场研究，2016.

4. 张铎．食品追溯系统[M]．北京：清华大学出版社，2013：183 – 184.

5. 张嘉豪．农产品追溯系统业务流程设计与应用[D]．北京：北京交通大学，2016.

6. 师严涛．农食品可追溯系统研究[D]．北京：中国农业大学，2006.

7. 王波，王顺喜，李军国，谢静．农产品和食品领域可追溯系统的研究现状[J]．中国安全科学学报，2007(10) ．

8. 樊红平，冯忠泽，杨玲，任爱胜．可追溯体系在食品供应链中的应用与探讨[J]．生态经济，2007 （4）：63 – 64.

9. 江晓东．基于 WebGIS 的茶叶质量安全追溯系统的研究与实现[D]．杭州：浙江工业大学，2011.

特殊孩子不特殊

项目负责人：刘健成

项目组成员：杜柔　任珍珍　高麦玲　李艳华

指导教师：冯晶　张婷

摘　要： 随着网络的普及以及国家对科普工作的全面支持，科普微视频逐渐兴起，成为一种喜闻乐见的科普形式，并赢得了社会大众的广泛认可。微视频是当代新媒体的风潮，其时长短、信息量大、接受度高的特点广受教育和科普领域的青睐。特殊儿童作为特殊的群体，享有与普通儿童同等的权利，但人们对特殊儿童的认识仅停留在表面，如何提高社会大众对特殊儿童的认识成为亟待解决的问题。本项目试图以特殊儿童相关知识为切入点，采用微视频的形式，探讨借助微视频提高社会大众对特殊儿童认识的重要意义，将特殊儿童知识与科学传播在真正意义上融为一体。

一　项目概述

随着数字化时代的到来，加之国家对科普工作的大力支持，微视频逐渐兴起，科普微视频这种新型科普形式进入人们的视线。科普微视频由"科普"和"微视频"组成，"科普"定义其内容特征及目的，"微视频"定义其视频时长及传播特征。科普微视频即以普及科学技术知识、倡导科学方法、传播科学思想、弘扬科学精神、树立科学道德为主要内容，是时长为 30 秒至 20 分钟的小电影、动画片、纪录短片等视频作品。科普微视频内容短小精悍、语言幽默风趣、形式生动有趣、传播速度快，兼具科学性、艺术性、通俗性、趣味性等特点。常见的科普微视频包括科普动画、科普实验、科普演讲、科普微电影、科普纪录片、科普公益广告等。

随着经济社会的不断发展，国家高度关注特殊儿童的生存质量。特殊儿童是指与正常儿童在各个方面存在显著差异的儿童。"这些差异可表现在智力、感官、情绪、肢体、行为或言语等方面，既包括在发展上低于正常的儿童，也包括高于正常发展的儿童以及有轻微违法犯罪的儿童。"通过前期社会调研与文献研究，发现儿童自闭症及学习障碍的发生率较高，且社会大众对自闭症儿童及学习障碍儿童这两类特殊儿童的认识不足。因此，本项目聚焦该两类儿童，探究借助科普动画对特殊儿童进行相关知识科学普及的意义。

（一）研究缘起

1. 特殊儿童备受国家关注，但社会大众认识不足

经济社会不断发展，国家高度关注特殊儿童的生存质量。一个国家对特殊儿童生存质量的关注是它文明进程的重要体现。仅从教育领域来看，近年来，国家出台了一系列的政策法规来关注特殊儿童。如2001年教育部等多部门出台了有关特殊教育的"进一步发展意见"，即《关于"十五"期间进一步推进特殊教育改革和发展的意见》，以及2009年《关于进一步加快特殊教育事业发展的意见》。这两份"进一步发展意见"的出台，充分体现了我国政府对于弥补特殊儿童教育这块"短板"的坚强决心。2010年党中央、国务院颁发《国家中长期教育改革和发展规划纲要（2010—2020年）》，首次将特殊教育作为独立篇章进行了系统发展规划。经过一系列特殊教育政策的推进，我国的特殊教育事业得到了较大发展。从中残联年度数据（2001～2010年）中得出，特殊教育学校由1691所增加至1705所；未入学残疾儿童占适龄残疾儿童学生比例由50.92%缩减至22.01%；残疾人综合服务设施、社会保障及经济投入逐年增多。为进一步满足特殊儿童的需要，教育部等多部门在原有政策的基础上进一步推出了两项"提升计划"，即2014年《特殊教育提升计划（2014—2016年）》和2017年《第二期特殊教育提升计划（2017—2020年）》。这两项"提升计划"强调关注特殊教育的质量建设与公平问题，加快特殊教育的现代化发展。2017年国务院颁布《残疾人教育条例》，以保障残疾人受教育权利，发展残疾人教育事业。党的十七大指出要关心特殊教育的发展；十八大指出要支持特殊教育的发展；十九大要求办好特殊教育。一系列政策法规的出台充分体现了国家高度重视特殊儿童的发展。

社会大众对特殊儿童认识十分不足。如2014年，轻微自闭症初一学生因扰乱课堂行为和威胁性语言等问题被普通学生家长投诉，学校一度拒绝其进入

课堂；2017 年，一名自闭症儿童被 19 名普通学生家长联名赶出学校。这样的例子层出不穷，其主要原因是包括普通学生家长在内的社会大众不了解特殊儿童，拒绝、排斥与特殊儿童接触。

通过对前期的调查问卷进行数据分析，发现 63.19% 的被试表示听说过但不了解特殊儿童，19.95% 的被试表示与特殊儿童有接触且对特殊儿童了解较多，但有 16.86% 的被试表示不了解、没听说过特殊儿童（见图 1）。他们对于特殊儿童的认识仅仅流于表面，"瞎子""聋子""傻子"是其对特殊儿童的第一反应。因此，如何提高社会大众对特殊儿童的认识成为当务之急。

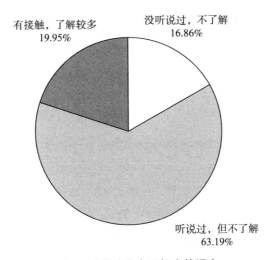

图 1　对特殊儿童了解度的调查

2. 科普微视频兴起，但特殊儿童领域内匮乏

随着数字化时代的到来，加之国家对科普工作的大力支持，微视频逐渐兴起，科普微视频作为新型的科普宣传手段，凭借其即时性、多元性等优势，能够充分利用人们的碎片化时间，满足社会大众的科普需求，备受社会大众欢迎。

以自闭症儿童与学习障碍儿童为关键词，在各大视频网站（如科普中国、腾讯视频、爱奇艺等）进行搜索，相关科普微视频不多，质量参差不齐，如数据资料不权威、更新速度慢，且相关视频内容只涉及自闭症儿童与学习障碍儿童的部分知识，不能让社会大众真正全面地了解该类儿童。这充分说明针对自闭症、学习障碍儿童的科普微视频资源十分匮乏。

因此，本项目在吸取已有特殊儿童科普视频优点的基础上，通过一系列短而精的科普微视频来丰富特殊儿童领域的科普微视频，帮助社会大众了解并走近特殊儿童，使社会大众对待特殊儿童能从无视走向关注、从歧视走向尊重、从排斥走向包容。

（二）研究过程

阶段一：前期调研，确定主题（2018.10～2018.12）

查阅中国知网2014～2018年有关各类障碍儿童的研究，近五年关于自闭症儿童的文献共3342篇，其中引用次数为4次及以上的文献有200篇；关于学习障碍儿童的文献共1775篇，其中引用次数为4次及以上的文献有128篇。研究热点集中在家长教养压力、儿童康复现状、各类干预方法及其有效性。通过以上论述，我们可以看出近五年来关于自闭症儿童与学习障碍儿童的研究在不断更新，研究较深入，专业性强，但研究比较复杂且不系统，不易被大众接受。

综上所述，最终我们将研究方向确定为：传播自闭症儿童和学习障碍儿童这两类特殊儿童的相关知识。

阶段二：材料分析，汇总归纳（2018.12～2019.2）

通过对现有且已查阅的文献进行归纳综述，厘清学术层面现有的相关理论、技术，并在研究过程中及时更新，确保材料归纳内容的前沿性；同时对国内相关书籍、网站以及整理的家长访谈材料进行分析、归纳，得出具有一定实践价值的内容，确保科普内容更贴合实际、吸引观众。

阶段三：专家咨询，审核评估（2019.2）

山东青少年科普专家团、山东省心理协会、济南大学特殊教育学院为我们提供强大的后继支持，汇总好相关材料后，咨询相关专家，保证视频材料的科学性、权威性。

阶段四：样品初成、测试反馈（2019.3～2019.4）

拟对现有最权威、最前沿的特殊教育领域的相关知识进行汇总，以一系列浅显易懂且幽默的动画视频的呈现方式，将自闭症、学习障碍的定义、分类、出现率、临床表现以及相关的干预方式进行分析汇总。而后，进行小范围的尝试性投放，通过访谈、问卷等方法，对观看者进行视频后测，收集、整理、分析观看者的建议。

阶段五： 试点反馈， 美化修改 （2019.4～2019.6）

根据观看者的反馈意见进行进一步的美化修改，再次确保视频内容在易懂且幽默的基础上具有准确性、专业性、科学性，以期达成预设目标。

（三） 研究内容

本项目聚焦该两类儿童，内容是针对自闭症儿童和学习障碍儿童的科普常识系列微视频。微视频的框架主要包括自闭症定义、出现率、临床表现、成因、干预措施以及如何相处等内容；学习障碍的定义、出现率、临床表现、成因、预防措施、干预措施等内容。

1. 自闭症

自闭症儿童的科普微视频框架共包括四个板块的内容（见图2）。第一板块介绍自闭症的定义、出现率以及临床表现；第二板块介绍可能诱发自闭症的病因及相关的预防措施；第三板块着重介绍如何根据自闭症儿童在婴幼儿时期所表现出的典型特征来及时发现该类儿童，以及目前证实有效的干预方法有哪些；第四板块的重心是大众在遇到自闭症儿童时应该如何与其相处。

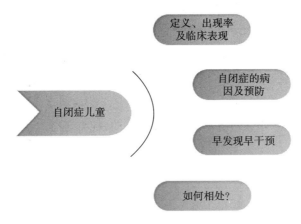

图2　自闭症儿童的科普微视频框架

2. 学习障碍

学习障碍儿童的科普微视频框架共包括三个板块的内容（见图3）。第一板块介绍学习障碍的定义、出现率以及临床表现；第二板块介绍可能诱发学习障碍的病因及相关的预防措施；第三板块着重介绍如何根据学习障碍儿童在婴幼儿时期所表现出的典型特征来及时发现该类儿童，以及目前证实有效的干预方法有哪些。

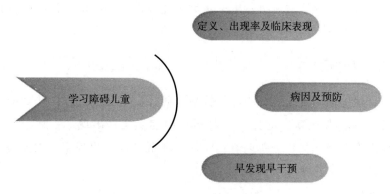

图3　学习障碍儿童的科普微视频框架

二　研究成果

在前期资料收集、整理和实践调研的基础上，确定以自闭症儿童和学习障碍儿童为主要科普内容，以社会大众为科普对象，借助科普微视频的形式，对自闭症、学习障碍的定义、出现率、临床表现以及有效的干预方式进行分析汇总，以期向社会大众科普自闭症儿童和学习障碍儿童的相关知识。最终形成的研究成果分为科普微视频、实践工作应用成果两大部分。实践工作应用成果包括自闭症科普知识公益宣传活动，教育部重点课题成果公开报告会，"消除误区，倡导融合"——4.2世界自闭症日活动，自闭症儿童、学习障碍儿童知识宣讲活动。

（一）科普微视频

根据社会大众对特殊儿童的认识以及对文献资料的整理、分析，结合专家建议，最终确定将科普内容聚焦于自闭症儿童和学习障碍儿童；结合微视频的特点，考虑视频的连续性，最终制作出7个具有系列性的关于自闭症儿童和学习障碍儿童的科普微视频，具体为：

①自闭症出现率及临床表现；

②自闭症病因及预防措施；

③自闭症儿童早发现、早干预；

④如何与自闭症儿童相处；

⑤学习障碍出现率及临床表现；

⑥学习障碍病因及预防措施；

⑦学习障碍儿童早发现、早干预。

（二） 实践工作应用成果

1. 自闭症科普知识公益宣传活动

活动时间：2019 年 3 月 29 日

活动地点：山东省淄博市博山区特教中心

活动对象：博山区特教中心全体教师、学生家长、社会人员

活动目的：使社会大众给予自闭症儿童更多的关注、了解、包容、关爱，让世界同在蓝天下，一起享阳光，让特殊儿童生活得更有尊严。

活动内容：活动现场，项目组成员身穿蓝色马甲，手戴蓝丝带，与博山特教中心的老师、孩子们一起参加自闭症科普知识宣传、学生作品展示、文艺演出等活动。学生们在现场制作陶艺、刻纸、绢花等手工作品，为大家展示精心准备的口风琴、歌舞表演、手语操等精彩节目，孩子们精彩的表现赢得了阵阵掌声。志愿者与特教中心老师、自闭症儿童合影如图 4 所示。

活动举办方：主办单位为"特殊儿童不特殊"科普项目组；承办单位为淄博市孤独症教育康复技术指导中心（博山自闭症疗育中心）和"特殊儿童不特殊"科普项目组。

图 4 志愿者与特教中心老师、自闭症儿童合影

2. 教育部重点课题成果公开报告会

活动时间：2019 年 3 月 30 日

活动地点：山东省淄博市博山区特教中心

活动对象：博山区特教中心全体教师、学生家长、社会人员

活动目的：使社会大众给予自闭症儿童更多的关注、了解、包容、关爱，让世界同在蓝天下，一起享阳光，让特殊儿童生活得更有尊严。

活动内容：在该报告会上，项目组成员向各位专家学者以及社会大众展播科普微视频（见图 5），并认真听取各位观看者的反馈意见。

活动举办方：主办单位为淄博市残疾人康复工作办公室，济南大学研究生省级教育联合培养基地；承办单位为博山区残疾人联合会、博山区特教中心；协办单位为淄博市孤独症教育康复技术指导中心（博山自闭症疗育中心）、"特殊儿童不特殊"科普项目组。

图 5　项目组进行科普微视频展播

3. "消除误区，倡导融合"——4.2 世界自闭症日活动

活动时间：2019 年 4 月 2 日

活动地点：济南大学主校区

活动对象：济南大学全体非特教师范生

活动目的：宣传自闭症知识，消除相关误区，推动融合教育的发展。

活动内容：科普微视频展播、发放活动单页、展板讲解、问答活动、纸飞机放飞心愿。志愿者为学生系上蓝丝带如图6所示。

活动举办方：主办单位为"特殊儿童不特殊"科普项目组；承办单位为济南大学教育与心理科学学院"与你同行"团队、"特殊儿童不特殊"科普项目组。

图6 志愿者为学生系上蓝丝带

4. 自闭症儿童、学习障碍儿童知识宣讲活动

活动时间：2019年4月30日

活动地点：山东省济南大学主校区十一教学楼

活动对象：济南大学全体非特教师范生

活动目的：宣传自闭症、学习障碍相关知识，让非特教师范生接触、了解、接纳、支持自闭症儿童和学习障碍儿童。

活动内容：对自闭症和学习障碍的相关内容进行讲解、宣传，并进行科普微视频的展播。

活动举办方：主办单位为"特殊儿童不特殊"科普项目组；承办单位为济南大学教育与心理科学学院"与你同行"团队、"特殊儿童不特殊"科普项目组。

三　创新点

（一）　具备极强针对性

科普微视频的对象为社会大众，致力于将晦涩难懂的专业知识转化成通俗易懂的语言文字，相较于其他知识深奥的微视频，该微视频更易于让社会大众将专业知识理解、内化为自己的知识。

（二）　强大的团队支持

项目组有强大的特教师资队伍作为后盾，且济南大学与台湾地区特教领域方面的名校有长期合作关系，方便项目组后期聘请专家。

（三）　系列连续性

在现有的统计下，特殊儿童相关的科普视频质量参差不齐，相关内容杂乱、零散，视频内容更新不及时、过于陈旧，易误导大众。本项目通过制作系列微视频，利用社会大众的碎片化时间，帮助大众建立起对特殊儿童的系统认识。

（四）　呈现方式更新颖

科普微视频作为新型的科普宣传手段，凭借其即时性、多元性、趣味性等优势，可以充分利用人们的碎片化时间，满足社会大众的科普需求，成为一种全新的科普方式。

四　应用价值

特殊儿童受到国家的高度重视，但是社会大众对特殊儿童的认识不足，拒绝、排斥特殊儿童的现象时有发生。受数字化、碎片化等因素的影响，科普微视频凭借其自身的优势备受社会大众的欢迎。因此，无论是立足于当下特殊儿童科普微视频资源匮乏的背景下，还是着眼于为特殊儿童追求各项平等权利、推动融合教育的开展，制作、推广特殊儿童科普微视频都极具现实意义。

参考文献

1. 朱楠. 特殊儿童发展与学习［M］. 武汉：武汉大学出版社，2016.

2. 赵林欢. 我国科普微视频研究［D］. 长沙：湖南大学，2015.

3. 王梦瑶. 科普微视频评价标准研究［D］. 上海：上海师范大学，2018.

4. 杨克瑞. 改革开放 40 年我国特殊教育政策的顶层设计与战略推进［J］. 中国教育学刊，2018（5）：31－35.

方寸间的航天

——科普新媒体作品

项目负责人：徐媛媛
项目组成员：龙弟之　王俊鸿　李珮冉
指导教师：闻新

摘　要： 随着现代科学技术的发展，尤其是航天科学技术的飞速发展，航天事业已经成为人类最伟大的工程之一。同时邮票被誉为一个国家的"名片"，可以作为向世界输出本国优秀传统文化的窗口。所以本项目希望能够通过通俗易懂的手绘科普微视频以及这些方寸大小的邮票，见证航天事业的光辉历程，进行航天知识的普及，增强大众对航天事业的热爱度。最后，结合微信、微博以及在线公开课程等当前主流的网络新媒体平台进行推广和传播，紧跟时代步伐，提升大众对我国航天事业的关注度并激发广大青少年崇尚科学的热情。

一　项目概述

（一）项目背景

探索浩瀚的宇宙是人类千百年来的美好梦想。我国在远古时代就有嫦娥奔月的神话。公元前 1700 年，我国就有"顺风飞车，日行万里"之说，还绘制了飞车腾云驾雾的想象图。除了中国，世界各地也都流传着有关天神、月亮的美好传说。自 1957 年世界上第一颗人造地球卫星发射以来，美国、法国、中国、日本、印度等国家研制出了运载火箭、航天飞机、空间探测器等各类航天器，开启了全球的航天时代。1961 年，苏联宇航员尤里·加加林乘坐"东方 1 号"宇宙飞船首次邀游太空。为表纪念，从 1969 年起，人们便把每年的 4 月

12 日称为"世界航天日",又称"世界航天节"。自 2016 年起,我国也开始将每年的 4 月 24 日设为"中国航天日",旨在宣传中国和平利用外层空间的一贯宗旨,弘扬航天精神,普及航天知识,激发全民尤其是青少年崇尚科学、探索未知、敢于创新的热情,唱响"发展航天事业、建设航天强国"的主旋律,为实现中华民族伟大复兴的中国梦凝聚强大力量。

邮票是国家的名片,用它自我介绍,富有诗意且具有时代意义。邮票也是形象化的百科全书,宇宙万物无不和它发生联系。邮票更是人类文明的传记,让波澜壮阔的历史重现在方寸之地。翻开航天邮票的藏册,一枚枚精彩邮票记录了世界航天的辉煌进程,所以航天邮票不仅可以展示航天的文化魅力,弘扬中国航天人和航天事业的创业精神,还可以提升航天新时代的文化层面,为航天文化建设增光添彩。

(二) 研究过程

1. 资料汇总整理阶段

在资料汇总和整理完毕之后,计划创作 4 集视频:《是谁打开了探索宇宙的大门》《无处不在的人造地球卫星》《星球使者——空间探测器》《人类的太空之旅》。同时进行视频脚本的撰写工作,也为后期视频创作做好准备工作。

视频底稿完成之后,我们邀请视频制作团队一起商讨每句台词的画面构成方式,逐句探讨视频画面的内容。项目负责人于 2019 年 3 月底参加了项目中期的检查答辩会,将项目的完成情况向各位专家老师进行了详细的汇报和说明,认真听取了专家提出的建议,并明确了项目后续的制作目标和方向。

2. 视频制作阶段

结合中期检查时专家提出的几点建议,项目组对接下来的工作计划进行了简要调整。首先,将项目计划书中的部分视频主题调整为最终确定使用的主题。其次,我们应专家要求,加快了视频制作进程,增加了一些内容,使所讲内容更加丰富化、完整化,从而更生动地表达所要呈现的视频内容。在明确了新的制作方案以后,结合前期已撰写完成的脚本进行微视频的制作工作。视频的主要内容仍然以手绘方式完成,并完整地展现出绘制过程,以此来激发观众观看视频的兴趣,并且通过幽默的语言来进行讲解,使观众可以快速地理解和接受相关的知识。视频完成后,在指导教师所讲授的线下通识课程"航空与航天"中进行试点推广，学生群体普遍对视频呈现出较高的观看热情，也提出了一些建议。项目成员总结分析了学生的反馈结果，并在后面的工作中对视频进行了调整和改进。

3. 视频完善及项目总结阶段

结合前期试推广时收集到的反馈意见和建议，对视频画面进行了修改和调整。在原有视频的基础上给原版的航天邮票加入了一些动画效果和一些文字解说，使视频整体内容更加饱满充实。此外，再次听取了同学的反馈意见，并针对一些问题的细节进行了修复和完善。在视频制作完成后，梳理项目的整个流程，并进行反思和总结，为后续要开展的相关科普作品创作积累经验和教训。最后，撰写完成项目结题报告，并准备项目的结题验收工作。

（三）主要内容

首先，将收集到的信息资料进行汇总整理，提炼出主要内容并撰写适合用于视频制作的文案；其次，根据文案中的内容绘制图片素材，并用电脑制作相应画面；最后，使用已完成的相关素材进行视频创作。我们还根据试看观众的反馈意见修改了视频内容。

项目研究主要技术路线如图1所示。

本项目跳出目前大家对航天探索对象的普遍认知，即对月球和火星等单一星球的了解，而是选择借助航天邮票来传播邮票背后的航天文化和知识，旨在通过通俗易懂的手绘科普微视频向广大观众介绍航天文化，同时让大家欣赏这些记录了重大航天事件的珍贵邮票。以开启探索宇宙大门的科学家为主线，分别介绍功能众多的人造地球卫星、空间探测器的相关知识，以及世界各国在载人航天事业上的发展历程。总共完成了4集以"方寸间的航天"为主题的航天科普微视频创作，并以部分大学生群体作为试点推广对象，结合指导教师所教授的相关课程，在线上和线下同时进行传播，根据观众的反馈总结经验教训，并为后续相关科普活动的顺利开展奠定良好基础。

二 研究成果

本项目通过对航天邮票进行研究、整理来介绍并传播邮票背后的航天文化。在学习微视频的表现形式和制作方式后，在预定时间内顺利完成计划安

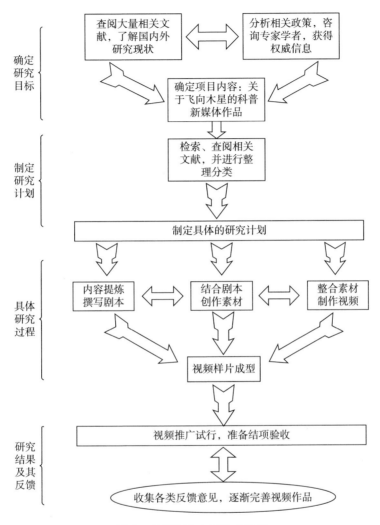

图 1　项目研究主要技术路线

排，得出以下主要研究成果。

一是顺利完成 4 集"方寸间的航天"系列航天科普微视频，分别为是《是谁打开了探索宇宙的大门》《无处不在的人造地球卫星》《星球使者——空间探测器》《人类的太空之旅》。我们申请该项目的初衷就是，希望大众能够通过这几分钟的简短视频来对航天事业的发展有一个较为全面的认识。同时，我们更希望该微视频能够激发大众的航天热情，提升他们对航天科技事业发展的关注度。微视频画面示例如图 2 所示。

图 2　微视频画面示例

二是将该系列视频用于课堂授课，使其不仅在本校进行推广，更是覆盖到其他高校。通过推广、传播创作的科普微视频，了解到公众对科普视频的看法和反馈，这也为后续的科普作品创作奠定了基础。

整个系列视频共四集，主要内容如下。

第一集　是谁打开了探索宇宙的大门

本集主要介绍了几位在航天事业的发展过程中起着关键作用的科学家，一共涉及了五位科学家，其中对我们中国航天事业的开创者——钱学森、世界航天理论的奠基人——康斯坦丁·齐奥尔科夫斯基以及航天实践的先驱者——罗伯特·戈达德的生平和贡献等方面的信息进行了重点介绍。

第二集　无处不在的人造地球卫星

本集的主要内容是与人造地球卫星相关的航天知识。人造地球卫星是发射数量最多、用途最广、发展速度最快的航天器，这里按照人造地球卫星的功能，将其大致分成空间物理探测卫星、天文卫星、测地卫星、气象卫星、通信卫星五大类。按照这五大类，选择具有代表性的卫星对其进行具体介绍。

第三集　星球使者——空间探测器

本集主要内容是介绍空间探测器。空间探测器是对月球以及月球以外的天体和空间进行探测的无人航天器，大致包括月球探测器、行星探测器和行星际探测器三大类。本集主要按探测对象的不同，对一些系列的空间探测器的发射和探测过程及成果进行讲解。

第四集　人类的太空之旅

本集主要内容是以国家为例，对载人航天事业的发展历程进行讲解和介绍。载人飞船让人类进入太空，更广泛和深入地认识宇宙，这推动了航天事业更进一步的发展。目前仅美、中、俄三国拥有完全自主的载人航天能力，本集主要介绍的是苏联的"东方"号、美国的"阿波罗"号以及中国的"神舟"号。

三　创新点

本项目的创新点主要有以下几个方面。

第一，报刊或影视作品中经常出现对航天文化的介绍，大众对这些表现形式已见怪不怪。此次选择航天邮票作为介绍对象，不仅是向大家展示这些精美的邮票，更是借航天邮票来介绍和传播航天文化，将邮票艺术与航天科学相结合，形成一种新的科普表现形式。

第二，快节奏的现代生活已经让大众无暇端坐在电视前观看一部完整的纪录片，而且还是与衣食住行无关的航天科普类纪录片。而微视频能让大众在休息时就能对木星等星球有一个初步了解，这是航天科普方式的一种极大的创新。微视频制作思路如图3所示。

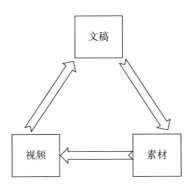

图 3　微视频制作思路

第三，用手绘动画的方式来制作微视频，尽可能多地扩大受众群，通过"邮票＋动画＋航天"的方式，力求使航天知识"飞入寻常百姓家"。

第四，在视频样片制作完成后，将其在指导教师所讲授的线下通识课程"航空与航天"中进行试点推广，听取学生群体的建议，并针对存在的问题进行修改和完善。

四　应用价值

随着微博、抖音、微信等形式多样的新媒体平台的发展和广泛普及，以及微小说、微漫画等微文化的兴起，我们真正进入了"超视像"的微媒体时代。微视频，例如抖音 App——一种短而精的内容载体，越来越受到人们的关注和喜爱，已逐渐成为微媒体时代的一种视频文化潮流。

航天技术是一项探索、开发和利用太空以及地球以外天体的综合性工程技术，是一个国家现代技术综合发展水平的重要标志。随着我国航天科学技术的进步，以及载人航天工程等一系列太空探索活动的顺利开展，"高、大、上"的航天科技也逐渐成为广大群众热议的话题。但是，由于航天任务的特殊性，人们获取航天信息的方式仍主要停留在媒体报道这个初级阶段。近年来，李克强总理在政府工作报告中反复强调要制定"互联网＋"行动计划，在这个"互联网＋"的时代，我国的航天科普也要借助这一平台，从而开展更加多元化的科普活动，促使大众参与航天活动，了解与航天相关的科学知识，提升大众对航天的兴趣度。目前网络上各种各样的微视频以其新颖的内容、多样的形式以及高效的传播速度，逐渐成为互联网媒体时代网络科普的新利器。

在这些背景的基础上，本项目以"方寸间的航天"为主题，进行相关科普微视频的制作。一方面，通俗易懂的手绘科普微视频，可使广大群众在欣赏航天邮票的同时，对航天文化及知识有基本的认识和了解；另一方面，科普微视频可提升大众对我国航天事业的关注度，并激发广大青少年崇尚科学的热情。

参考文献

1. 刘琼. 产业化时代网络微视频商业性与艺术性的平衡[J]. 社会科学家，2013（1）：133－136.

2. 候米兰. 航天科普的发展建议[J]. 科技传播，2015（11）：143－145.

3. 李雅筝，郭璐. 基于时事热点创作的科普微视频的实践应用研究——以《雅安地震特辑》为例[J]. 科普研究，2014（9）：75－78.

基于场馆展品的青少年科普教育微课设计与制作

项目负责人：苗黎薇

项目组成员：张煜　王迪　曾为平　孙凌云

指导老师：白欣

摘　要：近年来，我国科普教育能力逐年上升，国家高度重视并出台了众多政策来推动科普教育事业的发展。场馆成为科学学习的重要场所，且越来越受到关注。项目组成员基于《义务教育小学科学课程标准》（2017），以及中国科学技术馆研发的《体验科学》实践课，以中国科学技术馆经典展品为切入点，紧密结合学校课堂教学和生活实践，拍摄微课，将微课视频定位成馆校结合科学教育的一个初始中介，完成中外文献综述、微课拍摄需求分析、微课课程模式设计和课程体系的确定，拍摄微课视频并给出配套的教案和视频评价标准，为后续场馆微课视频的拍摄提供借鉴。

一　项目概述

项目基于《义务教育小学科学课程标准》（2017）和中国科学技术馆研发的《体验科学》，以中国科学技术馆为主、北京科学中心为辅，以中国科技馆经典展品为切入点，紧密结合学校课堂教学，根据学生的认知特点及日常生活经验设计课程，按照课程目标进行科学实践类微课程视频的拍摄，解读科技前沿，阐述科学技术原理，宣传科学思想、科学方法，将科技场馆的资源带到场馆外，实现对科普资源的最大化利用和广泛传播。

本项目的研究过程分为6个阶段：①基础准备阶段，收集有关馆校结合课程资源、微课拍摄与制作的文献资料，在综合分析的基础上，形成文献综述，整理科学教育发展的新方向和国内外场馆教育发展的现状和趋势；②调研访谈阶段，对科技馆工作人员和小学教师进行访谈，了解馆校结合的现状以及一线教师课程资源开发的现状和在开发过程中面临的困难；③教学计划设计阶段，根据课程标准和科技馆的展品资源，确定内容主题，进行大主题微课教学计划安排设计，确定本项目微课拍摄的基本模式；④教案设计阶段，以展品科学教育视频为媒介，设计馆校结合科学教育课程的案例；⑤脚本设计阶段，根据主题知识点以及教学计划安排，对需要拍摄视频部分的内容进行脚本设计，为视频的拍摄制作提供指导；⑥视频拍摄剪辑阶段，根据脚本设计开发微课资源并进行制作，做好相关资料的收集与整理工作。主要内容分为以下几个部分。

1. 撰写国内外研究综述

通过文献资料的查阅以及书籍的阅读，了解国外馆校结合的现状，形成文献综述。

2. 撰写需求分析报告

设计访谈提纲，对科技馆工作人员和小学教师进行访谈，了解馆校结合的现状以及需要解决的问题。根据访谈结果设计调查问卷，对一线教师进行问卷调查，然后对问卷进行数据分析，总结馆校结合过程中，一线教师课程资源开发的现状和在开发过程中面临的困难，找到以微课进行场馆教育和学校教育的立足点和正确形式。

3. 构建课程模式

通过对中国科技馆的资源分析和国内外课程的对比分析，构建基于场馆展品的青少年科学教育微课的一般课程模式。

4. 课程体系设计

基于小学科学课程标准和中国科学技术馆的展教资源，确定主题内容和课程体系。

5. 确定微课相关的规范

基于前述研究，确定馆校结合背景下教案、脚本、视频的基本规范。微课视频评价标准见表1。

表1 微课视频评价标准

单位：分

评价项目		评价要点	分值
视频	内容陈述	科学准确、重点突出	15
		通俗易懂、深入浅出	15

续表

评价项目	评价要点		分值
视频	语言表达	发音标准、镜头稳定	10
		语言生动、语速适中	10
	整体形象	衣着整齐、精神饱满	5
		举止大方、自然得体	5
	效果	剪切顺畅、转场自然	10
		字幕清晰、特效合理	10
	创新性	拍摄手法新颖 线索编排新鲜	20

6. 拍摄微课视频

视频内容从物质科学领域、生命科学领域、材料工程领域、地球与宇宙科学领域四大领域中，各选取一到两个主题进行课程设计。设计微课体系的一般模式为：科学史的讲解采用 HPS 教育模式，针对知识主题的发现者、历史背景等相关内容以文字阅读的形式给出；选择与主题相关的展品进行演示与讲解；选择与主题相关的小制作，拍摄小制作步骤来指导视频，并解释小制作中暗含的知识点原理。针对主题内容，从实际生活出发，进行知识点的应用与升华。在这一模式下，本项目的课程内容实现了古代科技与现代科技的结合、科学与人文的结合、知识与生活的结合。

7. 编写配套教案

为学校教师利用项目组成员制作的微课视频进行馆校结合科学教育提供指导。

二　研究成果

本项目内容包括文献检索和实地调研，对比研究国内外馆校结合发展现状，通过问卷调查和访谈，了解学校教师的需求与困惑，了解场馆能提供的资源并对场馆资源进行进一步开发，为微课的课程结构和内容设计提供理论支撑和需求支持。

近年来，我国科普教育能力逐年上升，公众对于科学普及的需求也日益增多。2016 年 5 月，习近平总书记在全国科技创新大会、两院院士大会上强调：

"科技创新和科学普及是实现创新发展的两翼，要把科学普及放在与科技创新同等重要的位置。"2017年2月，教育部印发的《义务教育小学科学课程标准》中也明确提出，要充分认识到小学科学教育的重要性。2018年12月，科技部发布2017年度全国科普统计数据。2017年全国共有科普场馆1439个，其中科学技术类博物馆951个，比2016年增加了31个。参观人数也持续增加。据统计，科学技术类博物馆共有1.42亿参观人次，比2016年增长28.85%。近年来，我国科普事业发展迅速，全国科普教育基地已经达到1028个。场馆是科学学习的重要场所，一方面可以通过参与一些动手活动以及利用交互式的展品来进行学习和探究，另一方面可以通过观察静态展品来进行学习。

综观国内外研究，对比一些发达国家，我国对博物馆课程资源的重视程度不高，没能充分、有效地发挥博物馆教育功能的作用，特别是未能有效地配合学校的课程教学。学校教育对于博物馆资源的利用，也往往局限在参观、考察等一些简单的方面，没有将课程教学与博物馆资源深入有效地结合起来。社会的进步对博物馆等科普教育基地提出了更高的要求，这些科普教育基地可借助互联网平台，以多媒体形式，将梳理、整合后的科技馆资源通过网络与学校共享，使学生和老师可以通过网络平台共享科技馆资源，助力学校教育的发展。科普微课视频可加强线上与线下的结合，将馆校结合活动拓展到线上，打破时间、空间的限制，以公众喜闻乐见的形式，全面升级科技馆教育资源，扩大教育活动的受众面。馆校结合的兴起和大众对场馆资源共享的需求，为本项目的发展提供了机遇，有助于寻求博物馆与学校教育相结合的最佳途径。

调研访谈过程中，本项目问卷共发放96份，回收92份，发放对象为42所学校的师生，教师涉及5个区，问卷结果说明以下问题：第一，教师对科技馆学习的重要性认识不够，85%的物理教师不是非常了解科技馆中的课程资源；第二，教师非常认可场馆在科学教育中起到的重要作用，70%的教师对开发利用科技馆资源的必要性持非常肯定的态度。但是对于馆校结合课程的开展，教师方面仍存在许多问题，比如在这种科学教育活动中教师扮演什么样的角色、应当采取何种策略，以及教师不清楚通过何种渠道来更全面地了解科技馆的展品信息，这反映出科技馆在数字资源共享方面还有很长的路要走，这为本项目中科普微课的拍摄提供了契机，微课的拍摄与制作正好解决了这一问题。从对调查结果的分析中发现，一线教师希望场馆加强数字科技馆建设，能够提供更多的且可以便利下载的视频、学习单等资料；希望科技馆专业技术人员和学校教师联合授课，进一步加大馆校合作力度；多开展教师培训活动。

本项目还以伦敦科学博物馆和中国科学技术馆的教育案例为例进行对比研究，伦敦科学博物馆教育案例来源于从官方网站下载的儿童手册和学习单，中国科技馆的教育案例来自《中国科技馆教育活动案例集》和《体验科学》。从教学内容方面来看，中国科技馆的教育案例偏向于科学知识的教学，对展品的相关信息介绍翔实，并配有"阅读理解"栏目，介绍物理学史、知识应用和科技前沿发展情况。但是没有对展品间的联系和相关知识进行系统性的发掘和利用。从教学方式上来看，国内以教师讲解为主，相比于国外的设计，这实际上也是变相的知识灌输，学生进行探究式学习的机会较少。从培养学生科学素养方面来看，国内普遍偏重于科学知识的传播和技能的培训，国外更重视对学生创新性和探究能力的培养。从学生学习效果反馈和评价方面来看，国内几乎没有涉及此方面。因此，项目组成员基于2017年教育部下发的《义务教育小学科学课程标准》，以及中国科技馆研发的《体验科学》实践课，以中国科技馆经典展品为切入点，紧密结合生活实践，拍摄微课视频，将微课视频定位成馆校结合科学教育的一个初始中介。

本项目基于2017年版的《义务教育小学科学课程标准》，从地球与宇宙科学领域、物质科学领域、技术与工程领域选取主题进行课程体系的设计，具体内容见表2。整个课程体系的设计思路是引导学生动手实践，以寓教于乐的探究式学习方式，让学生主动参与、动手动脑、积极体验，亲身经历科学探究，以获取科学知识、领悟科学思想、学习科学方法。培养学生提出科学问题的能力、收集和处理信息的能力、获取新知识的能力、分析问题和解决问题的能力以及交流与合作的能力等。

表 2　课程体系

领域	主题	科学史故事	展品视频	制作或实验
地球与宇宙科学领域	人造太阳	追着马车做题的人——安培	水能发电的原理	原来你是这样的可乐
物质科学领域	空气流动的奥秘	伯努利家族	伯努利原理	嘴吹纸片
	小小音乐家	定时响起的钟	声音的产生与传递	自制音符
技术与工程领域	你偏离中心了吗	工具使用发展	洗衣技术的革新	雨伞甩水

微课课程中涉及的展品信息如表3所示。

表3　各主题场馆涉及的展品信息

领域	讲解知识点	展品名称	展区
地球与宇宙科学领域	水能发电的原理	水能	科技与生活
物质科学领域	伯努利原理	香蕉球/气球投篮/球吸现象	探索与发现
	声音的产生与传递	曾侯乙编钟、双耳效应	华夏之光
技术与工程领域	洗衣技术的革新	洗衣方式的变迁	科技与生活

三　创新点

根据前期的文献综述、调研访谈、对中国科技馆的资源分析和国内外课程设计的对比分析，建构了基于场馆展品的科学教育视频拍摄的"1351"课程设计模型，旨在为科技馆、自然博物馆以及科普教育基地拍摄基于展品的科学教育视频提供一种可参照的模式。

"1351"课程设计模式是基于情境教育法的课程设计模型。所谓情境教学法，就是运用语言、声音、图像等多种手段，人为地在课堂上创造出一个真实的、生动的、接近实际生活的情境教学方法。这种教学方法把实际生活和课堂联系在一起，利用学生的好奇心，采取故事、音乐、表演、图示等方法，再现预设的生活情境，通过语境教学，将科学知识通过这种教学方法拉入学生的实际生活，从而激发学生的学习兴趣、加深学生对科学概念的理解，使学生认识科学、学习科学、热爱科学，从学科知识上、从人格塑造上来全方面培养学生，为学生日后的学习生活打下良好的基础。

"1351"课程设计模式是基于情境教育理论的课程设计模型，其中第一个"1"指的是一个情境或者一个故事，即根据课程主题内容，设定一个具体的情境，学生作为主人公在课程学习中一直扮演这样的角色，通过老师设置的具体情境来完成内容的学习。"3"是指三件展品或者三个活动，或者展品和活动的组合，活动设计的目的是增加课程的乐趣，避免传统阶梯式的说教课程，极好地调动学生的兴趣，有效发挥学生在活动中的参与感，提高学习效率。同时，超过三个活动，会导致课程内容被分割，整体性较差，这样不仅不能提高学生的学习效率，反而会降低课程质量。"5"指的是五个问题，即在课程中要以问题驱动的方式推动课程的进行，通过提问的方式，让学生动脑思考，培养学生独立思考、分析和解决问题的能力。第二个"1"指的是一个成果作品，这个作品可以是一个图画、一个小制作、一个设计图纸、一个小故事，这个设计的目的是加深学生对所学知识的理解，促进学生对所学知识的灵活运用。

例如，北京科学中心在科学教育课《认识当今人工智能》的课程设计中就采用了这个模式，运用阿尔法围棋战胜最强人类棋手的故事，引入主题，涉及三个活动：①与人工智能下五子棋、下象棋；②与机器人管家互动，看炒菜机器人工作；③参观工业机器人，参观智能宠物。课程在五个问题的引导推进中进行：①同学们认为机器人与我们的生活关系大吗？②同学们心目中的机器人是什么样子的呢？③哪些地方会有机器人呢？④同学们觉得下棋/魔方机器人厉害吗？⑤你将来想发明机器人吗？如果想，想做一个什么样的机器人呢？一个作品：学习完机器人后，你是不是对机器人有了一定的了解呢？想不想做一个自己的机器人呢？把你想制作的机器人画出来，并用文字说说它的功能、结构、组成等，做成手抄报。

四　应用价值

在科技场馆展教资源的利用上，本项目充分利用各种前沿科技展品资源，进行科学教育课程设计并拍摄科普教育视频，利用专业的教育学理论和系统的教学方法论，提高青少年利用科技馆内展品进行学习的效率，项目成果的应用，可以帮助场馆外不同地区的学生获得馆内的科普资源并进行学习。

在科学教师的素养和科学课程质量上，本项目的研究可以充分发挥研究生在科学教育领域的专业性和理论优势，学以致用，拍摄符合学生学习特点的科学教育微课视频，与此同时，科普教育微课可以辅助在校科学教师进行课程讲授，为科学教师授课提供信息和资源支持，增强课堂学习的趣味性和提高学生学习的兴趣。

在科技馆的科普教育活动宣传上，本项目的实施和应用可以将科技馆展品的教育功能清晰地展示在家长面前，使家长了解非正式环境下科学学习的益处，真切感受到"玩中学"这种科学知识学习新方式的优势，从而吸引中小学生及其家长走进科技馆感受、触摸各类科普仪器和体验各类科普实验，传播科学理念和知识，并利用进阶式的课程引导孩子将科学意识内化于心、外化于行，进而带动家庭乃至整个社会践行"讲科学、爱科学、学科学"的行为准则。

　　在基于场馆展品的科普教育微课的制作上，本项目的设计和研究为科技场馆拍摄网络科普课程提供了一种可模仿的教育课程设计模式，为后续微课的拍摄提供便利；鼓励和引导了科技场馆、博物馆、高校实验室等科普教育场所积极拍摄教育视频，扩大了其影响力，引领了拍摄科普教育微课视频的潮流。

参考文献

1. 中华人民共和国教育部制定.义务教育小学科学课程标准［M］. 北京：北京师范大学出版社，2011.

2. 朱伟松. 新媒体技术在现代高等教育中的应用——评《馆校结合·科学教育与新媒体》［J］. 新闻战线，2017（14）.

3. 廖红，曹朋. 中国科技馆为学校提供开放学习服务的实践探索［J］. 开放学习研究学报，2016（5）：14－23.

青少年新媒体科普作品

——《走进无人驾驶》

项目负责人：王学敏
项目组成员：王莹莹　张惠中　王美霞　梁丹
指导老师：吴锋

摘　要：汽车经过一个多世纪的发展，已经进入新的变革期。无人驾驶汽车是技术驱动、社会发展等多种因素共同作用的产物。本项目结合定性和定量的研究方法，通过文献阅读、网上调研以及实地调研等方法，积累无人驾驶汽车发展历史等相关理论知识，提炼出无人驾驶汽车发展史、出行关键技术及未来应用三个科普视角。根据青少年接受心理学的理论特征，创作同时兼具情节性、故事性、趣味性、科学性的动画，以唤起青少年的科学思维和科学热情。

一　研究背景

汽车自诞生以来，大大节约了人类的出行时间和出行成本。随着社会发展和人口增长，汽车数量呈爆发式增长。交通拥堵、环境污染、能源短缺等社会问题随之产生。由信息技术的进步和人工智能的发展催生的无人驾驶汽车成为解决这些问题的新办法和新途径。

无人驾驶汽车技术将为传统汽车行业带来全新变革。其一，无人驾驶技术正在突破100多年来形成的以驾驶员为核心的"车—路—驾驶员"的闭环认知，使驾驶员从驾驶的束缚中解脱出来，完全享受移动的乐趣。其二，无人驾驶汽车主要通过人工智能、传感探测、数据运算、机器学习等新技术，使汽车具有自主行驶能力。利用人工智能技术模拟人类驾驶习惯和处理紧急事故的应对方式，让汽车行驶变得更加安全可靠。其三，无人驾驶在一定程度上改善了交通运输的效率，提高了行车的安全性。尤其是5G技术的研究和开发，其高速率、低延迟的优势将有助于无人驾驶汽车的安全性和行驶效率的提升，更有助于智能无人驾驶技术的普及。

无人驾驶技术的进一步普及是一项需要同时解决技术难题以及人类认知难题等的复杂工程。本项目通过视频动画，对青少年进行无人驾驶技术的科学普及，有助于青少年了解最新科技的发展进程，有助于培养青少年对科学研究和探索发现的热情，培养"发现者"和"探索家"。

二　技术路线及研究过程

本项目主要是采用定量和定性相结合的研究方法，通过文献阅读、网上调研以及实地调研等方法，积累无人驾驶汽车发展历史等相关理论知识，然后对内容进行规划，总结并提炼出三个科普视角。在科普动画剧本写作过程中，不仅要注重对无人驾驶科学常识的普及，还要注重挖掘趣味性，主要利用情节的有趣性或呈现方式的有趣性和技巧性，使科普变成有趣、有益的故事动画或情节动画。无人驾驶科普动画研究技术路线见图1。

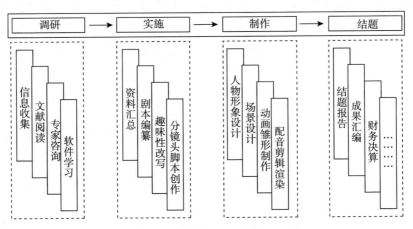

图1　无人驾驶科普动画研究技术路线

（一）　查阅网上无人驾驶汽车的发展史及关键技术等相关资料

无人驾驶的发展大致可分为智能车辆导航探索阶段、汽车辅助驾驶阶段和无人驾驶技术整体突破阶段。目前国内外对无人驾驶技术的突破主要处于第二和第三阶段。相较而言，谷歌是无人驾驶技术研发领域的先驱，推出 F015 Luxury in Motion 概念车的梅赛德斯—奔驰汽车公司以及特斯拉等处于无人驾驶技术的第二梯队。百度无人驾驶技术研发团队是国内无人驾驶研究的领军者，红旗 HQ3 的成功上路则是我国无人驾驶技术发展的主要标志。

（二） 调研西安交通大学郑南宁院士为带头人的无人驾驶项目组

自 20 世纪 90 年代末起，郑南宁就开始布局无人驾驶汽车的相关研究。2001 年末，郑南宁正式组建无人驾驶智能汽车项目组。在模式识别与智能系统、机器视觉与图像处理等重要领域进行了系统的研究。经过长期的深耕，该项目组在智能车的系统结构、道路环境感知、多传感数据融合技术以及交互智能驾驶综合测试与验证平台研究等方面取得了阶段性进展。

（三） 学习青少年接受心理学相关理论

青少年获取信息的首要出发点是以娱乐减压，其次是兴趣爱好，还包括社交需求、自我挑战以及其他动机（学习、竞赛需求等）。科学理论的复杂编码降低了青少年学习的兴趣，本项目通过图文动画将复杂科学原理进行解码，实现情节化传播，通过色彩斑斓的画面唤起青少年的注意，以鲜明特色的人物形象和有趣的故事情节引导青少年进行记忆，结合官方推广形成一定的同侪压力，实现青少年主动学习的科普目的。

（四） 资料的汇总、 科普观点的提炼以及剧本的创作

根据无人驾驶自动化发展阶段、基本技术条件以及未来发展方向，提炼出三集科普动画的主要内容，即对无人驾驶发展进程的科普，包括对无人驾驶自动化级别以及当前无人驾驶车辆类型的科普；对无人驾驶汽车上路之后所涉及的关键技术的科普；对依托无人驾驶车辆的高效行车效率和行驶安全性来解决未来交通拥堵和行车安全问题的科普。

（五） 情节设计和分镜头脚本创作

以三个科普视角为基础进行故事情节创作，角色设定是一个年龄为十二三岁的小男孩明明（见图 2）和无人驾驶汽车"小飞"（见图 3），以明明上学、放学等场景设计动画情节，由于涉及历史维度和复杂科学理论，故设计了"小飞大讲堂"（见图 4）这个场景。第一，明明放学后要求无人驾驶汽车"小飞"

为其讲述无人驾驶汽车的发展史，由此展开，对"小飞"不同级别形象采用拟人的表现手法；第二，"小飞"送明明上学途中的见闻，包括过马路、遇到突发情况等所使用的关键技术；第三，以"小飞"的视角，讲述无人驾驶汽车可以解决未来社会交通拥堵等问题，在此基础上创作分镜头脚本。

图2　明明形象

图3　无人驾驶汽车"小飞"不同级别形象

图4　"小飞"大讲堂海报

（六）动画制作

动画制作过程主要分为人物设计、场景设计、剪辑制作，采用剧本创作人员和动画制作人员同时作战的方式，使制作人员充分了解剧本意图，从而最大限度地挖掘剧本中的文字内涵，以易于被青少年理解的图片和动画的形式进行传播和科普。

三 研究成果及主要观点

本项目最终形成了三集涉及无人驾驶技术不同领域的动画，即《无人驾驶技术发展史：小飞升级篇》《无人驾驶关键技术：小飞出行篇》《无人驾驶汽车未来篇》。主要科普内容如下。

（一）无人驾驶汽车级别划分

无人驾驶级别的定义是由美国无人驾驶标准委员会制定的，将汽车自动化驾驶级别分为 L0 到 L5 六个级别（见表 1），L0 级本质上就是"座位 + 方向盘"，自动化程度为零（不包含自动变速装置）。配备驾驶员辅助系统（发出视觉或听觉报警）的现代汽车也属于这一等级。L1 级即处于驾驶员辅助阶段（driver assistance），该级别车辆有一项以上驾驶辅助功能，例如车道偏离警告（LDW）、前碰预警（FCW）等，现在大多数的汽车都内置摄像头和传感器等器件，以帮助限制行驶速度或提供辅助制动，这能在一定程度上减轻驾驶员的疲劳程度，减少事故的发生。

L2 级车辆推出时间为 2014 年，达到 L2 级的汽车能实现部分自动化（partial automation），同时具备纵向控制（紧急自动刹车 AEB）和横向控制功能（车道控制、弯道行车），但其自动驾驶模式仅能够在某些条件下才能实现。当行驶于没有清晰标识的更为复杂的地形时，仍需人类驾驶员来控制车辆。L3 级即有条件自动化（conditional automation）驾驶，L3 级车辆实现了主动变道功能，真正做到了对纵向车道和横向车道的同时控制，可以自动转向、加速或减速、绕过事故或交通拥堵区，还能在没有人工控制的情况下实现超车。L3 级车辆允许驾驶员的手脚在特定情况下离开方向盘和踏板。不过当汽车发出请求时，人类驾驶员仍然需要重新掌握控制权。

汽车自动化程度发展到 L4 阶段，即高度自动化（high automation）驾驶阶段后，车辆在紧急情况下能实现自动处理，自己解决所有特殊情况。可防止因驾驶员未能及时接管车辆而造成的交通事故。L4 级汽车被称为车上的办公室和电影院。L5 级即完全自动化（full automation）驾驶，L5 级车辆可以实现无限制的任意点对点无人驾驶模式，此级车辆预计在 21 世纪 20 年代中期推出。L5 级和 L4 级的区别主要表现在对复杂路况的处理程度上。L5 级汽车可在任何情况下驾驶，可驾驭各种路况。

表1　美国无人驾驶标准委员会对无人驾驶级别的定义

级别	名称	控制执行者	行驶环境认知责任	系统故障时	驾驶模式
0	手动驾驶	人	人	人	手动/自动
1	驾驶支持	人/控制系统	人	人	手动/自动
2	部分自动化驾驶	控制系统	人	人	手动/自动
3	有条件自动化驾驶	控制系统	控制系统	人	手动/自动
4	高度自动化驾驶	控制系统	控制系统	控制系统	手动/自动
5	完全自动化驾驶	控制系统	控制系统	控制系统	自动

资料来源：王建萍. 面向2020年无人驾驶的发展动向[J]. 汽车与配件，2018（12）：60－67。

（二）无人驾驶汽车不同车型

目前国内外对L3级以上的无人驾驶技术进行了研究，开发了各类车型。第一种是短距离移动的无人驾驶客车，比如导游车、机场接驳车、港口接驳车等，车前四个角搭载雷达测距仪，前后搭载立体摄像头，可检测出周围360°存在的各种障碍物，乘客一旦设定了目的地，车辆会按照事先设定好的行驶路线进行无人驾驶状态。第二种是无人驾驶专线客车，通过在专线客车上设计靠站停车的自动转向控制系统，客车上搭载的摄像头可以边行驶边识别道路边上的白线，当检测出前方路肩有停放车辆的情况时，可以自动变更车道。第三种是无人驾驶队列行驶汽车，关键技术采用车间距通信技术，可使前方行驶车辆与本车保持安全行车距离，前方车辆的紧急制动安全性则由驾驶员来保证。这种技术可最大限度降低空气阻力、提升燃油经济性。目前这项技术在日本、美国、德国等国家正在实践。

（三）无人驾驶汽车行驶关键技术

无人驾驶汽车被称为轮式移动机器人，主要依靠以计算机系统为主的智能驾驶仪来实现无人驾驶。无人驾驶技术是多个技术的集成，包括传感器、定位与深度学习、高精地图、路径规划、障碍物检测与规避、机械控制、系统集成与优化、能耗与散热管理等。无人驾驶汽车的核心部分是自动驾驶系统，主要包括环境感知、定位导航和控制系统三个部分。环境感知系统通常由摄像装置、超声波传感器和雷达等部件组成，用来感知行驶过程中的周围环境，如同驾驶员的眼睛一样。定位导航系统类似于驾驶员的地图，实现定位和导航作用。控制系统则相当于驾驶员的大脑和手脚，分析和处理所得到的相关信息，并发出相应的指令来控制车辆的速度和方向。除外，为了实现无人驾驶汽车的安全高效运行，还需要车联网等系统的支持。无人驾驶汽车是一个综合而复杂的集成系统，它包含了自动泊车系统、自动驾驶系统、堵车辅助系统、传感器系统等各子系统，所有子系统协同运作，共同确保无人驾驶汽车的可靠运行。

（四） 无人驾驶汽车的积极作用及面临的难题

无人驾驶技术对于交通系统的安全性和通行效率有较高的保障，并且在一定程度上代表了未来智能驾驶的发展方向。无人驾驶技术的应用可以带来诸多好处，如减少或消除交通堵塞情况、降低交通事故发生率、减轻环境负担等。

除此之外，为实现无人驾驶汽车的进一步发展，使青少年更全面地了解无人驾驶技术，还需要对无人驾驶发展面临的技术难题、认知难题等内容进行科普介绍。

技术难题。目前，还未找到一种适用于各种环境的传感器器件，而视觉能力、精准定位、导航功能等也是限制无人驾驶发展的技术难题。

认知难题。据美国相关研究机构调查，75%的驾驶者对于无人驾驶汽车保持谨慎的态度，其中一部分甚至持怀疑态度。而在国内，由于无人驾驶汽车起步较晚，大多数人对于无人驾驶仅停留在认知层面，远未达到接受的程度。特斯拉、Uber、福特相继出现无人驾驶汽车事故，更是提升了大众对其的认知难度和接受难度。电车难题、隧道难题、伦理困境等成为无人驾驶技术发展必须面对的问题。已有研究显示，如果无人驾驶汽车为了保护车外人员的利益，牺牲车内乘客，则会直接影响到消费者的购买意愿。

成本难题。无人驾驶汽车的成本构成主要有整车、雷达、传感器等相关硬件设施和应用软件及计算机云计算系统等。此外，企业在无人驾驶汽车研发过程和相关软件开发领域的成本、全球主要汽车和技术公司在无人驾驶汽车领域的研发投入等都是无人驾驶汽车发展的限制性条件。

法规难题。对于无人驾驶汽车，人和车的法律责任认定存在模糊地带，刑事、民事、保险责任认定以及违章处罚都没有确切的立法依据。除此之外，无人驾驶汽车还面临市场准入标准、保险问题等相关法律法规问题。这些问题表明，针对无人驾驶车辆的法律法规离真正完善和健全还有很长的路要走。

四 应用前景及创新性

（一） 研究对象的年轻化

《全民科学素质行动计划纲要实施方案（2016—2020 年）》指出，"十三五"时期的重点工作之一，是提升青少年科学素质；主要任务是"普及科学知识和科学方法，激发青少年科学兴趣，培养青少年科学思想和科学精神"。故本项目以青少年为传播受众，实现了传播受众年轻化、定位精准化，为在青少年中开展科普工作提供了范本。

（二） 研究内容的前沿化

无人驾驶技术主要涉及人工智能、算法、5G 等前沿技术，本项目以"无人驾驶汽车"为主要研究内容，这是对最新科学技术的触碰。对科技前沿的介绍，有助于把握时代发展脉搏。随着互联网下半场的开跑，人工智能已经成为主流发展趋势，对人工智能应用领域无人驾驶汽车的科普，有助于受众理解人工智能的工作原理。

（三） 呈现方式的趣味性

本项目以图文动画为主要呈现方式，其一，动画本身具有趣味性，其故事情节的设定更增加了科普的易于接受性，可以《海尔兄弟》系列动画为蓝本制作《无人驾驶汽车》系列动画，拓展其发展前景。其二，以图文为载体，在经费和时间有限的前提下，将复杂、抽象的科学原则以形象、有趣、生动的图形、场景予以表现，辅之以手机、电脑等新媒体播放平台，创制最优传播策略。

参考文献

1. Okumura Y. Activities, Findings and Perspectives in the Field of Road Vehicle Automation in Japan[C]. Road Vehicle Automation. Springer International Publishing, 2014：37 - 46.

2. 徐铭辰，秦海林. 无人驾驶行业快速发展面临四道门槛[N]. 中国电子报，2018 - 05 - 08

（3）.

3. Hauser M, Cushman F, Young L, et al. A Dissociation between Moral Judgments and Justifications[J]. Mind & language, 2007, 22 (1): 1 – 21.

4. Open Roboethics Initiative. Open Roboethics InitiativeIf Death by Autonomous Car is Unavoidable, Who Should Die? Reader Poll Results[EB/OL]. [2014 – 06 – 23]. http://robohub. org/if-a-death-by-an-autonomous-car-is-unavoidable-who-should-die-results-from-our-reader-poll/.

5. Bonnefon J F, Shariff A, Rahwan I. The Social Dilemma of Autonomous Vehicles[J]. Science, 2016, 352 (6293): 1573 – 1576.

光学知识科普网页游戏

项目负责人：刘泽晨

项目组成员：郑铱　张芷民　党澍萌

指导教师：朱凌建　刘希未

摘　要： 结合当前中国基本国情以及教育资源分配的不均衡，相当一部分人对于生活中常见的光学现象存在错误的理解和认识。他们中有的是将常见的物理光学现象与封建迷信的说法联系在一起，有的是难以用自己的知识储备对物理光学现象进行解释。2016年科技部、中央宣传部印发的《中国公民科学素质基准》明确提出，在物理光学中，公民需要对可见光、不可见光还有光的反射与折射现象有深刻的理解与认识，具备一定的应用它们处理实际问题、参与公共事务的能力。我们以物理光学为主基调制作了一个具有科普性质的光学知识网页游戏，让使用者通过我们的网页游戏理解和学习一些基础的光学知识，通过简单的实验视频展示和光学仿真实验去理解和认识一个具体的物理光学现象。项目组顺应时代潮流，以一种更为现代人接受的方式，传播科普知识，寓教于乐，以期为提高国民的科学素质尽一份绵薄之力。

一　项目概述

（一）研究目的

为了全面贯彻党的十九大，十八届五中、六中、七中全会和习近平总书记系列重要讲话精神，认真落实党中央、国务院决策部署，以及为了解决科普教育全民化在现阶段所遇到的困难，我们开发了一款符合当下潮流的光学知识科普网页游戏。

我们以游戏为载体，面向不同程度的受教育人群，寓教于乐，让人们更容易接受和理解光学方面抽象的概念以及现象。按目前光学在中国现阶段的科普程度和水平来说，相当一部分人群对生活中所出现的光学现象存在错误的理解和认识。另外，目前我国中学教育资源分配不平衡，条件好的学校拥有设备完善的光学实验平台，而很多条件一般的中学没有光学方面的实验场所，不具备光学方面的实验条件，这就加大了光学方面的知识在青少年人群中的科普难度。而这款光学游戏仅需要一台电脑，就可以解决因没有实验设备和实验环境而无法完成光学实验的问题。此"光学实验平台"操作简单，实验过程趣味性十足并且最大限度地仿真了实验的过程和结果，大大降低了进行光学实验的门槛，最大限度地激发了学生对光学的兴趣。

（二）研究过程

"光学知识科普网页游戏"是一个基于网页的"光学实验平台"，它可以将日常生活中以及中学物理课本中涉及的光学现象用最原始的方式进行再现。对那些光学现象进行再现的同时，除了保证原理、公式、算法的准确外还要满足操作简便、易于理解、可视化程度高的要求。在保证实验结果准确的前提下，尽可能地提高实验自由度。对于游戏部分，涉及光学的解谜游戏以光的折射反射定律为基础，在运用折射、反射的过程中设置难度，增添游戏的趣味性。

在实施初期，项目组先重新对物理光学中的相关知识进行了系统的学习，这样做对写实验部分的代码算法有很大的帮助。首先是保证了实验结果的准确性，其次是优化了编写代码时的算法。在结束了对物理光学知识的学习后，开始学习写用于网页的 JavaScript、HTML 语言。起初只是对 JavaScript、HTML 语言有一个浅层次的理解，随后对它进行实战方面的练习，为后续着手写网页打下坚实的基础。在前面的准备阶段结束后，开始为实验部分的制作和游戏部分的制作寻找灵感。实验部分，项目组参考了科罗拉多网站上面的物理仿真实验，在后续实验中尝试加入他们的元素；游戏部分，对于网页游戏来说，我们在网上试玩了多款网页版小游戏，结合自己的实际需求确定了游戏的题材；最初设想的 3D 游戏是受到了 Steam 平台上的 Optika 的启发，无奈由于网页平台受限，无法在网页中实现相应的效果和功能，经过讨论最终决定将 3D 游戏放到 Minecraft 中运行，所以才有了以 Minecraft 为载体的游戏。具体的研究过程如下。

首先，在进行网页编写之前，先对所涉及的光学原理知识进行重新学习，加深对物理实验原理以及实验现象的理解，以便将实验现象的可视化做到形象有趣。

其次，再次学习 JavaScript、HTML 语言，以便编写出的网页可以正常流畅使用。完成准备阶段的工作后，开始编写网页，过程中借鉴参考了科罗拉多网站中的光学实验现象的可视化展示效果。

再次，搜索查阅相关光学原理的历史背景以及实验原理的图文介绍，购买相应光学实验器件，进行实验并拍摄视频，对图文静态讲解内容进行扩展，对网页中展示的实验现象进行补充。

最后，在对网页中实验部分进行填充的同时，不断完善游戏部分。游戏部分以光的折射、反射为主旋律，设置关卡，实行通关制度。在完成前一关的要求后，方可进行下一关的游戏。游戏难度也是逐渐递增的，但为了不影响使用者的信心，游戏难度总体不大。游戏部分总体算法简单，但在界面优化方面还需多下功夫，游戏过程不能过于简陋和直接。

（三） 主要内容

这款"光学实验游戏"包含了《中国公民科学素质基准》中明确提到的关于光学的几点内容，即对太阳可见光和不可见光要有明确的认识、掌握简单的光学知识。例如光的反射、折射以及成像原理。另外，游戏还涵盖了一些其他常见基础的光学现象，并对其进行现象解释和实验搭建。

针对主要的受众中学生来说，其在学校主要接受的是基础的光学实验，例如光沿直线传播、平面镜成像、凸透镜成像等。其对光有了基本的了解，但对光的认识还是处于较为浅显的阶段，还没有形成一种系统的光学知识体系。对于中学生来说，实验课程只是复制课本的过程，他们无法发散自己的思维，或者自己的想法没有实现途径。这就间接限制了对中学生科学素养的培养。

针对以上可能存在的问题，本项目设计的光学实验平台，可以让同学们在温故的同时发散自己的思维，给予他们一条光学原理，让他们基于这条原理独立设计自己的光学实验并进行验证，然后提供给他们相对准确的实验过程，让他们将该实验过程与其设计的实验进行对比，以便找到自己的不足，进而完善自己的实验。

基于目前出现的各种光学设计软件和益智类的光路设计游戏，本项目主要开发的是面向初学者（初高中生以及对光学设计感兴趣的人群）的 2D 光学科普网页游戏。其内部有各种光学设计实验（干涉、衍射等），除此之外，使用者可以按照自己的想法设计光路。其主要设计内容为以下几个方面。

第一，其中含有各种光学元器件，例如光源、透镜、滤光片等，可用于各种科普实验的光路搭建。

第二，内置各种适用于学生的光学实验，例如干涉、衍射实验，让学生们自己搭建光路，提高学习兴趣。

第三，在完成固有的光学实验后，会有鼓励性的言语或图片出现，提高学生自主学习的动力。

第四，在固有实验间穿插一些益智类的小游戏，通过解密带来的成就感，可促进使用者继续学习，提高科普知识的传播深度。认为游戏部分内容不够深、难度不够大的使用者，可以自行下载我们提供的 Minecraft 游戏的 MOD 继续进行 3D 的光学解谜游戏。

第五，除此以外，使用者可以利用内置的各种光学元器件，按照自己的想法设计光学实验，观察实验结果。

二　研究成果

项目成果主要分为视频部分、网页实验部分和游戏部分。

（一）　视频部分

视频部分包括光的折射、反射，光的干涉、衍射，光的色散、合成，凸透镜成像等内容。

视频中借助相关的实验器材，对上述物理现象进行了实验，记录了完整的实验过程。光的色散与合成实验视频截图如图 1 所示。

（二）　网页实验部分

实验内容依次为光的合成、光的反射、光的折射、光的衍射和凸透镜成像。对于光的合成这个实验，使用者可以通过调节右侧的颜色条，选择不同颜色的占比，从而得到混合过后的复合光（见图 2）。对于光的折射和反射实验，可以调节、改变激光器的角度和不同介质的折射率，形成全反射和折射现象。对于凸透镜成像实验，实验结果严格按照凸透镜成像原理呈现，可以通过调节物距和像距来观察成像规律，从而加深对凸透镜成像实验的理解。

　　具体来说，对于光的折射的最核心的算法就是光的入射角等于反射角，对于光的折射来说就是 $\dfrac{\sin\theta_1}{\sin\theta_2} = n_{12}$ ，式中 n_{12} 是比例的常数，称为第二介质对第一介质的相对折射率。在这个试验中我们设置了不同的介质，使用者可以通过改变介质来观察光通过不同折射率折射出来的光线所发生的相应变化。对于光的合成和色散来说，我们严格按照光的合成来做，通过调节三色光 R、G、B 不同占比来合成光色，将最终合成的颜色呈现在显示屏上，模仿不同颜色的光进入人眼后大脑所辨认出来的颜色；在色散实验中，模仿复合白光通过三棱镜变成七色光，七色光再次通过三棱镜成为复合白光的过程。在光的干涉和衍射这部分，该实验中可调节的参数较少，因为干涉和衍射实验效果的展示不好体现，我们就只做了简单的实验展示效果，让使用者能通过相对形象的实验过程去理解和体会干涉与衍射。在凸透镜成像这部分，在设计时严格按照初中物理实验中的步骤，可调参数有凸透镜的焦距、光源距离凸透镜的距离以及光屏距离凸透镜的距离，使用者通过不断改变里面的参数，观察不同的实验结果来得出最终的结论。

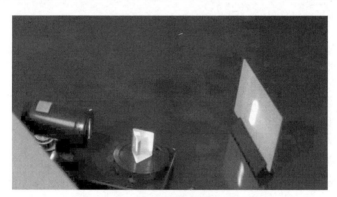

图1　光的色散与合成实验视频截图

图2　三色光合实验

（三） 游戏部分

游戏部分分为两部分。其中包括网页游戏部分和以 Minecraft 为载体的 3D 游戏。

3D 网页游戏中通过设置阻碍 "光线" 传播的模块来增加游戏的解谜趣味，使用者需通过放置和调整平面反射装置的角度和位置来引导光线避过障碍物，最终到达指定终点（见图 3）。

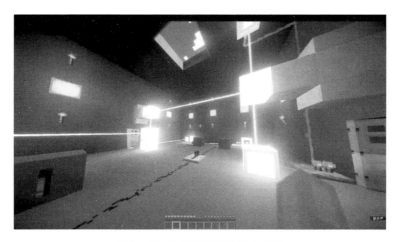

图 3　3D 光学解谜游戏关卡截图

利用 MOD，将 3D 游戏的情景设置在一个密室中，在设定的 3D 空间中放置改变光线传播路径的模块和光源发生器，如果密室中设定的灯光都被点亮了，那么就代表通关成功了（见图 4）。

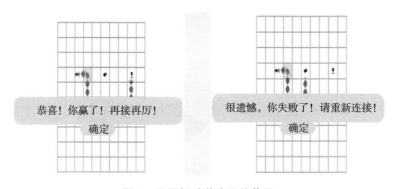

图 4　平面解谜游戏通关截图

三　项目难点及创新点

（一）　项目难点

一是光线经过光源出射，经过各种透镜后光线发生弯折，最终形成某种光学现象，其算法的实现是主要的难点。

二是透镜参数的改变也是一大难点，用户选择透镜后须改变其结构参数，生成新的透镜。

三是光线传输仿真的难点，主要在于光子追踪算法的实现。

四是不同光学仿真实验的设计，设计在适用于中学生与普通群众的同时，还必须减少与实际实验的偏差，使其更具科学性。

五是实验过程中穿插的益智类游戏的研发，这些游戏必须与实验相关，同时能增加趣味性，提高用户黏度，这样才更有利于科普知识的传播。

（二）　难点解决措施

对于光线路径的改变，上网查阅相关的算法设计，进而实现本项目预设的结果；对于各种物理现象的实现，查阅相关的书籍和各种实验数据，进行算法模拟，然后不断进行优化，以期达到预设的结果；各种算法的实现，可以通过技术咨询、文献查阅等方法来进行。

（三）　项目创新点

相较于目前出现的各种光学设计软件和益智类的光路设计游戏，本项目产品的创新之处为以下几个方面。

第一，对于初学者更加友好，没有专业软件操作时的复杂性，比益智类游戏添加了更多可供选择的光学元器件。

第二，内置了各种科普光学实验，较于目前出现的各种益智类游戏，更具有科普价值。

第三，利用各种穿插在其中的益智类游戏，提高使用者的学习积极性。

第四，科普的光学知识，更加符合现代学生的需要，使用者在搭建自己设计的光学实验时，更加有利于知识的传播，达到科普的目的。

（四） 创新点解决措施

对于创新点的实现，除了在工作过程中不断优化算法，使得使用者的体验更加舒适以外，还在过程中对项目进行一定的宣传，以期达到科普的目的。在项目中尽可能地加入多种光学实验以及益智类游戏，丰富项目内容，使得科普的广度和深度不断增加。

四　应用价值

"光学知识科普网页游戏"这个项目解决了一些中学因不具备物理光学实验的条件而无法完成用实物操作实验的问题。在不具备实验条件的教学场所中，教师可以使用"光学知识科普网页平台"中的实验模块来进行实验再现，节省了购买实验器材的支出。与此同时，"光学知识科普网页游戏"中的游戏部分可以大大提高学生对物理光学部分的兴趣。对于一些受教育程度相对较低的人群来说，他们对生活中出现的一些光学现象存在错误的理解，会把一些"异常"现象与封建迷信相联系。这样的人群通过该平台就可以搞明白那些"异常"现象背后所对应的光学现象以及它的原理。

综上所述，"光学知识科普网页游戏"在教学和基础扫盲中都能发挥它的作用，具有良好的应用价值。

从对特殊儿童生活现状视频制作
浅析"弱有所扶"

项目负责人：卢超逸

项目组成员：林媛　王子萍　郭晓萱　李思晓

指导教师：孙晨　左宁

摘　要： 在我国，特殊儿童属于社会福利群体。长期以来作为社会弱势群体的特殊儿童，其因存在生理、心理的缺陷而无法像正常儿童一样接受良好的教育，健康地成长。尽管所有的特殊儿童都有权利接受特殊教育，都享受国家给予的帮扶政策，但是出于家庭、学校等原因，并非所有特殊儿童都能成长为可以融入社会的群体。与发达国家特殊儿童的社会政策相比，我国特殊儿童的社会政策起步晚、不完善。因此研究我国关于特殊儿童社会政策的未来发展意义重大。

一　项目概述

（一）　研究缘起

习近平总书记在十九大报告中提到了他最关心的两个方面，即文化和特殊教育。目前，特殊教育是我国教育发展中不可或缺的一部分。长期以来，特殊儿童作为社会中的弱势群体，出于身体原因，大多数被学校拒之门外，不能够接受九年义务教育。即使能够接受义务教育，他们也可能会面对来自同龄人的歧视。国家近几年高度重视特殊儿童的受教育情况，在政策上给予扶持，在家庭中给予物质关怀，国内高校也陆续开设特殊教育专业，更好地服务于这部分群体。本项目组通过在吉林省长春市伊通县特殊教育学校（公立）、吉林省吉林市圣贤园特殊教育学校（民办）以及吉林省辽源市特殊教育学校（公立）

的长期实践,对这样一部分弱势群体有了更为深入的了解。

(二) 研究过程

1. 制定研究方案

按照项目申报书要求,查阅特殊儿童生活现状的相关文献,以及吉林省近三年关于残障人群的新政策。制定具体的调研方案,确定调研方法,以实地调研为主,采集各地区的一手资料,实行成员分组制。在掌握政策性和科普性的大方向的基础上,确保项目内涵的广泛性和普遍性。

2. 项目分组

项目组成员共分为3组,分别负责收集学校、家庭、社会的内容。在三个调研小组进行实地调研后,设置好针对特定地区的调研问题,选择采访对象。

3. 记录走访

通过这次调研,我们了解到自己认知的盲区,对特殊儿童的生活现状有了更深的认识。通过多种拍摄方式(专业设备拍摄、移动终端拍摄等)记录特殊儿童及其家庭的生活现状。

4. 总结归纳

将收集到的一手资料进行总结,对比三个地区的具体情况并进行分析。对不同经济发展的地区制定不同的政策内容,对特殊教育的重视程度也不同。通过收集的一手资料以及视频素材,完成项目的最终成果。

5. 预设目标

紧紧围绕"弱有所扶"这一问题,进行实地调查、总结,完成以下内容:

一是反映吉林省长春市特殊儿童分布情况、家庭实际情况、残疾原因;

二是反映该地区特殊儿童残障程度、是否有救治措施;

三是反映该地区特殊儿童受教育情况;

四是反映国家、社会、家庭、学校等方面帮扶措施;

五是以点带面,向全社会科普特殊儿童生活教育、男女生育、社会帮扶等知识;

六是推动全社会加大帮扶力度,建立相关福利制度,提高特殊儿童的受教育程度,区域性缓解因贫致残的局面。

(三) 研究内容

本项目从特殊儿童的视角关注、反映并记录特殊儿童的学习环境以及生活现状，浅析国家政策"弱有所扶"的部分内涵，以及科普政策的部分内容。

1. 学习环境的记录

近几年，随着经济的发展，国家加大了对特殊教育学校建设的投入力度，地方政府举全力实施对原有特殊教育学校的改建或扩建，中央政府则加大了对特殊教育学校建设的财政支持力度。对特殊儿童的教育看起来简单，但做好确实不容易。其涉及教育体系的方方面面，诸如学校教师编制、待遇、能力等问题，而且也涉及学校环境调整、工作量评估等，这确实给教学、管理带来很多挑战。例如吉林省长春市伊通县特殊教育学校，有着非常完善的教学设施以及良好的教学环境。但是在这种环境下仍旧存在特殊教育教师总量不断增长，但稳定性不强，与需求相比有较大差距的问题。关于特殊儿童的教育是一个长期的、持久的、需要耐心的过程。而教师的更替，会使特殊儿童不断停留在接受新教师的阶段，这会对特殊儿童的心理健康教育产生一种极其不良的影响。

2. 生活现状的记录

首先，对特殊儿童的家庭来说，从孩子一出生开始就会面临比普通家庭更复杂、更困难的问题，特殊儿童的家庭比一般家庭有更为艰辛的人生历程，比如心理上的压力与调适、因医疗带来的沉重的经济负担、智力障碍孩子的终身照顾问题、缺乏成就感、子女的行为问题等，这些都严重影响了家庭整体生活质量。例如项目实施地点——吉林省长春市伊通县特殊教育学校，那里孩子的家庭情况大多为贫困，而大多数特殊儿童家庭会选择生育第二个孩子，这加大了家庭的经济压力。特殊儿童家庭的父母多半会将重心偏向正常孩子，这使特殊儿童的生活处境更加艰难。其次，我们会记录下特殊儿童家庭的生活状况，以及了解国家政策给予他们的帮助。结合特殊儿童的生活现状，深入分析国家政策"弱有所扶"。最后，研究"弱有所扶"应该"如何去扶?""怎样去扶?"，将对"弱有所扶"的认识提升到一个新高度。

3. 特殊儿童与志愿者日常生活的记录

针对志愿者与特殊儿童从接触前期的相识到接触中期的相熟，再到接触后期的相知，详细记录特殊儿童的变化、在其视角下志愿者身份的转化，以及志愿者在这一实践过程中的变化，还原出一个生动的、与众不同的特殊儿童的形象，以及较为真实的、客观的、完整的特殊儿童生活现状。同时，将着重对该记录进行研究，并在成果中体现一些与特殊儿童相处的科学方法。

4. 政策引导

通过实地走访发现，这些贫困家庭在申请低保时存在困难，办事流程复杂，特殊家庭政策落地性不强。当地政府对此可以加强引导，具体问题具体分析，依据实际情况，向上级进行汇报，以放宽政策界限，做到"弱有所扶"，扶出深度、扶进千家万户。多谋民生之利、多解民生之忧，在发展中补齐民生短板、促进社会公平。

二 研究成果

1. 特殊教育教师行业前景低迷

走访从事特教岗位的教师 57 人，其中的 45 人并非特殊教育专业毕业的教师，缺少从事特殊教育行业的专业知识。特殊教育师资匮乏的主要原因有三个：第一，社会对于特殊儿童群体认识不足，多数人在职业规划、职业选择以及志愿选择时不考虑这个行业；第二，特教教师工作量是普通教师工作量的 2 倍，特殊教育教师的工作量与薪资报酬不成正比也是造成师资匮乏的一个重要原因；第三，面对特殊群体，教师需要不断学习更科学的知识体系来完善自己，并且要及时处理各种突发事件，这也增加了特殊教师的职业压力。

2. 山村地区家庭生育知识落后

经过阶段性调研，走访残疾儿童家庭 17 家，约有 15 家因孩子残疾而生活贫困。有 70% 的家庭由于父母年龄很大、依旧生育，孩子出现基因遗传问题；有 30% 的家庭由于家境贫困，孩子突发疾病也无法得到及时治疗，致其终身残疾。这些家庭绝大多数存在因病致贫而无法脱贫的窘境。

3. 国家政策扶贫方式方法改进

党和国家针对特殊儿童家庭政策的落地性不强，扶贫多数仅限于捐款、捐物、慰问等形式，并未从根源上给予扶持特殊儿童贫困家庭的方式、方法和途径。

"弱有所扶"是广大人民群众最关心、最直接、最现实的利益问题之一，体现了公平正义和诚信友爱，丰富、拓展了保障和改善民生的内涵和外延，更精准、更全面补齐了民生短板，彰显了我党增强民生福祉的坚强决心和多谋民生之利、多解民生之忧的为民情怀。而"扶"更应该扶得有"广度"、加强它的"深度"、增加它的"力度"、保障它的"温度"。否则皮之不存，毛将焉附。

三　创新点

（一）　研究对象

第一，通过特殊儿童的视角看世界。

特殊儿童的世界是奇妙的、可爱的。在外界的一些人看来，他们或许是不成熟的，有时干着一些奇怪的事或者具有攻击性，而当你深入他们的世界之后，你就会发现他们对于这个世界的独特看法。可能他们会把你比作他们喜欢的小动物或者食物，又可能他们会因你带来的巨大的摄像机而害怕地大声哭泣。在前期调研时，很少发现有研究特殊儿童视角的论文、名著，也很少搜索到以特殊儿童为视角所做的纪录片。而此项目，以特殊儿童的视角进行阐述，通过展现特殊儿童对这个世界天真的、奇妙的看法来引起受众对于特殊儿童、特殊教育的关注。

第二，做好并宣传特殊教育的支教服务工作。

一般来说，国家对偏远山区或贫困地区的支教服务的关注度很高，而对于特殊教育的支教服务的关注度稍低。特殊教育中教师总量不断增长，但稳定性不强，与需求相比有较大差距。这种特殊教育学校教师不断更替的现象实则对特殊儿童的心理发展具有极其不良的影响。针对这种现象，我们的支教服务由于具有服务对象基数小的特点，可以做到一对一或者一对二的有针对性的、细致的帮扶。在长期的实践中，每个人通过自己的努力与特殊儿童建立起感情。在特殊教育学校老师的培训下，我们在掌握了对特殊儿童的教育方法后，可以更好地完成支教服务工作。同时，也在一定程度上帮助解决吉林省长春市伊通县特殊教育学校对教师需求的问题。

第三，通过影音解读国家政策。

"弱有所扶"这个国家政策是十九大新提出来的概念。很多人都在解读它，但是通过影音的方式进行解读的人很少。影音的好处在于，可以将抽象化的事物变为具象化，加深大众对这个事物的理解。通过影音的方式可以更好地让受众认识"弱有所扶"这个政策。

第四，广泛运用微影音的记录模式。

在记录过程中，我们将会以微影音的方式进行记录。一方面，"微"可以表示微小，传播更方便、快捷；另一方面，"微"也可以解释为见微知著、微妙。现在是融媒体时代，微影音可以发挥很大的优势。

（二） 研究方法

（1） 文献资料法

利用图书馆、档案馆及互联网等平台广泛查找相关的文献资料，对其加以分析与研究。

（2） 文本分析法

以十九大报告等权威文本为研究对象，通过文本分析法，深刻理解其精神实质，分析其中关于特殊教育事业的相关规定及发展文化产业的具体要求。

（3） 实地调查法

为更好地了解吉林省特殊儿童群体以及特殊教育行业发展的真实现状，在三个地区共选择三所学校进行现场观察和询问，并做好记录。

（4） 访谈法

在吉林省吉林市圣贤园特殊教育学校对家长、教师进行访谈。

（5） 比较研究法

比较吉林市、辽源市、长春市三个地区特殊教育学校发展的做法与特点，总结科学的教学交流经验，得出启示，以供借鉴，能够比较有力地得出地区间的差异。

（三） 研究成果

一是完成相关论文 2 篇，即《从特殊儿童生活现状浅析"弱有所扶"》《"幼有所育""弱有所扶"——学前残疾儿童的教育问题与对策研究》，发表于省级刊物，收录于知网。

二是完成了科普微视频 3 部。

三是完成调研报告 1 篇。

四　应用价值

1. 在志愿服务上，身体力行学会体会人生百味

项目实施的前提就是要走进特殊儿童的世界，成为他们的一员。项目内容

中许多设想的前提都是要取得特殊儿童的信任，以及建立起与特殊儿童的感情。只有这样，我们才能真正做到记录特殊儿童生活现状以及他们在学习环境中最为真实的一面，真正体现对特殊学校进行对点帮扶的支教服务的意义。我们也学到了一些与特殊儿童相处的科学方法，便于后期更好地完成原本的支教任务。

2. 在专业能力上，实地外拍的训练实现能力提升

由于特殊儿童的特殊性、潜在的不稳定性和突变性，针对他们的记录不能单一地靠摄像机去记录，否则会造成特殊儿童对摄像机的排斥，导致预期效果无法达到。运用多元化的记录方式，比如微型摄像机、DV、摄像机、手机等。根据实际情况灵活性地选择记录设备。

3. 在科普能力上，调研分析提高自身科普能力

实践是检验真理的唯一标准。以往的经验主义是根据经验去下结论，这样达到的往往是一种事倍功半的效果。科普必须要付诸实践，而且是一次又一次的实践积累，用科学的理论说话，为全社会提供更为专业的知识，既帮助他人，又提升自己。

4. 在志愿服务上，道德做支撑，能力做指引

公益活动绝不能因为项目的结束而就此止步，项目实施过程中暴露出来的许多问题，不是仅凭借志愿者力量就能够解决的，需要社会、家庭、政府共同努力，促使这些特殊儿童更好地生活下去。

五　结语

"纸上得来终觉浅，觉知此事要躬行。"在研究过程中，我们了解到目前吉林省特殊儿童的生活现状不容乐观，他们多因贫致残。除此之外，政策的落地性不强等一些问题虽逐渐在改善，但覆盖性还有待提高。只有解决这些问题，才能真正实现"多谋民生之利、多解民生之忧，在发展中补齐民生短板、促进社会公平"这一目标。

新媒体系列科普漫画
——地质公园背后的故事

项目负责人：刘松岩

项目组成员：陈奇　周莹　胡阳鸣　左荃文

指导教师：万晓樵

摘　要：科学技术普及（简称"科普"）是北京建设具有全球影响力的科技创新中心的基础工程和重要任务，科普场馆作为基础科普建设设施，是指以提高公众科学素质为目的、常年对外开放、实施科普教育的场馆，肩负弘扬科学精神、普及科学知识、传播科学思想、提高公众科学素养、培育创新文化的重要使命。本项目将在已有的团队和团队既有的公众号的基础上，制作科普宣传视频、创新科普图文内容以及开展科普课程及研学旅行等。

一　项目概述

1. 科普作品

党的十九大对建设创新型国家做出全面部署，以习近平同志为核心的党中央把科技创新作为提高社会生产力和综合国力的战略支撑，摆在国家发展全局的核心位置。2016 年 5 月，习近平总书记在全国科技创新大会上强调："科技创新和科学普及是实现创新发展的两翼，要把科学普及放在与科技创新同等重要的位置。"这一论述把科普工作提到了一个新的高度，我们需要进一步满足普通大众对科普的需求，包括对科普出版物的阅读需求、科普场馆的游览需求及科普活动的参与需求。

近年来，我国科普作品的发展呈现新的态势，在以传统媒体为介质的科普作品如科普图书、科普报刊、科普广播电视节目等稳定发展的同时，出现了以新媒体为介质的科普作品，即科普网站和科普手机软件。新媒体是相对于传统媒体如广播电视、报刊等媒体介质而言的新的媒体技术形态，其技术依托主要为网络技术与移动互联网技术。新媒体在从诞生之日开始至今的十几年间发展迅猛，对传统媒体造成了巨大的冲击。新媒体有传播速度快、传播空间广、传播受众范围大、传播交互性强等特征，这些特点使其相对于传统媒体来说具有无法比拟的优势。科普作品如果能以新媒体为载体，借助微信公众号或其他手机应用软件，可使自身具备新媒体性能并吸引更多的受众，极大提高自身传播能力。微信作为一种相当普及的新媒体传播方式，已覆盖全国 90% 以上的智能手机，每月活跃用户数超过 5 亿。有相当多的学校、公司等机构以群聊的方式进行组织内的沟通与交流，刷、点赞、转发"朋友圈"也已成为一种生活方式。许多泛媒体类、服务行业利用微信公众号进行新闻推送和自身宣传，并取得了不错的效果。

目前，地质科普的新媒体应用也正处于起步状态。但国内仅有中科院、桔灯勘探、矿业界、地矿之声等几家研究机构或媒体开设了微信公众号，用于地质知识的传播。这些公众号图文并茂，很好地吸引了公众对地球科学的目光。但这些公众号由于自身机构的限制，存在门槛略高、领域较窄的问题，还不能完全满足公众对身边地质知识的需求。而微博具有用户覆盖面广、传播速度快等优点，比如中国地质大学（北京）邢立达的微博粉丝数达 500 万，平均每条微博会被转发数百次。因此，本项目申请拟以基础地质知识为对象，利用微信公众号、微博这两种新媒体科普方式，通过原创漫画与活泼文字相结合的模式，吸引更多的孩子了解地质知识，使其因为了解而热爱，因为热爱而去保护我们的地球。

2. 科普基地（以北京为例）

北京市拥有较多天然的科普资源，如国家矿山公园、国家地质公园、国家森林公园和国家级自然保护区等。各基地通过完善科普标识系统，编制科普宣传画册，举办导游科学培训会以及组织特色主题活动、开放日和研学游等形式的活动，对社会公众进行科普宣传，发挥作用明显。

随着全国科技创新中心建设的全面推进，科普基地工作面临新的形势和要求，科普工作要与时俱进、不断创新，以适应国家战略需要和科技创新带来的新变化，满足公众对科学文化日益多元化和复杂化的需求，引导公众培育科学精神、科学思想和科学方法，围绕科技创新这个核心开展科普工作。

然而，科普基地距此要求还有一定差距。一是品牌科普活动、精品科普作品缺乏。科普活动主要围绕主题日和应急性活动需求开展，渗透力和扩散力有限，深度和广度仍有待提高。二是示范引领作用不够。虽然科普基地建设取得了一定成效，然而其作为重要科普传播平台的功能发挥不足、形式固化、创新不够，科普宣传的形式和内容与现代科技发展的水平不相适应，与建设具有全国示范性标准的科普基地还有一定差距。三是数字科普手段落后于时代要求。大部分科普场馆宣传工作仍以展板展示、发放宣传材料等传统宣传方式为主，互联网、数字化、智能终端等现代化宣传手段应用不足，科普范围小、效果不理想，与公众双向沟通交流不够，服务中心工作的作用不明显。四是高素质的科普人才不足。目前，参与科普活动的人员主要是各政府相关单位临时安排的人员和来自高校的志愿者团队，对科普工作知之不深，科普专业水平和能力不足。这就需要加强科普专家和科普志愿者队伍的建设，完善管理和培训机制。

北京是科技信息发布及获取的前沿，是高等院校、科研院所、科普场馆的云集地，各种专业人才荟萃，北京在科普宣传方面，不但具有地理位置优势、基础设施优势，更具有人才和信息优势。本项目针对北京自然资源科普基地的运行现状进行多方面调研，并针对性地提出建议和改进方法，以推动科普基地科普品牌打造，精品科普活动常态化开展，数字化、科技化场馆和设施建设，进一步发挥北京在全国科普工作建设中的引领和带头作用。

二　研究成果

1. 关于地球科学的抽样调查

腾讯网在 2017 年 3 月 13 日发表题为《一个多月鲁甸连发 2 次 4 级以上地震　云南地震局回应》的新闻，以下是网友热门评论中位居前三的内容：

● 地震前和地震后好像都没地震局啥事，我就纳闷了，这个局的人每天都在干些什么？国外有地震局吗？

● 请问"砖家"，下一次地震是什么时候？如果答对了就承认你是专家！

● 地震局，人民需要的消息不仅是地震后的灾情，更需要地震前的消息。

通过上述三条与地质相关的评论，我们很痛心地看到为数不少的网友严重缺乏最为基础的地质常识，对于正常的地质科考工作、科学研究不认同或不理解。

　　基于2017年的调研，团队成员在2018年10月国庆期间发放关于国土素养的问卷，其中发放有效问卷350份，回收有效问卷341份。

　　问卷中的第一题为：下列与地球科学有关的是哪一个选项？"古生物学""珠宝学""大地测量学""遥感地质学"是设置的四个选项。最后由该题的数据分析可以发现，具有一定地质学基础知识的网友不足13%。

　　作为与数学、物理、化学并行的六大基础学科之一的地质学，由于九年制义务教育的课本中几乎没有涉及地质学的知识，公众对于我们脚下的地球尚处不了解的状态。其实，地质学在我们的生活中无处不在，大到涉及国家的能源战略，小到手指上的一颗宝石，人类衣食住行的背后其实都有无数与地质相关的产品。为此，我们认为，通过新媒体的形式广泛地推广地质学科普的工作迫在眉睫，尤其是对于中小学生来说。

2. 关于地质知识的抽样调查

　　地质现象的认知是地质科普的基础和公众关心的焦点，2017年3月18日和19日，在地质博物馆志愿讲解的过程中，共计发放问卷74份，回收39份，其中有效问卷34份。

　　问卷有10份是来自北京师范大学地理专业的大一学生，有20余份是来自10岁以下的儿童或带着孩子的父母。结合以往的志愿服务经验，参观地质博物馆的游客也多为这两个群体，这表明对地质知识最为需求的对象是儿童和地质从业者。有效问卷中，在"兴趣点"选项（共6个选项）中，13人将"奇特的地质现象"放于首位，25人将其放于前3位；6人将"古生物化石"放于首位，24人将其放于前3位。在"最想听到的内容"的选项中，选择"地质公园的形成"和"如何在山上挖水晶"的人数分别为23人和21人。这表明，公众对于地质知识的诉求，更倾向于与地质实践活动相结合的方向。在微信公众号漫画形式方面，25人选择了"幽默"、17人选择了"简单"，特别是对最主要的儿童受众而言，这两个方面尤为突出。这说明幽默、简单的漫画与地质实践活动相结合是中小学生易于接受的科普方式。这也指明了我们漫画设计的方向——幽默、简单、准确。

　　在百度指数中，关键词"地质公园"的需求图谱为0，表示其代表性强。为排除由时间造成的搜索量差异，我们将关键词"地质公园"与"地质"的整体趋势做对比，发现自2011年至今，"地质公园""地质"的搜索量呈逐年上升趋势，甚至在2016年1月底，"地质公园"的搜索量已经超过了"地质"。

三　创新点

2018 年 9 月 15 日至 21 日，雷琼世界地质公园举办了主题为"创新引领时代，智慧点亮生活"的 2018 年全国科普日系列活动。活动吸引了众多青少年学生以及游客的积极参与。

2018 年 9 月 30 日，在新中国成立 69 周年到来之际，来自房山区长沟中学的 366 名师生来到中国房山世界地质公园博物馆，与地质公园管理处共同举办"知房山，爱家乡，爱祖国"——走进房山世界地质公园科普行活动。

越来越多的例子证明，地质公园有丰富的自然资源和壮观的地质景象，很适合青少年深入其中，了解地质知识，同时地质公园正在开展各种各样的活动以吸引孩子们前去研学。而我们作为地质学专业的研究生，更应该通过科普漫画的形式，将地质公园神奇、壮丽的一面准确生动地传达给孩子们。同时，频频发生的游客破坏丹霞地貌的新闻也说明了大众群体对地质遗迹的保护意识还有待加强。

问卷调查与百度指数的结果具有较高的一致性，这表示我们的调查合理、结果准确。基于此调查结果，我们确定了科普方向——地质公园背后的秘密；在内容上，我们将结合地质旅游等热点话题，串联起地质基础知识；在形式和风格上，我们将秉承"幽默、简单、准确"的设计思路。

本项目的实施依托于团队的专业性和对地质公园的深入考察，项目组在前期进行调研工作，确保漫画选择的主线、内容及风格能够符合中小学生的需要。在漫画绘制完毕后，我们也请学校设计专业的老师或同学进行漫画的修改和润色，提高绘画质量。另外，举办与科普相关的线下户外活动，并赠送相关的地质纪念品，这也能够提高中小学生对地质专业的关注度、提高公众对微信公众号的关注度和访问量。

团队成员为地质专业硕士研究生和旅游地学本科生，他们累计进行过数千小时的讲解，服务观众数量逾千人，对于地质科普知识的把握比较准确，并深知公众对地质知识的关注点。团队成员组织参与过多次地质考察活动，足迹遍布北京、新疆、云南、四川、甘肃、江西、山东、广东等地。团队成员已发表学术论文 2 篇、参与科研项目 2 个、发表科普文章 34 篇、发布微信公众号文章 90 余篇，以上工作经历确保了我们团队的专业性问题。我们联合北京大学、中国地质大学（北京）、南京大学等高校成立了大学生科普联盟，在学校成立了旅游地学公益社团，同时连续三年开展深入地质公园的大学生社会实践团，取得了丰硕的成果；团队还曾在北京的人大附中、地大附中、清华附中等 29 所中小学开展科普讲座、户外研学等活动，积累了丰富的经验，获得了宝贵的学校资源。

科普图文主题是"地质公园背后的故事"，选择房山、延庆、可可托海、泰山、阿拉善、雷琼、克什克腾、丹霞山、大理苍山、五大连池这 10 个世界地质公园和地质遗迹（见图 1、图 2），每期讲述一个地质公园背后的科普故事，每个地质公园做 2～4 期，一共 20～40 期。

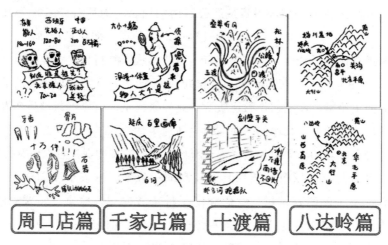

图 1　地质公园

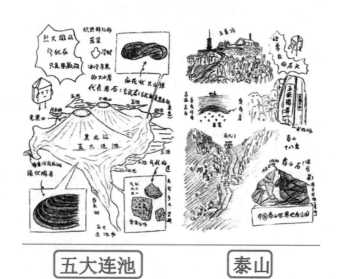

图 2　地质遗迹

因此，具有一定量阅读用户的"甩饼的野外记录簿""地博志愿讲解团""大地呢喃"三个微信公众号和微博账号，可以很好地解决相关技术难点，普及基础地质知识，介绍地质公园。

四　应用价值

本项目将在已有的团队和团队既有的公众号的基础上，针对上文得出的结论制作科普宣传视频、创新科普图文内容以及开展科普课程及研学旅行等。

平台建设是科普漫画推广的基础。目前，微信公众号平台已经超过 2000 万个，要在数量繁多的公众号中脱颖而出，不仅需要高质量的内容，更需要吸引受众关注的手段。另外，就后期与家长的访谈了解到，很少有中小学生会主动使用手机关注科普公众号进而观看一些科普漫画，他们更多的时间是用手机来玩游戏或者看视频。而家长也很少会让孩子去看这些东西，更多家长选择带孩子到博物馆或公园等户外场所进行科普或娱乐活动。家长的理由主要是：长时间使用手机会伤害眼睛或对手机产生依赖，在户外学到的知识既能让孩子印象深刻也有利于身体健康。因此，若是单独新建立一个微信公众号进行科普漫画宣传，不仅要在平台建设上耗费大量的精力，也很难引起青少年受众的关注、起到应有的科普效果。因此，科普平台还是要选择成熟的、已有大量受众的公众号，例如博物馆微信公众号。即使现有的博物馆官方公众号尚没有大量受众，也可以利用博物馆设施迅速提高关注度。比如可利用"微信连 Wi-Fi"功能这种最便捷的手段进行推广。博物馆的信息量很大，很多观众喜欢边参观边上网查阅相关资料或在网络上分享自己的见闻，利用此功能自然可以起到吸引关注的作用。另外，在博物馆游览册、宣传画等醒目位置张贴二维码也能起到吸引流量的作用。

对科普场馆而言，虽然场馆数量和规模不断扩大，展品展览也不断丰富，但其在配套教育活动及知识点更新方面一直存在短板。我们根据展品绘制相应的漫画或者其他新媒体科普作品，将其制成二维码贴于展品一侧，只需轻松一扫，冷冰冰的展品就会立刻变得鲜活起来，向公众展示其蕴含的丰富的地质信息。如果需要更新知识点，工作人员在后台更改科普作品即可。因此，在博物馆公众号开设"博物馆导览"栏目，利用"微信连 Wi-Fi"功能吸引游客关注，并将栏目中的科普作品与展品相结合，这样既可以使固定的展品讲出鲜活的故事，又可以根据观众的点击和反馈信息修改与更新科普内容。我们相信这样会产生很好的科普效果。

参考文献

1. 黄堃. 基于数字技术的科普产品创新研究［D］. 合肥：中国科学技术大学，2007：53.

2. 李军. 我国地质科普事业的百年历史［D］. 北京：中国地质大学，2009：52.

3. 李锐. 新媒体背景下的科普产业创新研究［D］. 武汉：武汉科技大学，2015：33.

4. 喻国明. 网络崛起时代：北京人媒介接触行为变化调查——来自2000年北京居民媒介接触行为的抽样调查报告［J］. 国际新闻界，2000（11）：6-8.

5. 臧小鹏，周进生. 美国地质科普教育及对我国的启示［J］. 地球，2015（9）：108-111.

6. 臧小鹏. 地质资料社会化服务政策工具研究［D］. 北京：中国地质大学，2016：62.

7. 周堃，许涛，薛花. 中国房山世界地质公园主要地质遗迹资源价值评价［J］. 中国人口资源与环境，2016（S1）：312-315.

8. 周荣庭，何登健，管华骥. 参与式科普：一种全新的网络科普样式［J］. 科普研究，2011（1）：13-16.

矿山的前世与今生

——探秘国家矿山公园

项目负责人：孙晓鑫

项目组成员：孟耀　马雅　赵毅　马昱扬

指导老师：唐朝晖　柴波

摘　要：随着社会的发展和科技的进步，矿山公园逐步纳入国家公园体制，承担起向公众普及地球科学知识、宣传国情资源、凝聚公众力量的责任。但是目前关于国家矿山公园科普方面的发展较为缓慢，缺乏针对性研究。本项目收集了大量相关的资料，并实地考察国内两处优秀的矿山公园（合山国家矿山公园和黄石国家矿山公园），在充分调研、明确问题的基础上进行了作品的初步设计。通过专家咨询论证，确定针对不同年龄段的读者创作不同的科普作品的思路，最终该项目完成一套科普漫画和一套科普长文。

一　项目概述

（一）项目研究缘起

在十三届全国人大一次会议通过的国务院机构改革方案中，为加快建立以国家公园为主题的保护地体系，将国家林业局、住建部等管理职责整合，由自然资源部管理。由此可见，建立保护地体系的工作已提上了日程。

"科技创新和科学普及是实现创新发展的两翼"，2016 年 5 月 30 日，在全国科技创新大会上，习近平总书记首次发声；同年 7 月 20 日，习近平总书记在中国地质博物馆建馆 100 周年的贺信中再次对此予以强调。可见，以提升全民科学素养为己任的科普工作，已然上升到了国家战略层面。

公众对提高科学素质的需求越来越迫切，对科普产品的内容、形式和趣味性的要求越来越高，须合理利用共识以满足巨大的社会需求；全面提升国土资源科普能力，构建国土资源科普体系，满足日益增长的公众需求是国土资源工作义不容辞的责任。

（二）主要研究内容

本项目的科学图文展示将围绕矿山展开，主要内容包括矿山的地质形成及演化地学原理、矿业发展兴衰史以及矿山公园的建设。根据规划设计的作品共分为三个系列，每个系列均以图文结合的形式展示，详细内容如下。

系列一：一座矿山的自述

一是以板块构造学说和地质年代为大背景，浅述矿床的普遍成矿机理。从地质环境演化过程描述矿化作用、成矿物质来源、迁移富集机理等矿床成因要素，进行图文的矿床形成共性机制表达。

二是基于不同的矿产成矿条件，详述几类典型矿产（稀有金属矿、能源矿）的成矿条件和关键因素等，如古气候、温度。

系列二：矿山与我们的故事

古代矿业文明：以大冶铜矿为开端，揭开青铜时代的序幕，以及铁矿的开采发展对促进中国封建社会形成及发展的作用，突出古代人民的智慧和精湛的冶矿技术。

近现代矿业文明：以洋务运动汉阳铁厂为重要转折点，以历史事件为主，表现矿业从业者在实业救国、建国方面做出的突出贡献。如1923年1月，大冶铁矿矿工举行的下陆大罢工是中国第一次以胜利结束的大罢工，为京汉铁路"二七大罢工"提供了组织经验；揭示侵华日军对中国矿产资源疯狂掠夺的罪行。

系列三：抚平地球的伤疤——矿山的今生

矿山治理前面临问题及治理措施：矿区地质环境破坏往往都很严重，主要包括地形地貌破坏、生态环境破坏、滑坡塌陷等地质灾害。

矿山公园的建成效果：选取具有特色的矿山公园建设案例，如黄石国家矿山公园、浙江遂昌金矿、湖北郧阳绿松石、贵州万山汞矿、山东沂蒙山钻石国家矿山公园、新疆富蕴三号矿、江西萍乡煤矿等，对此类矿山公园特色等进行科普，并向大众传播矿山公园的概念。

（三） 研究过程

本项目自立项以来，按照调研—讨论—方案制定—具体实施—讨论—完成作品的一般思路，分别进行了三个系列科普作品的创作。

1. 落实组织及分工

建立健全的科研小组，为本项目的顺利实施提供有力的保障。在项目研究的初期，我们组建了包括导师在内的科研小组。具体分工如下：孙晓鑫（负责人）负责项目的进度把控、作品的内容设计以及作品的质量把控；孟耀负责作品系列一的内容设计和成稿，以及项目的外联工作；马昱扬负责作品系列二的故事设计和制作，以及相关财务管理；赵毅主要负责资料收集、走访调研，负责作品系列三矿山公园部分的设计和制作；马雅负责相关培训以及作品的趣味性设计、作品漫画部分制作及质量把关。

2. 前期调研及资料准备

完成了对国内矿山公园和绿色矿山试点的网上调查统计和相关的问卷调查工作，主要针对国内矿山主要类型和大众对矿石的了解程度这两个方面，进行相关数据的统计和整理。

经调查统计，我国矿山类型主要以能源矿、金属矿和石矿为主，其中以煤炭、金矿以及石矿居多，它们各自所占比例均超过 15%。调查结果表明，大众对战略性矿以及稀有矿种具有较高的兴趣，大众比较感兴趣的四个矿种分别为玉石、金矿、稀土矿、铀矿。

3. 讨论及专家咨询

在进行方案制定及作品制作的过程中，针对遇到的各类问题，我们组内进行了多次讨论，平均每月 2 次，及时发现问题、分析问题、解决问题。对于组内讨论无法解决的问题，我们采取咨询专家的方式，通过专家的指导、建议，使得问题具体化、明晰化，从而为项目提供了多方面的修改、完善意见。

截至 2019 年 6 月 18 日，小组进行了十多次的组内讨论、两次专家咨询，最后确定了作品主线以及科普内容。其中，2019 年 4 月初，根据中期汇报时专家的反馈意见，团队经过讨论决定在原有内容的基础上增加插画、漫画等元素，使科普内容更加生动形象。

4.具体实施过程

本项目的具体实施过程见表1。

表1 项目具体实施过程

时间	主要工作	阶段性成果
2018 年 12 月	广泛收集整理资料：包括矿床学成矿资料整理、矿业文明发展历史以及国家矿山公园建设和科普内容统计整理，其中包括对黄石国家矿山公园的走访调查	确定了本作品的详细大纲 完成科普内容的理论基础部分
2019 年 1 月	脚本设计	完成系列一的脚本设计和部分系列二的脚本设计
2019 年 2 月	专家咨询：针对设计内容和其中理论基础部分，咨询相关老师，对内容进行完善	进一步确定了科普内容的理论内容，完善了作品大纲
2019 年 3 月	插画绘制和脚本设计	系列一插画绘制，系列二脚本完成
2019 年 4 月	合山国家矿山公园矿业遗迹保护方面走访调研及系列三内容撰写	完成系列三内容撰写及脚本制作
2019 年 5 月	插画及漫画绘制	完成系列二、三插画绘制
2019 年 6 月	作品内容整理归纳	完成最终系列作品

二　研究成果

通过分析大量的资料以及走访调查，我们完成了一个观赏性和故事性都很强的科普作品。项目组解决了科普过程中遇到的各类问题，团队科普水平得以提升，并加深了与校内矿产资源和地质工程国家重点实验室的交流。本项目倡导生态文明，增强了公众的环保意识，推进了国家矿山公园的建设，带动了相关产业的发展。本项目最终完成一份问卷调查报告和一份调研报告，绘制超过20 个插画、漫画，完成三个系列的科普漫画和科普长文。

（一）项目调研

针对目前国家矿山公园的发展情况，项目组于 2018 年 12 月对已有的国家矿山公园进行了调研。其中走访调研了黄石国家矿山公园和合山国家矿山公园，对其余的国家矿山公园通过网上调研和专家咨询的方法进行了调研。

项目组以我国现有哪些家矿山公园、国家矿山公园的发展、矿山公园的主要科普工作、在矿山公园科普工作中遇到的问题为主要内容，完成了一篇调研报告。

（二）项目作品

本项目的成果作品分为两部分，一部分是三个系列的科普漫画：《一座矿山的自述》《矿山与我们的故事》《抚平地球的伤疤——矿山的今生》；另外一部分为三篇已经在国内知名的地质平台——脚爬客发布的科普长文：《地质人眼里的稀土矿，走进矿的形成历程》《矿与我们的故事——矿业与文明》《矿与我们的故事——矿业与民族觉醒》。两部分成果相辅相成，使作品在不失趣味性的同时，又具有专业性。

1. 科普漫画展示

本项目的部分科普漫画如图 1、图 2 所示。

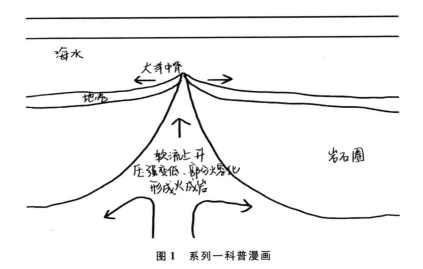

图 1　系列一科普漫画

图2　系列二科普漫画

2. 科普长文展示

（1）《地质人眼里的稀土矿，走进矿的形成历程》

脚爬客官方微信平台发布的科普长文《地质人眼里的稀土矿，走进矿的形成历程》的部分截图如图3所示。

作者: 孙晓鑫 原标题《地质人眼里的稀土矿，走进矿的形成历程》本文系脚爬客首发

随着中美贸易摩擦升级，稀土作为我国重要的战略资源在网络上引起热议，我国在稀土采掘、冶炼、分离提纯方面占据绝对领先地位，具备极强话语权。2018年全球稀土矿产品产量约19.5万吨，中国产量约12万吨，占62%；全球稀土冶炼分离产量约为14.6万吨，其中中国产量12.5万吨，约占86%。在稀土分离萃取技术上，中国拥有其他国家无法相比的优势，中国的稀土分离纯度早就超过99.9999%。

稀土元素的电子多少都发生在壳层中，故十五个稀土元素具有很大的共性，但每一稀土元素成员又各有自己的特点，各具特性。表现在所赋存的矿床中，有的富饰族稀土，有的富忆族稀土，有的矿床中富铈，有的贫铈，每一稀土矿床各有自己的稀土特征。这些特征反映了地质作用过程和稀土本身性质的综合结果，是稀土元素地球化学和稀土矿物晶体化学的复合记录。

参考文献:

张培善. 中国稀土矿床成因类型. 地质科学. 1989年1月

Tips: 本作品创作得到

中国科协2018年研究生科普能力提升项目的资助

作品项目编号: kxyjskpxm2018031

项目名称为: 矿山的前世与今生，探秘国家矿山公园

图3　《地质人眼里的稀土矿，走进矿的形成历程》的部分截图

（2）《矿与我们的故事——矿业与文明》

脚爬客官方微信平台发布的科普长文《矿与我们的故事——矿业与文明》的部分截图如图4所示。

(作者：马雅 原标题《矿与我们的故事·矿业与文明》本文系脚爬客首发

在中国地质大学（武汉）院士长廊伫立着毛泽东主席的题词"开发矿业"，可见矿业在建国初期得到了极大的重视。矿业是人类从事生产劳动古老的领域之一。矿业的发展和矿产资源的开发利用，对人类社会文明的发展与进步产生了巨大的、无可替代的促进作用。

用化学方法精炼配制的弦琅彩料在瓷器上作画。由于班琅彩料在烧成前后的颜色完全一样，因此便于彩绘。烧造后的画面瑰丽精美，有立体感，真是五彩缤纷，百花齐放，达到了造瓷技术上的辉煌境界。

珐琅彩

Tips：本作品创作得到

中国科协2018年研究生科普能力提升项目的资助

作品项目编号：kxyjskpxm2018031

项目名称为：矿山的前世与今生，探秘国家矿山公园

中国地质大学（武汉）

图4 《矿与我们的故事——矿业与文明》的部分截图

（3）《矿与我们的故事——矿业与民族觉醒》

脚爬客官方微信平台发布的科普长文《矿与我们的故事——矿业与民族觉醒》的部分截图如图5所示。

(作者：孙晓鑫 原标题《矿与我们的故事，矿业与民族觉醒》本文系脚爬客首发

道光十九年正月（1839年3月），林则徐到达广州虎门，"若鸦片一日未绝，本大臣一日不回，誓与此事相始终，断无中止之理。"拉开了中国近代历史的序幕，中国也进入了被列强争相瓜分的时期，强迫清政府签订不平等条约、开放通商口岸、割占资源等是列强进行资本扩张的基本手段，在这个过程中，首当其冲的便是矿产资源以及矿产企业。

1840年鸦片战争后，洋人为了就地解决通商运输轮船用燃料和在华兴办企业所需的燃料，希望在中国找到煤矿以减少运输成本和节省时间。正是在这种动机的驱使下，英国人戈教到台湾对基隆煤矿进行了勘探，证明煤炭资源比较丰富，从而促使基隆煤矿大

献。延长油田还于1938年支持玉门打成老君庙第一口找油气井。

在中国曲折的近代史中，矿业发展推动了洋务运动进程，促进了我国第一批企业的发展，同时矿工不断参与到救国救民的斗争中，为新民主主义革命的胜利贡献了力量。

参考文献：

1、薛世孝.中国煤矿工人早期斗争和组织[J].河南理工大学学报(社会科学版),2013,14(01):101-106.

2、朱迅.中国矿业史[M].地质出版社

Tips：本作品创作得到

中国科协2018年研究生科普能力提升项目的资助

作品项目编号：kxyjskpxm2018031

项目名称为：矿山的前世与今生，探秘国家矿山公园

图5 《矿与我们的故事——矿业与民族觉醒》的部分截图

三　项目创新点

第一，本项目结合了科学原理、矿业文化与绿色的生态理念，不仅能够进行矿山地质科普，而且能够表达中国的矿业发展以及文化特征，具有人文、环保教育意义。

第二，本项目增加了插画元素，以故事的形式对矿山公园进行科普，使本项目不仅具有科学价值、教育价值，而且具有很好的观赏性和故事性。

第三，本项目分为三个系列，依次递进将矿山的整个生命周期呈现在读者面前，同时三个系列各有侧重，分别从地球科学角度、矿业文明角度以及环保角度对矿山的前世与今生进行刻画描绘，不仅能避免读者因内容同质化而产生审美疲劳，而且化解了项目本身复杂、内容多的难题。

第四，针对项目专业性强、内容多的特点，项目组制定了两个方案，即针对不同人群设计了两类科普作品：第一类为科普漫画，该部分分为三个漫画系列，以通俗易懂的表达将矿山基本知识传达出来；第二类为科普长文，该部分主要针对具有一定知识储备的青少年，将关于该项目内容更深层次的知识阐述清楚。

四　应用价值

（一）应用前景

在实施过程中，我们发现本项目的研究范围十分广泛，项目研究中值得深入探索的问题面广、数量多，而对三个子项目的研究仅仅局限于某一小的板块中。在我们今后的研究项目中，可以扩大研究范围，同时可以把地质学类科普应用到实践活动中。

在实施国家"矿山地质公园建设"的背景下，未来将会提出许多新的与我们的研究项目有联系的项目，因此，我们应该乘着这股"东风"，进一步深化、细化项目研究中的一些问题。未来可以针对矿山公园的详细科普规划的界定与评价，建立一个完整的、科学合理的、可操作化的理论体系。随着科技的发展，科普教育将会被越来越多地应用到网络上。

地学科普能力的提高是一个全面的系统工程，在培养工作者的创新意识和创新能力方面还需要不断思考和探索，在既往工作的基础上，发扬优势、弥补不足、有所创新，只有长期、系统地开展好科普教育活动才能更上一层楼。时代在前进，科技也在日新月异地发展，本着以促进地学科普发展为主的理念，项目组将在矿山地质公园这片广阔的土地上搭建更为广阔的舞台，让每一个参与矿山地质公园的游客或者学生在领略、感受科技魅力的同时，深刻体会到文明对我们生活的重要作用。

（二）应用价值

1. 扩展了矿山公园科普教育的空间

将科技教育活动延伸到了社会、互联网的生产生活，形成了整体化的力量。在项目实施过程中，项目组建立了与合山国家矿山公园的密切合作关系，参与了当地矿业遗迹保护项目，大大开发利用了社会科技教育资源，优化了本项目推进的外部环境。

2. 提高了学生的科学素养

科普教育是中国地质大学（北京）的办学特色，在校园内外广泛开展科普活动，鼓励、引导学生参加科技创新大赛，学校科普教育特色逐渐形成，科普工作在同学心中埋下了种子。

丹霞奇石列传：前世今生以及未来的命运

项目负责人：纪敏
项目组成员：孟子岳　马利涛　林少伟　王思翔
指导老师：高晓英

摘　要：丹霞地貌是在中国"土生土长"并为国内外学者广泛接受的地学名词，2018年夏天不文明游客的行为将丹霞地貌频频送上热搜，但新闻媒体将彩色丘陵与丹霞地貌混为一谈，报道存在许多常识性错误。本项目在对丹霞地貌命名地——广东丹霞山详细野外考察的基础上，归纳总结了丹霞山出露奇石的地质学特征，并探讨丹霞奇石以及丹霞山的形成过程，认识丹霞地貌形成的普遍规律和特殊性。详细介绍彩色丘陵区的特征及其与丹霞地貌存在的明显差别。通过系统的文献调研工作，可以清晰地看到丹霞地貌在中国的发展脉络，进一步分析梳理出丹霞地貌逐步被误用的历史过程。阐释清楚上述问题，有助于正确传播丹霞地貌和丹霞文化，促进地质景观的可持续发展。

一　项目概述

2018年8月，让地质人感到兴奋的是丹霞地貌频频登上微博热搜，新闻媒体广泛报道，公众广泛关注。但报道内容和评论却令人感到十分气愤。影响力巨大的媒体使用"一个脚印要60年恢复期！多人闯七彩丹霞特级保护区进行破坏""心痛！丹霞地貌疑似又遭毒手 不仅踩踏破坏还拍视频炫耀""甘肃200米丹霞地貌遭游客踩踏""陕西丹霞地貌再被刻字 工作人员：600年也恢复不了"等类似标题进行报道，在网络上掀起波澜。多数网友对这些游客的不道德行为进行了强烈的批评和谴责，但是鲜有人对新闻报道中地点是不是"丹霞地貌"以及"需要60年的恢复期"和"600年也都恢复不了"等结论产生怀疑并进行考究。这意味着大多数网友对什么是丹霞地貌和彩色丘陵、它们如何形成以及可不可再生等问题并不了解。新闻媒体多数是跟风报道，没有仔细地追问这些问题。

基于以上存在的现实问题，本项目的主要内容设置为：①系统梳理丹霞地貌研究的发展脉络，挖掘这一概念被误用、乱用的历史，以正视听；②详细介绍最为典型的丹霞地貌的特征及形成过程，作为正确认识丹霞地貌的范本，举一反三；③多指标对比被滥用为"七彩丹霞"的彩色丘陵与丹霞地貌的基本特征，揭示这两种地质景观的差异，不可混淆；④从地质学的视角来看待丹霞地貌等地质景观的前世今生，尤其是其未来的命运，号召更多热爱自然、渴望认识地球的人参与到地质科普工作中来，让地学概念正确传播，让地质景观更长久地保存下去，薪火相传。

基于设置的研究内容，本项目可分为立项前预研和立项后执行两个部分，执行过程中每两个月为一个周期，完成预定的任务（见图1）。

在项目立项前的预研过程中，团队成员曾前往广东省韶关市丹霞山进行野外考察，对这一典型丹霞地貌命名点的出露岩石的形貌特征、沉积特征、岩石学特征、构造地质学特征等进行了详细的观察，并拍摄了大量的野外照片。2018年8~9月，丹霞地貌因为一些游客的不文明行为，屡登热搜榜单，在公众中广泛传播。但是这些报道存在常识性、概念性错误和经不起推敲的结论。作为地质学的研究生，面对这样的情形，利用所学的专业知识了解并正确地传播丹霞地貌的相关知识很有必要。

2019年11~12月，立项后的两个月里团队首先聚焦于什么是丹霞地貌，以及媒体报道的"七彩丹霞"究竟是否属于丹霞地貌这两个问题。在此期间，整理了预研期间在丹霞山考察时积累的资料，对各种类型的岩石以及地质现象进行描述并分类，分别探讨它们的形成过程。在了解诸多奇石和地质现象成因的基础之上，综合认识丹霞山的形成过程，建立成因模型，并以卡通图的形式呈现。此外，团队还详细对比了丹霞地貌和彩色丘陵的地貌学特征，从在全国的分布、组成的岩石性质、形成时代、形貌特征、组成矿物特征、化学成分特征、产出状态等方面进行了总结，发现两者存在非常大的区别。新闻媒体报道

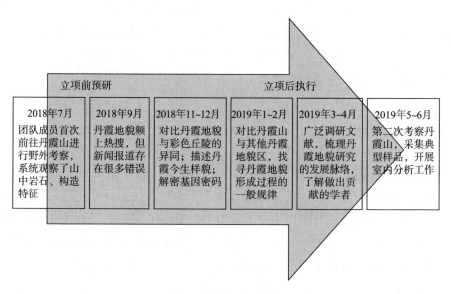

图1 项目研究过程

中的"七彩丹霞"属于彩色丘陵，不能被叫作丹霞地貌。

2019年1～2月，团队关注点从广东韶关的丹霞山放大到中国丹霞其他地区，包括贵州赤水、福建泰宁、湖南崀山、江西龙虎山和浙江江郎山，它们的岩石形成时代相近，但现在的形貌差别很大，分别定格在了丹霞地貌形成的不同阶段。对比它们与广东丹霞山在形貌上的异同点，探讨影响丹霞地貌形成的普遍过程以及关键控制因素。

2019年3～4月，本阶段的任务为调研文献，关注丹霞地貌的研究历史。了解这一地学名词从无到有、逐渐完善的过程，以及在完善概念的过程中做出重大贡献的地质学家的故事。此外还重点关注丹霞地貌概念在发展的过程中，究竟是什么时候开始被误用，在什么契机下被误用，进而造成了概念泛用、滥用的局面。

2019年5～6月，团队再次前往丹霞山进行野外考察，补充第一手的野外资料并采集典型的岩石样品，而后开展实验工作，分析岩石的矿物组成、成分以及形成时代。此外，我们还结合生态环境保护的现实问题，探讨人类活动、气候变化等因素对丹霞地貌和彩色丘陵等地质景观未来命运的影响。

二　研究成果

本项目经过半年的实施，取得了以下五项成果。

一是统计已发表论文的数据，梳理丹霞地貌研究的发展脉络。对中国知网中收录的 1939 年以来关于丹霞地貌研究的论文数据进行统计，主要的指标为发表学术论文数量、文献引用数量、媒体报道数量、相关研究机构的论文数量等（见图 2）。透过这些统计数据能够清晰地看出：①中国丹霞地貌研究的发展历程；②21 世纪以来丹霞地貌地质景观的开发浪潮；③中国丹霞地貌发展的大事记；④丹霞地貌研究的多元化趋势；⑤丹霞地貌研究具有集群化的特征；⑥丹霞地貌这一名词被泛用、滥用、乱用的历史等信息（见图 3）。

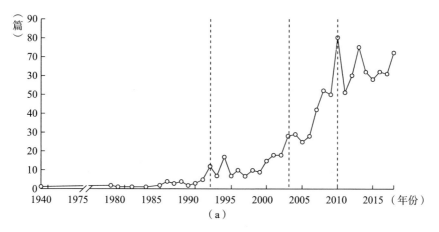

（a）

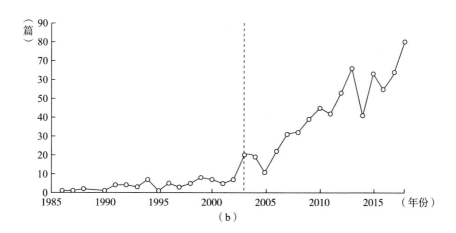

（b）

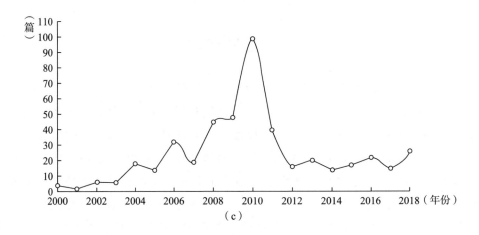

（c）

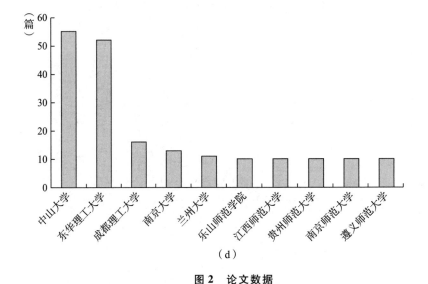

（d）

图 2　论文数据

注：（a）发表学术论文数量；（b）文献引用数量；（c）媒体报道数量；（d）相关研究机构的论文数量。

二是总结丹霞山中典型的丹霞地貌。多角度、全方位地展示了它们的沉积特征（见图4）以及后期遭受构造作用、风化作用、流水侵蚀、重力崩塌作用的痕迹（见图5）。并结合普通地质学的知识，通过示意图的方式阐述它们的形成过程，在此基础上简述丹霞山的形成过程。本项内容对丹霞山发育的地质现象进行较为系统的总结，可作为丹霞山研学之旅的参考资料。

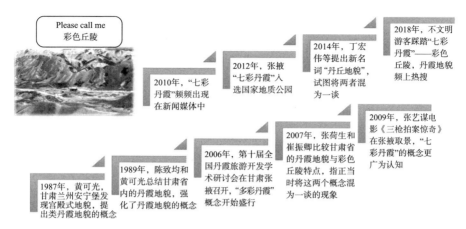

图3 丹霞地貌被误用的历史

图4 丹霞奇石的沉积特征

注：（a）赤壁丹崖；（b）层理上变化的粒序；（c）层理上变化的粒序；（d）倾斜的层理；（e）层面上的波痕。

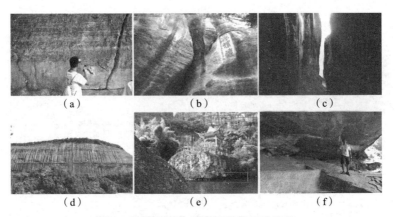

图5　丹霞奇石的后期地质作用的痕迹

注：（a）没有明显错开的裂隙；（b）位移明显的断裂；（c）裂隙完全扩张为一线天（d）垂直向下的切痕；（e）水平的凹槽；（f）底部的岩层内凹。

三是详细对比多个地质指标，总结了彩色丘陵和丹霞地貌的差别。彩色丘陵和丹霞地貌的岩石性质存在较大的差别，彩色丘陵主要是泥岩和页岩，它们较为松软，很容易被风化侵蚀。而丹霞地貌主要是较致密的砂岩和砾岩，耐风化能力强。它们都是属于不可再生的资源，毁坏后是不可能恢复的。人类不文明的踩踏也属于风化作用中的生物风化，加剧了它们从地球上消失的进程。丹霞地貌和彩色丘陵的对比情况见表1。

表1　丹霞地貌和彩色丘陵的对比情况

属性	丹霞地貌	彩色丘陵
分布	我国分布1003处，28个省区市，有东南、西南、西北、青藏高原四个集中区；全球各大洲均有分布，但分布分散	主要分布于我国西部地区，如甘肃张掖、永登、玉门，新疆吉木萨尔、布尔津等地
岩性	主要为砂岩和砾岩，夹有少量泥岩。可见明显的沉积层理和韵律层，洞穴结构发育	主要为泥岩、页岩和泥砂岩
时代	主要为侏罗纪到古近纪的陆相沉积，以白垩纪为主，分布最为广泛；但国外学者并不以沉积时代作为限制	白垩纪的陆相沉积
美学特征	沟壑纵横，厚重峻险	层次分明，韵律十足
颜色	红层为主，夹少量的灰色或棕色岩层	五彩缤纷，紫红色、灰绿色、黄绿色、灰黑色等岩层稀疏相间
矿物特征	砾岩和砂岩中的矿物颗粒较粗，肉眼可见，主要为长石和石英，含量取决于沉积源区，胶结物以泥、砂为主	矿物颗粒非常细，甚至肉眼不可见，一般小于0.005mm，较高含量的方解石

续表

属性	丹霞地貌	彩色丘陵
化学成分	岩石中主要的富铁矿物为赤铁矿、Fe 的含量相对较高且以 Fe^{3+} 为主	岩石中富集 Fe 的矿物、Fe 的含量以及 Fe^{2+}/Fe^{3+} 的比值变化范围较大
形成环境	炎热干燥、氧化的环境	沉积或者成岩过程中氧化还原条件呈周期性变化
产状	岩层较平缓，倾角一般小于 20°。大型断裂层控制沟壑的分布，小断层控制岩层的形貌	岩层较陡，倾角较大，一般为 30～40°。展布的形态也受到断层控制
形态	陡崖坡特征，顶平、身陡、麓缓	和缓的山地
作用力	流水侵蚀、风化作用、重力崩塌	坡面的片流作用和风化作用
物理性质	岩层主要有砾岩和砂岩组成，内聚力较强，较为致密，透水性较高，容易遭受流水侵蚀，发生大块的崩塌	岩层主要由泥岩组成，颗粒较细，内聚力较小，不透水性高，形如一盘散沙
形成时气候	湿润区和干旱区均有分布	干旱—半干旱区
生态问题	岩层崩塌导致的地质灾害；红层区土地退化，红色荒漠；水资源和水环境问题	风化剥蚀作用导致水土流失；荒漠化；土壤盐渍化

资料来源：笔者搜集整理。

四是概括中国丹霞地貌形成的普遍规律以及特殊性。原始的盆地内的陆相红层沉积和后期的内外动力地质作用是丹霞地貌形成的两个关键要素。有六处中国丹霞地貌的形成时间和过程大体类似，但是其所处地理位置的差异、遭受内外动力条件的不同，导致它们的形成速率不一致，在今天定格在不同的阶段。

五是在自媒体平台上发布科普文章，在线上和线下做科普报告。建立了网站和微信公众号平台，并在微博、知乎等自媒体平台上发布一系列关于丹霞山和丹霞地貌的文章，发挥自媒体的力量，正确传播丹霞知识。除了在线发表文章，团队成员还分别在脚爬客志愿者群、中科大地空学院化学地球动力学课题组以及合肥市未来之星枫林幼儿园，为世界地质公园的志愿者、地质学专业的研究生和老师以及幼儿园的小朋友们做关于丹霞地貌的科普报告。

三　创新点

本项目的创新点主要体现在研究方法、科普思路、科普形式等方面。

在项目的实施过程中，主要采用"文献调研＋实地考察""室外观察＋室内实验""定量描述＋定性分析""实验分析＋类比分析"相结合的手段，全方位认识丹霞奇石和丹霞地貌。文献调研的主要内容为丹霞地貌的研究脉络，野外实地考察则主要关注丹霞山的地质学特征。此外还采集了典型的岩石样本来开展实验分析工作，包括定量描述数据和定性分析数据两部分；在了解这些基础信息之后，类比现在正在进行的地质过程及产物，推断丹霞奇石的形成过程，进而综合探讨丹霞山的形成过程。而后将丹霞山的形成过程与其他五处中国丹霞地质公园进行对比，归纳丹霞地貌形成的普遍规律。

在科普思路方面，除用简洁通俗的文字和精美的图片讲好故事以外，我们极力强调对比的思想。将眼前看到的岩石特征与现在正在发生的、常见的地质过程进行类比，举一反三，使人们在脑海中想象它们曾经经历过怎样的一个过程，真正看懂地质景观。

在科普形式上，除了撰写图文并茂的科普文章外，我们还将丹霞山的特征以及它们的形成过程写到打油词中，如下《永遇乐·丹书行走》与《破阵子·徜徉丹霞》。

永遇乐·丹书行走

亿年红层，构造抬升，流水侵蚀。长坝组上，砂砾多因失稳崩塌逝。红豆兰花，松鼠蠡斯，美丽和谐皆夸。望锦江，断层开道，拦江美人如斯。

宇宙星辰，海陆轮生，盼得尘世归置。华云掩映，鱼翔千里，欢聚未有时。回望石柱，别传景石，佛法洞穴传世。历此境，协同演替，丹霞壮志。

破阵子·徜徉丹霞

醉眼漫山红层，痴心宏伟盛景。两千里穿山越水，亿万年沉积塑形。奇石立南岭。

水携碎屑停滞，铁染盆地艳影。地壳抬升岩层起，风吹水流剥蚀尽。脚踏群山顶。

四 应用价值

在本项目实施的过程中，撰写一系列科普文章对丹霞地貌的前世今生进行梳理，让媒体人及公众阅读后能够正确认识丹霞地貌的特征，了解它们的形成演化过程，甄别新闻报道存在的问题，避免犯常识性错误，正确传播丹霞地貌与丹霞文化。因此，本项目的主要研究内容包括两个方面：一方面，全方位调研我国研究丹霞地貌的文献，梳理丹霞地貌研究的发展脉络，了解"丹霞地貌"被乱用、滥用的历史，并铭记为这一"地学国粹"的发展做出杰出贡献的学者；另一方面，以广东丹霞山为代表的丹霞地貌中出露的奇石为切入点，详细介绍山中不同类型奇石的地质特征并与现代进行的地质过程进行类比，推断它们可能的形成过程，进而综合认识丹霞山与丹霞地貌的形成过程，并将丹霞地貌与常混淆的彩色丘陵进行地质学和地球化学特征的对比，认识丹霞地貌独特的前世今生。

最后，我们还想对大家发出号召，规范我们自身行为，严禁在岩层上乱刻乱画，严禁踩踏松软的彩色丘陵。在几亿年之后，历经风吹、日晒、雨淋的凸出的岩层最终也会被地质作用削平，但是人类的破坏性活动，会加速风化作用的进行。如此下去，我们的后代看到的是地质神话，而不是地质现象。我们做的这些行为，不仅是为了保护地球，还是为了保护人类自己，为了文明的传承和社会的可持续发展。

参考文献

1. 黄进，陈致均，齐德利. 中国丹霞地貌分布（上）[J]. 山地学报，2015（4）：385 – 396.

2. 黄进，陈致均，齐德利. 中国丹霞地貌分布（下）[J]. 山地学报，2015（6）：649 – 673.

3. 彭华. 中国丹霞地貌研究进展[J]. 地理科学，2000（3）：203 – 211.

4. 彭华，吴志才. 关于红层特点及分布规律的初步探讨[J]. 中山大学学报（自然科学版），2003（5）：109 – 113.

5. 彭华. 中国南方湿润区红层地貌及相关问题探讨[J]. 地理研究，2011（10）：1739 – 1752.

6. 彭华，潘志新，闫罗彬. 国内外红层与丹霞地貌研究述评[J]. 地理学报，2013，68（9）：1170 – 1181.

7. 彭华，闫罗彬，陈智等. 中国南方湿润区红层荒漠化问题[J]. 地理学报，2015（11）：1699 – 1707.

8. 陈致均，黄可光. 甘肃丹霞地貌初探[J]. 西北师范大学学报（自然科学版），1989（4）：68 – 82.

9. 陈文宝. 第十届全国丹霞地貌旅游开发学术讨论会暨张掖丹霞地貌旅游开发学术研讨会闭幕[N]. 张掖日报，2006 – 07 – 26（1）.

科普资源开发与创新实践（2018）

10. 张荷生，崔振卿. 甘肃省张掖丹霞与彩色丘陵地貌的形成与景观特征[J]. 中国沙漠，2007（6）：942-945.

11. 丁宏伟，王世宇，尹政，姚兴荣，冯建宏，张旭儒. 张掖丹霞暨彩色丘陵地质成因及与南方丹霞地貌之对比[J]. 干旱区地理，2014，37（3）：419-428.

12. Walker T R, Larson E E, Hoblitt R P. Nature and Origin of Hematite in the Moenkopi Formation (Triassic), Colorado Plateau: A Contribution to the Origin of Magnetism in Red Beds [J]. Journal of Geophysical Research: Solid Earth, 1981, 86 (B1): 317-333.

13. Parcerisa D, Gomez-Gras D, Trave A, et al. Fe and Mn in Calcites Cementing Red Beds: A Record of Oxidation-Reduction Conditions: Examples from the Catalan Coastal Ranges (NE Spain) [J]. Journal of Geochemical Exploration, 2006, 89 (1-3): 318-321.

304

播火者：四位中国杰出现代 X 射线 物理学家剪影

项目负责人：韩正强
项目组成员：肖珈　吴培熠　赖明东
指导老师：王大明

摘　要： 1895 年，德国物理学家伦琴发现了 X 射线。在随后的 20 世纪，X 射线在国际物理学界都是热门的前沿领域。之所以说它热门，一方面是因为它在 20 世纪引来了 16 项诺贝尔奖，另一方面是由于它在医疗与工业方面广泛的应用。本项目主要介绍了 20 世纪早期我国前往西方学习 X 射线物理学的四位播火者，他们分别是胡刚复、叶企孙、吴有训、卢学善。本项目以 X 射线为主线，围绕四位物理学家的留学经历、研究成果以及回国后对我国物理学人才培养等方面，向社会公众展现他们的科研成就、科学思想、科学方法、科学精神。

一　项目概述

（一）项目的研究背景

2018 年 9 月 23 日，杨振宁在"纪念《自然辩证法通讯》创刊 40 周年暨中国科学院大学建校 40 周年学术座谈会"上发言时表示，"我一直觉得 20 世纪、21 世纪科学的发展实在是太快了，各个领域发展空前活跃，而且改变了整个人类的命运。但是国内对于这方面的各种分析、介绍和记载工作做得非常、非常之不够。尤其对于中国科学家的贡献的记载分析工作，不是做得不够，而是根本做得一塌糊涂"。另外，杨振宁认为，对于科学发展的记录工作，另外一个重要方向就是通俗的介绍。他还呼吁学界要努力向年轻人推介科学史研究和科学普及方面的工作。

杨振宁的发言阐释了当前科技史研究与科学普及相结合的大趋势。首先，科技史研究需要科普。利用现代科普媒体将近现代中国科技史的研究成果宣传普及出去，有助于提升中国近现代科技史的社会影响力。其次，科普需要科技史研究。近现代科技史研究史料丰富、形式多样、内容严谨，有助于丰富科普的宣传内容和内涵。最后，结合 20 世纪上半叶的时代背景，充分挖掘中国科技发展的史实，全面认识 20 世纪中国科学家的科研工作、科学精神、科学方法，这对于当下的青少年来说，具有提升科学素养、认识历史、面向未来的积极作用。

本项目以中国 X 射线物理学的发展为主线，以 20 世纪上半叶中国 X 射线物理学家为研究对象，选取其中比较有代表性的四位。通过对四位 X 射线物理学家的研究，将研究成果做成科普微视频，以新媒体的方式展现给社会公众。因此，本项目的研究目的主要有两个：一是希望能够促进社会公众尤其是广大青少年对我国早期科学技术领域人物的认识；二是以科普微视频的方式对四位 X 射线物理学家做一个通俗的介绍。

（二）项目的研究过程

本项目的研究过程一共分为四个阶段。

第一阶段主要是文献档案的收集与整理，以及形成剧本。首先，项目组利用网络的便捷性，从网上数据库下载文献资料。其次，项目组先后赴西安、无锡、南京等地，对相关的档案馆、大学以及与人物相关的历史遗迹和实物进行了考察，获得许多有价值的资料。

第二阶段主要是进行实物拍摄。项目组根据剧本中的拍摄方案，围绕四位 X 射线物理学家，拍摄一些与他们相关的实物素材。胡刚复是江苏无锡人，项目组成员去当地拍摄了胡氏公立蒙学堂旧址、胡氏积谷仓、胡氏三杰自然科学实验中心，还去江南大学理学院拍摄了胡刚复的雕像。对于叶企孙，项目组去清华大学物理系拍摄了叶企孙铜像，去清华大学物理系名人墙上拍摄了与叶企孙有关的一些著名物理学家。此外，还对清华科学馆、清华园、清华学堂、水木清华等地与叶企孙相关的内容进行了拍摄。对于吴有训，南京大学仙林校区有吴有训的塑像，清华大学物理系有吴有训的资料介绍，中国科学院物理研究所也有吴有训的相关资料。对于陆学善，项目组去清华大学物理系以及中国科学院物理研究所进行了相关素材的拍摄。总之，在前期剧本的基础上，围绕四位物理学家，我们实地拍摄了丰富的视频素材。

第三阶段主要是视频剪辑与后期处理。视频制作是本项目的重要环节。首先，按照剧本的要求，对收集和拍摄的素材进行初步剪辑。其次，在初步剪辑之后，仍然需要根据剧本进行进一步的精剪。针对部分内容过渡较为生硬的场景，一方面要考虑从技术上弥补不足之处，另一方面可以进一步凭借后期的效果来进行处理，使之展现更好的内容与视觉效果。再次，添加字幕，文字与画面内容须匹配，而且文字须与时间线相匹配。最后，处理声音部分，包括字幕解说和背景音乐。在字幕解说这部分，本项目寻找专业的播音人员来配音。在背景音乐这部分，要考虑到整个视频内容所展现的精神气质。

第四阶段主要是开展论证会和收集建议。项目组对比了网上同样类型的视频，进行一个小的论证会，收到了很多有用的内容方面的建议。调整得最大的部分是每个小视频开头的引子，这个是经项目组成员多次讨论后做出的决定。所谓引子，就是一个与 X 射线有关的应用类话题，比如乘地铁时遇到 X 射线安检机、医院放射科的 X 光机、工业探伤用到的 X 射线机等，引入这些例子，能够更好地说明 X 射线物理学与社会公众的生活是息息相关的。

（三）项目的研究内容

1. 胡刚复

引子：1895 年，德国物理学家伦琴发现了 X 射线。在随后的 20 世纪，X 射线成为国际物理学界热门的前沿领域。之所以说它热门，一方面是因为它在 20 世纪引来了 16 项诺贝尔奖，另一方面是由于它在医疗与工业方面广泛的应用。然而，在 20 世纪早期的中国，说起 X 射线，只有三个人了解其作用，这三个人就是胡刚复、叶企孙、吴有训。

胡刚复是第一个专业从事 X 射线研究的中国物理学家。胡刚复 1892 年 3 月 24 日出生于江苏无锡，早年在上海南洋公学附属小学和中学读书。1909 年获得"庚子赔款"资助公费前往美国留学，1913 年获得哈佛大学理学学士学位后，在哈佛研究院继续攻读物理学，两年后获得理学硕士学位，1918 年夏天又获哈佛大学理学博士学位，随后回国。

在哈佛做研究期间，胡刚复的导师是 X 射线物理学家和放射学家 W. Duane 教授，其研究 X 射线 K 线系及其与化学元素的原子序数的关系。他的博士论文题目统称为《X射线的研究》，内容分为两部分：化学元素X射线临界吸收频率的实验研究；X射线频率对光电子最大速度的实验测定。

胡刚复回国后在国内众多高校任职。由于当时国内还不具备X射线实验研究的条件，胡刚复把工作重心放在了教学和对X射线物理学人才的培养方面。他培养了吴有训、余瑞璜、陆学善等著名物理学家，在他的指导下，这三人后来都出国留学并在X射线相关领域取得了重大成就。

2. 叶企孙

引子：这是北京某医院的放射科，每天有几百人在这里接受身体检查。高效的X光机让医生能尽快完成X光放射的诊断，而这在中国近代却是难以想象的。说起X射线，就不得不提到他——叶企孙。

叶企孙，1898年7月16日生于上海。1921年，叶企孙在哈佛大学研究生院读博期间，与合作者用X射线短波极限法测定了普朗克常数，并发表论文《用X射线方法重新测定辐射常数h》，这项研究成果获得国际物理学界的高度认可。叶企孙对X射线物理学的贡献不止于此。他聘请X射线物理学家吴有训，工资开得比自己还高，并为之购置了X光机。他也指导过陆学善和余瑞璜，二者从英国留学归来后，成了著名的X射线晶体学家。此外，叶企孙还在中小学的物理学科教育上，进一步推动了X射线的传播。

叶企孙善于发现人才，他的众多学生成为科学界的翘楚。他培养了只有初中学历的华罗庚，力排众议将其留在清华大学并安排其出国深造，成就了一名杰出的数学家。他发现了年仅19岁的大二学生李政道，破格把留学名额给他并推荐其赴美留学，成就了一名杰出的物理学家。他指导了钱学森，给其补课并帮助其变更了专业，成就了一名伟大的科学家。中华人民共和国成立后的23位"两弹一星"功勋奖章获得者中，9位是叶企孙的弟子，半数以上曾是他的学生。

3. 吴有训

引子：正值周一早高峰，地铁站开始了繁忙的一天。在拥挤的人流中，地铁安检却显得井然有序，这得益于X射线安检机的应用。说起X射线，中国最早研究X射线的是胡刚复先生，但真正使X射线研究达到国际先进水平的，则是胡刚复的学生——吴有训。

吴有训，江西高安人。1916年，吴有训中学毕业后考入南京高等师范学校。1918年，吴有训在南高期间就有幸受到胡刚复的指导，那时胡刚复刚从美国回来，这为吴有训对 X 射线相关研究产生兴趣埋下了种子。1921 年，吴有训凭借自己的努力考取了江西省官费留美生，并于秋天前往美国芝加哥大学物理系学习物理学。1923 年，吴有训在导师康普顿的指导下，开始研究 X 射线。1925 年，吴有训完成博士论文《康普顿效应》，于次年年初完成博士论文答辩后回国。

吴有训在留学期间做出的努力是通过一系列精准的实验证明了康普顿效应，后来又设计了一系列实验成功反驳了外界对康普顿效应的怀疑与假设。吴有训的导师康普顿于 1927 年获得诺贝尔物理学奖，吴有训为其做了很多工作，贡献非常大。康普顿曾说吴有训是他生平最得意的学生之一，由此可见，吴有训在科研方面的实力与努力都得到了导师的认可。

吴有训回国后的工作主要分为两个方面。一方面，他在国内继续从事与 X 射线气体散射相关的研究，和国内一批物理学家一起掀起了实验物理的风气，并在国际刊物上发表了一些前沿研究。另一方面，吴有训把重心放在物理学科的发展与人才培养方面。吴有训在教育教学方面有独特的理念，并深深地影响了学生们。

4. 陆学善

引子：随着制造业的快速发展，对产品的检验变得越来越重要。而说到工业产品零部件的检验，不得不提到 X 射线在金属探伤方面的应用。X 射线之所以应用领域这么广泛，离不开播火者们的播种。下面要提到的一位播火者，就是 X 射线晶体学家陆学善。

陆学善，浙江湖州人。1924 年考入南京国立东南大学物理系，有机会接触到胡刚复、吴有训等 X 射线物理学家。陆学善从南京国立东南大学毕业后，前往清华大学做吴有训的助教，并在 1930 年成为吴有训的研究生。当时吴有训通过实验验证了康普顿效应后，又进一步发展了多原子气体 X 射线散射的一般理论。而陆学善在读研期间，通过一系列实验验证了吴有训理论的正确性。陆学善曾因研究多原子气体的 X 射线散射，获得中华教育文化基金董事会乙种科学研究的补助金。1933 年底，陆学善以优异成绩毕业，被选派前往英国继续深造。

1934 年夏，陆学善在英国曼彻斯特大学物理系攻读博士学位，从事 X 射线晶体学的研究，指导他的人是 X 射线晶体学界的权威、诺贝尔奖获得者——W. L. 布拉格。布拉格的晶体学实验室是当时晶体学研究的中心，几乎是在同一时期，布拉格的实验室里有三位中国人从事晶体学相关的研究，他们分别是郑建宣、陆学善、余瑞璜。陆学善的研究方向是应用 X 射线多晶粉末法研究晶体结构和合金相图，他刻苦努力做研究，全面完成了对 Cr-Al 二元合金系的深入研究。他的研究方法和实验结果，被当时的国际晶体学界沿用很长时间。陆学善博士毕业后于 1936 年回国，前往当时位于上海的北平镭学研究所担任研究员，开始在国内进行 X 射线的相关研究。陆学善的一生都在从事对晶体物理学和 X 射线晶体学的研究，他在科学工作与教学实践中培养了一批晶体学家，主持了结晶学实验室，是我国 X 射线晶体学主要创始人之一，为我国 X 射线物理学的学科建设做出了巨大贡献。

二　研究成果

本项目取得的主要成果为一套微视频：《播火者：四位中国杰出现代 X 射线物理学家剪影》。

本套视频一共 4 集，每集 3 分钟左右，分别对胡刚复、叶企孙、吴有训和陆学善做了通俗的介绍。

三　创新点

在研究对象方面，项目的剧本最初面临两种方案。方案一是围绕每位物理学家，阐述他们的生平、科研成就、科学精神、社会影响；方案二是以 X 射线为主线、四位物理学家的联系为辅线，围绕每位科学家的生平经历、科研成就、科学精神、人生意义来展开叙述。很显然，方案二更符合本项目的主题。采用第二种方案，一方面能够说明我国 X 射线物理学家的科研成就；另一方面还能够凸显四位人物之间的联系，使视频内容具有更强的可读性。

在研究方法方面，项目组考虑到科学技术要与生活实践相结合，这样更能促进公众对科学技术的理解，更能拉近公众与科学家的距离。因此，在研究方法的选取上，我们采取了档案资料和实物素材相结合的方法，并且在每个微视频的开头都增加一个引子。比如，根据社会公众日常生活的场景，项目组采用的与 X 射线相关的引子有：地铁 X 射线安检机、医院 X 光机、工业领域用于金属探伤的 X 射线机等。

在研究成果方面，用微视频的方式对我国科技史进行科普，既符合当下科学知识传播的流行趋势，又能抓住当下微视频流行趋势，促进科技史研究从纸媒到微视频等新媒体的转化。

四 应用价值

随着 5G 时代的到来，结合当下微视频流行趋势的分析，本项目取得的成果极具应用价值。其一，本套科普微视频易于在网络上进行传播，可以在手机、电脑、平板等设备上进行播放。其二，本套科普微视频可以在线下科技场馆和科普场所进行展览播放，借助场馆的大屏幕，可以在很短的时间内增进公众对我国 X 射线物理学家的了解。其三，从本项目成果来看，在未来的科普工作中，科技史研究成果和科普微视频相结合的方式具有广阔的应用前景。这是由微视频的特点所决定的，微视频简短而新颖，一方面在形式上能够满足公众的要求，另一方面在内容上有利于科技史成果的转化和公众对科技史知识的理解与吸收。

参考文献

1. 吴鼎铭. X 射线引来 16 项诺贝尔奖[J]. 科学与文化，1999（4）：27 - 28.

2. 解俊民. 胡刚复[M]. 中国现代科学家传记，北京：科学出版社，1997.

3. 钱临照. 怀念胡刚复先生[J]. 物理，1987（9）：513 - 515.

4. 罗程辉. 中国近代物理的开创者胡刚复[D]. 杭州：浙江大学，2014.

5. 凌瑞良. 中国物理学前辈——胡刚复[J]. 大学物理，2009（4）：43 - 51.

6. 田彩凤. 叶企孙先生年谱[J]. 清华大学学报（哲学社会科学版），1998（3）：34 - 41.

7. 叶铭汉. 纪念叶企孙先生[J]. 现代物理知识，2018（3）：5 - 15.

8. 刘克选. 叶企孙先生的教育业绩[J]. 中国科技杂志，1988（3）：15 - 26.

9. 王大明. 吴有训年表[J]. 中国科技史料，1986（6）：35 - 38、65.

10. 王大明. 康普顿效应与吴有训的实验[J]. 自然科学史研究，1987（3）：281 - 292.

11. 王大明. 作为科学教育家的吴有训[J]. 自然辩证法通讯，1987（1）：48 - 51.

12. 梁敬魁. 纪念陆学善先生诞辰 100 周年[J]. 物理，2005（10）：765 - 768.

13. 王冰. 物理学家陆学善先生传略[J]. 中国科技史杂志，1983（3）：76 - 85.

14. 钱临照. 怀念故友晶体学家陆学善同志[J]. 物理，1982（11）：648 - 651.

15. 尹晓冬，何思维. 劳伦斯·布拉格在曼彻斯特的三位中国学生——郑建宣、陆学善、余瑞璜[J]. 大学物理，2015（11）：38 - 46.

场馆科普活动

基于5E 教学模式的密码学科普类
探究性活动设计

项目负责人：尹默
项目组成员：郑欣　邢洋　马占强
指导教师：张进宝

摘　要： 本项目以密码为主题，将数学、物理、化学、历史、信息技术、密码学等学科知识串联起来，以中国科学技术馆中的相关展品为依托，设计基于 5E 教学模式的密码学探究性教育科普活动，丰富科技馆的活动学科类型，培养学生对于密码学的兴趣。通过在中国科学技术馆的两轮实施过程，形成了可实施性强的教学方案，并为教师准备了教学实施指南等，便于教师开展活动和教学。该项目打破了传统的教学方式，采用 5E 教学法，针对5、6 年级的学生，设计合适的教学活动，以期为推进密码学科普工作做些许贡献。

一　研究概述

（一）主题缘起

密码学是网络信息安全的基石，学习密码学有助于更加客观和全面地了解信息安全。进入 21 世纪后，"信息安全"成为各国安全领域聚焦的重点，信息安全已成为全球总体安全和综合安全最重要的非传统安全领域之一。如今，许多国家都在加紧研究量子技术，比如中国"墨子号"量子通信卫星升空，美国甚至考虑从小学开始储备量子技术人才。而密码技术是保证信息的机密性、完整性以及可用性的基本手段，它通过数据加密、消息认证和数字签名等方式，能在不安全的环境下对通信和存储的数据施加保护，密码学是研究如何在敌手存在的环境中保护通信及信息安全的科学。密码学对于保护信息安全、防止信息被泄露和篡改具有非常重要的作用，是实现网络安全的支撑技术，也是保护国家信息安全的重要工具，对于国家经济平稳运行、社会繁荣昌盛有特殊作用。身处信息时代的每个人都有必要了解基础的密码学知识，从小树立信息安全意识，更全面、客观地认识信息安全的重要性。

密码在生活中无处不在，但人们对密码的原理不了解，学习密码学有利于理解保障我们正常交流和通信的密码学原理，保护自己的信息安全。孩童时代人们就开始解读自己周围的环境，同时对人类的语言和姿态进行理解，这其实就是一套极其复杂的解码过程。长大后，人们终其一生都在不断解码，要想生存下去，需要具备足够的"信息解密"能力来正确地解读诸如广告栏、公路路标等"密码"。随着计算机通信系统的不断发展，现在人们每天都要与密码打交道，拨通的电话、发出的邮件都被自动"加密"。面对如此多的加密和解密，最炙手可热的问题之一就是如何保护人们的隐私。据最新的《2018年数据泄露调查报告》，81%的泄露事件都与被盗密码或者弱密码有关，公众对密码学了解甚少，这在一定程度上给了黑客可乘之机。所以有必要提高公众对于密码原理的理解，从而保护自己的信息安全。

密码学中包含严密的逻辑思维过程，学习密码学能够提高逻辑推理能力，而逻辑推理能力是提高科学素养的重要因素，运用逻辑推理是科学探究的重要方法。密码学是一门讲究逻辑推理的学科，不管是加密还是解密，都需要将自己的有逻辑的思考融入其中。在解密过程中，破译者需要经过观察、提取信息、处理信息等步骤，按照一定逻辑推理得出破译方法。而汉语语义上的逻辑推理有两个含义：其一指"由一个或几个已知的判断（前提）推出新判断（结论）的过程"；其二指论证，即通过辩论、运用论据来证明论题的真实性的过程，目的是为所获得的特定结论提供理由。结合小学科学的科学探究活动，所谓的逻辑推理是指学生通过激活原有经验来理解分析当前的问题情境，通过自然观察或实验取得证据，借助推理提出现象或结果产生的原因，并在证据和逻辑论证的基础上生成新理解、新假设，丰富、充实或者是调整、重构原有知识经验。这就是破译密码的过程。因此，从某种角度上来说，密码学就是一门学习逻辑推理的科学。在最新的小学科学课程标准中，科学探究是通过多种方法寻找证据、运用创造性思维和逻辑推理解决问题，并通过评价与交流等方式达成共识的过程，强调要经过推理得出结论。可见，逻辑推理在科学探究中具有重要的作用。因此，学习密码学也能提高科学探究能力。另外，破译密码的游戏，可以培养学生的理解能力、数据分析能力和运算能力，感受数学在日常生活中的应用，增强学生的应用意识和创新能力。

编制密码和破解密码的过程就是处理多方面信息的过程，加密和解密有利于培养学习者的解决问题能力和实践能力。传统的以教师讲授为主要方式的课堂，将知识灌输给学习者，学习者被动地接受知识，导致学生只学会了应试知识。这种教学方式必然导致学生实践能力的缺失，而面对问题进行分析和解决的实践能力是学生未来生存的必备能力之一。在密码学类探究活动中，学习者需要自己动手编写密码和破译密码，不断进行实践，真正解决复杂的多信息问题，这对于提高其解决问题能力和实践能力大有帮助。

（二）研究过程

2018 年 12 月至 2019 年 6 月，历经 7 个月的实践探索，项目主要内容已经基本完成。在学习者分析方面，项目组前往北京师范大学实验小学对教师与学生进行问卷调查，了解当前的密码学科普现状；在教学内容选择方面，项目组对与密码学科普的相关书籍和文献、科技馆展品进行调研，搜集密码学故事、丰富活动内容；在活动设计方面，项目组阅读教学设计与活动课程设计书籍与文献、在网上观看活动课程视频，对经典案例进行详细分析，并与北京师范大学附属小学综合实践活动课程的任课教师进行交流学习；整理上述调研成果，结合 5E 教学法完成教案设计与 PPT 制作，小组内部进行说课演练，并邀请指导教师进行现场评价、提出改进建议，经过多次迭代演练，调整教案。2019 年6 月，项目在中国科学技术馆进行二轮实施并迭代优化。

（三）主要内容

1. 问卷调查

选择北京师范大学实验小学 5、6 年级学生进行问卷调查，问卷如下。

①你可以列举出生活中运用到密码的例子吗？请列举。

②你认为密码在生活中的作用重要吗？请说出理由。

③你有学习过密码的相关内容（比如阅读过密码科普读物或者观看过密码科普视频）吗？请列举。

④你接触过加密或解密的活动吗？如果有，你认为这种活动有趣吗？请描述一下你参与过的加密或解密活动的经过。

⑤你认为参与这类活动有什么教育意义？

对教授过实践活动课程的 3 名教师进行问卷调查，了解活动课程设计流程与注意事项，进而从教师角度了解当前学生的密码科普现状。问卷如下。

①您认为密码学科普能否被学生当前的认知接受？

②您在活动课程教学中涉及过加密或解密的活动吗？如果有，请具体举例说明。

③您认为在密码学的活动课程设计中，应该运用哪些教学策略和教学方法？

④您认为学生对于什么样的活动设计更感兴趣？

2. 书籍与文献调研

分别以 Web of Science、中国知网为搜索平台，搜索密码学相关文献 50 篇，认真研读并总结重点。翻阅《古今密码学趣谈》《密码术的奥秘》《密码故事》《密码的奥秘》《趣味密码术与密写术》《破译者》等密码学书籍，并结合学习者认知特点和问卷结果，精选教学内容，最终确定隐显密码、古典密码中的换位密码与替换密码为主讲内容。上网收集相关教学案例与密码学故事，以 5E 教学法的吸引—探究—解释—迁移—评价为主线对所收集内容进行梳理，确定教学内容大纲。

在设计活动流程时，在科普中国官网观看活动课程视频，阅读科普类微信公众号（"果壳网""科普中国""李永乐老师"等）推文，总结流程设计关键点，组织成员讨论交流，确定活动流程，使活动顺利开展。结合教师建议的教学策略和方法、项目组成员自身所学习的教学设计原理，精心安排所确定的教学内容，从参观展品到亲身探索再到动手操作，使每一环节融会贯通。采取启发式与探究式的教学策略，实现玩中学、乐中学，让学习者体验到成功的喜悦，激发学习者对密码学的兴趣、体验科学探究的乐趣。

3. 教案设计与迭代调整

2019 年 4 月至 2019 年 5 月，在确定教学大纲与活动流程后，将教案设计任务分配给每位成员，使其各自负责设计隐显密码、换位密码与替换密码的教学方案。确定教学目标、教学重难点，对教学过程每一阶段的学习者进行学情分析，并结合教学内容适当调整活动流程，完成教案后将教案发到讨论群里，其他人指出不足之处、提出改进建议，并在演播楼 105 室进行面对面地讨论交流，结合 5E 教学法这条主线调整内容设计。经过初步调整后，进行第二次讨论交流，调整不当之处，确定初步的可行方案。

基本确定方案后，每位责任成员以教学环节为单元进行说课演练，其他成员与指导教师担任评委，针对每一环节中教案设计或者教师自身上课问题提出改进建议。在此期间，对于需要教学技巧的教学环节，指导教师亲自演示如何更好地使学习者实现乐中学，达到科普活动的目的。

讨论会后，责任教师根据相关建议进行教学调整，改进不足之处，真正投入教师这个角色。经过五轮的迭代演练，获得指导教师的认可，确定教学设计方案，并要求组内成员继续磨课练习，熟悉整个流程。

4. 活动实施与反思优化

2019 年 5 月底，在科技馆活动室进行活动预实施，试讲后科技馆老师针对细节性问题提出可行性建议，项目组成员根据相关建议调整活动设计方案。初步优化方案后，在科技馆老师的帮助下，以科技馆网站、公众号为宣传平台，发布活动内容和时间，供学生预约。

经过两周的宣传，在 6 月 1 日、2 日、7 日、8 日为期四天的活动中，共 60 名学生选择预约，实际参与学生数为 32 人。在 6 月 1 日、2 日，进行第一轮活动实施，共 14 名学生参与。一轮活动实施后，小组召开反思会议，互相提出修改意见，完成教案的优化，于 6 月 7 日、8 日进行第二轮活动实施，共 18 名学生参与。每位老师在每次上完课程后都会写教学反思，反思自己课程存在的问题以及如何提高课程质量。

整体活动以 5E 教学法为实施指南，引入学生感兴趣的视频片段或密码故事，为学生创造活动情境，吸引学生加入。密码知识学习主要以学生自主探究为主，邀请学生对自己的探究成果进行汇报。在教师的指导下，鼓励学生尝试对加解密背后的原理进行探索，最后总结提炼相关科学知识。经过自主探究习得相关知识后，在已有认知的基础上接触更复杂的密码知识和解密任务，迁移应用、完善拓展已有知识。课程的最后，设置评价环节，总结反思课程。

活动实施分为三个主题：隐显密码、换位密码、替换密码。

隐显密码以常用的生活用品为材料制作隐形墨水，并设置游戏环节和创造军事演习情境，激发学生好奇心，鼓励学生参与加解密过程。将学生划分为多个小组，设置竞争环节，小组通过内部合作来探究对应的破解方法，使"隐"起来的字"显"出来，完成对方小组布置的破解任务。

换位密码利用"图灵"视频激发学习兴趣。首先以"明文回写"任务让学生明白换位密码的概念。然后以"滚筒密码"和"网格板加密法"作为探究任务，教师带领学生理解滚筒密码的制作规则、体验"3×3"网格板的加密程序，要求学生实际动手操作制作"滚筒密码"和"4×4网格板"，让学生通过同伴之间的互相加解密任务体验活动过程。在探究中，教师可提供帮助和讲解，并邀请学生分享自己的成果和想法。

替换密码以"猪圈密码"和"凯撒密码"为主要探究内容，利用一封破碎的军事情报导入活动主题，让学生产生探究的兴趣。在学生熟悉、理解、利用两种密码思想进行加解密过程后，迁移应用完成更复杂的任务——创造密码，并邀请学生汇报自己的创作思路，同伴之间互评。

二　研究成果

（一）调查问卷成果

1. 学生问卷结果

• 学生能够举出很多生活中运用密码的例子，说明学生对于密码有一定的认识。

• 学生普遍认为密码在生活中非常重要，国家机密等需要密码保护，说明学生认识到了密码具有保护信息的作用。

• 学生几乎没学过有关古典密码的知识，不太了解密码的加密和解密思想。

• 学生一般都参与过密室逃脱类的活动，觉得很好玩，除此之外，对加密或解密活动没有其他更加深入的认识和理解。

2. 教师问卷结果

• 三位教师一致认为5、6年级的学生能够接受密码学科普的课程。

• 两位教师曾在活动课程教学中涉及解密活动，一位教师没有。

• 教师为密码学的活动课程设计提供了游戏化教学策略、基于设计的教学方式、协作学习策略、探究式学习等建议。

• 教师认为5、6年级学生感兴趣的活动的特点是：游戏化、能动手实践、有创造性、有挑战性、能够产生认知冲突、与热点结合。

对教师的问卷调查让我们能够更加了解5、6年级学生的接受能力和对于密码学的了解，对本项目具有指导意义。

（二） 活动教案及配套 PPT、 学习单

在中期答辩的活动教案基础上，已经完成三个主题活动教案及配套 PPT、学习单的迭代优化，最终形成当前版本。项目利用儿童节和端午节两个节日，在中国科学技术馆 520 科学活动室完成三个主题的实施各一次。每一次实施完后均对三个主题活动进行教学反思、教案优化，经过两次迭代优化后，最终形成当前的版本。

三　创新点

（一） 将密码学作为单独科普的主题而不是传授数学知识的情景

之前与密码学有关的活动设计只是将密码作为一种情景，主要是用来引发学生对数学或者其他信息科学领域的兴趣。但本项目将密码作为主题，进行单独的科普与活动设计，激发学生对于密码学的兴趣。

（二） 科普对象是 5、 6 年级学生， 将专业知识大众化

密码与公众的生活息息相关，从大范围来讲，人们从刚出生时起就开始了解密和加密活动。信息时代，打电话、发邮件、手机开锁都与密码技术不可分割。密码技术是保障网络信息安全的基石。学生在学习了专业的密码学知识后，会对生活中的加密和解密技术更加了解，将专业知识大众化，促进教育内容的多元化，同时也有助于保障信息安全，增强学生的信息安全意识。

（三） 打破传统密码学课程的教学方式， 基于 5E 教学模式来设计密码学课程

前期调研发现密码学课程的讲课方式大都是非常传统的讲授式，向学生不断地灌输知识。但是这种方式营造的课堂效果比较差，学生普遍不满意。因此，本项目采用 5E 教学模式来设计密码学课程，以学生为主体，让学生在充满乐趣的课程中学习密码学知识。

（四）希望为推进密码学的科普事业做些许尝试，为国家密码事业发展储备人才

国内关于密码学的科普类活动比较少，编码系统在生活中十分常见，理解这种编码系统能够促进人的发展和思维的扩展。本项目希望通过做一些密码学科普的小尝试，将专业领域内的密码学知识和思想科普给小学生，为国家密码事业发展储备人才。

四　应用价值

第一，项目在中国科学技术馆的实施效果和反响不错，可以打造为特色项目活动，吸引学生前来参与，传播密码学知识，培养学生的逻辑推理能力。

第二，项目中涉及一些中国科学技术馆的展品，可以将活动稍加修改，使其成为针对每个展品的活动或者知识讲解的拓展。

第三，可以在世界密码日或者全国信息安全活动周开展活动，培养学生的信息安全意识。

参考文献

1. 王世伟. 论信息安全、网络安全、网络空间安全[J]. 中国图书馆学报，2015（2）：72 - 84.

2. 陈克非. 信息安全——密码的作用与局限[J]. 通信学报，2001（8）：93 - 99.

3. 张焕国，韩文报，来学嘉，林东岱，马建峰，李建华. 网络空间安全综述[J]. 中国科学：信息科学，2016（2）：125 - 164.

4. Verizon. Data Breach Investigations Report[EB/OL]. [2018 - 10 - 06]. https://www. verizonenterprise. com/verizon-insights-lab/dbir/.

5. 严培源. 发展学生思维 促进概念形成——科学探究活动中学生逻辑推理能力的培养初探[J]. 教育实践与研究（A），2011（9）：54 - 57

6. 吴波. 破译密码——密码学中的数学[J]. 中小学数学（初中版），2017（7）：57 - 58.

7. 张琼. 以实践能力培养为取向的知识教学变革研究[D]. 武汉：华中师范大学，2011.

"丝丝入扣"

——科技馆主题探究式教育活动设计与开发

项目负责人：王舒萍

项目组成员：许一凡　鲁梦薇

指导老师：张志祯

摘　要： 近年来，非正式教育受到越来越多的重视，科技馆的教育活动成为非正式教育的主力军。在"一带一路"倡议的背景下，本项目以丝绸之路为背景，聚焦于丝绸之路中的科学技术，以瓜果蔬菜、丝绸纺织、茶文化为三个主题，以"缘起—传入/传出—发展—改变—创新"为逻辑思路，借鉴探究式教学模式，进行科技馆主题教育活动的设计与开发。旨在通过培养学生进行科技互动来促进科学创新。此研究形成的教育活动课程对相关主题科教活动设计具有借鉴意义。

一　前言

2013 年提出的"一带一路"倡议引起了科学教育界的高度关注。中国青少年科技辅导员协会常务副理事长李晓亮，在 2017 年科学教育国际论坛上提到，要以科学史为切入点，开发能够适用于各国青少年的探究式科学教育。2016 年 9 月，中国学生发展核心素养研究成果发布会正式提出：文化基础是中国学生发展的核心素养之一，并指出文化基础需要学生掌握和运用人类优秀智慧成果，还需要其具有批判质疑、勇于探究的能力。教育活动设计的背景适逢"一带一路"倡议提出的五周年之际，"一带一路"是"丝绸之路经济带"和"21 世纪海上丝绸之路"的统称。近年来，中国丝绸博物馆与世界各地的学术机构加强合作，成立了"国际丝路之绸研究联盟"，开展了大量的合作项目，正在让精美的丝绸和博大的丝绸文化，沿着丝绸之路走向世界。近年来，探究式学习被广泛倡导，然而具体实施过程还有待研究。通过对科技馆的实际调查，发现基于展品进行的任务驱动教学法更有利于探究式教育活动的开展。在这样的时代背景下，项目组以丝绸之路为教育背景，设计和开发适用于科技馆的主题探究式教育活动。

二　问题的提出

《义务教育小学科学课程标准》（2017）指出：探究式学习是指在教师的指导、组织和支持下，让学生主动参与、动手动脑、积极体验和经历科学探究的过程，以获取科学知识、领悟科学思想、学习科学方法为目的的学习方式。

科技馆属于博物馆的范畴，国内科技馆探究式教育活动主要涉及基于展品和非展品现场开展的探究式教育活动。朱幼文提出 STEM 教育的基本特征是基于科学与工程实践的跨学科探究式学习，科技馆展示教育的基本特征是通过模拟再现的科技实践，为观众营造探究式学习的情境。

基于展品的教育活动设计开发。以科学实验的方式引导观众参与教育活动，多采用启发提问式方法引导观众自己发现问题、寻求答案，设计配套的现场动手制作活动，观众可通过填写学习单的方式，对学习成果进行巩固和反馈。在非展品现场开展探究式学习。一般有科技馆大讲堂、科普活动实验室、科学表演或科学竞赛等活动，采用故事讲述型、实验体验型、实验演示型、角色扮演型以及角色参与型等形式开展活动。馆校结合的探究式活动主要有模拟—体验—认知、分解—体验—认知以及对比—体验—认知的设计思路。

通过对探究式学习的文献梳理，不难发现，基于科技馆的探究式教育活动中，目前公认的效果较好的以展品为基础的探究式教育活动，多是对自然科学方面的设计与开发，人文历史科学方面如何进行探究式教育活动是值得深思的问题。因此，本项目提出以"丝绸之路"中的科学技术为内容进行教育活动的设计开发。

三　教育活动设计方案

本项目教育活动的设计思路是以互动交流为主旨，以丝绸之路中的科学技术互动创新为内容，设计相关主题的教育活动，旨在促进学生对以丝绸之路开展对外交流活动意义的认识，使其认识到科学技术的互动过程就是文化交流的过程，技术的互动交流促进技术创新。

（一）主题的选择

在"一带一路"倡议的大背景下，从历史角度出发，通过丝绸之路感悟文化的魅力，进行"丝丝入扣"的主题探究式教育活动的设计与开发。该教育活动以"文化传承—文化传播—文化创新"为核心理念，以通过丝绸之路传入中国，并在中国发展成红色产业的番茄以及从中国传出的最为出名的丝绸纺织技术和中国茶文化为三个典型案例，以"缘起—传入/传出—发展—改变—创新"的逻辑线展开，三个主题的各个环节"丝丝入扣"。该主题内容对接《义务教育小学科学课程标准》（2017）中科学、技术、社会、环境目标中人类活动对社会生活的影响，在科学探究目标中学会运用证据表达、论证自己的观点、见解。并以科学技术的互动促进科学技术创新的核心大概念，贯穿整个主题，通过竞赛比拼、大富翁游戏、科学小辩论、动手制作体验等多种方式，让学生真正实现探究目标，体会在探究中学习的乐趣，从而培养学生科学技术互动过程可以促进技术创新的意识，并增强其对科学技术传播和发展的责任感、使命感。

（二）活动对象以及学情分析

教育活动设计针对的对象是小学四年级学生。

活动对象确定原因一：活动对象要有探究式学习的体验，小学的科学课程多以探究式学习为主，学生接触过动手动脑的学习方式。

已有的知识储备。通过对《义务教育小学科学课程标准》（2017）以及相关学科的课标解读，小学四年级的学生对丝绸之路、张骞的故事都有所了解。

已有的信息技能储备。通过对小学信息技术课程标准的深入解读，发现该阶段的学生已经具备了计算机信息处理技能，他们能够根据学习主题或实践任务，借助网络有效地获取信息，支持学科学习，解决实际问题。

活动对象确定原因二：第一，根据皮亚杰的认知发展理论，10～11岁的学生处于具体运算阶段，开始产生自我反思，机械记忆向理解记忆过渡，想象力丰富而发散，对具体想象的依赖会越来越小。

第二，去自我化。这个阶段的学生已经逐渐"去自我化"，尊重其他小伙伴的观点看法。同时，学生的自我意识进入迅速发展时期，在意同伴和教师对自己的评价，所以在设计教育活动时，在评价环节可以设置自评、同伴互评和师评。

第三，兴趣是主要学习动力。在这个阶段，学生的注意力较高，相比三年级学生，四年级学生注意力的集中时间较长，但他们的思维发展和注意力集中程度非常依赖兴趣水平。学习兴趣在学习过程中占主导地位，此阶段的学生喜欢动手探究，和同伴交流。要充分利用这个阶段学生的特点，在设计教育活动过程中，有效激发学生兴趣以促进学生认知、情感等的发展。

（三）科技馆展品的深入调研

通过对中国科学技术馆的深入调研，收集整理了如下展品（见表1）。

表1　科技馆相关产品展览情况

展品位置	展品名称	展品	相关内容
华夏之光华夏科技与世界文明交流区	丝绸之路路线图		课时一：我来寻宝
	丝绸之路知识拓展		

续表

展品位置	展品名称	展品	相关内容
华夏之光 华夏科技 与世界文 明交流区	中国科技传出		课时一：我来寻宝 课时二：科学技术 PK 赛
	外国科技 传入中国		课时一：我来寻宝 课时二：科学技术 PK 赛
华夏之光 中外交流区	你知道这些 农作物来自 哪里吗？		课时一：我来寻宝 课时二：科学技术 PK 赛
华夏之光 水力机械区	大花楼织机		课时四：寻丝活动

续表

展品位置	展品名称	展品	相关内容
科技与生活区	不同材料的衣物		课时四：寻丝活动
	蚕丝		
	丝绸		
科技与生活区	手工制作纪念		课时六：丝绸印记

（四） 探究式学习活动设计

探究式学习具有主动性、实践性、综合性和开放性的特点，它强调学生以动手做、在做中学的方式主动获取知识、培养能力、发展情感与态度。小学科学课程倡导以探究式学习为主的多样化学习方式，促进学生主动探究、突出创设的学习环境，提供更多的探究式学习机会，发展学生的分析问题和解决问题的能力以及交流表达的能力，发展学生的创造性、想象力和批判性思维。本项目是在探究式学习模式基础上进行的教育活动设计。探究式学习模式见图1。

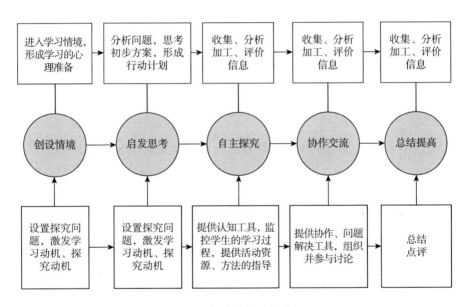

图1 探究式学习模式

资料来源：何克抗，吴娟. 信息技术与课程整合的教学模式研究之三——"探究性"教学模式[J]. 现代教育技术，2008（9）：5－10。

该主题以科学技术的互动为核心概念，以丝绸之路为历史大背景，选取常见的番茄、享誉世界的中国丝绸纺织技术和从中国传出的茶文化为三个主题。每个主题都以"缘起—传入/传出—发展—改变—创新"的思路进行设计。每个主题最终时长为90分钟左右。通过科学辩论、游戏体验、动手实践等方式组织探究式教育活动，各个主题内容及时长如表2所示。

表 2　科技馆主题探究式教育活动设计概要

科技馆主题探究式教育活动设计与开发教学设计					总时长（min）
主题	名称		内容	时长（min）	
主题一	丝路果蔬——番茄的漂洋过海	第一阶段	科学技术 PK 赛	20	90
		第二阶段	番茄的漂洋过海	25	
		第三阶段	番茄种植技术的发展	45	
主题二	丝路风情——丝绸的风靡之路	第一阶段	中国丝绸制作工艺	40	90
		第二阶段	丝绸世界之旅	20	
		第三阶段	丝绸风靡及发展	30	
主题三	丝路茶香——茶文化的世界之旅	第一阶段	中国茶的缘起发展	40	90
		第二阶段	中国茶的传出路线	30	
		第三阶段	中国茶 世界香	20	

（五）教育活动设计思路

"丝丝入扣"——主题探究式教育活动以"文化传承—文化传播—文化创新"为核心理念，以通过丝绸之路传入中国，并在中国发展成红色产业的番茄以及从中国传出的最为出名的丝绸纺织技术和中国茶文化为三个典型案例，以"缘起—传入/传出—发展—改变—创新"的逻辑线展开，三个主题的各个环节"丝丝入扣"。教育活动设计思路见图 2。

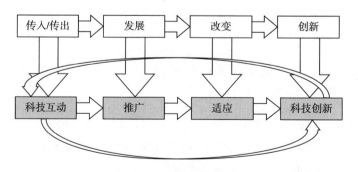

图 2　教育活动设计思路

1. 主题一：丝路果蔬——番茄的漂洋过海

主要利用丝绸之路的历史背景，先让学生结合科技馆华夏之光展区的对外文明交流主题内容，学习古代对外交流的通道——丝绸之路的相关内容，通过角色扮演活动让学生掌握传入和传出的主要科学技术有哪些。并以美洲秘鲁传入的番茄为例，介绍番茄的传入路线、在中国的适应发展以及种植技术的创新，借助科学辩论、手工创作等环节让学生体会互动交流对科技创新的促进。最后以体验番茄的种植方法结束，组织学生学习番茄种植的相关知识（见表3）。

表3 主题一教育活动设计环节

环节	活动形式	目标
丝绸之路简介	学生自由介绍、相互补充	学生自由介绍、相互补充
科学技术 VS 瓜果蔬菜	思维导图填充、抢答积分	知识巩固、反应速度、团队合作意识
番茄的传入路线	科学小辩论	寻找证据阐述不同观点
番茄在中国的适应发展	头脑风暴	引导学生树立同一事物在不同时空具有不同发展过程的思维方式
番茄的种植技术	田地农作物设计	番茄（农作物）的种植环境、生长特点等
红色产业	视频欣赏	思考从传入到创新的过程
体验番茄的种植方法	实际种植	简单体验农作物的种植方法
总结评价	学习单、科技树	迁移其他科学技术

2. 主题二： 丝路风情——丝绸的风靡之路

主要以中国丝绸为例，介绍中国丝绸的传出路线、制作工艺和丝绸在全世界的风靡和发展。主要活动有织布机的参观讲解、动手体验纺织过程、手工编织中国结等（见表4）。

表4 主题二教育活动设计环节

环节	活动形式	目标
嫘祖故事介绍引入	故事分享	激发已有知识、主题导入
丝绸制作工艺	视频、鱼骨图织造发展史、利用织布机动手体验	体验织布的过程，了解其发展情况
丝绸的翻山越岭、漂洋过海	传出路线介绍认识	了解丝绸的传出路线
不一样的丝绸风采	制作十字中国结、平结手链	了解平纹传出—斜纹发展—斜纹传入的过程，体验平纹纺织的过程

3. 主题三：　丝路茶香——茶文化的世界之旅

从我国古代茶的缘起开始到六大茶艺，介绍不同时代茶艺术的发展情况，主要活动为设计茶水颜色变化实验（酸碱度）、体验不同茶类的冲泡方法。介绍中国茶的传出路线及传出方式，主要设计活动有大富翁游戏、体验不同时代的喝茶方式（见表5）。

表5　主题三教育活动设计环节

环节	形式	目标
中国茶的历史渊源	视频、动手实验，观察茶的酸碱性	了解我国古代茶的缘起，掌握茶水酸碱度
六大制茶工艺	欣赏、品尝	了解六大茶类的加工过程、体验六大茶的不同特色
中国茶的传出方式	茶叶大富翁游戏	掌握茶叶向外传播的四种不同方式
中国茶的传出路线	茶叶大富翁游戏	了解茶叶传出的几种陆路和海路路线
喝茶方式的演变	学生演示体验	体验不同时代的喝茶方式特色
总结	欣赏茶带来的生活方式的变化	茶作为文化交流的意义

（六）　研究过程

在前期梳理文献和调查学习对象的基础上，对主题教育活动方案进行详细设计，并开发出相匹配的整套教育活动设计方案和辅助材料。2019年5月进行第一轮的项目实施，通过第一轮的实施效果，进行反思并在2019年6月初进行第二轮的课程实施。实施招募的对象为五、六年级学生，但实际报名参加的学生来自四、五、六三个年级。经过两轮的实施，最终形成了设计方案。项目研究过程见图3。

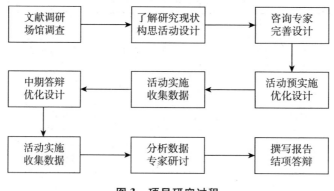

图3　项目研究过程

四 教育活动方案实施

该项目的实施是通过发布招募信息的方式进行的，从招募信息的发布到报名方式的确认，再到实施地点的确定都经过了深思熟虑。部分学生在实施过程中的参与照片见图4。

图4 部分学生课程实施过程

五 结论与反思

设计和开发系列的主题探究式学习活动，丰富科技馆教育活动的内容，以历史的视角看待科学技术，更加深学生对科学技术的理解和感悟，为探究式教育活动科普提供可借鉴的案例。在实施的基础上，有两点建议供大家参考。

第一，科技馆教育活动设计要以核心概念或跨学科概念为核心，活动内容要聚焦。在教育活动的设计与开发方面，要时刻铭记核心概念的聚焦，即活动设计要有一个灵魂贯穿始终，要通过多种形式的活动方式来实现教学目标。在实施方面，在实际实施过程中，很难保证实施过程和设计过程完全吻合，在设计时要考虑到实践的可操作性。

第二，教学目标和教学过程以及教学评价要一致。经过第一轮的实施，发现设计的内容过于冗余，导致在实际教学中出现问题。结合设计开发与实践的启发，得出活动的设计要有针对性，要面向教学目标，活动设计和实践要有侧重点的结论。当设计的活动方案目标、过程、评价一致时，活动设计和实践的侧重点自然清晰可见。

参考文献

1. 朱幼文．基于科学与工程实践的跨学科探究式学习——科技馆 STEM 教育相关重要概念的探讨［J］．自然科学博物馆研究，2017（1）：5－14.

2. 朱幼文．基于需求与特征分析的"馆校结合"开发策略［J］．中国科技教育，2018（5）：6－7.

3. 陈闯．"旋转的金蛋"展项探究式学习教育活动方案设计［D］．北京：北京航空航天大学，2015.

4. 中国自然科学博物馆协会科技馆专业委员会课题组．科技场馆基于展品的教育活动项目调研报告［A］．科技馆研究报告集（2006—2015）下册［C］．2017：29.

5. 龙金晶，陈婵君，朱幼文．科技博物馆基于展品的教育活动现状、定位与发展方向［J］．自然科学博物馆研究，2017（2）：5－14.

6. 陈晓明．探究式学习在科技馆教育活动中的应用［A］．科技馆研究文选（2006—2015）［C］．2016：3.

7. 孙伟强，张力巍．引导观众以科学实验的方式操作体验展品——科技馆展品探究式辅导的探讨［J］．自然科学博物馆研究，2016（3）：56－61.

8. 龙金晶．基于馆校结合的场馆学习介质《参观指南》研究——中外科技馆案例对比［J］．科技视界，2018（20）：18－20.

9. 何克抗，吴娟．信息技术与课程整合的教学模式研究之三——"探究性"教学模式［J］．现代教育技术，2008（9）：5－10.

基于 ARCore 平台的 AR 场馆学习系统的设计开发

项目负责人：吴超

项目组成员：杨阳　柳昌灏　刘恩睿

指导教师：蔡苏

摘　要：科技馆等场馆是非正式学习的重要场所之一，为了更好地激发参观者的参观兴趣，科技馆在展品设计时会结合时代前沿技术，在带领参观者走进技术的同时，也为参观者带来不一样的参观体验。随着增强现实技术的快速发展，一些基于增强现实技术的展品也被越来越多地应用到科技场馆，但是对比实物展品，现有的增强现实展品存在情境性塑造不足、交互较为简单、探究性不足等问题。本项目包括两个问题：①如何设计并开展一个情境式的完整的 AR 场馆探究学习活动；②对比展厅展品的学习体验效果与 AR 场馆学习活动的体验效果有什么不同。实验数据分析结果表明：进行 AR 场馆学习活动的参与者在易用性、专注度、心流体验三个维度具有更好的表现。

一　项目概述

（一）研究背景

增强现实技术在 20 世纪 90 年代被提出，到 21 世纪前 10 年，增强现实技术进入快速发展阶段，同时众多科技巨头将发展目标投向了增强现实技术，包括苹果、微软、谷歌、Facebook。2017 年 4 月，文化部印发的《文化部"十三五"时期文化产业发展规划》明确指出，要增强文化科技创新能力，围绕文化产业发展重大需求，运用数字、互联网、移动互联网、新材料、人工智能、虚拟现实、增强现实等技术，提升文化科技自主创新能力和技术研发水平。在时代潮流下，国内近几年也涌现了大量的增强现实技术公司，如 Realmax、启迪数字天下、亮风台。应用领域涵盖军事、医疗、教育、旅游、博物馆、科技馆等。

科技馆等场馆在展品设计时也紧跟时代发展潮流，运用新兴技术呈现展品内容，传播科学知识。因此在科技馆等场馆中也会见到增强现实技术的展品，这些展品给观众带来不一样的参观体验，比如中国科学技术馆的"天工开物""病毒感染"、千唐志斋博物馆的"AR 墓志铭"、大别山地质博物馆的"恐龙残骸复原"等。

然而，与其他领域增强现实技术发展火热的情况对比来看，科技馆等场馆增强现实技术的应用相对来说没有特别引人瞩目。将 AR 展品与实物展品进行对比分析会发现，AR 展品确实存在一些问题。一是情境性不足，沉浸性是增强现实技术的主要特点，但部分 AR 展品仅仅是模型内容的展示，忽略了情境的营造，对于增强现实沉浸性优势发挥不足。二是缺乏探究性，科技馆等场馆都应强调与展品的互动，而不是进行知识的灌输。基于以上问题，设计开发出符合增强现实特征的展品，使其既能够发挥增强现实沉浸性特性，又能够给观众带来很好的交互体验，并且能够进行探究性活动，这是科技馆等场馆努力的方向。

（二）研究内容

项目研究的内容主要为以下两个方面。

1. 如何设计与开发 AR 场馆学习活动

学习活动应该基于一定的教学模式或者教学方法去进行设计开发，什么样的教学模式可以与 AR 进行有效的结合？什么样的活动能够发挥增强现实的情境性并将其有效地应用于教学实践？AR 软件与活动如何对应？这是急需研究的问题。

2. 基于 ARCore 平台的 AR 场馆学习活动有什么样的体验效果

在活动开发完成之后的实施过程中，我们运用什么样的方法去探究 AR 场馆学习活动的效果，以及从哪些方面去探究 AR 场馆学习活动的效果。AR 场馆学习活动能否提升参观者的体验？这是本项目的重点研究问题。

（三）研究流程

本项目过程分为四个阶段。第一个阶段是前期调研，包括展厅调研、选定活动的主题以及活动的学习模式。第二个阶段是活动开发，包括活动理念、活动对象、活动内容、活动流程。第三个阶段是软件的设计开发，包括场景设计、交互设计以及与活动流程的契合。第四个阶段是实施评价，在科技馆中进行实验、发放与收取调查问卷、访谈，然后对调查问卷进行统计分析。研究流程见图 1。

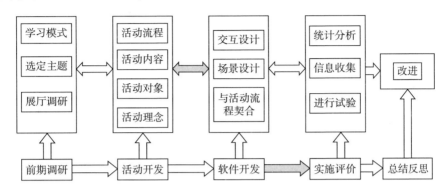

图 1　项目研究流程

二　项目成果

（一）活动设计

本项目基于 5E 学习模式进行活动设计，按照孟德尔豌豆实验的历史轨迹，将 AR 场馆学习活动分为四个部分，分别为：①豌豆苗大不同；②神奇的种子；③真相只有一个；④物竞天择。活动主题与 5E 学习模式的对应情况见图 2。

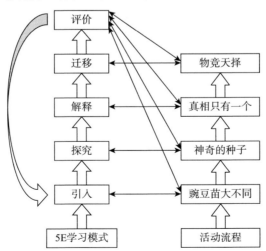

图 2　活动主题与 5E 学习模式的对应情况

注：5E 学习模型为一个环形图，此处为了对应关系明了，以树形流程图展示。

"豌豆苗大不同"作为活动开始部分，对应"引入"；"神奇的种子"为种子杂交、自交实验，对应"探究"；"真相只有一个"展示孟德尔豌豆实验的相关说明，对应"解释"；"物竞天择"提出新的情境让学生思考，对应"迁移"；"评价"主要为学生的自我评价，在活动的每个环节都会设计问题，让学生去探索答案，强化内心交流，去验证自己脑海中的想法并做出自我评价。活动设计教案如表1表示。

表1 活动设计教案

活动环节	教学内容	场景内容	学生活动	场景引导词	设计意图
引入：1.豌豆苗大不同	观察豌豆苗的不同性状。不同的豌豆苗，高矮不同，花颜色不同	设置4块地，上面都种有豌豆，但是彼此不同，分别为：高茎白花、高茎紫花、矮茎白花、矮茎紫花	观察现象并思考	嘿，欢迎你来到豌豆苗基地，看这些豌豆苗多可爱啊，但是你能发现它们彼此有什么不同吗？假如你发现了就去第二个空间看看吧	引发参观者的兴趣，同时引导参观者思考：为什么都是豌豆苗，但是有高低；都是开花，但是花的颜色不同
探究：2.神奇的种子	探究自花授粉、异花授粉亲代结出种子的不同，性状分离现象	设置2块地，提供6个种子，分别为3颗纯种灰皮、3颗纯种白皮，每块地可放置1颗种子，可以选择自交产生的4颗新种子，当2块地同时有种子时，可以选择杂交	动手探究并观察现象，并且能够总结	把这些种子种到地里吧，观察它们结出的种子有什么不同	豌豆有灰皮和白皮之分，场景中提供3颗纯种的灰皮和白皮种子。学生可以自己选择自交或者杂交，探究遗传的规律
解释：3.真相只有一个	讲解性状，显性基因、隐性基因自花授粉、异花授粉相关知识。基因分离、孟德尔实验流程图以及猜想假设	设置1间书房，桌子上有孟德尔豌豆实验的统计数据。墙上四周为实验相关知识，以及实验记录单。	结合第二个环节动手探究，观看解释说明部分	看，这里好像是他所做的实验记录，有什么发现吗	展示孟德尔豌豆实验的一些图形解释、数据、猜想以及怎么验证猜想的方法

续表

活动环节	教学内容	场景内容	学生活动	场景引导词	设计意图
迁移：4. 物竞天择	自然选择学说：物竞天择，适者生存	两座岛屿：一座岛屿经常刮大风；一座岛屿有阳光、灌木丛。两个岛屿都存在高茎豌豆和矮茎豌豆	猜想不同岛屿的高茎豌豆和矮茎豌豆的生长情况	这里有两座海岛，上面都有高茎豌豆和矮茎豌豆，但是一座海岛经常刮大风，一座海岛阳光充足，植被丰富。你觉得随着时间的推移，两座岛上的高茎豌豆和矮茎豌豆命运会如何	两座岛屿分别代表"物竞"和"天择"，与达尔文生物进化论相联系

（二）活动实验结果

1. 研究方法

本项目主要采用准实验法，研究基于 ARCore 平台的 AR 场馆学习活动在科技馆中的应用效果，对比科技馆实物展品，从兴趣度、易用性、情感依附、专注度、在场感以及心流体验这六个维度去分析 AR 体验与场馆展品体验的效果。

本项目拟采用准实验法，分为实验组 a、实验组 b。实验组 a 先体验展区展品后参与 AR 活动，实验组 b 先参与 AR 活动后体验展区展品。然后分别对其进行问卷调查。实验研究分析具体为：①实验组 a 的先体验展区展品与后参与 AR 活动的对比分析；②实验组 b 的先参与 AR 活动与后体验展区展品的对比分析；③实验组 a 的先体验展区展品与实验组 b 的先参与 AR 活动的对比分析；④实验组 a 的后参与 AR 活动与实验组 b 后体验展区展品的对比分析；⑤实验组 a 的先体验展区展品与实验组 b 的后体验展区展品的对比分析；⑥实验组 a 的后参与 AR 活动与实验组 b 先参与 AR 活动的对比分析。从六个不同的维度来对比分析 AR 体验与展区展品体验的效果（见图 3）。

2. 研究结果

本次实验在中国科学技术馆进行，一共有 44 位同学参与了实验，但是有 4 位同学因个人原因没有完成全部活动，因此本项目的有效参与人数为 40 人，

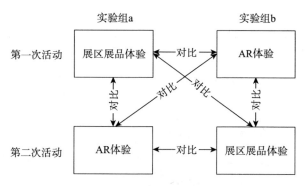

图 3　AR 体验与展区展品体验效果的对比分析

其中男生 23 人、女生 17 人。在年级上的分布为：七年级 4 人、八年级 1 人、九年级 35 人。收回有效问卷 80 份：实验组 a 共有 20 人参与，40 份有效数据；实验组 b 共 20 人参与，40 份有效数据。

（1）实验组 a 前后测对比分析

实验组 a 一共有 20 人参与，实验对象都是先体验展区展品与后参与 AR 活动。对实验组 a 六个维度进行前后测配对样本 t 检验分析得出结果见表 2。

表 2　实验组 a 前后测配对样本 t 检验

维度	检测	样本数	平均值	标准差	t
兴趣度	前测—展品	20	26.55	1.93	−1.54
	后测—AR	20	27.30	1.75	
易用性	前测—展品	20	20.15	4.80	−1.87 *
	后测—AR	20	21.90	3.35	
情感依附	前测—展品	20	19.05	1.85	0.14
	后测—AR	20	19.00	1.86	
专注度	前测—展品	20	16.80	3.30	−1.77 *
	后测—AR	20	18.00	2.10	
在场感	前测—展品	20	22.70	4.14	−1.34
	后测—AR	20	24.05	2.96	
心流体验	前测—展品	20	15.90	3.23	−1.79 *
	后测—AR	20	17.40	2.87	

注：* $p < 0.1$，** $p < 0.05$，*** $p < 0.001$。

从表 2 来看，展品体验和 AR 体验实验对象的兴趣度、情感依附、在场感没有显著差异。展品体验和 AR 体验实验对象的易用性、专注度、心流体验有显著差异。

（2）实验组 b 前后测对比分析

实验组 b 一共有 20 人参与，实验对象都是先参与 AR 活动与后体验展区展品。对实验组 b 六个维度进行前后测配对样本 t 检验分析得出结果见表 3。

表 3　实验组 b 前后测配对样本 t 检验

维度	检测	样本数	平均值	标准差	t
兴趣度	前测—AR	20	25.55	1.93	2.16**
	后测—展品	20	23.10	1.75	
易用性	前测—AR	20	21.50	4.80	0.89
	后测—展品	20	20.00	3.35	
情感依附	前测—AR	20	17.95	1.85	1.04
	后测—展品	20	17.00	1.86	
专注度	前测—AR	20	17.50	3.30	2.07**
	后测—展品	20	15.50	2.10	
在场感	前测—AR	20	23.00	4.14	3.01**
	后测—展品	20	20.20	2.96	
心流体验	前测—AR	20	15.90	3.23	2.09**
	后测—展品	20	14.35	2.87	

注：$^{*} p < 0.1$，$^{**} p < 0.05$，$^{***} p < 0.001$。

从表 3 来看，展品体验和 AR 体验实验对象的易用性、情感依附没有显著差异。二者在兴趣度、专注度、在场感、心流体验方面有显著差异。

（3）实验组 a 前测与实验组 b 前测对比分析

此次对比分析的目的在于：实验对象都是第一次参与活动，对比分析其第一次参与 AR 活动与体验展品的结果会不会有显著性差异。实验组 a 前测与实验组 b 前测独立样本 t 检验见表 4。

表4　实验组 a 前测与实验组 b 前测独立样本 t 检验

维度	检测	样本数	平均值	标准差	t
兴趣度	组 a 前测—展品	20	26.55	1.93	1.17
	组 b 前测—AR	20	25.55	3.32	
易用性	组 a 前测—展品	20	20.15	4.80	-0.91
	组 b 前测—AR	20	21.50	4.54	
情感依附	组 a 前测—展品	20	19.05	1.85	1.16
	组 b 前测—AR	20	17.95	3.82	
专注度	组 a 前测—展品	20	16.80	3.30	-0.65
	组 b 前测—AR	20	17.50	3.53	
在场感	组 a 前测—展品	20	22.70	4.14	-0.23
	组 b 前测—AR	20	23.00	4.20	
心流体验	组 a 前测—展品	20	15.90	3.23	0.00
	组 b 前测—AR	20	15.90	0.81	

如表4所示，AR 体验与展品体验在六个维度都没有显著性差异，说明对于实验对象来说，第一次参与 AR 活动与体验展品的感受没有明显差异。

（4）实验组 a 后测与实验组 b 后测对比分析

此次对比分析的目的在于：实验对象都是第二次参与活动，因为有了第一次参加活动的经历，对比分析第二次问卷调查的结果是否有不同之处。对实验组 a 后测与实验组 b 后测进行独立样本 t 检验分析得出结果见表5。

表5　实验组 a 后测与实验组 b 后测独立样本 t 检验

维度	检测	样本数	平均值	标准差	t
兴趣度	组 a 后测—AR	20	27.30	1.75	3.08 **
	组 b 后测—展品	20	23.10	5.84	
易用性	组 a 后测—AR	20	21.90	3.35	1.18
	组 b 后测—展品	20	20.00	6.36	
情感依附	组 a 后测—AR	20	19.00	1.86	1.65
	组 b 后测—展品	20	17.00	5.01	
专注度	组 a 后测—AR	20	18.00	2.10	2.35 **
	组 b 后测—展品	20	15.50	4.27	

维度	检测	样本数	平均值	标准差	t
在场感	组 a 后测—AR	20	24.05	2.96	2.74**
	组 b 后测—展品	20	20.20	5.54	
心流体验	组 a 后测—AR	20	17.40	2.87	2.40**
	组 b 后测—展品	20	14.35	4.90	

注：* $p < 0.1$，** $p < 0.05$，*** $p < 0.001$。

从表 5 来看，实验对象第二次参与活动后的数据有显著性差异。AR 体验和展品体验在易用性、情感依附方面没有显著差异。二者在兴趣度、专注度、在场感、心流体验方面有显著差异。

（5）实验组 a 前测与实验组 b 后测对比分析

此次对比分析的目的在于：实验对象都是参与展品体验，但是有先后之分，有的第一次就进行展品体验，有的参加 AR 体验之后参与展品体验，对比分析参与的顺序对于活动结果是否有影响，是否存在差异。实验组 a 前测与实验组 b 后测配对样本 t 检验见表 6。

表 6　实验组 a 前测与实验组 b 后测配对样本 t 检验

维度	检测	样本数	平均值	标准差	t
兴趣度	组 a 前测—展品	20	26.55	1.93	2.51**
	组 b 后测—展品	20	23.10	5.84	
易用性	组 a 前测—展品	20	20.15	4.80	0.08
	组 b 后测—展品	20	20.00	6.36	
情感依附	组 a 前测—展品	20	19.05	1.85	1.69
	组 b 后测—展品	20	17.00	5.10	
专注度	组 a 前测—展品	20	16.80	3.30	1.08
	组 b 后测—展品	20	15.50	4.27	
在场感	组 a 前测—展品	20	22.70	4.14	1.62
	组 b 后测—展品	20	20.20	5.54	
心流体验	组 a 前测—展品	20	15.90	3.23	1.18
	组 b 后测—展品	20	14.35	4.90	

注：* $p < 0.1$，** $p < 0.05$，*** $p < 0.001$。

从表 6 来看，只有在兴趣度方面，先参与展品体验与后参与展品体验有显著差异，而在易用性、情感依附、专注度、在场感、心流体验这五个方面没有显著差异。从平均值来看，先参与展品体验高于后参与展品体验。

（6）实验组 a 后测与实验组 b 前测对比分析

此次对比分析的目的在于：实验对象都是参与 AR 体验，但是有先后之分，有的第一次就进行 AR 体验，有的参加展品体验之后参与 AR 体验，对比分析参与的顺序对活动结果是否有影响，是否存在差异。实验组 a 后测与实验组 b 前测配对样本 t 检验见表 7。

表 7　实验组 a 后测与实验组 b 前测配对样本 t 检验

维度	检测	样本数	平均值	标准差	t
兴趣度	组 a 后测—AR	20	27.30	1.75	2.09 **
	组 b 前测—AR	20	25.55	3.32	
易用性	组 a 后测—AR	20	21.90	3.35	0.31
	组 b 前测—AR	20	21.50	4.55	
情感依附	组 a 后测—AR	20	19.00	1.86	1.10
	组 b 前测—AR	20	17.95	3.82	
专注度	组 a 后测—AR	20	18.00	2.10	0.54
	组 b 前测—AR	20	17.50	3.53	
在场感	组 a 后测—AR	20	24.05	2.96	0.91
	组 b 前测—AR	20	23.00	4.20	
心流体验	组 a 后测—AR	20	17.40	2.87	1.20
	组 b 前测—AR	20	15.90	4.81	

注：$* p < 0.1$，$** p < 0.05$，$*** p < 0.001$。

从表 7 来看，只有在兴趣度方面，后参与 AR 体验与先参与 AR 体验有显著差异。而在易用性、情感依附、专注度、在场感、心流体验这五个方面没有显著差异。从平均值来看，后参与 AR 体验高于先参与 AR 体验。

综合上述六次对比分析情况，可以得出，AR 场馆学习活动能显著提升参观者的参观体验。从几次对比分析中可以发现，AR 场馆学习活动在专注度、在场感、心流体验这三个测量维度的体验效果与展品有显著差异，AR 场馆学习活动效果高于展厅展品活动。访谈分析部分，被试者对此活动做出了比较高的评价，表示在以后的参观中会愿意参加类似的活动，表明 AR 场馆学习活动有一定的受众基础，能够在场馆中落地实施。

三 总结

本项目设计开发的 AR 场馆活动基于 5E 学习模式、ARCore 平台开发完成，从研究方法来看，通过六次对比分析，尽可能地获得更准确的实验对比结果，也从不同的角度对比分析 AR 场馆学习活动的体验效果，数据资料翔实，分析合理；结果可信，结论充实，具有较高的现实意义。从现场实施以及访谈分析情况来看，实验对象对于 AR 活动的评价较高，说明此学习活动设计开发合理得当，验证了在 AR 场馆开展学习活动的可行性，为科技馆引入增强现实展品提供参考。

参考文献

1. 朱森良，姚远，蒋云良．增强现实综述[J]．中国图象图形学报，2004（7）：3 – 10.

2. 文化部"十三五"时期文化产业发展规划[N]．中国文化报，2017 – 04 – 20.

3. 褚凯莉．固定型增强现实技术在科技馆中的应用分析[C]．博物馆的数字化之路，北京：电子工业出版社，2015.

4. 孙玉珩，马立军．探析 AR 技术在墓志铭博物馆展示模式中的应用——以千唐志斋博物馆为例[J]．美与时代（城市版），2019（2）：109 – 111.

数学史科普教育活动

——数史通折的设计与开发

项目负责人：刘启盈

项目组成员：杨凯钦　夏爽　许健　钱景隆

指导教师：傅骞

摘　要：本项目通过前期对学生学习需求以及数学史科普现状的分析，确定了以科普数学史为主要目的，利用折纸工具进行数学知识探索，以激发学生数学学习兴趣、提升学生数学学习能力的活动主题。在题目的引导下，进一步通过科技馆调研、受众对象学情分析、教学方法研究，总结出活动设计的具体流程和教学环节，并开发了一套完整的包括教案、教学 PPT、学习单、评价表在内的教学资源。为保证活动设计的合理性，本项目研究人员选择几项活动在科技馆组织实施，取得良好效果，并对收集的反馈进行分析，给出未来在科技馆开展此类活动以及进行数学史科普的建议。

一　项目概述

（一）　研究缘起

随着自然科学的兴起和快速发展，人类社会对于科学技术的应用与探索与日俱增，这就对教育提出了更高的要求。社会需求的变化要求学生不仅要学习和掌握科学知识，还要了解科学的本质、理解科学过程及一些基本的科学研究方法。

数学作为自然科学的重要组成部分，承载提高学生科学素养、促进学生全面发展的重任。英国数学家德摩根认为研究数学的历史正是为了对数学本质有一个更好的认知，他强调只有了解数学史才能更好地获得正确的数学研究方法。将数学史应用于数学教育不仅有助于激发学生学习的动机与兴趣、帮助学生建构数学知识、让学生深刻理解数学知识，还能让学生了解数学的多元文化意义，深刻体会学科内涵。

鉴于数学史对于数学教育具有重要意义，数学史的科普就变得尤为重要。数学史依托于数学知识的发现、发展历程，以书面文本的形式进行数学史的科普虽然全面，但是仅凭文字和图片很难形成对数学史中数学知识的深刻理解，而科技馆的存在恰恰弥补了这样的不足，其正是以数学知识为单位进行的科普数学史的重要平台。

折纸作为数学教学的重要工具，可以使静止的平面图形动起来，让学生直观地研究数量关系和空间形式，通过折叠来增加学生的思维量。该操作过程不仅使学生经历了观察、操作、推理、想象等过程，体现了自主探索、合作交流与实践创新的学习方式；而且考察了学生的数学知识、数学素养、空间想象能力和动手实践能力，有效促进了学生数学能力的发展。

综上，将数学史引入数学教学中，对于学生学习数学，增进其对于数学学科的学习热情具有非常重要的意义。但目前国内外对于数学史的科普工作开展得比较少，介于学校知识体系和活动开展的局限性，需要在科技馆中寻求一种有效的教学方式来加深学生对于数学的理解，并完善对于数学史的科普。

因此，本项目拟在科技馆开展利用折纸探索数学的创新课程，以探索数学史的发展为主线，充分利用科技馆的展品资源，通过折纸来揭示数学知识的奥秘。这既可使学生对数学史有系统的认识，又可使其已掌握的数学知识有更加形象和深刻的理解，对于未掌握的数学知识有一定的认知，为以后的数学学习奠定基础，同时提高学生思考和解决问题的能力，培养其创新思维。

（二）研究过程

1. 文献研究确定科普活动的教学主题、模式和环节（2018.12~2019.1）

项目初期共调研国内四所科技馆来了解数学科普的情况，针对现状和相关文献分析选择项目活动开展所依据的教学模式和方法，即 HPS 教学模式和做中学教育理论，并依此确定教学活动开展的流程。

2. 数学史科普资源制作和教育活动教案设计（2019.1~2019.4）

项目依据第一阶段确定的教学模式和主题进行活动设计，在设计中充分考虑活动受众对象的学情特点，以及每个主题活动的特点、难易程度。充分结合各种教学资源如 PPT、视频、图片、学习单，力求设计的活动达到最佳效果。

3. 科普教育活动实施 （2019.4～2019.5）

依据前期编写的教案来开展数学史科普教育活动，在活动的开展过程中以问卷调查和访谈的形式，收集对于教育活动实施效果的反馈，进行对教育活动的不断完善。多次对领域内的专家进行访谈，寻求教育活动的指导和改进意见，并调研国内其他科技馆数学展区的展示情况，对教育活动进行适当调整或总结出对于科技馆数学展区的设计建议。

4. 项目成果总结归纳 （2019.5～2019.6）

对收集到的问卷数据进行分析，形成对于活动效果的客观评价，并对活动开展的全过程进行总结，生成项目研究报告。

（三） 主要内容

1. 国内科技馆调研

本项目在整个研究的过程中共调研了国内四所科技馆数学展品的情况，以下分别对各个科技馆数学展品对应的数学知识点和数学发展的阶段进行总结。

（1）中国科学技术馆

中国科学技术馆的数学展品种类丰富，数量较多，而且几乎比较均匀地分布在数学发展的各个阶段，所涉及的内容以几何为主（见表1）。

表1　中国科学技术馆数学展品

数学发展阶段	展品名称	数学原理
数学形成阶段	算筹	进制
	出入相补九章算术 （前五章）	面积、体积计算 比例、分数、面积、体积计算
	九章算术 （后四章）	方程，勾股定理
	勾股定理	勾股定理
	隙积术 贾宪三角	等差级数求和 二项式定理
	圆周率的计算	圆周率
	纵横图	组合数学（起源）
	巧妙构图	黄金分割

续表

数学发展阶段	展品名称	数学原理
近代数学阶段	手指推大厦	指数增长
	传销的阴谋	等比数列求和
	双曲隧道	双曲线
	抛物线、椭圆、双曲线的光学性质	圆锥曲线
	几何投影变换	投影
	万花规	圆内摆线
现代数学阶段	滚出直线	旋轮线
	圆与等宽曲线	莱洛三角形
	井盖游戏	莱洛三角形
	莫比乌斯带	拓扑

（2）济南科学技术馆

济南科学技术馆的数学展品主要展示几何的数学之美及几何中蕴含的规律，展品包含的数学知识所对应的历史阶段分布得不够均匀，主要集中在近代数学阶段（见表2）。

表2　济南科学技术馆数学展品

数学发展阶段	展品名称	数学原理
初等数学阶段	正弦曲线	三角函数
近代数学阶段	单叶双曲面	曲面
	马鞍面	曲面
	螺旋面	曲面
	双曲夹缝	圆锥曲线
	正交直线磨	圆锥曲线
	抛物线	圆锥曲线
	圆的十七等分	费马数
	八皇后问题	回溯算法
现代数学阶段	星形线	内摆线
	克莱因瓶	拓扑
	混沌摆	微分方程

（3）陕西科学技术馆

陕西科学技术馆的数学展品实体较少，大部分以展板的形式进行文字和图形讲解，但是注入一定的数学史元素，很多展品介绍了数学家的事迹和贡献，展品同样多为几何内容（见表3）。

表3　陕西科学技术馆数学展品

数学发展阶段	展品名称	数学原理
初等数学阶段	汉诺塔	递归
近代数学阶段	画出椭圆	圆锥曲线
	正交十字磨	圆锥曲线
现代数学阶段	万花规	内摆线
	分形艺术	分形

（4）天津科学技术馆

天津科学技术馆的数学展品内容很丰富，趣味性也很强，而且按照一定的历史主线进行排布，也有对数学史的介绍。

表4　天津科学技术馆数学展品

数学发展阶段	展品名称	数学原理
数学形成阶段	圆柱与圆锥	出入相补
初等数学阶段	九连环	递归
	汉诺塔	递归
	猜生肖	二进制
	圆、方和十字	三视图
近代数学阶段	正交十字磨	圆锥曲线
	八皇后问题	回溯算法
现代数学阶段	六阶幻方铁板	数论
	四色定理	拓扑

综上，通过对国内四所科技馆数学展品的调研分析，不难发现，目前科技馆鉴于趣味性的需要，对于数学展品内容的选择偏向几何方面，对于数学原理的介绍基本停留在展品本身，很少插入数学史的介绍。展品之间的关联性不强，数学展区缺乏一定的整体性。

因此本项目在选择科普内容时应综合考虑，既要以科技馆普遍展出的展品作为科普活动的主题来与展品建立联系，帮助学生更深刻地理解展品；同时要找寻科技馆的科普盲区，完善受众对于数学史的全面认识。

2. 项目活动内容

本活动充分考虑学生的认知水平，以及《中国学生发展核心素养》对于学生的发展要求，并结合科技馆已有的展品和设施，将活动在一条主线下分为四大主题，具体活动安排见表5。

表5　具体活动安排

数学发展阶段	活动主题	活动内容
追根溯源 （数学形成阶段）	子主题1：平分的技巧 子主题2：几何的玄机 子主题3：数的新成员	了解人类对于最基本的数学概念的建立方式，从数数开始逐渐建立了自然数的概念、简单的计算法，并认识了最基本、最简单的几何形式
巧夺天工 （初等数学阶段）	子主题1：神奇的瓷砖 子主题2：精致的别墅 子主题3：古人的玩具	了解人类由基本的数学概念逐渐衍生出初等数学的分支，体会由解决生产生活问题总结出的数学规律的实用主义色彩
他山之石 （近代数学阶段）	子主题1：制作漏斗 子主题2：制作抛物线	了解人类由初等数学进一步探索几何和代数，使其成为高等数学中的具体学科的过程
叹为观止 （现代数学阶段）	子主题1：制作门格海绵 子主题2：秒变的结构	了解人类数学的发展进入现代化时代后所产生的新的研究领域，体会与其他各领域结合碰撞出的魅力

3. 教学方法

（1）HPS教育模式

英国科学教育学者孟克和奥斯本在总结科学教育的历史经验的基础上，借鉴建构主义理论，提出了将科学史内容融入科学课程与教学的策略，即HPS教学模式（History Philosophy and Sociology of Science）。这一模式的教学程序包括6个环节（见图1）。

提出问题 → 引出观念 → 学习历史 → 设计实验 → 呈现科学观念并检验 → 总结与评价

图1　HPS教育模式的教学程序

在HPS教育模式的教学过程中，教师可以充分地将科学史学习与当前的科学概念和理论的学习有机地融合在一起，其教学过程是一个问题解决的探究过程，能够充分发挥学生的主体性，促使他们主动学习和建构知识，有利于培养学生解决问题的能力和创新能力，使其最终通过探究活动来实现观念的转变，

351

形成正确的科学观念。本项目所设计的教育活动属于科学教育的范畴，同时教学主线为科普数学史，其在科学史的范畴内，因此可以借鉴 HPS 教育模式。

（2）做中学

"做中学"是一种由美国科学家总结出来的教育思想和方法，旨在使学生以科学的方法学习知识，强调不仅使学生了解科学的成果和理解科学的过程，还要让学生亲历科学探索的过程，全面提高学生的科学素养。在数学实践活动课上，学的过程就是学生根据自身发展需要的"主动做"的过程，教的过程也是学生根据需要的"主动做"的过程。只有在动手操作中，学生才会经历知识的形成和发展的过程，才会更好地锻炼自身的数学能力，更好地驾驭数学。

4. 项目实施

本项目选取所设计的两个教学活动，即"古人的玩具"（七巧板）、"秒变的结构"（三浦和立体旋转模型），在科技馆 520 室开展两轮的活动，每节课均有 10 名学生参与，以下为具体实施展示过程。

（1）活动一："古人的玩具"（七巧板）

阶段一。通过历史情境引发学生思考，加入历史观点开启活动探究，结合科技馆展品，以 PPT 形式进行故事展示和讲解（见图2）。

探究问题：七巧板中有几种图形？面积分别为多少？

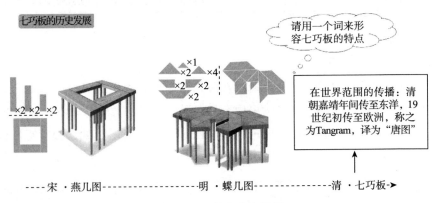

图2　PPT 部分内容展示

阶段二。利用折纸在折叠过程中感受几何形状，探索折叠规律，根据面积的大小选择合适的纸张，进行七巧板形状折叠。实施情况见图3。

展示形式：通过 PPT 进行折叠步骤展示，老师进行步骤分解教学。

探究问题：是否能找出封闭折叠的操作规律？

图3 七巧板折叠的实施情况

阶段三：利用探究中搜集的证据进行验证，比较两个图形的面积大小，总结七巧板蕴含的数学原理。实施情况见图4。

展示形式：小组讨论，合作探究。

探究问题：能否用七巧板拼出两个图形？请总结七巧板的数学原理。

图4 利用七巧板拼图形的实施情况

阶段四：通过科普数学史来加深学生对数学本质的认识，了解七巧板的发展历史。

展示形式：科普小视频播放（秒懂百科），通过 PPT 进行展示。

（2）活动二："秒变的结构"（三浦和立体旋转模型）

阶段一：通过历史情境引发学生思考，加入历史观点开启探究，从生活中航天领域问题的解决引入对几何模型结构的介绍。

展示形式：视频和 PPT。

探究问题：二维结构和三维结构是怎样相互转换的？

阶段二：利用折纸在折叠过程中感受几何形状，探索折叠规律，根据面积的大小选择合适的纸张，进行三浦结构折叠。实施情况见图 5。

展示形式：以 PPT 形式进行折叠步骤展示，老师进行步骤分解教学。

探究问题：为什么要区分山折和谷折？

图 5　三浦结构折叠的实施情况

阶段三：利用折纸在折叠过程中感受几何形状，探索折叠规律，根据面积的大小选择合适的纸张，进行立体旋转结构折叠。实施情况见图 6。

展示形式：以 PPT 形式进行折叠步骤展示，老师进行步骤分解教学。

探究问题：总结规律，并谈谈折痕对于几何模型结构的影响。

图 6　立体旋转结构折叠的实施情况

阶段四：通过科普数学史来加深学生对数学本质的认识，联系生活实际讨论结构的应用，自主设计一个可用于生活的模型展示形式。

二　研究成果

（一）　教学资源

数学史科普资源（PPT）：每一阶段制作一个数学史科普 PPT，贯穿整个教学活动的实施过程，作为教学活动情境引入、思维引导和拓展延伸的素材。

教育活动教案：每个子主题各一篇教学设计，具体包括教学环节流程、教师和学生行为规划以及配套学习单。

评价材料：针对每个子主题的活动，设计学生对于教学活动的评价表以及老师对学生学习情况的形成性评价和总结性评价表。

（二）　活动效果评估

本项目分别在活动实施前和实施后对学生进行多元维度评价，通过分析问卷收集到的数据，得出以下结论。

第一，对于数学史的科普形式，学生喜爱程度排序为视频＞口述故事＞图片展示。

第二，学生对数学史不同内容喜爱程度排序为某个数学原理的发现故事＞与生产生活相联系＞科学家的生平＞某个数学原理的发展演变。

第三，本活动的开展能够激发学生对于数学史的兴趣，提升学生对于数学史的掌握水平。

第四，本活动的开展能够激发学生对于数学学习的兴趣。

第五，本活动的开展能够让学生收获数学知识和基本技能、科学探究方法，感悟科学精神并构建数学空间思维框架。

（三）　活动设计及数学科普建议

第一，考虑受众群体的广泛性。数学史的科普需要通过系列活动来完成，适合在假期开展夏令营式的活动，可以招募更多学生参与其中。

第二，数学史科普要有趣味性。活动开展中尽量使用视频的形式，这样既可以充分激发学生兴趣，又可以加深学生理解。展品旁可附加数学原理发现的故事。

第三，活动内容要易探究。各个科技馆可以根据自己的展品来设计活动，需要注意，所选择的数学知识必须具有一定的可探究性和可操作性。

第四，场馆展品之间要体现关联性。科技场馆应将有联系的展品放在一起，尽量按历史主线排列。

三　创新点

第一，以数学史为探究线索，以带领学生穿越数学的发展进程为情境，让学生仿佛置身在每一历史时期，产生共情，在情境的探索中，形成对数学知识的系统性认识。

第二，通过折纸模拟来解决数学问题，学生可以将抽象的数学问题落实到折纸的表达上，完成对数学知识的认识和理解。这种方法有利于增强教育活动的趣味性和可操作性，有利于培养学生的探究思维和能力。

第三，充分与科技场馆的展品相结合，在教学过程中，教师通过对相关展品的学习，能够提供项目任务完成的思路；在教学过程结束后，能够加深学生对于科技场馆展品的认识。

四　应用价值

本项目开发了一套完整的包括教案、教学 PPT、学习单、评价表在内的教学资源。其不仅可以对科技馆展品的介绍进行有效的补充，还可以应用于馆校结合的活动，将数学史的内容与教材中的数学知识有机结合，在提升数学探究能力的同时加深学生对数学的理解。同时，项目研究发现，数学史包含的内容非常丰富，本项目活动所涉及的数学史只能简单地呈现数学发展的大致走向，仍需要继续选择相关内容进行补充。本项目为此类科普活动的设计、开展提供了很好的范例，希望可以为后续的科普活动提供有意义的借鉴。

基于场馆的中国古天文科普活动设计

项目负责人：马祎曦
项目组成员：李萌　马媛媛　林滢珺　王宇菲
指导教师：余胜泉　余恒副

摘　要： 中国古天文是我国古代科技文化成就中非常重要的一部分，大众对该方面的知识也较为感兴趣。但中国古天文的科普存在很多难点，如仪器不好复原、注重历史讲授忽略科学原理、活动同质化明显等。长期以来，很多专家学者都强调在科技馆教育活动中加入探究成分，因为探究式学习可以加强学生的主体地位和自主学习能力，且科技馆为探究式学习提供了良好的环境。因此，本活动基于中国科学技术馆"华夏之光"展厅古天文展区，设计了探究式教育活动，为中国古天文科普、科技馆教育活动提供了可参考的案例。

一　项目概述

（一）项目缘起

1. 中国古天文科普现状

中华文明绵延数千年，源远流长，其中天文学便是镶嵌在我国历史长河里的一颗璀璨的明珠。中国古代在时间历法、天文观测、天文仪器的制造等方面取得了巨大成就，很多发明和观测结果在当时世界上处于领先地位，同时用纸本、绢帛、壁画、石刻等各种方式留下了丰富的星空图像资料。天文的思想和知识渗透在建筑、农业生产、日常生活、诗词歌赋等方面。

我国古代天文成就辉煌，但是自成体系，和现代天文差异较大。一般的现代天文馆少有专门展区展出我国古天文的成就，相关的科普活动更少。中国科技馆"华夏之光"展厅的古天文展区是为数不多的集中展示我国古天文成就的展区。展区有各式展品共 15 件左右，按功能分为三个主题，分别是测时计时、观测星空、星空的记录和展示，可以比较完整地展现我国古代天文的成就。同时分主题的方式可以将展品的内在逻辑联系展示出来，避免参观者因展品过多而产生记忆混乱。

在这些展品中，除简仪、玲珑仪外，展出方式均为陈列辅以文字讲解。而简仪虽有辅助动画进行演示，但由于原理较复杂且平时不可触摸，参观者看完依旧很难理解其操作过程。笔者经现场调研发现，很多参观者对该区域充满兴趣，但大部分人尤其是小朋友，没有耐心或没有能力仔细阅读展品的相关原理和操作方法，也很难通过文字理解其复杂的结构，基本都需要家长辅助，而绝大部分家长对古天文知识并不是很了解，起到的辅导作用很有限。这些情况表明，参观者对古天文展区有较强的专业辅导需求。

笔者实地调研和专家访谈情况显示，如今中国古天文科普活动比较成熟的仅有日晷的模型制作（各地）、简仪的讲解和操作（中国科学技术馆）、绘制古星图的比赛（古观象台），以及古星图的木刻水印和拓印活动（古观象台）等。其中日晷由于原理简单明了、设计直观巧妙、容易复原，且包含的科学原理符合小学科学课程标准要求，其模型制作活动非常容易开展并且效果很好。如今该活动已经非常成熟，但也造成了活动内容的单一化。简仪的讲解和操作是中国科学技术馆的特色活动之一，吸引了很多观众参与，存在的缺憾是活动次数较少，难以满足大部分参观者的需要。因此，可以适当增加一些趣味性环节和活动次数。而目前和星图相关的活动，非常巧妙地把星图和古代印刷工艺结合在一起，通过学科间的融合让观众充分感受中国古人的智慧。但星图本身是将立体的天球平面化的结果，如今的活动对星图中蕴含的天球投影等相关科学知识没有太多涉及，存在一些遗憾。

综上所述，中国古天文科普活动还有很大的发展空间，且中国科技馆有很好的硬件条件，值得进一步探索。

2. 探究式教学法在科技馆的应用

探究式教学法（Inquiry Teaching），又称发现法、研究法，是指学生在学习概念和原理时，教师只是给他们一些事例和问题，让学生自己通过阅读、观察、实验、思考、讨论、听讲等途径去独立探究，自行发现并掌握相应的原理和结论的一种方法。在探究式教学的过程中，学生的主体地位、自主能力都得到了加强。这种教学法不仅教会学生所学的知识是什么，更主要的是启发学生去思考为什么。探究式教学法能够解决传统的教学法所无法解决的问题，即知识的获得过程。在学习过程中，学生可将书本上的间接经验转化成直接经验。

在科技馆开展探究式教育活动是必要且可行的。科技馆硬件设施为探究式活动创设了优良的教学环境，且科技辅导员队伍为探究式活动提供了强大的师资力量。

（二） 研究过程

本项目依托中国科技馆"华夏之光"展厅古天文展区，结合科技馆活动室，基于 STEAM 教育理念，采用探究式教学法，设计和开发中国古天文主题教育活动，旨在达到以下目的。

第一，通过中国古天文相关的系列科普教育活动，使学生了解古代计时测时、测量天体位置的仪器和原理，了解我国划分星空的方式和在天文上的成就。

第二，基于探究式教学法，让学生在活动探究和作品制作中，体验科学研究的过程，学会科学研究的方法，形成真实情境下问题解决的能力，树立科学精神。

第三，针对中国科学技术馆现有活动的可改进之处，完善相关课程内容，丰富科技馆的教学课程，并达到展品展示的预期效果，使受众更充分地理解、体验展品。

第四，形成一套可实施的中国古天文系列教育活动设计方案和相应成套的活动辅助材料。

项目使用的研究方法为访谈法、问卷调查法和基于设计的研究方法。

项目研究过程如图 1 所示。

（三） 主要内容

1. 需求和理论调研

情况调研：通过访谈等方式，对中国古天文科普现状进行调研，了解现状和需求，从而有针对性地设计活动。

探究式学习理论研究：深入了解探究式学习理论，研究其和科技馆活动联系的案例，总结模式和特点，依据探究式教学法进行活动的设计与开发。

2. 教学活动设计开发

本次活动根据展品的功能分为三个主题，分别为"斗转星移"（计时测时

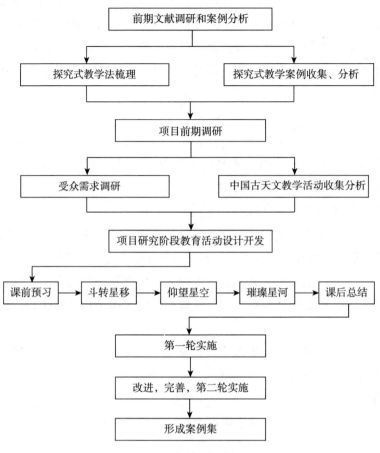

图1　项目研究过程

篇）、"仰望星空"（观测篇）和"璀璨星河"（星图和天球仪篇），具体涉及的
展品如表1所示。

表1　活动涉及的展品

主题	展品
斗转星移	铜壶滴漏、仰仪、日晷、登封观象台、圭表
仰望星空	浑仪、简仪
璀璨星河	三垣四象二十八星宿、世界最早天象记录、星图

在"斗转星移"中，学生在参观完展品、对时间的计量有初步认知后，动
手制作一个日晷模型，加深对太阳与时间之间关系的理解。

在"仰望星空"中，学生通过操作简仪，了解我国古人测量天体位置的方法，体会我国古代劳动人民的智慧。

在"璀璨星河"中，学生参观与星图相关的展品，感受我国在天文记录上的成就，并制作一个属于自己的"星空瓶"，体会艺术与科学结合之美。

3. 评估改进

将开发的教育活动进行第一轮实施，通过观察、访谈和问卷等方式收集学习者的反馈信息，进行数据分析。根据分析结果改进活动，进行第二轮实施。实施后再次改进，最终完善活动设计，形成具有实际意义、可实施的教育活动方案。

二 研究成果

（一） 现状调研

为了了解目前已有的与中国古天文相关的活动和展品，确定可借鉴或改进的部分，笔者到中国科技馆进行了实地调研。

关于对中国科学技术馆已有的中国古天文相关科普活动的调研，笔者对"华夏之光"展厅的辅导员进行了采访。在访谈中笔者了解到，中国科学技术馆已有的相关活动主要为日晷模型制作和简仪的讲解与操作。日晷模型的制作作为一个比较常规的项目，已经很成熟，但也陷入了循规蹈矩的瓶颈。简仪的讲解与操作很受欢迎，可惜出于种种原因，举办次数有限，有机会参与的观众不多。

关于中国科学技术馆"华夏之光"古天文展区的情况，笔者在该展区观察并随机采访了数十位观众。绝大部分观众表示，对该区域很有兴趣，但是比较难懂，仅仅看展品介绍不能完全理解，希望能动手操作这些仪器。

（二） 学情分析

笔者对小学科学课程标准和教材进行了分析，在地球与宇宙科学领域，3～4年级的小学生已经了解了一天中太阳光影的变化规律，而5～6年级的小学生应该了解地球自转的相关知识并认识星座符号。因此，本教育活动主要面向小学高年级学生，即4～6年级的学生。

（三） 教学活动设计

本次活动根据展品的功能分为三个主题，分别为"斗转星移"（计时测时篇）、"仰望星空"（观测篇）和"璀璨星河"（星图和天球仪篇），学生通过对一封"神秘来信"中的谜题进行解谜，参与确定天体位置并记录形成星图的过程，体会古人对星体运动规律的探究过程和思想方法。

本次活动设计方案如表 2 所示。

表 2　活动设计方案

1. 课前预习	
活动意图	提前初步了解课程内容，将部分知识性问题在课前完成
材料准备	预习材料（通过问卷星发送）
活动过程	学生自行完成教师发送的预习材料。教师及时查看，根据学生的先验知识情况微调课程设计
2. 斗转星移	
活动意图	了解不同的古代计时测时仪器和工具；了解一天中太阳光照射下的影子的变化规律；了解时间和天体运行之间的关系
材料准备	学习单、日晷模型材料包
故事情境	欢迎小朋友们回到古代，成为一名钦天监的官员，体验钦天监官员的工作和生活 然而就在今天，你收到了一封神秘的信件，上面写着："在影子消失的那天，北斗之柄位于 50 度斗 5，51 度斗 5，52 度斗 5，53 度斗 5 之时，我将偷走地平酉 40，亥 60，戌 60，丑 40 指示的物品。"看来这是一封小偷的预告函，但是里面的信息代表的是什么呢？答案就藏在你工作的地方。时间紧急，赶快分组展开行动吧 首先，让我们来解开"影子消失"的谜团
活动过程	教师创设故事情境，引发学生兴趣 学生在学习单的指导下，分组自主探索计时测时相关展品，探究"影子消失"的原因 教师讲解展品，引导学生得出夏至"立竿无影"的谜底，了解时间和天体运行之间的关系 学生根据参观时学到的知识，自主探究制作日晷模型 学生将制作好的日晷模型和教师的进行比对、修正，最终完成模型制作
3. 仰望星空	
活动意图	了解天球和天球坐标的概念；了解浑仪和简仪的构造和使用方法；通过对简仪的使用，培养动手能力以及基于所学知识、运用各种方法得出结论的能力
材料准备	"彩蛋"（包括小礼物、下一环节要用到的针、铜丝灯和星图碎片）、指星笔

续表

	3. 仰望星空
故事情境	现在我们已经知道"影子消失"的那天是夏至了,那么"50度斗5"和"地平西40"又是代表什么呢?看起来似乎指示的是星星的位置。让我们一起研究一下确定天体位置的仪器,看看有没有什么线索吧
活动过程	课前预习天球和天球坐标的概念 教师讲解浑仪的相关知识 教师讲解简仪的相关知识和操作方法 学生分组操作简仪,发现"50度斗5"的含义,了解去极度和入宿度的概念 学生根据"地平西40"等地平坐标密码,分组找到"彩蛋"
	4. 璀璨星河
活动意图	了解我国古代星座划分,对古今、东西星图进行对比;了解各类世界最早天象记录,了解我国在古天文上的成就;通过制作"星空瓶",培养学生的创造力和审美能力
材料准备	学习单、瓶子、各色卡纸、笔、星空软件(Star Walk2)(其余材料在上一环节的"彩蛋"中已给出)
故事情境	同学们已经成功破解了密码,拿到了"彩蛋"。在这些"彩蛋"里,有一些纸片,将它们拼起来,就是小偷要偷的东西——我国的古星图。我国古代将星空按三垣四象二十八星宿进行划分,留下了许多珍贵的星图和星象记录,这是我国文化瑰宝之一。现在我们就来一起了解一下这些宝贵的文化财富,并发挥你的创造力,制作属于你自己的星空吧
活动过程	学生根据学习单,了解我国古代星座划分,对古今、东西星图进行对比;了解各类世界最早天象记录,认识我国在古天文上的成就 学生分组对学习单上的内容进行分享 利用星空软件,自主探究认识星座,制作"星空瓶"
	5. 活动总结
活动意图	对课程进行总结回顾、了解学生活动收获
活动过程	学生填写问卷、后测等 教师对学生进行访谈

三　项目创新点

一是较充分地挖掘了中国科学技术馆古天文展区展品的内在逻辑,用分主题的方式向观众清晰地展现出来;并通过详细讲解操作过程,设置游戏竞赛环节等内容,丰富了科技馆的活动内容,强化了展品的展出效果。

二是目前北京天文馆中与古天文相关的内容较少,而古观象台的展品受限于文物保护的需求，这在一定程度上阻碍了科普活动的进行。本项目在进行传统的日晷制作活动之余，还加入了星空灯的制作环节，并且可以对简仪进行实际操作，在一定程度上充实了古天文科普的内容。

三是在馆校结合的背景下，融合了小学科学和初中物理等课程标准的内容，在小升初的课程衔接方面有一定意义。

四是活动在具有整体性的同时不失灵活性，可根据主题拆分为三个独立活动，由于活动的材料方便获取，其也可以走进学校和家庭。

四　项目成果应用价值

第一，本活动以培养学生的科学能力和人文素养为主要目标，以非正式学习为主要形式，将科技场馆的展教资源与小学科学课程标准结合起来，以学生的自主探究和合作学习为主，有效激发了学生对天文学的兴趣，促进了学生对物理、地理知识的理解和运用，提高了学生的科学探究能力和动手实践能力，培养了学生的民族自豪感。

第二，本活动以一个解谜活动贯穿全程，不仅传递了科学知识，还蕴含了浓厚的人文气息。学生学到的不仅是科学，更是中华民族的祖先留下的宝贵的精神遗产。这一点对于培养学生人文素养和民族精神来说尤为重要。

第三，本活动设计依托中国科技馆"华夏之光"展厅古天文展区，充分挖掘了中国科学技术馆古天文展区展品的内在逻辑，可以很好地在中国科学技术馆进行实施。

参考文献

徐天姣. 探究式教学法在科普教育活动中的应用[J]. 自然科学博物馆研究，2017，2（S2）：74-79.

基于地理核心素养的馆校结合
互动式教学设计

项目负责人：宋晓东
项目组成员：杨靖源　肖捷　刘妍君
指导教师：张琦　段玉山

　　摘　要：馆校结合的学习模式已在国内部分学校开展，但如何通过这种模式开发具有特色及深度的初中地理教育课程资源，培养中学生的地理核心素养，是亟待解决的问题。本项目以上海自然博物馆为例，结合国内外馆校结合现状的分析，阐述本项目设计的方式、过程和思路，创新性地提出"校—馆—校"的活动模式，并将馆内展区按照活动内在逻辑串联起来。通过对已开发活动的实施，研究核心素养目标的达成效果并对活动结果反馈进行分析，以期为地理教师开发馆校结合的地理教育课程资源提供借鉴与参考。

　　博物馆学习是非正式学习环境的一种典型，国外已有较多的实践研究，国内也有不少研究者开始关注在博物馆场馆环境中的学习。为改变学生在场馆中走马观花式参观的这种普遍现象，充分利用场馆资源来开发地理课程资源具有一定的必要性。本项目通过馆校结合的学习模式，开发具有特色及深度的地理校本课程，以期培养学生以人地协调观为核心，同时兼具综合思维、区域认知及地理实践力的公民核心素养，以及有利于学生全面发展的综合素质。因此，结合笔者所在地区上海的现有场馆资源，选取上海市自然博物馆资源进行探究开发，拟设计以培养初中生地理核心素养为目标的馆校结合形式的地理教育课程。

一　项目概述

（一）项目研究缘起

在终身学习和学习型社会的背景下，非正式学习的理念正在全世界蔓延，学校教育逐渐开放，教学也日益多元化。其中场馆教育正是非正式教育的一种重要形式。但我国的场馆教育才刚刚起步，很多的场馆在设计上和展品陈列上仍存在一定的问题，加上还未将对场馆的参观定义为一种教育的形式，学生在场馆中走马观花式地参观仍是一种普遍的现象。上海作为一个国际化大都市，相关的场馆资源也比较丰富，但由于场馆教育在我国并不成熟，学生在场馆的学习效果仍不够理想。本项目希望为地理课程开发提供借鉴思路，如果课程开发明确了教学目标，既侧重于短期可实现的特定学习目标或能力，又可以属于由长期课程目标引导的系列课堂的一部分，使课程内容既包含学生需要掌握的地理核心知识，又能够被学生识记、记录与分析，逻辑严密且有层次性；那么就可以为开展深度教学提供学习工具和学习资源，也为学生从小学的科学课程到初中的地理学科提供了过渡，丰富了现有的教学资源。场馆可以为学生提供直观的、真实的学习资源，可实现国家课程与校本课程的有效衔接。

（二）研究过程与内容

1. 明确场馆资源，实地考察展厅

利用互联网查阅资料，收集场馆信息，在上海市现有场馆资源内筛选符合课程活动设计要求的场馆，再实地考察场馆与展厅。笔者选择了上海市自然博物馆进行实地考察，最终确定将场馆内"人地之缘""未来之路""上海故事"三个与地理环境相关性最强的展区串联起来进行课程活动的设计。

2. 根据课程标准，确定课程主题

笔者结合《义务教育地理课程标准（2011 年版）》（以下简称《课标》）与沪教版教材，将《课标》要求融入课程主题与活动设计方案。活动方案的内容设计并不是仅以某一章、某一节的内容为主，而是选取了不同章节的知识，同时还注重学科知识的交叉，如地理与生物学科知识的交叉融合，这也与核心素养中打破学科界限、融通各学科知识的学习理念相契合，最终确定课程主题

为"人类活动与环境"。

3. 制定活动目标，设计活动方案

根据已经确定的活动主题，预设活动拟达成的目标，可以从地理核心素养和"三维目标"两个方面来着手制定。确定活动主题后，根据学生学情与年龄、心理特征来设计活动方案，需综合考量多种因素。方案内容应兼顾趣味性和情景性，激发学生的兴趣和求知欲，设置多元化的活动形式，让学生在活动过程中更有参与感和体验感。

4. 活动现场实施，总结反馈信息

活动现场实施之前应做好前期准备工作，包括校内课程和场馆活动所需材料的准备。活动现场实施时应把控好时间、考虑学生的安全，活动结束后应及时收集反馈信息，以备后续分析。

二 研究成果与创新点

项目组活动根据研究过程，设计出整体活动的架构，如图1所示。

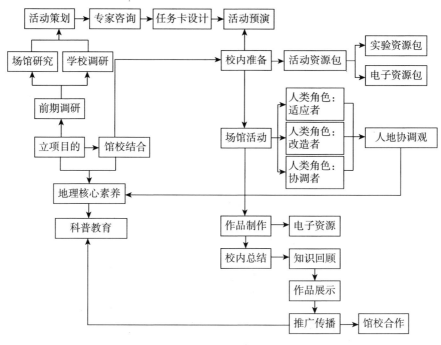

图1 活动设计架构

除此之外，项目组还根据活动实施情况设计了初中地理中以"人类活动与环境"为主题的课程活动方案，具体方案内容如表1所示。

表1　初中地理"人类活动与环境"主题课程活动方案

活动主题		人类活动与环境
活动地点		上海自然博物馆："人地之缘""未来之路""上海故事"展厅
活动对象	受众人数	30人左右
	活动主体	上海市和田中学初一四班（共23人）
	学情分析	通过一年多的初中地理知识学习，学生已对初中地理知识有了较深理解，具备了一定的地理学习方法和地理自主学习能力。结合上海自然博物馆资源开展教学活动可以激发学生学习兴趣，锻炼学生综合能力，培养学生核心素养
活动目标	知识与技能	通过房屋模型的绘制与搭建、沙盘的摆放，学生能够掌握中国不同区域建筑类型及其对应地区的农产品种类 通过参与场馆内互动游戏，学生可以了解人类活动对生物入侵的影响，以及生物入侵对环境的破坏 通过微视频的拍摄，学生能够发现展馆内展品包含的地理知识，体现了人类活动与环境间的关系
	过程与方法	以小组为单位，合作完成房屋模型的搭建、微视频的拍摄，培养学生动手能力、合作探究能力
	情感态度价值观	在"上海故事"展厅，学生可体验到人类活动与上海环境变迁，这是学生对乡土地理知识的学习，同时加深了其对家乡环境的保护与热爱之情
	核心素养	活动整体线索围绕学生人地协调观的培养展开，串联不同展厅，利用房屋、农产品与环境的关系培养学生的区域认知素养，利用外来物种的引入对环境所造成的不同影响来培养学生的综合思维，作为研学旅行的一种形式，场馆活动本身就可以培养学生的实践力
活动重、难点	重点	学生对人类活动与环境影响的认知，在适应者、改造者、协调者的角色转换中认识人类活动
	难点	活动任务中问题的设计和任务卡的制作需生动形象、趣味性强，激发学生的探究兴趣；活动中房屋模型的搭建需要学生具有一定的动手能力；视频的制作需学生具备一定的信息媒体技能
时间安排		校内课程2课时，场馆活动3小时
活动材料		课前提供活动资源包，场馆活动提供活动任务卡、活动积分卡、拼插积木、超轻黏土、中国地形图沙盘和农产品标志

活动过程	**第一阶段——校内课程**
	校内课程是在上海市和田中学进行的，给提供学生活动资源包与导学案。教师根据"我们居住的房屋与环境"—"人类因地制宜的智慧"（农业）—"外来作物与我们的生活"—"人类活动与生物入侵"—"人类活动与环境的协调发展"的线索讲授，将人类角色从"适应者"到"改造者"再到"协调者"的过程完整展现出来，同时为后续的馆内活动做了知识铺垫
	第二阶段——馆内活动（本阶段活动由活动任务卡串联）
	活动 1 搭一搭：观察建筑模型，动手搭建房屋（适应者） 在"人地之缘"展厅，学生以小组为单位观察展厅房屋模型并动手画出草图，然后根据不同地区的房屋类型与农产品进行连线，最后利用提供的材料搭建已画出的房屋模型
	活动 2 摆一摆：了解生物入侵，摆放沙盘模型（改造者） 在"未来之路"展厅，学生以小组为单位派代表参加馆内有关生物入侵的互动游戏并获得积分，之后由每个小组的同学在中国地形图沙盘上摆放房屋模型，并在选取对应的农产品标志后对其进行解释说明
	活动 3 讲一讲：感悟上海故事，拍摄讲解视频（协调者） 在"上海故事"展厅，学生以小组为单位拍摄、讲解微视频，主题围绕对"人地协调"的思考，例如能反映人类与环境关系的内容，且不局限于本展厅，可自由参观与选取展厅
	第三阶段——校内课程
	活动结束后会留给学生一周左右的时间来剪辑微视频作品。之后回到校内课堂，播放各组同学视频作品并由小组代表讲解拍摄体会。各组同学在活动积分表上相互评分，给予积分最高和视频拍摄最好的同学一定的奖励，其他同学给予参与奖。最后，同学交流讨论并提出活动心得和活动建议
活动总结与反馈	所有参与活动的同学填写电子调查问卷，为分析本次活动的反馈数据奠定基础

在整个场馆活动过程中，用活动任务卡贯穿其中，活动任务卡的设计如图 2、图 3 所示。

在活动实施结束后，获得学生讲解微视频作品、活动任务卡、活动积分表、调查问卷等反馈信息，笔者以学生讲解微视频作品为主要分析对象，对活动预期的目标与核心素养的效果达成情况做出评估。笔者在活动结束后收集参与活动的全部学生的微视频作品，对学生微视频作品进行整体分析与评价，具体内容如表 2 所示。

图 2　活动任务卡外页

图 3　活动任务卡内页

表 2　学生微视频作品与分析评价

小组	视频主题	分析评价
1	人类创新发明灵感与自然关系	选取内容基于临时展厅，主题为"大自然母亲——创新的灵感"，两组讲解内容均是关于人类发明创新从环境中吸收的灵感，可归为人地协调观的部分，但两组的讲解过程略局限于现有展品的内容和说明，缺少学生自己的思考
2		

小组	视频主题	分析评价
3	人口增长与环境变化	选取内容基于"未来之路"展厅,仅有视频内容的拍摄,缺少语言讲解,无法分析学生自身的思考与语言表达
4	人类活动与世界动植物灭绝	选取内容基于"未来之路"展厅,有学生对展品的解说,也有学生自己的深刻思考,分析了人类活动对环境的影响,尤其是对动植物生存的影响
5	上海环境变化、世界动植物灭绝	选取内容基于"上海故事"和"未来之路"展厅,学生将不同展厅串联拍摄,内容生动有趣。不仅有对展品的解说,还有对生活中实例的列举与对保护自然的呼吁,是一种人类与环境和谐发展的呼吁,充分体现学生对人地协调的认知
6	实验演示、人类创新发明灵感与自然关系	选取内容基于临时展厅,主题为"大自然母亲——创新的灵感",讲解过程不局限于现有展品,有学生自己的思考,体现了学生分析人类发明创造与环境的关系过程,除此之外,该组学生还自己动手演示场馆内的互动展品并做讲解,充分体现了"做中学"的过程

分析学生视频内容可以看出,有一部分同学的视频内容缺乏对人类活动与环境关系的理解与思考,仅停留在对展品内容和展品本身的说明上。但大部分小组的视频内容都有学生基于自身的经验讲解对展品的理解和思考,结合场馆内不同的展厅,从人类活动与环境关系的角度——包含人类创新的灵感来源于自然、人类对环境的影响及后果等方面创作微视频作品。总体来看,学生的微视频作品表现出学生基于正、反两个方面对人类活动与环境关系的理解。

三 应用价值

综观本次馆校结合活动的设计到实施,过程是漫长的,在这期间遇到了很多问题,也逐渐找到了解决方案,总结本次活动设计方案与实施过程的经验,现提出以下措施,以期为地理教师开发馆校结合的地理教育课程资源提供借鉴与参考。

(一) 活动设计应 "对标"

活动主题不应完全脱离课标而制定,课标是整个活动设计的"根基",应牢牢把握住课标这个"根基",这样的活动才具有目标性,设计者才能够在活动过程中把握准方向，让学生在活动中真正有所学、有所得。

（二） 问题设计情景化

不论是校内课程设计还是场馆活动的设计，给学生提供的问题应具有情景化特征，是基于现实生活或基于具体情境的，不应脱离现实。

（三） 准备工作应充分

活动准备工作包括对活动主体对象的学情分析、活动的资源和材料准备，必要情况下应对活动进行预演，这样可以在第一时间发现问题并进行改进。还应合理设计活动时间，笔者在实施过程中给学生预留的时间不足，造成最后一个活动过程略显仓促。此外，还应提前做好学校、场馆等多方的协调工作。

参考文献

1. 周雨婷，刘兰. 上海科普场馆中的地理课程资源开发与利用[J]. 地理教学，2018（2）：13 – 17.

2. 卢清丽，刘密梅. 课程制作：地理核心素养教学的可能途径——来自美国"地理可行能力方案"的思考[J]. 教育科学研究，2018（9）：67 – 72.

"A4纸的工程 PARTY"

——基于科学与工程实践的科普活动设计

项目负责人：柳絮飞

项目组成员：孟佳豪　陈林语　吕建纬　李秋林

指导教师：崔鸿　蒋怒雪

摘　要： "A4 纸的工程 PARTY"以"基于实物的体验式学习、基于实践的探究式学习"和 STEAM 为教学理念，以动手操作、观察体验、合作学习、情境教学和"做中学"为主要教学方法，以体验科技馆展品、观察实物、实践制作与小组合作及展示相结合的形式，进行活动的实施。学生通过 A4 纸张初探、观察飞机模型、初步动手探究、科技馆体验学习、深入动手探究五个探究活动，进行科学知识的构建、科学态度的树立、科学探究能力的培养。学会利用科学方法和科学知识初步理解身边自然现象和解决某些简单的实际问题，培养学生对自然的好奇心，以及增强学生的批判和创新意识、环境保护意识、合作意识和社会责任感。

一　项目概述

（一）项目缘起

项目源于对于当下学校教育与场馆教育的现状研究，通过对当下中外的研究现状的对比分析，形成了一系列认识。学校的传统教育在其悠久的发展历史中形成了较为成熟和完整的教学、学习、管理等方面的理论模式，培养了不计其数的人才，是主流的教育形式。但学校往往需要在规定时间内完成课程，学生好奇心难以得到满足，学生创新型思维培养不足。仅通过教材和课程来培养学生，难以做到因材施教。场馆教学则是相对新兴的名词，它具有情境性、自主选择性、主动探究性等特点，同时教育结果的输出是多元化的。而馆校结合的科学教育活动，其正规教育场所与非正规教育场所的互补作用、科技博物馆科学资源与学校的科学课程的有机结合、校外科技活动与校内科学教育的有效衔接，形成的巨大合力与显著成效已得到一致公认，并形成全国范围的蓬勃发展趋势与潮流。在国外，澳大利亚的墨尔本科学技术博物馆和学校保持长期合作关系，学校经常组织学生来馆做理化实验，博物馆以趣味性内容而吸引学生，因贴近生活而受到欢迎；在日本，科技博物馆是学生的第二课堂，中小学校有组织地带领学生来上课，进行科学实验活动。因此，馆校结合的活动和课程的推行是一个大的趋向。

（二）研究过程

本项目研究过程的实施阶段与完成的工作任务如表1所示。

表1　研究过程的实施阶段与完成的工作任务

实施阶段	当月预计完成的工作任务
相关研究梳理、优秀案例参考（2018年10月）	查阅文献、图书，学习国内外关于 STEAM 教学理念的相关研究；比较国内外科普活动策划方案；对科技馆进行实地考察，与相关负责人协商活动相关事宜
预调研（2018年11月）	在活动预调查阶段，将通过微信公众号对参与者进行简单的问卷调查，了解学习者学习风格、认知水平、知识基础、探究能力、兴趣点
活动设计框架初定（2018年12月）	制定教学设计框架，制定活动草图和规则设计
教学材料准备、联系学校与科技馆（2019年1月）	与科技馆工作人员协商场地、时间事宜，制作展板、微信宣传页面。同时准备活动中要使用的道具和其他材料
活动预实施（2019年2月）	在湖北武汉市选取小学进行活动预实施
中期汇报（2019年3月）	参加中期报告，听取专家修改意见
修改活动设计（2019年4月）	修改活动方案，完善教学设计

续表

实施阶段	当月预计完成的工作任务
活动实施并定稿活动方案 （2019 年 5 月）	"馆""校"双方活动实施，并根据实施情况适当调整活动方案并定稿活动方案
结项报告相关事宜 （2019 年 6 月）	书写论文，撰写结题报告 参加项目验收

（三）项目主要内容

1. 前期准备

本项目首先对大量的参考文献进行梳理分析，确定了活动设计方案以"基于实物的体验式学习、基于实践的探究式学习"和 STEAM 为教学理念，以动手操作、观察体验、合作学习、情境教学和"做中学"为主要教学方法，以体验科技馆展品、观察实物、实践制作与小组合作及展示相结合的形式，进行活动的实施与科学知识的构建。

确定了理论依据后，通过对历届优秀案例的分析，优化了教学设计的相关流程，对已有的国内外科技馆等科普场馆优秀的探究式教学科教活动、体验式教学科教活动进行案例分析，对项目场所、项目类型、项目研发背景、项目内容及项目特色进行综合分析，评估其优势与提升空间。

在活动预调查阶段，将通过微信公众号对参与者进行简单的问卷调查，了解学习者学习风格、认知水平、知识基础、探究能力、兴趣点，从而方便调整教学策略、优化教学过程。

2. 活动设计

本活动针对的学习对象为 3 ~ 6 年级的 9 ~ 12 岁的小学生；课程一共分为四个课时，每课时 60 分钟，课程本身可以作为校本课程，以及对于学校科学课程的系列拓展。课程一共有五个活动，其中活动一、二共一课时，活动三、四、五各一课时。其中，第四课时需要在科技馆实施。五个活动内容分别如下。

（1）A4 纸张初探

通过触摸、对折、撕扯等方式测量、描述、比较牛皮、报纸与 A4 纸的特征和材料性能的不同，从而深入了解 A4 纸的材料与物理特性。

（2）观察飞机模型

让学生观察图片及实物模型，从飞机的外形及结构总结飞机的主要部件（引导学生提炼出机头、机翼、机尾三个最基本要素）；提出问题：你认为飞行时间最久的是什么飞机？为什么？（根据学生选择情况进行分组）

（3）初步动手探究

使用活动一选出的最适合作为制作纸飞机的纸张进行纸飞机的设计，目的是设计出飞行时间最长的纸飞机；以折纸飞机的步骤图示及照片演示进行引导，让小组自己进行飞机的设计；进行弹射器的使用教学，让学生进行试飞并记录数据（飞行距离与飞行时长）。

（4）科技馆体验学习

分发科技馆学习任务单，科技馆辅导员带领学生（可在家长陪同下）在武汉科技馆交通展厅进行学习，通过对展品展项的学习，以及解说员的解说和辅导员的引导，学生学习制作模型过程中需要运用的科学知识，同时进行自主学习，完成系列问题（如哈气是如何影响纸飞机的飞行），完成任务单。

（5）深入动手探究

通过对前两课时以及科技馆展品的学习，运用展品及实践经验所传递的有关纸飞机飞行的知识，对自己的初期设计进行改造、修正，并进行纸飞机滞空时间及飞行距离的比赛，决出优胜者；之后对纸飞机的制作进行美化与艺术设计；将按分数统计出的位列前三的组和最美观的一组作为获胜组并为其颁发奖品。

二　项目研究成果

（一）活动任务单

结合研究内容中的教学活动方案设计了 A4 "巡逻机"设计单，以有趣的问题情境引导学生的主动探究与工程思维的建构。

1. A4纸张初探（比一比）（20分钟）

纸张王国国民通过 A4 纸制作他们的生活工具。那么与报纸和牛皮纸相比，A4 纸有什么特征和性质呢？通过观察及触摸等方法来进行描述（见图1）。

A4 纸材料、性能特点（括号中填写字母编号）

轻重：（　　　　）>（　　　　）>（　　　　）

薄厚：（　　　　）>（　　　　）>（　　　　）

韧性：（　　　　）>（　　　　）>（　　　　）

你认为哪种纸张更适合设计滞空时间最久的纸飞机：

为什么？

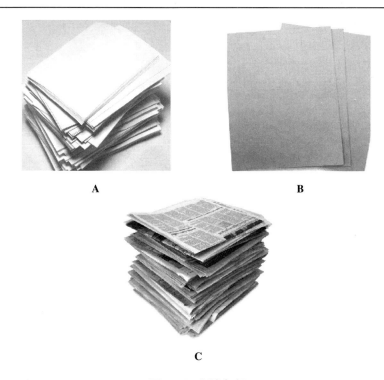

图1　A4 纸张初探

注：A 为 A4 纸，B 为牛皮纸，C 为报纸。

2. 观察飞机模型（选一选）（30分钟）

经典飞机模型包含非常多的科学知识，各位设计师在观察、触摸经典飞机模型之后，根据飞机的外形及结构总结出飞机共有的主要部件，并提出问题：你认为飞行时间最久的是什么飞机？为什么？（根据学生的选择情况进行分组）圈出你认为的飞行时间最久的飞机模型（见图2）。

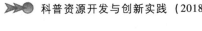

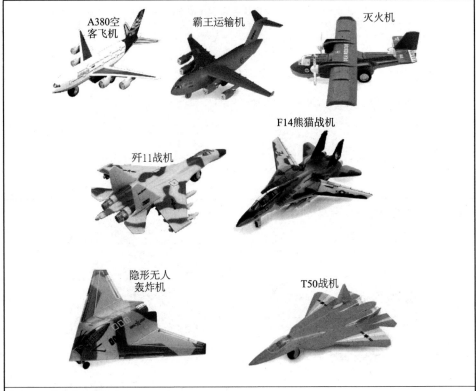

各类飞机共有的主要部件：

飞行最久的飞机：

我的理由是：

小组名称：（分组 5 分钟）
飞机设计师：   飞机测试员：
飞机装配师：   飞机记录员：

图 2 观察飞机模型

3. 初步动手探究（画一画）（55 分钟）

各位优秀的科技精英们，现在该你们登场，设计一款能飞行时间最久的纸飞机啦！

（1）第一轮纸飞机模型设计

第一轮纸飞机模型设计图纸见图 3。

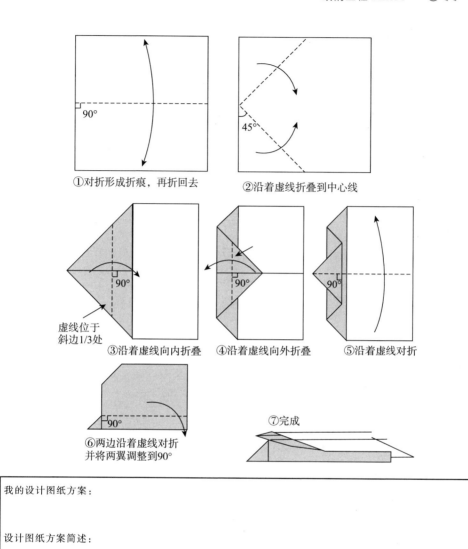

①对折形成折痕，再折回去

②沿着虚线折叠到中心线

虚线位于斜边1/3处
③沿着虚线向内折叠

④沿着虚线向外折叠

⑤沿着虚线对折

⑥两边沿着虚线对折并将两翼调整到90°

⑦完成

我的设计图纸方案：

设计图纸方案简述：

活动记录表

第一次飞行时间	
第二次飞行时间	
第三次飞行时间	
平均飞行时间	

图3 第一轮纸飞机模型设计图纸

（2）第二轮纸飞机模型设计

第二轮纸飞机模型设计图纸见图4。

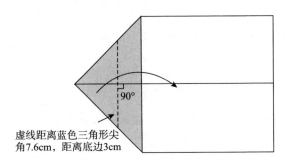

虚线距离蓝色三角形尖
角7.6cm，距离底边3cm

设计图纸改进方案：

设计图纸改进方案简述：

活动记录表

第一次飞行时间	
第二次飞行时间	
第三次飞行时间	
平均飞行时间	

图4　第二轮纸飞机模型设计图纸

4. 科技馆体验学习（连一连）（60分钟）

在参观学习了科技馆后，各位科技精英们肯定都收获满满吧。现在，该你们表现啦，将下列图片和它相关的核心知识内容连线起来吧（见图5）。

（1）

A. 飞机受到的力

①升力：由机翼提供，机翼上下方的压力差为飞机的升力。

②重力：$G = mg$，飞机始终受到一个稳定不变的重力作用。

③阻力：来自空气的流体阻力。

④推力：飞机发动机带来的推力，使飞机克服阻力向前飞行。

（2）

B. 飞机的动力

飞机的动力主要由飞机涡轮发动机提供。发动机在工作时，吸入空气后与燃油混合点燃，产生高温高压燃气，向后通过高温涡轮高速排出，从而产生了对发动机的反作用推力，驱使飞机向前飞行。

（3）

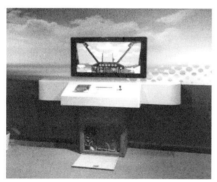

C. 飞机飞行姿态控制

利用飞机机翼和尾翼活动的部分，操纵飞机的操纵面，自由改变飞机的飞行姿态，减少如气流变化等影响正常航行的因素。

（4）

D. 风洞演示

风洞是一种产生人造气流的管道，用于研究空气流经物体所产生的气动效应。

风洞试验是流体力学方面的一种空气动力试验方法，在风洞中安置飞行器或其他物体模型，研究气体流动与模型体的相互作用，以了解飞行器或其他物体的空气动力学特性。

（5）

E. 飞机螺旋桨的推力

飞机螺旋桨在发动机的驱动下高速旋转，从而产生拉力，牵拉飞机向前飞行。桨叶在高速旋转时，同时产生两个力，一个是牵拉桨叶向前的空气动力，一个是由桨叶扭角向后推动空气产生的反作用力。

图 5　科技馆体验学习情况

5. 深入动手探究（改一改）（50分钟）

各位优秀的科技精英们，经过课堂和科技馆的学习，相信你们对于飞机的设计又有了新的认识，快用学到的知识来改造新的飞机吧！

（二）实施反馈成果

学生完成 A4 "巡逻机" 设计单中的任务，以及制作出了纸飞机成品。部分学生任务单及样机示例见图 6、图 7。

三　创新点

（一）一张 "A4" 纸创造的 "工程 PARTY"

生活中的由一些不常见的材料制成的复杂工具难以唤起小学生的生活经验，引起他们的学习兴趣，而仅仅用一张简单易得的 A4 纸就能模拟飞机并代替它们去实现简易的功能。这既便于学生进行多次尝试，降低科普教育的成本与门槛；又能将抽象的知识融于纸质模型中，使学生易于理解。而且将工程设计中必须考虑的材料限制问题融入活动，便于在学校与科技馆中展开活动，使本项目易于被接受试行。

（二）将趣味故事融合 STEAM 教学理念

整个学习活动构建了一个虚拟的世界，让学生以角色扮演的形式进入新世界，寻找队伍并组成设计师联盟，从而参与到教学活动中。将科学知识、技术

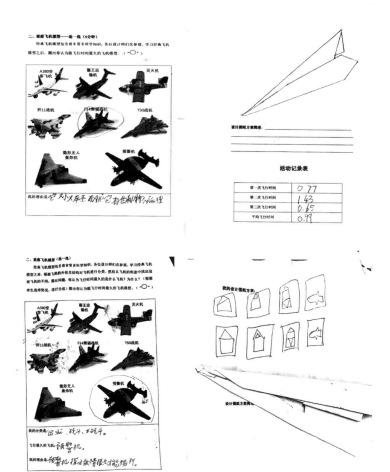

图 6　学生任务单示例

图 7　学生样机示例

工具的运用与制造、材料工程与数学模型的构建进行有机结合，并将这些融合于情境中，有助于促进问题的解决，同时使学生在合作、竞赛的过程中贯彻STEAM 教学理念。将纸质模型运用到生产生活中，具有无穷的趣味性，真正培养学生在"玩中学"、在"学中思"。

（三）任务驱动下的探究式学习应用于 STEAM 教学理念

教学活动分为五个小活动，在虚拟的故事背景下，通过教师的指引与任务单上任务的驱动，逐渐把学生带入故事，每位学生都是故事的主人公，他们都在自己的小组中发挥作用，书写"A4 王国"的历史。活动一：A4 纸初探，让学生在了解材料性能与限制条件的基础上进行工程材料的选择。活动二：观察飞机模型，让学生观察与触摸真实世界的飞机模型，从各式各样的飞机模型中提炼出飞机的三个必备要素（机头、机翼、机尾），在脑中建立自己的飞机模型。活动三：初步动手探究，让学生在材料选择与模型建立的基础上进行初步动手操作，对比自己设计的飞机水平与其他经典纸飞机水平之间的差异，学生为弥补这样的差异，会体现出浓厚的求知欲。活动四：科技馆体验学习，不同于常规的游览科技馆展品，让学生通过活动三找到自己知识的不足之处，并通过任务单的指引去主动地体验学习。活动五：深入动手探究，学生经过活动三已有的动手经验加之活动四学到的知识，进行纸飞机的精化设计。在逐步完成任务的同时，也在体验工程设计的乐趣与科学的魅力。

四　应用价值

（一）延伸学校教育

本项目保留了学校教育的诸多优点，如为学生建构完整的科学课程知识框架，培养学生形成良好的学习习惯、优秀的个人品质，让教师充分展现其教学水平和人格魅力，通过其语气、语调、动作等细微的信息去潜移默化地影响学生等。

"A4 纸的工程 PARTY"科学教育活动紧密结合《义务教育小学科学课程标准》（2017）中的物质科学领域学习内容，可以作为学校教育中常规科学课程的教学活动教案，在不为学生、老师增加过多科学课本以外负担的前提下，拓展、提高学生的科学知识与探究能力；也可以作为学校的校本课程，在本方案的基础上，学校可以进行深入补充或适当删减，设计出适合本校的校本课程，拓宽学生的科学知识面，提升学生的科学探究能力，培养学生的科学精神。

本项目在湖北省武汉市的两所小学进行了活动试行，在学校老师的积极配合下，活动效果基本达到预期，得到老师与学生的一致好评，但未进行大范围的推广工作。笔者希望将本活动推广到更多的小学，建议学校加强与科技馆的合作，去除学校无形的壁垒，让科学课堂延伸至校外，让学生去接触更多先进的科学资源。

（二）充分利用场馆资源

场馆教育亟待解决的问题之一就是场馆资源利用率不高且利用效果不佳，而其主要原因是学生或参观者走马观花的游览式"学习"，学习者没有进行深入的思考，完全体现不出场馆资源应有的价值，这无疑是令人痛心的浪费。为了让场馆资源物尽其用，"A4 纸的工程 PARTY"科学教育活动设计了巧妙的趣味故事，让学生通过科技馆辅导员的引导与活动任务单的驱动，在故事中带着问题进行主动探究学习，自主选择、体验场馆中的科技展品，而不仅仅是去参观、游览。

项目组在武汉科技馆交通展厅试行了本项目，通过分析参与活动的学生交回的任务单与设计出的纸飞机样机，可以发现学生基本掌握了运用相关科学知识改善纸飞机设计的能力；也从侧面表现出场馆资源通过本活动被充分地利用起来。

但由于武汉科技馆交通展厅展品自身存在一些不足，本项目的活动效果还无法达到最佳水平。湖北省科技馆新馆即将建成，相关展厅展品种类会更加丰富，学生体验感会更强。届时会与湖北省科技馆合作，以更好地实施本项目，使其既可以成为湖北省科技馆相关展厅对外开放的科学教育活动之一，也能为湖北地区加大"馆校结合"力度尽一份力。

培养高阶能力的基于知识创新的馆校结合教学活动设计

——以"探索宇宙"为例

项目负责人：陈倩倩

项目组成员：徐晨　刘雨　马月妮　杨丽琨

指导老师：杨玉芹

摘　要：本项目依托武汉市科学技术馆和华中师范大学附属小学，在小学六年级科学课本"探索宇宙"单元中，引入知识建构教学模式，设计面对面协作探究和在线协作探究相结合的馆校结合教学活动，旨在培养学生的批判性思维以及科学论证、元认知、知识创新等高阶能力。结合引入在线话语内容评价、在线探究过程评价和知识水平前后测，以及学生自评和教师评价等全方位多层次的评价，培养学生的高阶能力，并形成馆校结合教学活动设计教案。

一　项目概述

（一）研究背景

学校科学教育作为一种正规的、有组织的教育形式，是培养学生科学素养和高阶能力的主要场所。但目前学校的科学教育因为现有条件等限制，仍以传授预先确定的科学规律、科学知识等为主要目标，而忽视对学生科学兴趣和认知主动性的激发，以及提问、批判论证、元认知、探究能力和创造性解决实际问题等高阶能力的培养。当前，科技馆开展的非正式科学教育以及公共科学活动在对学生，尤其是小学生科学普及与科学教育的过程中起到了非常重要的作用。科技馆以其自身拥有的丰富的展教资源，以及灵活多样、极富特色的学习活动组织形式，在开展以培养学生高阶能力为主要目标的跨学科（如 STEAM）、体验式、研究性学习设计中，彰显了其独特优势。

2006 年 6 月，中央文明办、教育部、中国科协联合下发《关于开展"科技馆活动进校园"工作的通知》，要求将科技场馆资源与学校教育，特别是科学课程、综合实践活动、研究性学习的实施结合起来，促进科技场馆的教育与学校科学教育的有效衔接。由此，"馆校结合"在全国展开。"馆校结合"已开展十余年，但"馆校结合"的活动设计通常流于形式，活动体验的兴奋感掩盖了通过活动帮助学生学习知识和发展知识创新、自主性等高阶能力的目标；场馆与学校缺乏有效的衔接，导致科技馆的展教活动无法满足学校的需求，科学素养和高阶能力的培养止步于科学知识的学习；科技馆组织的研究性学习活动中，教师仍占主导地位，并没有从根本上提高学生在学习过程中的主动性和调控力。如何将科技馆教育和学校教育相融合，形成优势互补、交叉推进的以有效培养学生高阶能力和素养为特色的学习设计，就显得尤为必要。

已有的馆校结合的案例表明，将科技馆的活动设计与学校使用的课程标准相结合，设计与课程主题内容相配合的活动方案，是馆校结合的高效途径之一。故本活动策划中的馆校结合活动设计采用此方法：根据小学六年级科学课本"探索宇宙"单元，结合武汉科技馆的宇宙馆，设计"探索月球"系列活动，以帮助学生发展科学素养与高阶能力。

（二）研究过程和内容

第一阶段为兴趣引入。让学生观看 VR 视频和参观科技馆，并完成科技馆参观学习单。在参观学习单中，我们引导学生去观察太阳、地球、月球的相对大小关系和相对运动关系，动手操作一下看看会产生怎样的不同现象。通过这种沉浸式体验、简单的观察和探究，激发学生学习兴趣，使其形成对宇宙初步、具体的认识。教学过程中的第一部分，老师由苏轼《水调歌头》中的"明月几时有？把酒问青天……月有阴晴圆缺"引入并讲解月相是什么，开展分组画月相、给月相图排序活动，为学生营造合作交流的氛围，通过学习和总结月相的周期变化规律，培养学生的科学意识，让其意识到自然现象的背后是有科学依据的，当他们在遇到一些自然现象时，能够有意识地去探究背后的科学依据。

第二阶段为探究初体验。老师通过将月相变化图连接起来，引入使月相动起来的活动。在这个过程中，老师首先进行讲解，"月相的变化周期是一个月，如果我们将一个月中的月相连起来，让月相变化动起来，联想一下，这个过程像什么？像不像一个物体的影子被什么遮住了？这个物体是什么形状？又是被什么形状的物体给遮住了呢？同学们能不能使用教具（灯、地球、月球模型等）重现这个过程？分组模拟一个周期的月相变化，并总结这个过程的关键条件是什么"。这一过程可引导学生进行观察、联想和想象，通过假设、实验、总结月相形成的关键条件和过程描述，培养学生基本的科学探究素养。建构模型，模拟太阳、地球和月球的空间地理位置和相对运动关系，培养学生的空间感，使其对参照系概念有一个直观感受。老师使用精心设计的 PPT 或者微课，并辅以模型模拟，将月相形成过程分解、对比、模拟、体验，最后达到认知目的。

第三阶段为深入探究。由月相变化形成原因探究，拓展到具有相似原理的日食、月食变化的探究实验。在这一过程中，进一步学习地球、月球和太阳的相对位置关系和运动状态关系，引导学生提问，基于在线平台讨论内容，鼓励学生提出多样的假设和实验设计方案；小组内同学相互分享，组内切磋观点，达成一致；以小组为单位在班内进行展示、在班内进行评判，进一步培养学生的探究能力、批判式思维等高阶能力。老师使用精心设计的教具，通过对比月相变化与日食、月食想象，模拟其发生过程，使学生体验其发生过程，达到认知目的。

第四阶段为知识创新。通过反思性评价对探究过程进行反思、调节、计划，反思已知和未知的知识，激发学生提出进一步深入探究的方向和问题。仔细阅读共同体中的不同观点，并发现不同观点之间的潜在联系，将其总结升华，实现知识创新等高阶能力的发展。在这个过程中我们总结了五阶段知识创新机制，知识创新的发生过程为：小组内围绕共同的问题提出自己的观点——个体的头脑风暴阶段；不同观点之间的切磋和协商——组内切磋阶段；组间不同观点的展示与批判——组间批判阶段；反馈到组内进行改进——组内改进阶段；最后实现共同体内个体的提高——个体升华阶段。

二 研究成果

（一）形成对学生的探究话语内容、探究讨论过程、社会参与全方位等多层次的评价

1. 探究话语内容评价

基于理论和数据特点，形成对学生讨论话语内容的评价框架，从学生提出的问题种类（寻求事实的问题、寻求解释的问题）、观点解释的科学性（不科学、基本不科学、基本科学、科学）、观点认知的复杂性（简单陈述、详细阐述、解释说明、提升）以及观点在整个知识建构和知识创新中的作用（共同的理解、切磋观点、深化探究、总结升华）四个维度进行分析，并依据数据的时间顺序进行统计，从而揭示学生在不同阶段的知识学习情况的变化、批判性思维的发展、科学论证复杂性的变化以及元认知和知识创新能力等高阶能力的培养效果。后续会进一步以科学论证的方式进行评价，以及在不同的阶段，根据学生在各个维度的情况，分析学生认知、元认知、批判性思维和知识创新能力的变化。

2. 探究讨论过程评价

探究过程评价主要从学生的参与、小组探究讨论是否持续深入、小组是否总结出不同的理论观点来解释问题等五个方面，进行分析评价。一方面我们将评价量规提供给学生，学生自己对自己小组的探究过程进行反思和评价；另一方面我们使用更为详细的框架对学生的探究过程进行评价，从而使学生思考他们的探究过程是不是一个好的、持续深入、不断创造新知识的过程。

3. 社会参与全方位评价

我们使用社会网络分析工具 KBDex 来分析学生的参与、交互和贡献情况，KBDex 基于学生讨论内容的关键词进行分析，形成分析结果并将其反馈给学生，并提供反思总结表，供学生对他们的探究内容、社会参与动态进行反思总结，使学生不断改进他们的协作讨论。KBDex 分析界面见图1。

（二）形成基于知识创新的培养高阶能力的馆校结合教学活动设计教案

我们设计了完整的教案，并进行了实施，通过对学生前后测、信息卡、探

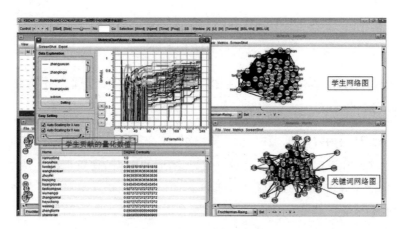

图 1   KBDex 分析界面

究讨论话语内容评价、探究讨论过程评价、社会网络分析以及学生建构的知识框架思维导图，发现学生倾向于提出认知复杂性较高的寻求解释的问题，并通过提出客观、科学的论据来详细解释和论证其观点，他们通过分析客观数据来推理自然现象产生的可能原因，并通过建构模型设计实验来进行验证。在协作讨论过程中，学生通过提供的量规，对个人和共同体讨论的内容和过程进行反思，这样可促进学生有意识地关注于共同体讨论过程；通过不断地批判协商，使探究过程持续深入下去；通过建构知识框架，对讨论的观点进行梳理和汇总，形成解决问题的全面而详细的理论与方法。

（三）形成面对面协作探究与在线协作探究相结合的探究流程

本项目中形成了面对面协作探究与在线协作探究相结合的探究流程，通过将两种探究相结合，进一步将实证的科学与思辨的科学相结合，培养学生像科学家一样探究、像科学家一样思考，真正促进学生知识创新等高阶能力的发展。

面对面协作探究过程（见图 2）包括发现问题—分析问题—提出假设—设计实验—进行实验—分析结果、得出结论—表达交流—进一步探究，这与一般的探究过程类似。而在线协作探究过程（见图 2）基于面对面协作探究过程，充分融入知识建构的基本原理，形成以下过程。

发现问题：发现并提出问题是整个探究的起点，学生首先需要学会发现问题，在本项目中，我们基于布鲁姆的目标分类学，将问题类型进行划分，并教授提问的方式。

分析问题：分析问题为进一步的问题解决提供讨论方向，分析造成问题的因素包含哪些，并进一步培养学生分析、分解以及转化问题的能力。

提出自己的观点：通过分析问题，查找权威资源，形成自己对于观点的理解，并提出自己的观点，以此在组内进行头脑风暴。

共同的理解：通过阅读其他同学的观点，并理解其他同学的观点，互相尊重、珍惜彼此的观点，不忽视其他人的观点。

切磋观点：基于对观点理解的基础上，相互提问、完善、改进不同的观点，可以支持、反对、补充别人的观点。

达成一致：根据小组同学的讨论，综合一致的观点，对比不同的观点，协商达成解决问题的一致的观点。

总结提升：阅读、引用并总结大家讨论的观点，结合老师、书本和在网络中查找的资源，形成对于问题解释的全面、完整的知识框架，形成新理论。

发现新问题：提出进一步深入探究的新的研究问题和研究方向，开启新的探究循环。

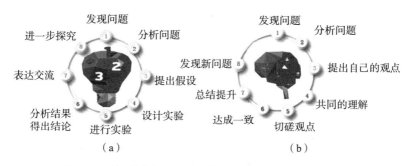

图2　面对面协作探究与在线协作探究相结合的探究过程

注：（a）为面对面协作探究过程，（b）为在线协作探究过程。

三　问题与改进

（一）场馆中展品设计

在我们开展场馆学习时，发现了一个普遍存在的现象，就是大多数展品更注重展示功能，而非体验功能，因此大多数的展品属于全包围或半包围展品，能够动手操作的空间有限，这种限制阻碍了基于体验的探究式学习的开展，而一部分有利于学生体验的展品，因为没有客流量限制以及必要的保护措施，被场馆中的游客过度使用而损坏。此外，科技馆在展示最前沿的科技产品时，不应过度依赖于展板介绍，因为对于科技馆的主要客流中小学生来说，过于抽象的文字介绍，一方面无法吸引他们的学习兴趣，另一方面使他们与展品之间产生了无形的距离。

因此，科技馆的展品不仅应该展示我们过去、现在、未来的科技发展；还应该展示高科技产品中最基本、最原始的技术原理，只有基于这种最基本的原理和技术，并进行排列组合以及质的改变，才能有无限的创新可能性。

（二）场馆中的资源配置

场馆中的资源配置无法满足学校的教学活动，不是场馆中资源不够丰富，而是场馆中的资源与学校教学需求无法衔接。学校无法从场馆中获得相匹配的教学资源，因而学校不会主动开展馆校结合的教学活动。此外，交通和距离问题也是影响馆校结合的一个重要因素，学校开展馆校结合活动会承受巨大的安全压力，一些学校本着多一事不如少一事的原则，也不会主动开展馆校结合活动。因此，馆校结合活动的开展形式可以灵活一些，可以开展流动科技馆进学校活动。一方面，这种形式可以解除学校在学生安全方面的压力，另一方面，在学生熟悉并且学习氛围浓厚的环境开展馆校结合活动，比在科技馆这种陌生、像班级旅游的地方，更有助于学生专注于学习，而非使学生参与活动的兴奋感掩盖了活动本身的学习和探究属性。

（三）馆校结合教学活动设计

馆校结合教学活动需要场馆科技辅导员与学科教师紧密合作，精心设计教学过程，充分利用双方资源优势，充分发挥双方在教学活动设计中的优势，甚至科技馆可以尝试与当地教育局合作，扩大活动范围和影响力，让更多的学科教师参与其中，不断改进、优化教学设计，使其适应学生、学校的差异性。科技馆也可以开辟专门的流动展区，为馆校结合活动开展服务，使学校真正感受到馆校结合教学活动对学生的全面发展带来的促进作用，从而认同并积极参与。

（四）学生面对面探究行为和言语交互记录与评价

本项目中缺少对学生面对面探究、体验过程的参与和协作的评价，学生在探究实验中的行为、语言以及社会动态对其认知探究活动、体验社会情感是至关重要的。但由于本项目中参与的学生太多，学生行为和言语对话复杂性以及持续时间非常短暂，还有资源条件的限制，无法清晰准确地观察记录整个过程中的学生之间的动作和言语交互，也就无法准确设计评价量表以便于详细、准确地评价。

（五）学生科学本质观和科学态度的评价

本项目计划将高阶能力的发展与科学本质观的发展变化联系起来，关注学生对科学本质理解的发展变化，探究活动对学生科学知识的学习、核心素养的发展以及高阶能力的培养的作用，从而进一步揭示学生认知和高阶能力的深层次关系。但是，一方面，在整个学习过程中，学校教学时间有限制；另一方面，项目组对于科学本质观的讨论活动和问卷没有设计好。这是项目组在整个活动设计中存在的一个缺憾。

四　优势和创新点

一是设计基于知识创新的馆校结合的活动，充分发挥科技馆和学校在科学传播与科学教育中的作用，改变以往仅仅注重传播和教授知识的教学活动设计，而是以知识为载体，以探究性活动促进学生科学知识的学习、科学思维的培养、协作探究等高阶能力的提高。

二是将基于原则的知识创新模式引入馆校结合的教学活动设计，使用知识创新工具、知识论坛，为学生提供协作探究的空间，促进学生通过持续的切磋协商、深化探究、综合升华来建构自己的知识和理论框架，培养学生协同探究等高阶能力。

三是引入反思性评价等工具，将元认知过程引入探究式教学，凭借评价量规和自我生成的评价标准，对自己和共同体的探究过程进行持续反思和监控，从而培养学生元认知能力，提高学生对科学探究本质的认知。

四是在科技馆活动中设计科技馆参观学习单和个人意涵图，引导学生在参观学习的过程中有意识地学习，形成对即将学习的知识的初认识，特别是形成对抽象物体的空间立体感知，并通过参观学习单，了解参观学习需要进行指向性学习的地方。

五是设计形成性、总结性评价，对学生从探究讨论过程、在线话语内容分析、共同体参与、交互和贡献等方面进行全面评价，包括教师评价、学生自我评价和同伴评价，避免当前科学教育以及探究式活动中的评价方面侧重于知识掌握而缺乏全面综合性评价的情况。

五　应用价值

本项目充分结合面对面协作探究与在线协作探究过程，结合实证的科学与思辨的科学，形成一套切实可行的培养学生高阶能力的教学活动设计。而目前，许多科学教师为如何培养学生的知识创新能力做了许多尝试，但是缺乏有效的培养模式以及与知识创新的培养机制相关的研究理论基础，因此未能开发有效的培养学生创新性思维的教学设计。本项目基于学习分析结果，引导学生对探究过程和探究结果进行反思和评价，充分调动学生的集体认知积极性，这是促使学生共同体持续深入探究，并进一步培养其知识创新能力的关键，因此我们的研究为如何有效培养学生知识创新能力等高阶能力提供了发展方向。

参考文献

1. 刘文利. 学校科学教育需要科技馆积极支持［J］. 中国教育学刊，2008（3）：45－48.

2. 杨楣奇. 科技馆展厅内探究式教育活动初探［J］. 科技视界，2016（1）：20－21.

3. 朱幼文. "馆校结合"项目的需求与特征分析［J/OL］. 中国科技教育，2018（3），ht-tp://kns. cnki. net/KXReader/Detail? dbcode = CJFD&filename = KJJY201803004&uid = WEEvREcwSlJHSldRa1FhcTdWajB1aTZlUTdQZ3ZXV1lXaVRBUmNjTEpZST0 = $9A4hF_YAuvQ5ob gVAqNKPCYcEjKensW4IQMovwHtwkF4VYPoHbKxJw!!，2018.03/2018.10.

4. 赖灿辉. 基于"使用与满足"理论和市场思维的"馆校结合"解决方案［J］. 自然科学博物馆研究，2016（4）：22－10.

5. 施志萍. 加强馆校结合开展科教活动［J］. 海峡科学，2015（11）：53－55.

6. 冯子娇. 科技馆如何基于新课标推进馆校结合的实施［J］. 科技传播，2018（7）：141－142.

"小杠杆撬起大世界"

——STEM 理念下的教育活动设计

项目负责人：王梦倩

项目组成员：肖芮　刘茜　薛松　陈怡

指导教师：崔鸿　蒋怒雪

摘　要： STEM 为科学（Science）、技术（Technology）、工程（Engineering）、数学（Mathematic）的缩写。STEM 教育并不仅仅是将各学科知识的简单叠加，而是将各学科的知识整合到一个解决问题的过程中。本项目以"小杠杆撬起大世界"为主题，围绕"自制重力抛石机"这一工程问题，设计了适用于 4~6 年级学生的，以科技馆内科技教室为主要实施场所的 STEM 课程，为推动 STEM 教育在科技馆内更好地落实提出相关建议。

一　项目概述

（一）研究缘起

STEM 教育是科学、技术、工程、数学教育的统称。STEM 教育的出现，在一定程度上可以改变"授课以解答习题为主""各学科之间分科割裂、机械记忆"的现状，创造一个创新、开放的学科之间相互联系、综合应用的教学氛围。把这四个领域内学科知识和技能的教与学整合到教学中，使零碎知识变成一个相互联系的统一整体，从而为学生提供整体认识世界的机会。

科学技术馆是国内重要的非正式科学教育基地，教育形式可塑性高，是优良的课程开发"承载体"，在科学技术馆中融入 STEM 教育理念，可以达到良好的科普效果。将科技馆中的教育活动与校内正式科学教育活动进行结合，二者相互促进，可以有效提升科学教育的质量。但 STEM 教育理念作为舶来品，其在国内的本土化实践尚处于尝试阶段。科普场馆内的活动多种多样，但基于STEM 教育理念开发的课程仍较为少见，且科技馆内教育活动多为现场招募参与者，导致出现不同年龄阶段学生参与同一个教育活动的情况，针对此状况，如何有效开展 STEM 活动值得深入研究。

　　基于此，本项目以"小杠杆撬起大世界"为主题，围绕"自制重力抛石机"这一工程问题，设计适用于 4 ~ 6 年级学生的，以科技馆内科技教室为主要实施场所的 STEM 课程，并设计相应评价方案，为推动 STEM 教育在科技馆内更好的落实提出相关建议。

（二）研究过程

　　什么是 STEM 教育理念？科技馆中教育活动有哪些特征？如何有效利用场馆优势设计并实施 STEM 教育？在同伴学习情况下，如何评价科技馆科普教育活动？这些问题的答案在本项目的研究过程中逐渐变得明晰起来。项目研究技术路线见图 1。

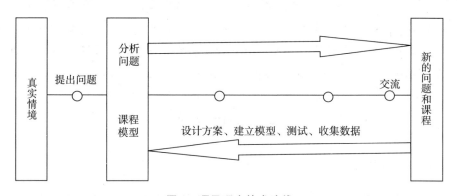

图 1　项目研究技术路线

　　由图 1 可知，本项目研究过程与 STEM 课程模型极为相近。首先，从真实情境出发提出问题——STEM 理念下的教育活动设计如何在科技馆情境下开展？其次，分析此问题需要考虑的各个层面，通过项目论证和文献研究，初步构建"小杠杆撬起大世界"STEM 课程设计方案，建立教育评价初步模型。最后，通过对初步设计的课程方案、评价方案的预实施，收集实施数据。经过应用、测试、反馈、修改等环节的多重循环，得到"小杠杆撬起大世界"系列 STEM 课程的最优设计方案，保障项目的科学性、创新性、实用性。

（三）主要内容

STEM 教育理念在科技馆中的有效实践媒介是 STEM 活动或课程。活动或课程的有效实施与优化离不开教学评价，由此，本项目的主要研究内容分为两个部分。

1. 开发以 "小杠杆撬起大世界" 为主题的 STEM 课程

旨在利用科技馆内教育资源全面、科技教室资源充足、对象具有多样性等特点，设计一个基于 STEM 理念、以"小杠杆撬起大世界"为主题的科普教育活动课程。该课程包括学情分析、教学目标分析、教学准备、教学过程设计等。

2. 设计 "小杠杆撬起大世界" STEM 课程评价方案

评价是对课程的有效性或质量进行判断，以指导有关设计、开发和实施决定的一组方法或技术。目前我国 STEM 课程的评价体系和评价标准还没有统一，学者众说纷纭。本项目以"小杠杆撬起大世界" STEM 课程为例，研究 STEM 课程中的学习评价的开展方式。

二　研究成果

（一）"小杠杆撬起大世界" STEM 课程设计方案

本次设计的"小杠杆撬起大世界"为独立于课堂之外的后设课程，下文将从教学对象与学情分析、课程目标、教学准备与活动时间、课程内容、实施情况几个方面进行介绍。

1. 教学对象与学情分析

教学对象：小学 4~6 年级学生。适宜受众人数为 15~20 人。

学情分析：本课程教学对象为 4~6 年级的学生，分为 5~6 人一组的活动小组。从年龄特点来看，此阶段的学生具备了一定的观察能力和分析能力，且对通过团队合作来完成任务具有较强的热情。在学生原有的认知中，对生活中的工具已有认知，对杠杆类的工具也较为熟悉，但对其原理并不清晰。通过本节课的学习，学生将对其原理产生更充分的认知。此阶段学生的想象力正处于高峰期，教师可以通过多媒体以及各种器材，引导学生进行探究实验，还可帮助其构建新知。

2. 课程目标

（1）科学知识

知道杠杆原理、杠杆的三个重要作用点；知道杠杆在生活中的运用，了解省力杠杆、费力杠杆以及等臂杠杆；初步了解形状与结构对稳定性的影响；明晰画设计图的意义以及设计图的构建方式。

（2）科学探究

运用观察、比较等方法，分析抛石机的发展历程；在小组合作探究中，学会记录数据、分析数据的定量研究；灵活运用控制变量法，以探究影响抛石机投掷远近的因素，学生通过对影响抛石机投掷远近的因素的探究，学会记录数据、分析数据的定量研究；在自己动手操作的过程中，从定量的角度感受、设计并构建抛石机模型，实践"明确任务、制定设计方案、收集资料、头脑风暴、画草图、测试、评估、优化方案、产品制作、产品测试、产品优化、交流设计"的设计和制作思路。

（3）科学态度

乐于运用学到的科学知识解决生活中的问题，改善生活；通过小组合作与交流，能倾听和尊重不同观点，评议、反思和改进自己的探究过程，并将在探究过程中所学到的知识运用于新的情境；认识到工程的建设既需要特色的设计，又离不开标准化的指导。

（4）科学、技术、社会、环境

在小组合作制作抛石机时，合理安排材料运用，增强环保意识；学习杠杆相关知识后，明白科学源于生活，并应用于生活的道理。

3. 教学准备与活动时间

（1）教学准备

胶枪、老虎钳、牛角钳、剪刀、直尺、量角器、计算器等工具；木筷、螺母、热熔胶棒、一次性勺子、皮筋、细绳、一次性纸杯等材料；设计单、探究单、评价单等学习单。

（2）活动时间

本课程分为 5 个课时，每个阶段耗时 60 分钟，共计 300 分钟。

4. 课程内容

抛石机在世界军事史上占有非常重要的地位，它投出的巨石可以瞬间将房屋击得粉碎。历史上有运用不同原理研制的不同类型的抛石机——人力抛石机、弹力抛石机、扭力抛石机和重力抛石机。重力抛石机中最重要的科学原理便是"杠杆"，因此，选择"自制重力抛石机"作为核心工程，让学生在制作抛石机的过程中，综合运用跨学科知识，解决此项工程问题。

课程以 STEM 教育理念为指导，采用基于项目的学习方式，以"制作重力抛石机"为工程主线，围绕"杠杆"这一核心概念，中间穿插"分解/对比—体验—认知"的控制变量实验环节，让学生在自主探究的过程中，了解杠杆各因素对抛石机抛射性能的影响并进行设计和制作。

课程设计见表1。

表1　课程设计

环节	内容
问题聚焦	制作一个精准度高的、用木筷作为主要材料的重力抛石机
认识模型	第一课时：认识抛石机的结构
搭建模型	第二课时：初步设计并制作抛石机
测试模型	第三课时：如何让抛石机抛得更远
分析并改进模型	第四课时：改进设计并制作抛石机
展示评估	第五课时：抛石机攻城比赛

5. 实施情况

学生在整个课程的实施过程中，运用科学知识，潜移默化地运用"跨学科概念"解决问题，整个知识建构的过程均以学生为中心，让学生通过实践得出结论。在每一个课时中，均有学习单（见图2、图3）的运用。学习单的有效设计将引导学生开展有效的科学探究活动。在探究活动中，探究单有意使学生进行三次重复实验，并体现"控制变量"的思想，发展了学生的"多次实验提升实验结果的有效性""通过控制变量，提升结论的科学性"等科学研究思想。

（二）"小杠杆撬起大世界"STEM 课程评价方案

对 STEM 课程的评价，从不同的视角评价便有不同的解读。课程的评价，可以是针对课程本身设计好坏的评价，可以是对教师教学好坏的评价，也可以是对学生学习情况的评价。本项目研究课程评价的意图在于让学生更好地在教

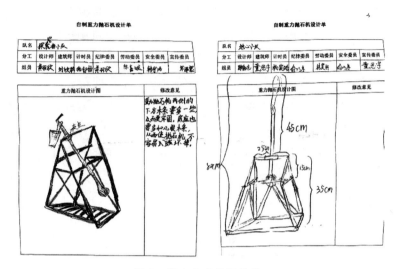

图 2　学生完成的设计单

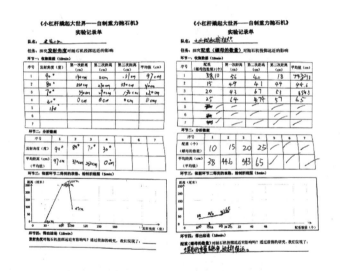

图 3　学生完成的探究单

学活动中进行有效学习，通过评价获得学习状况的相关信息，促使师生对当前的教与学加以改进，因此，须注重研究学生在课程中的学习评价。

本课程采取多种方式进行评价，从评价的主体来看，分为三类，即教师评价、学生自评与学生互评；从评价内容来看，包括对学生课堂表现的评价、对学生设计图纸的评价和对学生作品的评价；从评价类型来看，包括形成性评价、表现性评价和总结性评价。基于此，将"小杠杆撬起大世界"课程的教学评价分为三种，即板书上的即时评价、竞赛式的即时评价和评价量表式的表现性评价。

1. 板书上的即时评价

此类评价的主体为教师，评价内容为学生的课堂表现，评价类型为形成性评价。STEM 课堂以学生为主体，以小组为单位开展各类活动，如观察、设计、制作、探究、研讨、汇报等，课堂中的话语权属于学生。教师的作用更多的在于前期的活动设计。在课堂中，教师只需把控课堂节奏，并对学生进行即时评价。板书是一种有效的方式。在板书上，对学生各个环节的课堂表现进行评价，在激励表现优秀小组的同时，督促其他小组及时调整小组纪律。

2. 竞赛式的即时评价

此类评价适用于类似本课程中抛石机一类的作品，例如"制作小车""制作轮船"等可以进行直观比较的作品。本课程中多次运用此类评价。第 3 课时课前与课后均对抛石机的投掷远近性进行了比较。在课程的最后一课时的抛石机攻城比赛中，更是有明确的比赛规则，实时评价学生抛石机作品的水平，并以此为依据评价学生在此课程中的知识迁移能力、创新能力。

3. 评价量表式的表现性评价

本项目的学习任务是完成并优化抛石机的设计方案，其评价并不能运用简单的纸笔测验代替。运用评价量表的方式，从自评、互评与师评三个角度，对学生的能力与作品进行评价，是最适宜也是最促进学生能力发展的方式。

（1）职务胜任能力评价表

在课程的第 1 课时，除了安排学生学习抛石机的知识以外，对学生进行了明确的分工，包括设计师、建筑师、计时员、劳动委员、安全委员、纪律委员、宣传委员。这些分工不在于将活动分工细分到每一个人，而在于让不适应合作学习的学生找到自己在团队中的定位。此评价表可让学生通过评价方式，逐步提升团队协作能力和自我反思能力。

（2）设计图评价表

设计图是 STEM 课程在工程设计中必不可少的部分，课程不同，其评价指标也不同。在课堂设计前便把评价指标发给学生，可以指导学生进行合作活动。设计图的评价包括四个部分，即实用性、美观性、精确性、发展性。通过此四个部分的评价，小组可以对自己的设计做出全面的反思。

三 创新点

基于 STEM 教育理念的科普教育活动在一些中小学、科技馆中已有所尝试，有的借鉴国外课堂，有的自主研发。本项目在查阅大量文献、参考大量 STEM 教学案例的基础上，开发以"小杠杆撬起大世界"为主题的 STEM 课程，并设计评价策略，具有以下创新点。

（一）从馆校合作视角设计教学目标

科技馆教育较学校教育存在一定优势，其可以突破空间、时间限制，运用场馆中的展品资源以及教育活动资源给予学生直接经验。本项目以"杠杆"为主要科学概念，通过此项目的学习，学生可以有效完成课标提及的"运用杠杆解决生活中的问题"的目标。此外，科学探究作为课标中四大目标之一，是学校科学教育的一大重难点。本项目的核心教学目标是：灵活运用控制变量法，探究影响抛石机投掷远近的因素，学生通过对影响抛石机投掷远近的因素的探究，学会记录数据、分析数据的定量研究。学生在参与课程后对科学研究的过程及其中的科学思想的理解均有所提升。

（二）从"以学生为中心"视角设计教学过程

课程中运用了多种教学策略：基于项目的学习模式，以工程设计过程为导向，让学生运用所学知识去完成具体的任务；发现式学习，让学生在相对独立的情况下，自我探索，独立钻研并解决问题，允许多个正确答案的存在，并将失败作为学习的必要部分；最主要的教学策略为基于实践的探究式学习，让学生运用所学知识去实践完成具体的任务，在完成任务的过程中逐步开展探究活动。整个过程中，学生自主探索、研究、讨论、辩论，在独立学习、独立思考、发现问题、解决问题的过程中综合运用"跨学科知识"。

（三）从发展学生视角设计教学评价

STEM 课程的学习评价，最主要的目的在于通过评价来获得学生的学习状况，促使师生对当前的教与学进行改进。因此教师和学生都是评价的主体，学生不仅要对自己的学习状况进行评价，也要对同伴的学习状况进行评价。本课程设计了三种评价方式，涉及教师、学生两个主体，课堂表现、设计图、作品三个评价内容，形成性评价、表现性评价、总结性评价三种评价策略。在课堂中，充分进行"师—生""生—生"的互动。

四　应用价值

从开发过程来看，本项目从 STEM 教育活动——抛石机攻城比赛出发，提取其中的科学概念、跨学科概念、科学与工程实践属性，逐步设计基于 STEM 教育理念的教学课堂、STEM 课程，整个研究过程运用"基于设计的研究"的基本思想，在真实自然的情境下，通过形成性研究过程和综合运用多种研究方法，根据来自实践的反馈，不断改进直至排除教学设计与评价模式的所有不足，形成一套可靠而有效的设计方案。此课程设计开发的过程可为 STEM 理念本土化、持续开发 STEM 课程提供借鉴。

从项目实施角度来看，本项目所开发的"小杠杆撬起大世界"STEM 课程，以"制作重力抛石机"为工程主线，以 4~6 年级学生为教学对象，在设计与制作抛石机过程中穿插控制变量的实验环节，让影响抛石机投掷远近的因素"量化"，既体现了科学研究和工程设计的方法，又包含了科学方法、科学思维方式和科学态度，具有教学对象范围广、教学素材便于收集、教学设计接地气、教学评价多元即时等优点，可以很好地适应各大科技馆的需求。

便捷的风能

——馆校合作下 STEM 综合实践活动

项目负责人：李乐康

项目组成员：李广迎　南国姣　赵晓林　孔丹

指导教师：陈传松　布琳

摘　要：本项目以风能为主题，着眼于风能的应用及转化的相关内容，以风力发电机的设计与制作为主体框架，设计并于山东省科技馆实施活动。简要介绍了项目的活动目的、设计方案、评价方式及活动效果等，在评分仪器设计和材料的使用上体现了创新性，能使学生在跨学科综合课程中获得能力的提升。

一　项目概述

（一）选题原因

本项目基于 STEM 教学理念，初步设想以技术、工程因素为主，兼附以科学、数学、艺术素养培养。通过与科技场馆丰富的展教资源相结合，在 STEM 教育模式情景式教学的优势下，学生可自己在探索反思与总结过程中充分发挥学习的主观能动性，有利于自身科学素质的培养和知识体系与思维方式的形成。

山东省科技馆展品"风力发电"位于三楼能源与环境展区，是展览性与互动性相结合的展品，由三部分构成。第一部分是玻璃罩内部的大扭矩风力发电机模型，第二部分是位于玻璃罩内部的垂直轴风力发电机模型，第三部分是位于展品外观上的介绍展品的两块小展板，分别介绍了风力发电原理以及风速与经济效益的关系。学生通过参观，观察风力发电机结构、转动形式，可以更好地了解风力发电原理，对能源转化有一个初步认识。

风能，作为一种便捷的清洁新能源，具有很大的开发潜力和应用前景，有利于生态环境的可持续发展，值得通过课程的方式向学生进行介绍。

通过结合馆内现有展品，并联系学校内容中有关"风从哪里来"以及"无处不在的能量"涉及的风力发电和能量转化的"S"科学知识，通过 PBL 项目式教学方式，引导学生自主设计并制作一台风力发电机。在设计环节中，自主设计、绘制设计图体现了"E"工程思想；选择扇叶合适大小、尺寸、个数、角度等体现了"M"数学思想和一定物理科学知识；制作风力发电机体现了风力发电这种"T"先进技术。综合使用 STEM 理念，体现新能源的应用与开发过程。

制作完成后，通过团队自主设计的评分仪器进行评分，结合互评、师评、自评，完善形成性评价、总结性评价等相结合的评价方式，以对制作成果进行评比。活动结束之后，通过多种方式，对活动效果进行综合评判。

（二）研究过程

首先对科技馆进行调研，通过听课，学习场馆的 STEM 教育方式，撰写教案，联系学校进行馆校合作，之后购买相关材料，于山东省科技馆创客空间实行。活动实施结束后，对活动效果进行总结评价。

（三）主要内容

主要内容包含活动方案设计、教案撰写、馆校合作事宜结合、材料单拟定、材料购置、评价量表的设计、评分仪器的设计、活动效果的评价（包含馆内工作人员访谈、问卷调查）。

二　研究成果

（一）教学对象

- 本教育活动适宜的受众群体

4~6 年级学生，初高中学生亦可

- 本教案所针对的具体教学对象

6 年级学生

- 教学对象的学情分析

山东省普遍采用青岛版科学教材，在 6 年级下册《科学》课本中，第二单元第十节名为"无处不在的能量"，讲解了有关能量转化的内容。第三单元第十三节"风从哪里来"，可以使学生明白风的来源，明晰风的来龙去脉。本次活动可以很好地与学校科学课程相整合，还加入了新能源应用概念以及风力发电机及其制作的概念，达到最大化的教育效果。

此阶段的学生，能够在教师的指导下，利用多种感官或者工具，观察对象的外部形态特征及现象，动手能力有了显著的提升。因此教学内容要让学生能够基于所学知识，制定简单的探究计划；选择恰当的工具、仪器，观察并描述对象的特征，正确论述自己的探究过程与结论。同时能够聆听他人的意见，并与之交流，对自己的探究过程、方法和结果进行反思，并做出自我评价与调整。

（二）教学目标

● 科学知识

风力发电与新能源、能量转化。

● 科学探究

设计方案、自主创新能力、处理材料能力。

● 科学态度

培养对物理学探索与对简易工程制作的兴趣、团队合作能力。

● 科学、技术、社会与环境

了解自然界中的能源可以为人类所用，我们应该更好地利用能源，合理使用能量转化，开发新型能源。风能是一种便捷的新型清洁能源，具有广泛的用途，符合社会可持续发展的要求。

（三）教学重难点

● 教学重点

培养观察能力、设计能力、动手制作能力、分析概括能力和语言表达能力等。

● 教学难点

分析风力发电机能够发电的原因，进而了解真正的风力发电原理，从中深刻体会能量之间是可以相互转化的。

（四）教学场地与教学准备

• 教学场地

学校课堂、山东省科技馆、山东省科技馆 4 楼创客空间。

• 教学准备

教师演示材料：风力机械兽、风力小车、多媒体教学课件、投影仪等。

分组实验材料：教学过程内含的材料单有具体的实验材料介绍。

（五）时间安排

• 教育活动总时长

前期课程：4 课时，每课时 45 分钟。

• 教育活动实施的内容

第 1 课时，学校内，进行相关科学课程。

第 2 课时，山东省科技馆内，参观展厅及相关展品。

第 3 课时，设计并制作风力发电机。

第 4 课时，评价与交流总结。

（六）教学过程

• 第一阶段：校内课程

• 第二阶段：参观科技馆

阶段目标：初步了解风力发电展品的外形、风力发电工作原理、展品介绍	
教育活动脚本	设计思路
参观场馆：电磁感应相关展品及风力发电机展品（见图 1、图 2）  图 1	注意展品的介绍及原理

续表

教育活动脚本	设计思路
 图 2	注意展品的介绍及原理

● 第三阶段：设计并制作风力发电机

阶段目标：设计并制作风力发电机，提高学生动手实践能力	
教育活动脚本	设计思路及学生活动
（1）引入 ①利用实验道具（风力机械兽）进行演示，当有风吹动时，风力机械兽的四肢将会移动 提问：看一看这是什么？小兽为什么能动？体现了怎样的能量转化过程（风能转化为机械能） ②出示实验道具——不插电（风力发电点亮）的 USB 小灯。通过实验现象引导学生提出问题：为什么风吹动扇叶旋转，小灯就能亮起？ 注意解释：体现了风力发电、风能转化为电能的思想	学生观察，交流讨论 学生在刚开始上课时，还没能进入状态，因此可通过一些演示实验引入新课。趣味实验活动，不但激发了学生的探究欲望，而且还引导他们自主发现并提出想探究的问题，有效地激起了学生的学习兴趣
（2）风力发电机原理讲解 ①提问：想一想，我们生活中有哪些常用能源？风能与传统的煤炭资源等相比有什么优点 ②通过观看视频，知道风的来源分布，思考如何利用风能，有什么优缺点 （风属于清洁可再生能源，开发潜力大；风的优点如推动帆船运动、调节大气、风力发电，缺点是会引发龙卷风、沙尘暴等） ③了解风能的应用情况，讲解风力发电机的种类、主要结构和工作原理	学生观看视频，讨论交流，回答问题 学生此时已经有了一定程度的前概念，通过观看视频、思考问题等，将进一步加深概念、有自己进一步的认识和理解，也为后面提出项目打好基础
（3）掌握风力发电中体现的能量转化 ①提问：想一想风能如何转化为电能 ②根据风力发电机结构图片，分析能量在各部分之间转化的方式和原理 ③总结归纳风能转化形式，分析其内涵，通过 PPT 来学习与掌握 ④布置任务，提出项目任务：设计并制作一个属于自己的风力发电机，包括扇叶、转轴、电机三部分，通过连接评分仪器发出的电来点亮小灯 ⑤认识实验材料，了解各部分材料选择范围及组装方式	小组讨论 归纳总结 明确任务 认识材料

续表

教育活动脚本	设计思路及学生活动
（4）自制风力发电机实验 （每组5人，共5组） ①实验材料介绍 每组仪器：电池盒5个、电池20节、小电机1×5个、塑料扇叶（作为风源使用）5个、小电机2×5个，木塞5个、硬塑料垫板3张、软塑料垫板3张、瓦楞纸3张、KT板3张、彩色卡纸3张、海绵胶1卷、双面胶1卷、剪刀5把、小椭圆美工刀5把、热熔胶枪1把、胶棒若干（见图3、图4）  图3  图4	 进一步熟悉材料

续表

教育活动脚本	设计思路及学生活动
②制作方式 先设计图纸，绘制自制风力发电机示意图，设计扇叶大小、形状、数量 选择合适材料，裁剪出扇叶；之后，选择合适的方式固定在小木塞上 将小木塞中心插入电机 2 的中心转轴上，一定要插在正中心，才能保证重心位置不偏移，使转子能正常旋转 提问：怎么设计才能让我们的风力发电机发电量更大？如何使转子正常旋转，转速较快	明确制作方式 初步设计与思考 猜想与讨论 回答问题并思考

- 第四阶段：评价交流与总结

阶段目标：评价总结与反思，获得综合提升	
教育活动脚本	学生活动
（1）评价交流 ①通过小组组评，每组选出两个优秀作品，由小组代表带到前面的评价台，连接评分仪器板 ②通过评分仪器板上小灯亮起的个数，判断自制风力发电机的发电程度 ③优秀作品的制作人介绍自己的设计思路，以及考虑到的关键点，认为自己成功的因素有哪些，教师及时总结评价 ④对所有积极参与制作的同学表示鼓励 ⑤评选各类奖项，奖励优秀作品 评价环节见图 5 图 5	学生组内讨论后 课堂集体展示 评价性能 介绍设计思路

续表

教育活动脚本	学生活动
（2）反思与总结 ①实际生活中存在的风力发电机还有哪些必需的部分 ②为什么实际风力发电机叶片要设计成细长型 ③风向会影响发电量吗 ④为什么我们看到的风力发电机转得很慢，但它却能产生较大的发电量 观看视频介绍，使学生进一步感受实际生活中的风力发电机是如何工作的，其中有哪些奥秘（如内部有齿轮结构加大转速；风扇叶做成细长型有较大的流体翼型面，更容易产生提升力；风向由风力发电机上面的速度传感器——尾舵去控制，使其能适应各个方向的风）	思考讨论 观看视频 总结交流 归纳反思
（3）拓展延伸 在了解了风力发电的原理以及风的各种用途之后，制作其他相关的小发明、小制作 小组讨论，总结几种新的实验 可以运用风能转化为机械能的原理，利用小风车马达等材料做一个风力小车 思考风力发电如何进行推广，产生的电还能有哪些其他用途，如何更好地利用风力进行发电	课后完成风力小车的制作，思考风还有哪些其他用途，思考风力发电的推广与进一步应用

（七）实施情况与效果评估

1. 访谈法

项目组与山东省科技馆展教部、数字化科普部及创客空间工作人员进行了交流，获得了老师们的支持与认可。创客空间老师对小灯亮起这种评价方式很感兴趣，老师们提到，这种评价方式简单直观，可以更好地比较发电量的大小，具有较好的活动效果，以后可以进行拓展和推广。

准备的材料丰富多样，这使学生有更多的选择。课堂设计内容充实丰富，课堂环节设计巧妙、联系紧密。能够有效地结合场馆内的展览资源以及创客空间的场所条件，更好地帮助学生巩固对于课堂知识的理解。同时，其也可以作为平时的课程，推广给小学中高年级学生学习使用。

在活动实施的过程中，能够贯彻以学生为主体、教师辅助引导的原则，在设计方面充分发挥学生的能动性，在学生制作过程中，对于其需要帮助的部分，教师及时进行了帮助与引导。最后总结、评价课程内容，这有利于学生多方面综合能力的提升。

2. 问卷法

开展探究科普教育活动效果的问卷调查活动，收集了学生针对科技馆、科普活动效果等的看法，可以发现：①学生对于科技馆科普活动具有极大兴趣，对展品原理的关注度有待加强，参加活动有助于学生更好理解学校教授的科学知识及更加关注展品的原理；②学生认为能从本次科普活动中学到知识，不同学生在不同环节能学到不同的知识，可以从不同角度获取知识；③动手操作的环节，能提升学生的综合能力，提高学生对于科技馆及科学知识的兴趣度；④所有学生都想再来参加活动，并想在下次活动中体验不同的课程，所以 STEM 综合实践活动可以提高科技场馆的普及度，并加深学生对展品的了解；⑤不同的学生对于活动方式的喜好有不同的看法，因此在引导过程中，可以尽可能地因材施教。

三　创新点

（一）材料丰富多样

所需材料均取自生活中常见易得的材料，且丰富多样，供学生设计选择的方案多样。

（二）评分手段先进直观

灯带式评分仪器直观方便，用其进行评分能更好地评判学生所制作的风力发电机的发电水平。

（三）活动效果显著，学生受益广泛

通过该节内容的学习，学生可以系统地掌握跨学科的综合性知识。在制作方面，绘制设计图、选取材料的环节体现了 STEM 教育的工程思想，设计和把握扇叶的形状、大小等体现了 STEM 教育的数学思想，关于能量转化和电磁感应风力发电原理部分涉及科学知识部分，风力发电是一种技能的应用，能综合锻炼学生多方面的能力。

四　应用价值

（一）锻炼学生的设计能力、创新能力、动手能力

跨学科综合课程，使学生获得综合能力的提升。

（二）结合新能源开发，树立正确价值观

结合新能源开发热点，给学生树立环保、可持续发展、多利用清洁能源保护有限资源等观念。

（三）评价方式更直观

灯带式评分仪器与以往的仅让一个二极管亮起的评分方式不同，其可以更直观地评价发电水平。

（四）适用范围广

小学中年级学生可能需要家长或老师的帮助，高年级及以上学生均可自主完成。

参考文献

1. 周忠香. 如何在教学中发挥学生自主学习的主观能动性[J]. 中国教育技术装备, 2010 (34)：153 – 154.

2. 刘姝. "风力发电原理与应用"课程教学改革与探索[J]. 现代企业教育, 2014 (10)：522 – 522.

3. 王成富. 风力发电研究现状及发展趋势探讨[J]. 低碳世界, 2013 (20)：63 – 64.

4. 黄晓, 李扬. 论 STEM 教育的特点[J]. 江苏教育研究, 2014 (15)：5 – 7.

5. 张莉琼, 潘斌, 陈新. "以学生为中心的教学"课程评价体系的构建与应用[J]. 职业, 2014 (3)：74 – 75.

科普展品

蝴蝶翅膀科普展品设计效果展示

项目负责人：王琨
项目组成员：李佳星
指导教师：张月

摘　要： 近年来，国家越来越重视自然科普活动的开展及相关科普馆的建设。不同的用户对生物科普空间的要求也不同，因此要结合不同人群需求和现代科技来设计沉浸式的科普展品，针对目标人群，了解他们的需求，建设以人为本、以现代科技为基础的展现未来模式的科技馆。本项目在对现有科技调研的基础上，以蝴蝶翅膀色彩原理为例，进行了蝴蝶科普展品的实践设计研究。本项目科普展品区别于传统科普展品，以期达到信息和科学普及的效率最大化、游客体验质量最大化。

一　项目概述

（一）研究缘起

科技馆现已成为科普的一个重要的场所，并且生命自然科学的迅速发展，使得自然生命科学成为比较重要的发展学科，科普变得越来越重要，其范围也不断延伸至中小学。随着文旅业的发展，人们对文化生活的需求增加，要想提升中国人民的人文素养，须从自然科普教育开始。现阶段的社会环境非常有利于对人们的自然科普素养的培养。在这样一个大的背景下，中国自然科普教育更需要一个长远规划。

很多科技馆应用了一些现代的技术方式，比如说 VR 技术、AR 技术、CS 动画技术、全息投影、红外线互动投影等，毫无疑问，这是一种更加吸引人的展示方式。科技推动着人类社会的发展。本项目提出一个在生物展示设计领域，注重虚拟全息体验展示设计发展的新方向和理念。

全面调动用户的感官和积极性，使人们在感觉到愉悦的同时学习生物科学文化知识。多媒体技术在展示设计中的运用非常重要，它超越了时空，除了整合、传递信息之外，还以创意和观赏的方式形成一个展示亮点给人更多的艺术感受。只有对用户形成一种吸引力，他们才会慢慢地去体验、感受和了解设计展示中所要表达的科学知识。

（二）研究过程

研究目的。生物科普具有较强的知识性、科学性，因此，项目组在分析用户需求和了解现有科技的基础上，总结出一套针对生物科普类展品的设计策略。目的是使生物科普从枯燥的高深科学知识的学习过程变成有趣的科普学习过程。

预设目标。"裸眼3D＋全息投影"其实是一台由中国制造的风扇。主体部分的设计类似于风扇的扇叶，不同的是其旋叶是一个整体。当旋叶高速旋转的时候，就可以呈现各种炫酷画面。内置芯片可以控制旋叶的转速和LED灯的闪烁效果，帧率可达到50帧/秒，即转速高达50转/秒。除了图像和动画，这台黑科技风扇甚至还支持MP4、AVI、Rmvb、GIF等多种格式。尽管不是真正意义上的全息技术，但裸眼3D的效果已经足够炫酷。

运用POV视觉暂留技术，在设备旋转时，利用人眼视觉暂留现象打造真实的3D全息影像，营造一个炫酷的场景。结合蝴蝶翅膀色彩的科普内容进行蝴蝶3D全息投影制作，让观众更加身临其境地感受生物科学的美好。

（三）主要内容

研究内容为蝴蝶翅膀结构及色彩原理。蝴蝶翅膀具有无数长椭圆形的微小鳞片，基部连有一小短柄嵌入翼膜内。蝴蝶的翅膀上有翅脉、翅膜，也布满了鳞粉和鳞毛，其组成蝴蝶翅膀上的艳丽色彩，少数蝴蝶鳞粉更可散发特殊气味以吸引异性。

化学色（自身生理代谢产生的色素颗粒）主要为白色、黄色、红色、棕色、黑色。其中黑色和红色产生于类胡萝卜素，棕色和黑色来自黑色素，白色和黄色是黄酮类色素颗粒——间接来源于蝴蝶在幼虫时期所摄食的植物色素。

结构色（在物理光学作用下产生的）是光作用于鳞片表面脊、沟等微结构而发生的光的散射、干涉以及衍射，鳞片有两层——表层和底层，底层以棕色和黑色等暗色为主，表层颜色较为丰富，以亮色为主。

自我保护：抵御天敌，这是与天敌协同进化的结果，例如枯叶蝶的拟态翅膀图案。

个体交流：相同的蝴蝶种类之间有短的紫外线可以识别异性，进行交流和交配。

体温调节：蝴蝶翅膀鳞片上的黑色素吸收的太阳辐射能传导至体内而引起体温上升。

蝴蝶翅膀体色进化原因：蝴蝶真正的体色反应是在自我保护、个体交流、体温调节这三者之间权衡的结果。蝴蝶的结构见图1。

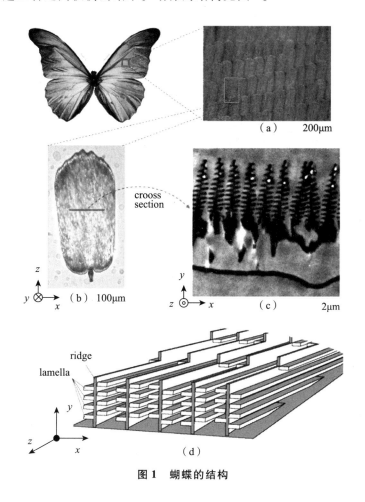

图1 蝴蝶的结构

二 研究成果

（一）研究方法与技术路线

3D全息风扇屏是一款新型的广告展示设备，主要优势在于能耗低、效果酷炫、科技感十足，展示效果高于传统广告机。深圳市大元智能科技有限公司开发的新一代3D全息风扇屏具有3D效果逼真、寿命长、低能耗、易安装、易管理、使用价值高、适用性广等特点，同时还能给客户提供App、微信小程序等多形式的集群广告视频发布和视频内容编辑的管理模式，被广泛应用于商场、影院、健身房、展览馆、零售店等场所。

1. 3D全息风扇屏工作原理

3D全息风扇屏主要是利用了人眼视觉的暂留（POV）现象，可在一列或者几列LED灯密集排列以后旋转成像。详细点来说就是，光对视网膜所产生的视觉效果在光停止作用后，仍会保留一段时间。虽然人眼的辨识精度非常高，但是视神经将图像传输到大脑所需的时间是1/24秒。正是利用这个因素，当多个定格画面切换帧率到达每秒24帧（这里所指的24帧是直接对人眼展示的帧率，而非画面对部分机器所传导的帧率）时，就可以形成连续的画面。3D全息风扇屏运行时的帧率一般在每秒24帧左右，也就是说，每一个画面定格的时间是1/24秒，这样便实现了成像的效果。同时该设备成像时，均为LED灯发光，周边的外壳为暗色且不发光，那么在设备运作时，人眼只会接收到光的停留，暗色无光的则会因为太快而无法被大脑分辨，因此显示效果只会停留在LED所显示的灯光上，这样便实现了在空中成像的效果。再采用3D效果的素材，这样便实现了全息3D成像的效果。

2. 3D全息风扇屏特点

（1）打造真实裸眼全息影像

无屏显示，50万像素的分辨率，每秒24帧的帧率，更高亮清晰，打造真实裸眼全息影像。

（2）云端管理更高效

3D全息风扇屏依靠云计算技术，将智能管理广告及集群管理分别分布在不同区域的多台风扇屏设备上，使其运作更加高效。

（3）显示更出彩

512 颗优质全彩 LED 灯珠，画面显示更细腻、出彩。

（4）多种控制方式

支持 App、小程序、Web 远程操控，一键上传、一键播放，操作简单。

①Web 管理系统可以在 IE、火狐、Edge、谷歌等浏览器上运行。

②小程序需要在微信 5.0 及以上版本运行（搜索：风扇屏）。

③App 可在 Android 4.0 和 iOS 8.0 以上版本的手机上运行。

（5）多种场合均可以使用

风扇屏 3D 全息广告机体积小、质量轻，对环境要求低，安装简易，多种场合均可以使用。

（6）人性化设计

可以实现吊装、座装、挂装。

（7）外包装及装箱单

主机 ×1、挂件 ×1、公插孔 PCB 板风扇页 ×2、母插孔 PCB 板风扇页 ×2、电源适配器 ×1、TM4 ×5、螺丝 ×4、PM4 ×8、螺丝 ×1、TM4 ×8、螺丝 ×8、M6 螺丝 ×3、M6 螺丝垫片 ×3、膨胀钉 ×3。

（二）组装过程

设备的组装实施情况见图 2。

图 2　设备的组装实施情况

（三）成果展示

制作过程。制作多只 3D 的大蓝闪蝶的动画模型，并且制作花卉场景及大蓝闪蝶的翅膀结构动画模型，与 3D 风扇全息技术相结合，把立体蝴蝶科普内容以全息投影的形式向观众展示出来，区别于传统的屏幕科普的形式，使投影画面更加立体。

不同于平面银幕投影仅仅在二维表面通过透视、阴影等效果实现立体感的技术，全息投影技术是真正呈现 3D 影像的技术，观众可以从 360° 的任何角度观看影像的不同侧面。

未来 3D 全息风扇可能要加入互动投影系统，成为一种新型的多媒体展示平台。通过先进的计算机视觉技术和投影显示技术来为观众营造一种奇幻动感的交互体验。与传统的触摸屏不同，用户可以直接使用脚或手与投影区域上的虚拟场景进行交互，不需要其他介质。互动投影系统具有很高的新奇性和观赏性，可以很好地起到活跃展厅气氛、增加展览科技含量、提高展览现场人气度的作用。

互动投影系统的原理。互动投影系统的运作原理首先是通过捕捉设备（感应器）对目标影像（如参与者）进行捕捉拍摄，然后经由影像分析和系统分析，从而产生被捕捉物体的动作，该运作数据结合实时影像互动系统，使参与者与屏幕之间产生紧密结合的互动效果。成果展示见图 3。

（四）观点结论与建议

设计师要敏锐地捕捉各种新兴发展的科学技术，并适当地运用于自己的设计中。本项目通过对蝴蝶科普展品的设计，深刻地了解了蝴蝶的知识，对现在新的展示方式进行了探索。如今，单纯的讲解已经满足不了新时代的科普需求，因此，可以利用全息投影技术等手段，设计、策划一场关于蝴蝶翅膀奥秘的科普盛宴，从而促进科普教育的发展。

为了更好地完成设计，项目组在前期做了大量的调研，除对文献进行梳理外，还和蝴蝶行业的专家进行深入探讨和交流；参观了很多现代多媒体展厅，发现新型的媒体可以调动观众的兴趣，对观众的吸引力很大。

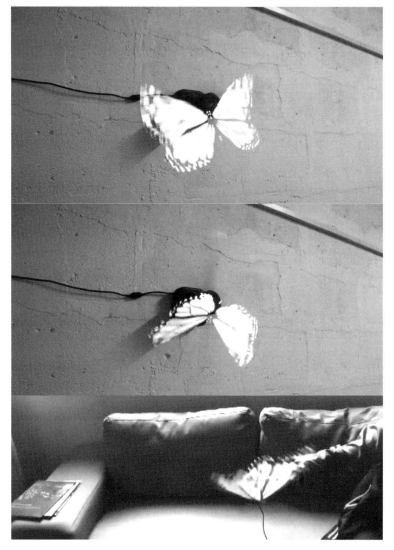

图 3 成果展示

三 创新点

这种全息投影产品，与电影中真正的全息投影是有区别的，其只是利用人眼的视觉暂留原理，在空中逼真地呈现一个 3D 立体全息影像。作为一种新事物，它的发展方向有很多，前景也很大，而且也是目前唯一能够大量投入应用、普及的全息投影产品。其可能的发展方向有几个：第一，直接作为广告机，为线下商家门店引流；第二，可像深圳市芯动电子科技有限公司一样，把它作为大数据终端，为用户提供定制内容和广告投放服务；第三，可以研发更小尺寸的产品，满足更多人群的需求，支持更丰富的应用场景。

四　应用价值

目前这个技术被运用于广告机，在未来的全息投影技术、3D 全息风扇屏的发展中，可为其加入触碰感应装置，人们可以与其进行互动。本项目将全息投影技术与蝴蝶知识相结合，拓展了该技术在科普传播上的应用范围。

参考文献

1. 徐浩. 数字展厅在博物馆中的建立与探索——以国家博物馆"国博典藏《乾隆南巡图》长卷数字展示"为例[J]. 北京文博文丛，2015（3）：83－88.

2. 王睿，牛逸男. 沉浸与交互：VR 技术在电视节目中的运用与未来构想[J]. 传媒，2019（7）：65－67.

3. Immersion Corporation. Patent Issued for Generating Actions Based on a User'S Mood（USPTO 10，248，850）[J]. Computer Networks and Communications，2019.

4. 豆海菲. 用户体验在展示设计中的应用研究[D]. 西安：西南交通大学，2013.

5. 王红，刘素仁. 沉浸与叙事：新媒体影像技术下的博物馆文化沉浸式体验设计研究[J]. 艺术百家，2018（4）：161－169.

6. 王思怡. 沉浸在博物馆观众体验中的运用及认知效果探析[J]. 博物院，2018（4）：121－129.

7. 刘鑫楠. 蝴蝶翅膀表面微结构与疏水性研究[J]. 中国高新科技，2018（15）：62－63.

8. 科学家仿效蝴蝶翅膀结构开发高效太阳能电池[J]. 化工新型材料，2018（5）：133.

9. 陈前川，万里鹰，章建群. 基于昆虫高升力机理的仿生蝴蝶机构设计[J]. 南昌航空大学学报（自然科学版），2018（3）：14－18＋49.

10. 李怀宇. 昆虫翅膀基碳材料的氧还原性能研究[D]. 天津：天津理工大学，2017.

11. 杨盟. 蝴蝶鳞片表面微结构及其气敏特性仿生研究[D]. 长春：吉林大学，2015.

12. 杨林，陈建军，顾佳俊，张荻. 磁性金属蝴蝶鳞片磁控光学响应效应[J]. 科学通报，2014（25）：2499－2504.

13. 王晓俊．蛾翅膀表面疏水性能研究及仿生材料的制备［D］．长春：吉林大学，2012.

14. 陈广化．蝴蝶翅膀表面的疏水性与自清洁性研究［D］．长春：吉林大学，2005.

15. 马方舟，徐海根，陈萌萌，童文君，王晨彬，蔡蕾．全国蝴蝶多样性观测网络（China BON-Butterflies）建设进展［J］．生态与农村环境学报，2018（1）：27－36.

16. 梅欢，罗丁，汪晶，郑咏梅．生物光子晶体蝴蝶翅膀表面的凝结液滴憎水性［J］．高等学校化学学报，2012（3）：575－579.

17. 张萧，唐亚欧．大数据背景下用户生成行为影响因素的实证研究［J］．图书馆学研究，2015（3）：36－42、15.

18. 孟海华．Gartner：2018年前沿技术预测［J］．科技中国，2018（3）：6－12.

19. 梁瑜．以用户体验为中心的儿童主题空间设计的应用研究［J］．课程教育研究，2018（11）：25.

20. 王红，刘怡琳．交互之美——teamLab新媒体艺术数字化沉浸体验研究［J］．艺术教育，2018（17）：130－131.

21. 薛娟，朱乐彤．浅析商业综合体空间中沉浸式体验设计的应用价值［J］．中华建设科技，2019（3）．

22. 宋方昊．交互设计［M］．北京：国防工业出版社，2015.

23. 陈廷浩．基于用户体验的产品创新设计因素探究［D］．上海：华东理工大学，2016.

24. 昝瑛瑛，崔阿悦．浅谈增强现实的现状与发展［J］．科教文汇（上旬刊），2019（5）：80－81.

25. 奚柯．动效设计在手机App界面中的应用研究［D］．南京：东南大学，2018.

26. 沈彬．基于用户体验的桌面级3D打印机设计研究［D］．北京：北京理工大学，2015

"心慌方"

——体验式心理障碍科普展成果

项目负责人：殷雪琪

项目组成员：王国强　苗雨菲　尹金

指导教师：王之纲　马赛

摘　要： 当前国内已有的科普展览内容十分丰富，但对于抽象概念的展览较少，尤其是对于心理学方面的科普展览尤为缺乏。我们想要选择的主题内容侧重于心理疾病和精神疾病方面。不同的心理疾病和特殊心理状态已经成为社会热点，被越来越多的人关注。在目前的社会现状里，国内大部分的年轻人处于压力日益增长的阶段，不同形式的精神压力越来越多，承受压力者本身会过分在意这些问题和心理状态，而其身边的非承受压力者也许对此并不十分在意。有的心理疾病已经上升到了生理疾病的范畴，甚至仍不被人理解。事实上这些情绪都非常正常，它需要被肯定和被包容以及被化解，通过科普来了解这些疾病的起因、症状和治疗手段，可以更好地让患者面对这些疾病，也可以改变许多人对这些疾病的态度。

一　项目概述

（一）项目缘起

过去三十年，中国经济以史无前例的速度发展，快速的社会变革造成了大众心理压力及应激水平的总体升高。国内公共领域及学术界已达成共识：心境障碍、焦虑障碍、酒药使用障碍及阿尔茨海默病的患病率正在升高，需要有针对性的干预措施。

需要强调的是，在过去几十年内，精神分裂症在全球范围内的患病率大致相当，遗传因素在该病的发生过程中扮演了重要角色。

尽管基于 ICD 及 DSM 诊断标准，中国精神障碍的 16.6% 的终生患病率并不很高，但考虑到中国有十几亿人口，这一数据则意味着有非常多的中国人受到精神障碍的困扰。鉴于精神障碍所造成的疾病负担过重，有关部门应在精神卫生服务上投入更多的精力。有效的干预措施必须因地制宜，考虑到全国及当地的政治及经济环境，不同地区的实际情况差异很大。

总体而言，对 CMHS 数据的分析及结果解读将大大促进中国及国外精神卫生状况的理解及发展。针对精神卫生需求的以数据为驱动的知识将启发中国未来的政策制定及临床实践，并为其他国家提供有价值的信息。

（二）研究过程

本项目组主要分为三个阶段实施研究。

第一阶段主要是调研，为了增加展览内容的严谨性和权威性，项目组招募了一名心理学博士，并对疾病的内容进行了重新选取和分类，将整体的疾病分为了两个大类别：第一类是常见心理疾病，这一类是在社交环境中产生的普遍度高、可理解度较高的疾病；第二类是新发心理疾病，这一类是在当代社会环境下产生的一些热度和受关注度逐渐上升的疾病。其划分类别更加细致，疾病成因更复杂，并且颇具争议。

项目组根据这两种类型的疾病，划分了两个展示区域；展览也分为两种展示方式。一种是在科技馆内部临时展厅的固定展，另一种是旨在走向全国、主要面向高校的流动展。项目组将两个展示区域和展示方式相结合，以配合两类展示内容。

第二阶段主要是展开详细的策划内容，项目组选取了几个有特点的心理疾患项目，制作了详细的设计流程图；同时还制作了展馆设计图与策划方案、展览的项目脚本内容。

第三阶段，项目组将重心放在制作方面，选取其中的"性别不一致"展项做出实际的展品。

二　研究成果

（一）展览策划

常见心理疾病这一类别被置于科技馆的固定展中，由于科技馆的受众群体有一大部分是家长和儿童，考虑到儿童群体的理解能力，项目组在科技馆设置的是普遍性比较高的社交类疾病的展览内容，并且可引导儿童针对这些疾病和患者做出一些正确的对待方式，同时会在这个展览中，对部分新发心理疾病做一些简单的介绍。

在这个固定展览中，项目组将家长和儿童分开，让孩子们在展览区域中玩耍和娱乐，同时进行一些社交活动来予以引导，其间孩子们的行为可以作为展览的一部分内容传达给家长。通过孩子们无差别社交的行为来向家长传递一种价值观。

新发心理疾病这一类别，项目组将它放置在成年人区域，并且让其成为流动展的主题内容，以集装箱式的场馆为主要形式，面向一些高校和聚集于创意文化园区的年轻人；展览内容选取的是年轻人高度关注的内容，并且欢迎年轻人和他们的父母一同来参观。

1. 儿童展区

儿童展区平面见图1。

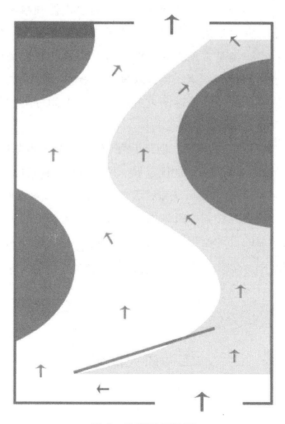

图1　儿童展区平面

2. 成人展区

在空间布局上我们设置了一个相对自由又封闭的展览环境，最重要的是关于展览脚本流程的设计。在参观者进入展区后，他最先会进入挂号台，也就是中间圆形空间的右侧区域。参观者首先领取智能挂号手环，在其示意后进入展示区进行体验。这样设计一方面是为了有效分流，保证参观者的体验感受，另一方面也暗示了心理治疗的环境。经过等待，手环会提示参观者进入6B05的展示区域。成人展区平面见图2。

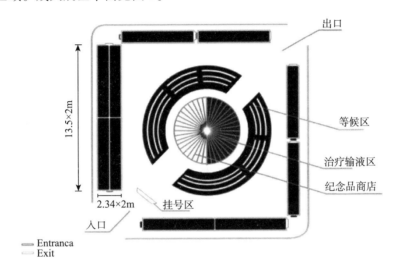

图2　成人展区平面

以下分别对6B05、6B00、6A60、HA60、6B03展示区域心理疾病类型进行介绍。

6B05

分离焦虑障碍：离开熟悉环境或依恋对象后，出现过度的害怕或焦虑情绪（见图3）。

进入6B05的展示区域前，需要交出自己的手机，进入展示区域后，周围形成全包围的显示装置，播放让人愉悦的画面音和声音。这时，屏幕同时暗调，参观者会本能地想拿出手机来求助，却发现手机已经上交。灯光在此时亮起，但空间全变化了，有些让人眩晕。参观者往前跑，会发现一块不大的出口指示牌。在离开展示区域后，参观者会在出口处看到关于分离焦虑障碍的介绍和治疗方法的介绍。参观者在此展区的体验过程见图4。

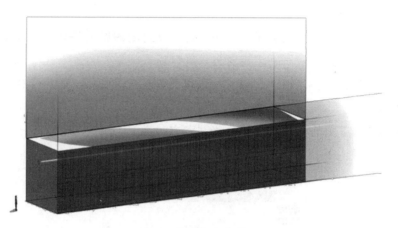

图3 分离焦虑障碍

图4 参观者在6B05展区的体验过程

6B00

广泛性焦虑：持续、显著的紧张不安，伴有自主神经功能兴奋和过分警觉情绪（见图5）。

参观者在此展区的体验过程见图6。

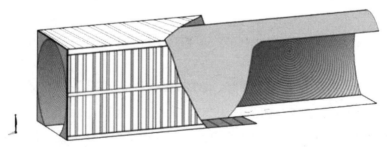

图5 广泛性焦虑

6A60

双相障碍—双相Ⅰ型障碍（见图7）。

图6 参观者在6B00展区的体验过程

图7 双相障碍—双相 I 型障碍

HA60

性别不一致。

在《国际疾病分类第十一次修订本（ICD - 11）》中，世卫组织正式将性别认同障碍/性别焦虑更名为性别不一致，列在"性健康"的章节之内，意味着跨性别人士将不再被视为精神障碍患者。

6B03

特定恐惧症—幽闭恐惧症：在某些情况下，例如人在电梯、车厢或机舱内，可能会或者害怕会发生恐慌症状（见图8）。

3. 招领环节

从体验仓离开后，参观者在特殊机器上扫描挂号手环后获得一瓶巨大的"胶囊处方"，胶囊内装有一本小册子，册子写有疾病的详细解释及病情缓解建议。在每个体验舱出口会有少量纪念品出售，可在参观后扫描手环获得纪念

图8　特定恐惧症一幽闭恐惧症

品，并最后在该机器上进行支付。若手环标记商品未完成支付则会在出口处被提醒。想要继续购买纪念品的观众可继续进入纪念品商店进行参观购买。

（二）性别不一致体感交互装置

项目组将这个体感交互装置最终落实了下来。在电子屏内，项目组用制作好的动画素材和 kinect 绑定，当装置识别到参与者时，动画角色就会和参与者做一样的动作。同时，动画角色的性别一直在变化。我们希望可以用这个装置表达出性别不一致患者所感受到的世界，让其他参与者可以体会到这种"障碍感"。同时性别一直变换，也可以表达出性别不一致患者在面对外界压力时挣扎的心理状态。

三　创新点

科技馆作为落实《中华人民共和国科学技术普及法》《全民科学素质行动计划纲要》和传播"四科"的重要阵地，是推动科学普及的重要场所，但是就科技馆行业总体现状而言，展品模仿和复制现象严重，缺乏原创性。因此，本项目组亲身体验并感受患者的心理状态，只有这样才可以体会到这种疾病或者状态的严重性。

在展览方式上，项目组注重整个场景氛围的营造，同时加入更多人机互动和真人互动的环节，让参观者更好地沉浸其中。

在展览环节上，项目组在观后加入可供冥想的环节，以及可以进行心理感受和知识点总结的环节，给予参观者更多的思考和感悟时间，使其真正学到知识，体悟到项目组想要传达的共感体验。

在研究方法上，项目组在研究过程中参考了中学物理的拓展性实验，如自制激光通信演示仪等实验，并在电路设计专业人员的指导下完成，经过多次电路的改进、仿真、模拟以及实际的电路实验测试、调试，最终确定了本项目的发送和接收电路。这两个电路模块能够实现声音的清晰传输，而且在互动过程中，参与者可以通过阻断光路来实现声音传输路径的阻断，从而使他们了解激光通信在日常生活中的基本运用。

技术上的创新能够让参观者们用更深刻的方式参与展览并获得知识与信息；视觉上的设计让整个展览的氛围更加沉浸，可以大大提高知识输入的效率。

四 应用价值

随着人们文化生活水平的不断提高，科技馆的社会科普职能变得越发重要，本项目能够以一种让人们直接主观体会、感受的方式来输出内容；通过制作一些特殊的装置和营造一些特殊的环境让参与者真实体验到这些心理疾病对人们内心造成的影响，体会到这些心理疾病所表现的一些临床症状。用这种体会、感受的方法来增强参与者对这些患者的理解度。并且通过体验式的科普引起全社会对这些问题的重视，使其关注自己的心理健康及生活状态。

太空垃圾清理宇宙超人 VR 体验

项目负责人：郭一然

项目组成员：李维康　徐靖琳　唐嫄嫄　赵沛

指导老师：宋中英

摘　要： 随着航天科技的发展，太空探索越来越成为各国发展和创新的重点方向。在日新月异的进步之外，我们也一直面临太空垃圾的威胁。早在 20 世纪 80 年代，NASA 就指出太空垃圾将成为航空航天科技路上的拦路虎。对清理太空垃圾的研究一直在进行，21 世纪初，很多国家提出开展太空垃圾科普工作的想法，并一直在研究，但始终未实施。关于太空垃圾的科普工作不到位，是大多数人对太空环境中的垃圾状况了解不足，甚至不了解的直接原因。为使广大受众关注航天事业的发展，本项目设计了一款关于太空垃圾清理的体验类展品，结合游戏，重点向青少年人群科普太空垃圾的基本知识与清理方式。

一　项目概述

近年来，随着各国科学技术的发展，航空航天的科技创新与发展已经成为国家的核心竞争力，各国向太空发射的卫星数量逐年增加。运动在太空中的不仅有飞船、卫星、空间站，还有时刻威胁航空航天事业进步、威胁宇航员生命安全的太空垃圾。太空垃圾就是太空中围绕地球运动的无用人造物体，小到毫米级漆片、厘米级零部件，大到整个卫星残骸。太空垃圾以 7～8km/s 的速度运行，这个速度接近第一宇宙速度。据计算，一块直径为 10 厘米的太空垃圾就可以将航天器完全摧毁，数毫米大小的太空垃圾就有可能使它们无法继续工作。

据 NASA（美国航天局）公布的统计数据，10 厘米以上大小的太空垃圾已经达到 1.7 万片，2.5 厘米到 7.5 厘米大小的超过 20 万片，更小的则数以百万计。

1981 年，NASA 指出太空垃圾将成为航天事业的拦路虎，一系列的太空垃圾事故不断发生，而绝大多数受众对此不甚了解。为清除这些"轨道碎片"，各国也针对不同类别的太空垃圾研究不同的处理方法。

（一）研究目的

本项目以 5～12 岁青少年为主要研究对象，利用 VR 智能体验形式来呈现太空垃圾 3D 虚拟环境，体验者可以"秒变宇宙超人"清理太空垃圾。

研究目的在于：一是向受众普及太空垃圾现象的科学知识；二是普及太空垃圾清理的全球棘手问题及对其清理方式的探索研究现状；三是使公众全面认识与支持航天事业的发展，激励以青少年为主的受众树立积极发展航天事业的理想信念。

（二）研究过程

本项目的研究过程分为收集资料、虚拟环境制作、海报设计与制作、VR 眼镜连接及手柄功能的实现与调试等。

1. 搜集资料

在 2018 年 12 月至 2019 年 1 月进行资料的搜集工作，并将与太空垃圾相关的资料整理为三个部分，围绕如何对其进行具有科学性、互动性和趣味性制作的目的，在此基础之上逐步展开太空垃圾虚拟环境制作的过程。

（1）参观科技馆

项目组成员对中国科学技术馆里现有的 VR 设备进行互动体验，借鉴馆内已有的展品类型，了解其虚拟太空环境的制作效果。观察并讨论其他体验人员的热情度与好奇点，分析受众喜好，寻找在体验前后能用来为受众讲解其中的原理和知识点的展品。

（2）搜集太空垃圾及其清理的相关资料

项目组成员在谷歌、Bing（必应）、360 搜索等网站以及图书馆数据库中搜寻有关太空垃圾的文献和视频。加深对太空垃圾及其清理的认识，为科普相关知识打下基础。

（3）专家咨询

项目组成员向其指导老师进行咨询，指导老师对该项目中太空环境及太空垃圾的制作和手柄效果的实现提出了一些建议，推进了项目的进程。为保证有关太空垃圾的科学性知识的正确性，笔者也与指导老师对与太空垃圾有关的基本知识进行了探讨。

2. 太空垃圾虚拟环境制作

2019 年 2～5 月，资料搜集完成之后，项目组成员展开讨论，对相关负责成员提出关于太空虚拟环境、太空垃圾制作出的虚拟效果、手柄功能的实现、游戏体验等的具体要求。3D 虚拟效果制作负责人李维康在对本项目有了非常科学的认识及理解后展开了构思，并着手进行制作。太空虚拟环境、太空垃圾制作进度已完成过半。周边海报设计已有初步样本。

3. VR 眼镜连接及手柄功能的实现与调试

2019 年 5～6 月，在 3D 虚拟太空垃圾环境制作完成后，对太空垃圾的种类、数量和运动形式等进行了调整。在体验 VR 的过程中，多次调试体验者与近地环绕的太空垃圾的距离。调试手柄发射出的激光形式，以及激光击中太空垃圾和被击中的太空垃圾的燃烧、消灭等效果，确保"激光消灭"功能的实现。

4. 展品周边海报的设计

2019 年 6 月，太空垃圾展品的设计构思海报为两张，对太空垃圾进行层层递进地介绍——太空垃圾的基本概况、太空垃圾的危害、太空垃圾的存在对"你"的现实生活造成的影响、太空垃圾如何清理。

（三）主要研究内容

本项目是基于太空垃圾及其清理问题，结合 VR 来设计的一款宇宙超人消灭太空垃圾的游戏，在用户参与互动体验的过程中科普有关太空垃圾清理的科学知识。

1. 太空垃圾清理方式

目前世界各国为清理太空垃圾投入了很大的研究力度，最热点的是以下几种方式。

（1）机械臂

中国的"遨龙一号"利用机械臂捕获太空垃圾，并进入大气层将其烧毁；

瑞士正在研发的"清洁空间一号"超速仿手臂触须可捕抓太空垃圾，并进入大气层将其烧毁。

（2）"清道夫"激光

日本用国际空间站发射超强纤维对太空垃圾进行激光投射，其在坠入大气层后被烧毁。

（3）二维宇宙飞船

NASA 投资研究具有特殊二维薄膜材质的宇宙飞船，包裹太空垃圾进入大气层后将其烧毁。

（4）美国"太空篱笆"

美国启用 9 个陆基雷达监控追踪太空垃圾。

（5）"终结绳索"

美国将导线缠绕放进航天器内部，卫星报废时，导线开始工作，与地球磁场、表面电离层发生作用后产生电流，使航天器变轨，其在进入大气层后被烧毁。

（6）"自杀式"卫星

英国研制出一款微型卫星，在其上安装摄像头，通过数据库识别并吸附太空垃圾，一同进入大气层后将太空垃圾烧毁。

2. 本项目主要研究内容

让受众在体验 VR 的过程中了解太空垃圾及其清理的科学知识。由于游戏程序编写时间的有限性，本项目选择用"激光消灭"功能来消灭太空垃圾。具体展品设计如下。

（1）创作 3D 虚拟体验环境

体验者佩戴上 VR 智能眼镜，变身太空超人，穿越大气层到达太空环境，回望在被快速运动的太空垃圾包裹的地球。

（2）设计一款体验游戏

体验者手持并操控智能手柄，使用"激光消灭"功能，消灭不同大小的太空垃圾。将体验者消灭太空垃圾的数量进行统计，评比得分并显示。

（3）设计海报

设计海报有两张，一张为展品欢迎式海报，一张为内容介绍式海报，对太空垃圾的基本概念（包含什么、如何产生、大小等）、清理方式及危害等相关科学知识进行科普。海报摆在体验场所周围的醒目位置。

3. 体验基本规则要求

（1）体验者人群要求

由于要模仿太空环境，物体运动速度也很快，加之碰撞会有激烈反应，体验者要有一定的心理承受能力，主要针对青少年及以上人群。

（2）体验时长

为保证体验效果，体验时长不能过长，3min 左右即可；每次体验 1~3 人，可根据设备数量和场所大小进行调整。

二　研究成果

（一）一个 APK

本项目在制作过程中使用 Unity 引擎、结合 3D Max 建模、C# 语言逻辑编写，制作出一个 APK①、一个 2min 的游戏小程序。该 APK 里的程序语言是通过 C#语言逻辑来编写卫星与太空垃圾的运动、激光消灭功能、游戏得分等的；3D Max 主要用于地球、卫星模型等虚拟空间的搭建；Unity 引擎用于整体的调节。把 APK 安装在头盔里，打开头盔安装即可体验一款关于 VR 太空垃圾内容的游戏。

1. 太空垃圾 3D 虚拟环境

沉浸式近地太空环境：在浩瀚的太空中进行自转运动的地球；环绕在地球周围快速运动的 200 个太空垃圾（大小不等、形状各异、运动速度不同）；悬浮字体播报——"大量存在，极致危险，体积分布广泛的太空垃圾，时刻在影响着太空探索，影响你我的生活。太空垃圾来自全球，危害全人类，需要你我共同努力去消除"（见图 2）。

2. 激光消灭太空垃圾游戏

手柄消灭太空垃圾功能：点击 play 进入游戏模式，食指按下功能键发射激光，激光击落选定的太空垃圾，被击落的太空垃圾坠落燃烧，游戏结束后计算击落的太空垃圾数量，统计得分并显示（见图 3）。

---

① APK 是 Android Package 的缩写，即 Android 安装包。

图 1　悬浮字体播报

图 2　游戏界面

（二）两张海报

太空垃圾展品海报的设计构思为两张，第一张为欢迎式海报（60cm×90cm，见图4），第二张为介绍式海报（100cm×200cm，见图5），对太空垃圾进行层层递进地介绍——太空垃圾的基本概况（太空垃圾是什么？太空垃圾如何产生？太空垃圾有多少？）、太空垃圾的危害（太空垃圾的数量之多、运行速度之大，其带来的危害不可想象，即便很小的太空垃圾，也会造成很大的破坏）、太空垃圾的存在对"你"的现实生活造成的影响、太空垃圾如何清理（太空垃圾清理的几种方式——机械臂、"清道夫"激光、二维宇宙飞船、美国"太空篱笆"、"终结绳索"、"自杀式"卫星）等。

三　创新点

（一）科普知识的创新：太空垃圾

航空航天科技的发展创新一直在进行，其科普知识也是全民较为关心的事情。为更好、更全面地促进航空航天知识的科普，本项目针对非大众性航空航天知识——太空垃圾，进行科普。

（二）科普方式的创新：结合热点 VR 技术

随着 VR 技术的广泛应用，有越来越多的领域开始结合虚拟技术，比如商业、医疗等领域。为让体验者更好地感受太空垃圾的危险性，在已有的对太空垃圾科普的基础上，设计一款沉浸式体验类展品，结合 VR 技术的使用，设计 3D 头盔，使用 3D Max 编程搭建虚拟 3D 太空、地球、太空垃圾等模型，并使用 Unity 引擎对整体的舒适度进行调节，使用 C#语言逻辑编写模型的运动速度、实现激光消灭的功能特效、游戏得分的显示等程序。对太空垃圾的整体环境进行模拟设计并不断调整，最终实现了用 VR 设备体验清理太空垃圾虚拟效果的游戏展品设计，使体验者可以沉浸式融入。这是对太空垃圾知识科普方式的一种创新。

（三）展品设计的创新：清理方式融入游戏体验

本项目中对国际上正在研究的太空垃圾的几种清理方式进行分析，对太空

图 3 欢迎式海报

图 4　介绍式海报

"清道夫"的功能（使用卫星发射激光束，直接消灭较小垃圾或者击中垃圾，使其坠入大气层燃烧消灭）进行模拟，称其为"激光消灭"功能。在本项目中，体验者可以使用3D头盔一体机的手柄，发射激光，消灭太空垃圾，在体验结束后，屏幕上会出现体验者消灭的太空垃圾数量及得分，消灭一个太空垃圾得一分。此次展品把对太空垃圾的清理方式融入游戏体验，使受众在体验中获取科学知识。

四　应用价值

本项目结合 VR 技术，设计了一款沉浸式体验类展品，受众可以在体验过程中了解太空垃圾的知识，周边设计的海报也包含了太空垃圾的危害与其他国际上正在研究的清理方式。在未来关于太空垃圾的科普展品设计中，可以对太空垃圾的3D虚拟环境更加逼真地模仿，体验者不仅可以到处自由移动，消灭太空垃圾，而且可以针对不同种类、大小的太空垃圾切换不同的消灭功能。在体验结束后，开设留言板，让体验者发散思维，就如何清理太空垃圾提出自己的看法。这不仅能达到科普的目的，而且还能影响体验者的科学思维与科学态度。

参考文献

1. 卫祖俊，安秀英. 太空垃圾及其危害[J]. 中学地理教学参考，1993（12）：11.

2. 陈清硕. 近地太空污染及其危害[J]. 环境导报，1996（1）：43.

3. 李旭航. 太空垃圾清理方法设想[J]. 科技经济导刊，2018（5）：99.

4. 闫硕，李爽. 太空垃圾清理方法的分析研究[J]. 科技传播，2016（15）：156、213.

5. 刘园园. 美投资二维宇宙飞船清理太空垃圾[N]. 科技日报，2016 - 04 - 12（1）.

6. 牛彦元. 空间碎片威胁地球卫星[N]. 中国气象报，2015 - 11 - 26（3）.

7. 清理太空垃圾的激光[J]. 高科技与产业化，2015（5）：18.

8. 华凌. 瑞士高校研发清理太空垃圾的卫星[N]. 科技日报，2012 - 02 - 21（2）.

9. 原青. 用微型卫星清理太空垃圾[J]. 航天技术与民品，2000（9）：24.

10. 方圆. 人造"天灾"——太空垃圾[J]. 中等职业教育，2012（3）：38 - 39.

11. 肖应超. 新型太空垃圾清理方式的设想[J]. 科教文汇（中旬刊），2016（29）：180 - 181.

无"线"可能!
——无线充电科普展品设计

项目负责人：金怡靖
项目组成员：来青霞　陈净瑶　靳志勇　方慧玲
指导教师：裴新宁

随着经济的发展，电动汽车逐渐进入人们的生活，但是与之而来的是电动汽车充电难的问题。随着线圈技术的进步，电动汽车无线充电技术得到了快速发展。公众对于无线充电产品并不陌生，电动牙刷、无线充电手机插座等已经成为人们生活中随处可见的家用小电器，但是公众对于无线充电技术的原理却知之甚少。因此，本项目旨在科普无线充电小车的充电原理，使公众对电动汽车的无线充电有一个全面深入的了解。

本项目将致力于设计一款与时俱进的、适用于科普教育场景的交互式电动汽车，将其作为无线充电技术的科普展品，并基于这样的展品，去传播关于无线充电技术应用于电动汽车的知识，激发和促进青年对电磁学知识的兴趣和理解。

一　项目概述

（一）项目缘起

随着物联网（IoT）、可穿戴和便携式设备的发展，公众开始厌倦杂乱的电线和需要频繁充电的电池，无线充电技术也由此迅猛发展起来。电动汽车作为新能源汽车，可以有效解决尾气排放问题。随着电动汽车的普及，有线充电桩数量少、安装费用高、车桩不匹配等问题使无线充电技术在电动汽车的产品中也逐渐兴起。

经过前期的相关调查研究发现，很多公众对这项技术的原理有一定的兴趣，但目前国内的科技场馆中只有极少数关于无线充电的展品，几乎没有关于介绍应用于电动汽车的无线充电技术原理的展品；同时该技术中的电磁感应原理是中学生课程标准和大学物理学中要求的重要知识。《中国科协科普发展规划（2016—2020 年）》明确指出，要推动科普产品的研发与创新。本项目试图结合前沿科技产品，设计和开发有关电动汽车无线充电技术原理的展品，从而使 16 ~ 23 周岁的青年对应用于电动汽车的无线充电技术乃至电磁学知识产生更多的兴趣，实现科普的意义。

（二）项目研究过程

第一，通过团队成员的头脑风暴，我们发现现有科普场馆中还没有关于无线充电小车的科普展品，通过大量的前期研究，我们确定立项目的和主要研究内容。

第二，团队分为两个小组。一个小组负责装置的制作，另一个小组负责配套视频和学习单的制作。通过前期研究，小组完成装置的设计图纸，列出材料清单并进行采购，完成视频脚本的设计和学习单的规划。

第三，完成装置的搭建，完成视频的录制和学习单的制作。

第四，通过咨询相关专家，以及开展推广活动，收集用户数据，完成装置、视频、学习单的优化。

第五，形成最终的装置、视频和学习单。

第六，完成结项报告。

（三）项目主要研究内容

本项目旨在设计一个新颖、生动且交互性强的关于无线充电技术的科普展品，以时下新兴的无线充电汽车为蓝本，以更易观察的无线可充电的电动小车为模型，从而由浅入深地解释无线充电技术。

为了使受众能够理解艰涩的物理知识，本项目以利用电磁感应原理的无线充电小车为切入点，通过受众的现场观察、参与，展开无线充电的理论"基石"——无线充电技术的科普。本展品按照"电磁感应原理—无线充电技术—电动汽车无线充电应用现状"三步展开，向受众科普当今无线充电技术的原理与发展状况等信息，同时以无线充电小车为具体展示方式，以此来激发科普受众对无线充电技术的兴趣，引导受众深入了解科学知识，从而提高其科学素养，达到科普目的。

　　研究内容分为无线充电科普展品装置、制作科普展品配套视频、无线充电科普展品内含的知识体系三部分。

1. 无线充电科普展品装置

　　无线充电科普展品装置由无线充电小车、无线充电跑道、电场磁场转换关系示意装置三部分组成。下面具体叙述本科普装置的构成。

　　（1）无线充电小车

　　小车具体尺寸为 8cm×6cm×5cm，由透明亚克力板构成（见图1）。

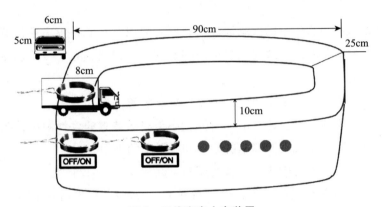

图1　无线充电小车装置

其主要由以下两部分构成。

①外部主体结构

外部主体结构由框架、机械传动装置及车轮构成。

　　框架：为了方便科普受众能够清晰观察到内部元件的工作及连接方式，我们采用了透明亚克力板来完成外部框架的搭建。

　　机械传动装置：主要由马达、齿轮以及轴承组成，我们将采用彩色部件来完成搭建，目的是突出内部机械传动的具体运作方式并增加小车的可观赏性，从而给予受众更为深刻的印象。

　　车轮：最后为了使小车的无线充电系统能够更高效地捕捉到电能，我们会要求小车底盘上黏着的线圈尽可能地接近跑道。同时，为了减小马达的输入阻抗，提高系统的可靠性与鲁棒性，我们对车轮结构的具体要求是半径小且摩擦阻力不大。

　　②内部电路部分

　　其由无线电能接收部分、电能转化及马达驱动电路构成（见图2）。

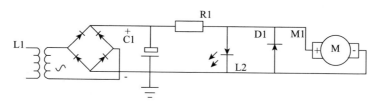

图2　小车内部电路

　　a. 无线电能接收部分

　　主要工作目的：接收由跑道发射侧发射出的电能，完成无线充电过程。

　　主要结构：为了使内部电路足够精简，采用控制法拉电容充放电的手段来实现电能的储存与释放。此部分最重要的是无线接收侧的导线线圈部分，为了突出这个部分并提高电能接收效率，我们使用了多匝数、粗半径的无线充电接收线圈。

　　b. 电能转化及马达驱动电路

　　为了驱使直流马达工作，我们需要将接收到的交流电能转化为直流电，此处我们采用了全桥整流电路，并在其后添加一个直流马达驱动电路，使交流电能能够无损地转化为直流电，从而使直流马达能够正常工作。

　　为实时显示充电完成的情况，我们在侧方同时设计了一个能够显示电容存储电能情况的指示灯，它会随着无线电能的不断储存而不断变化，同时也会在电能使用完后熄灭。

　　（2）无线充电跑道

　　跑道为椭圆形结构，其具体尺寸为100cm×60cm，全部由透明亚克力板构成。其主要由以下两部分构成。

　　①总体框架结构及外部装饰

　　总体框架可参考现有的田径比赛标准跑道，将其制成跑道形状（见图3）。本项目设计的跑道由一条宽约10cm、直道长约90cm、弯道半径约25cm的透明亚克力板制成，为了保护观众，我们在两侧竖起高约15cm的防护栏，从而增强本装置的安全性、可靠性。在跑道内设置起点与终点，根据"奖赏效应"理论，使科普受众获得欣快感和陶醉感，从而提高其对本项目科普内容的兴趣。

　　②内部电路部分

　　项目组在跑道下方埋入了多个线圈，与小车内线圈一样，我们希望能够突出本线圈在跑道中的位置，从而采用了多匝数、粗半径的无线充电发射线圈。其总体则由一个恒压电池组供电，相较于220V的外接电源，这种设置更加安

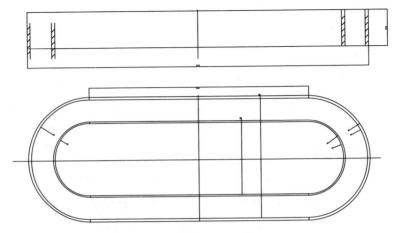

图3　赛道外部亚克力框架设计

全。通过加装互动式的按键开关来闭合/断开对应线圈的通断，从而使得不同位置的动/静态充电等目标得以实现。

（3）电场磁场转换关系示意装置

①装置目的

为了使科普受众对无线充电的原理有更深入的、更形象的认识，我们设计了一个能够表现磁场与电场相互转换关系的装置，旨在使科普受众"知其然并知其所以然"。

②装置结构

本装置主要由三个正弦形状的 LED 灯珠串构成，通过依次点亮代表原电场、激发磁场与激发电场的 LED 灯，形象地解释了为什么无线充电技术能够得以应用及其内含的科学道理。为电场磁场转换关系示意装置安装轻质展示架，增加其灵活性；同时抬高该装置，使其便于观赏。在 LED 灯珠外加装透镜，使灯珠光源聚集在一个半径较大的圆圈里，增加装置的美观度。

2. 制作科普展品配套视频

本科普展品将形成 3 分钟的配套视频并在显示屏中播放，帮助观众了解更多的科学知识，从而产生一定的教育意义，建立有关无线充电的知识体系。本视频在一定程度上体现了本展品的灵活性，即根据受众驻足时间和学龄阶段的不同，传递不同程度的科普知识。例如，受众驻足 2 分钟时可观察到电磁感应的现象，驻足 5 分钟时可学习到相关的历史知识、了解其原理及应用现状。还设置了两种活动序列，16~19 周岁的青年可以从活动序列 1 中获得关于电磁感

应的原理，而 20 ~ 23 周岁的青年可以从活动序列 2 中进一步学习其他 3 种原理和当前主流的技术。

3. 无线充电科普展品内含的知识体系

通过操作和体验展品，并辅以观看配套视频，受众将收获一套完整的科学知识体系。受众将了解法拉第发现电磁感应的历史，从历史出发，了解无线充电技术。视频将介绍无线充电技术的历史、原理、主流技术、应用领域、展品介绍和展品展望等内容，受众可以点击任意主题进行观看。同时，设计学习单，搜集并筛选合适的科普资料，设计学习单的题目，对学习单进行排版、制作、完成学习单。希望受众在观看完视频后，根据视频内容播放与展开的顺序以及填写的学习单，掌握系统的科学知识。

二　研究成果

（一）成品

完成展品雏形后，我们在校内进行了试推广，对受众进行了问卷调查，并选择有代表性的受众展开访谈，以期改进我们的科普展品。

在推广过程中我们结合问卷调查和访谈，发现了以下三个问题。

第一，无线充电跑道弯道部分的围栏用铁皮制作不太合适。铁皮边缘比较锐利，存在安全隐患，并且颜色较深，不太美观。

第二，电场磁场转换关系示意装置中，暴露在外的电线太多，不太美观且容易因牵拉而损坏装置。

第三，学习单上的部分内容在展品中无从得知，填写有难度。

针对推广的问题，我们在查阅相关文献和咨询有关专家后对展品雏形进行改进，改进措施如下：

一是用颜色与透明亚克力板相近的硬纸板制作无线充电跑道弯道部分的围栏；二是在电场磁场转换关系示意装置中，将暴露在外的电线沿着正弦线形状的铁丝缠绕，使其不散落在形状以外的空间中，并用透明的塑料膜将装置包覆；三是将原本删减至一分钟的视频（仅有情景导入、原理介绍部分）重新还原成六个部分，在此基础上将长视频按照不同的内容模块进行剪辑，保证每个内容模块的内容在一分钟以内，并为每个模块标题设置超链接，受众可以按所需选择不同的模块进行点播。

经过改进，最终产出如下成果。

1. 无线充电科普展品装置

（1）无线充电小车

无线充电小车见图4。

图4　无线充电小车

（2）无线充电跑道

无线充电跑道见图5。

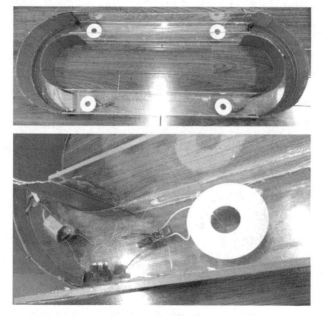

图5　无线充电跑道

（3）电场磁场转换关系示意装置

电场磁场转换关系示意装置见图6。

图6　电场磁场转换关系示意装置

2. 科普配套视频

科普配套视频部分截图见图7。

图7　科普配套视频部分截图

3. 科普展品配套学习单及其内含的知识体系

科普展品配套学习单见图8；科普展品内含的知识体系见图9。

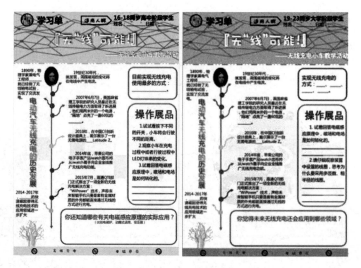

图 8   科普展品配套学习单

注：左图为 16～18 周岁学生的学习单；右图为 19～23 周岁学生的学习单。

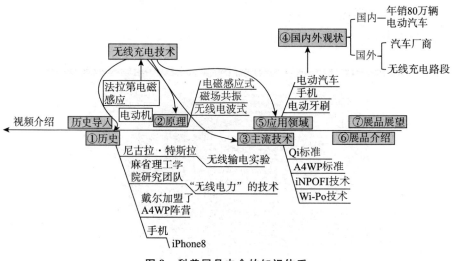

图 9   科普展品内含的知识体系

三   项目研究创新点

（一）研究对象创新性

在查阅大量文献的基础上，研究组发现，目前的科普场馆中还没有关于电动汽车无线充电的科普展品，但是公众对无线充电技术又饶有兴趣，基于此，研究组确定了这次的研究对象，即设计制作一款电动汽车无线充电科普展品，基于展品来科普有关无线充电的知识。

（二）研究方法创新性

本次研究通过文献研究法，明确了当前电动汽车无线充电技术科普展品在科普教育场景的现实需求，使得本次研究具有较高的价值性。采用模型法，依照电动汽车无线充电设施的主要特征，制造一个与其相似的电动汽车、跑道与充电设备模型，直观地进行科普教育。采用问卷调查法，获得受众对于展品新颖性、丰富性、趣味性、互动性、可操作性和科学性的满意度，以及受众对于展品的建议。采用访谈法，获得受众在操作展品前后关于电动汽车无线充电的认知的变化，以及其对于无线充电未来发展的设想。采用观察法，了解受众在操作展品时的反应和收获。综合这三方面的数据，并咨询相关专家建议，不断改进展品设计，使展品具有较高的科学性。

（三）研究成果创新性

研究成果的创新性可以表现为以下几点。

第一，装置透明化，更直观地展示构造原理。

第二，通过三个正弦形状的 LED 灯展示电场和磁场之间的转换；在 LED 灯珠外加装了透镜，使灯珠光源聚集在一个半径较大的圆圈里，增加了装置的美观度；为电场磁场转换关系示意装置安装轻质展示架，增加其灵活性，同时抬高该装置，使其便于观赏。

第三，在小车上安装了充电指示灯，从而使展品更加直观。

目前，科技场馆关于无线充电的科普展品大多是静态充电装置，而非动态充电装置。本作品同时实现了小车的动态充电和静态充电两种模式，为科技馆场馆中无线充电模式做了补充。另外，本作品的无线充电的表现形式新颖，不只是停留在透明的汽车模型发光、发声等阶段，而是使展品真正地行驶起来。

四　研究应用价值

本项研究成果将帮助受众建立有关无线充电的知识体系；展品本身具有灵活性，方便进行流动展览。因此，本研究成果无论是在固定的还是在流动的科普场景中，都具有广阔的应用前景。

改变世界的她们

——诺贝尔科学奖女性得主的专题展

项目负责人：张静娴

项目组成员：苏艳霞　叶臻琦

指导老师：李雁冰

摘　要： 通过前期调查，项目组发现大众对于诺贝尔科学奖女性得主的理解不足并且对其存在刻板印象。本项目旨在通过策划一个诺贝尔科学奖女性得主的专题展，以音频、互动模型等呈现形式，向大众科普其科研成果及其生平经历，提高大众对女性科学家的关注，改变其对女性科学工作者的刻板印象，增强女性在科学学习中的自信，帮助中小学女生树立从事科学事业的志向，鼓励更多的女性从事科学研究工作。

一　项目概述

（一）研究缘起

2018 年 9 月 17 日，世界公众科学素质促进大会在北京顺利召开。围绕大会主题，设立了"科学素质与科技女性"专题论坛暨第十一届中国女科学家论坛。论坛上，世界工程组织联合会（WFEO）主席马琳·坎加指出，虽然女性科技工作者的比例接近 40%，但仍有一些领域，尤其是工程研究领域女性的比例还很低，所以必须要将女性的工作成果展示给大众，给女性工作者树立榜样。天津大学药物科学与技术学院教授金·鲍德里奇提到，根据 25 年的参会经验，她发现没有任何一个女性会是会议的中心，因此，科技工作需要更多的女性参与，并提高其曝光度。北京大学历史系副教授阮美都认为，在科学素质提升方面，女性会发挥很大的作用，提升科学素养要把学生带到科技博物馆，要让他们学习和接触一些女性科学家，让他们了解科学家也是有个人生活的，也是有个人兴趣的，也喜欢唱歌、喜欢旅游、喜欢跳舞，是同其他人一样的。

《非正式环境下的科学学习：人、场所与活动》一书中也提到，美国教育科学研究院（IES）发现女生在接受学校教育期间对自身科学能力的信心正在逐年减弱，这也导致越来越少的女性选择与科学相关的职业。相关纵向研究证实，高中女生参与国家科学研究院提供的课外学习活动、暑假学习活动等项目，有促进其选择科学相关职业的作用。

基于这一时代背景以及理论基础，本项目希望通过策划并举办诺贝尔科学奖女性得主的专题展，向大众科普其科研成果及生平经历，提高大众对女性科学家的关注。与此同时，改变大众对女性科技工作者的刻板印象，帮助中小学女生树立从事科学事业的志向，鼓励更多的女性从事科学研究工作，增强女性学习者在科学学习中的自信。

（二）研究过程

本项目研究过程见表1。

表 1　项目研究过程

实施阶段	当月预计完成的工作内容
2018 年 10 月	前期调查、相关资料的搜集整理
2018 年 11 月	19 位女性科学家人物简介的脚本设计
2018 年 12 月	19 位女性科学家的展板设计
2019 年 1 月	根据科学家的科研成果进行互动模型设计
2019 年 2 月	宣传单、反馈表的制作
2019 年 3 月	相关文创周边的设计制作
2019 年 4 月	新增 5 个互动模型设计、场馆的布置以及专题展的试运营
2019 年 5 月	专题展相关内容的优化，包括展板、互动模型、宣传单、反馈表
2019 年 6 月	专题展完成，项目结题

（三）主要内容

本次项目研究的主要内容包括以下几个部分。

首先，通过文献梳理以及问卷调查，初步了解目前大众对于女性科学家的熟悉程度以及对她们的印象。

其次，策划一个关于诺贝尔科学奖女性得主的专题展，以音频形式呈现人物的科研成果及生平经历，选择若干女性科学家的科研成就，设计相应的互动模型，最大限度地吸引观众的注意力，抓住其眼球、激发其参观兴趣。

最后，设计本次专题展的宣传单、学习单、反馈表以及明信片和书签等文创周边，分别起到宣传、引导、反馈和纪念的作用。

二　研究成果

本项目的研究成果主要是五大部分，分别是人物音频、人物展板、互动模型、宣传单和学习单以及文创周边。

（一）人物音频

相关研究表明，对于科普场馆中的单一展品，观众的注意力时间仅为 30 秒。此外，面对相同的学习内容，与纯文本学习相比，数字资源（音频、视频等）学习能使观众的注意力集中时间更加持久。结合本项目组成员以及同专业同学在科技馆、博物馆见习的经历，我们一致认为，在普通的科普场馆中，一般受众很难保持长时间的注意力集中，对大量的文字内容会产生抗拒情绪，进而直接放弃对展品的参观。此外，视频制作难度较大，而且参展观众长时间通过手机等随身电子设备观看，反而会忽略展览的其他内容（如互动模型），基于这些因素，项目组最终决定采取音频的形式作为人物介绍内容呈现的主要方式。

（二）人物展板

人物展板作为本次项目的重点内容，主要包括诺贝尔科学奖女性得主的照片、一句话简介、人物关键词以及一段关于这位女性科学家科研成果及其生平经历的音频。为避免黑白照片使观众产生强烈的年代感，项目组通过图像技术手段将其处理成了彩色；为吸引观众的兴趣，将一句话简介放在展板最为显眼的位置；人物关键词则是通过关键词提取软件，采用随机排列的方式加以呈现；考虑到浏览的便利性和数据的维护以及修改，最终选择以微信公众号来呈现音频信息，此外，音频的时间控制在一分钟左右。

（三）互动模型

心理学家诺曼提出的"用户体验"这一概念，将体验分为本能层、行为层和反思层。本能层作为用户体验到的生理器官的第一反应，包括视觉、听觉、触觉、嗅觉等多种感官的感受。行为层是在复杂情境下，人与各类产品产生的情感反应，具有多变的、动态的、情境性的特点。人物展板、音频的呈现是展示科普内容最常用的本能层刺激，而通过操作互动模型，观众的用户体验就会来到第二层次的行为层。

基于此，项目组设计了 8 个互动模型，分别是青蒿素分子结构搭建模型、核糖体翻译之碱基配对小游戏模型、闻香识物互动模型、大脑中的 GPS 定位系统模型、HIV 病毒模型、激光脉冲技术模型、科里循环模型以及人工放射性磷原子结构模型。

1. 青蒿素分子结构搭建模型

放置青蒿素的三维立体结构模型和能够搭建青蒿素立体结构模型的小零件，让观众在参观的过程中能够亲自动手搭建青蒿素模型，参考青蒿素的三维立体结构模型来完成未搭建完整的球棍模型，了解青蒿素的分子结构，在动手中学习。

2. 核糖体翻译之碱基配对小游戏模型

提供 6 对 mRNA 和 tRNA 相匹配的碱基拼图块（12 块零散的磁铁贴），让观众在拼图的过程中了解翻译过程中的碱基配对规律。

3. 闻香识物互动模型

闻香识物则是让观众根据目标气味，在摆在一起的其余 3 瓶不同味道的同种颜色的液体中找出与第一次闻的气味一致的液体。只有选择正确的答案，LED 灯才会亮起来。

4. 大脑中的 GPS 定位系统模型

为了让观众理解位置细胞在大脑中所处的位置以及位置细胞的功能，设置了 GPS 定位系统模型。该模型先用硬纸板制作出两个大脑皮层，然后在两个大脑皮层中用红色标记标出位置细胞的位置，第一个模型放在贴有"位置细胞激活前"文字说明的上方，在第二个大脑皮层模型上根据位置细胞在大脑皮层的位置依次粘上 LED 灯珠串，并将其放在贴有"位置细胞激活后"文字说明的上方，让观众按下开关来模拟人在确定位置信息时，大脑皮层上的位置细胞被激活后的情况。观众可以直观地看到位置细胞都亮了起来，且亮起来的灯珠构成的图形就像经纬线系统一样，让观众理解正是因为这些位置细胞的存在，我们才不至于迷路，帮助观众了解诺贝尔奖科研成果——大脑定位系统中位置细胞的功能和作用机理。

5. HIV 病毒模型

向观众呈现艾滋病病毒的形态结构的立体模型，让观众通过直观的感官看到艾滋病病毒的形态结构，并在该模型下方贴上跟艾滋病病毒有关的知识（说明该病毒使人患病的机理），加深观众对科学家弗朗索瓦丝·巴尔·西诺西所发现的病毒的了解，更加深刻地意识到这个发现对人类产生的重大影响。

6. 激光脉冲技术模型

以可拉伸并且容易定性的铁丝为材料，制作体现以压缩激光脉冲提升激光强度的激光脉冲技术的实现过程。设置 3 个模型，模型 1 为一个用铁丝制作的振幅较小的波，模型 2 是一个表示拉伸过程的波，模型 3 则为压缩后振幅明显变大的波。并且在模型前放置一张可翻转的卡片，卡片前面写着问题：与模型 1 相比，模型 3 的强度发生了什么变化？卡片背面则是答案：强度增强。观众可以通过翻转卡片来得知问题的答案。

7. 科里循环模型

通过模型下部的文字说明，让参展观众了解科里循环的基本原理。在上方的磁性板中给出带有科里循环各个步骤的原料、产物以及过程名称的磁力贴，观众通过对照文字说明，将磁性贴纸放至正确位置，以了解科里循环的基本原理。

8. 人工放射性磷原子结构模型

模型通过展示非放射性的磷 - 31 和伊蕾娜发现的放射性磷 - 30 两者的原子核，让参展观众发现其中的区别（中子数相差 1），了解出现放射性的结构层面的原因。

（四）宣传单和学习单

宣传单对于整个专题展而言起到导览的作用。宣传单的正面是诺贝尔奖的相关介绍，也包括 19 位诺贝尔科学奖女性得主的肖像及其相应的二维码，能帮助大众快速预览这一专题展的主要内容，同时观众可以扫描宣传单上的二维码，直接获取这些女性科学家的相关信息；宣传单的反面则是学习单，观众在学习单的指导下，能够有目的地进行参观。反馈表则是一张放置在宣传单背面的可撕下的纸，用于收集观众对本次展览的体验感受和收获情况，这为项目组在后续了解展区展览效果、完善研究内容提供了参考依据。

学习单在当下场馆学习和部分课堂教学中非常受欢迎，尤其是在科普场馆等非正式学习情境下。有研究者认为，学习单是一种支持场馆学习最便捷和有效的载体。本项目的成果以专题展的形式加以呈现，非常契合非正式学习的情况，对此，设计了学习单等辅助资料。其中，将宣传单和学习单整合到一张材料的 A、B 面。

（五）文创周边

为了使这一专题展得到最大化的产出，项目组根据展示内容做了一系列文创周边——明信片、书签。这些文创产品不但具有收藏、纪念价值，而且由于明信片和书签上都有科学家的相关信息，能够起到二次宣传的作用。

三　创新点

（一）科普内容新

通过文献梳理、阅读相应书籍，可以发现，虽然有诺贝尔科学奖女性得主的相关介绍，但是数量极其稀少，并且大多聚焦于少数较为出名的女性科学家上，例如居里夫人、屠呦呦等人。本项目将研究聚焦于不受大众关注的诺贝尔科学奖女性得主的身上，尤其是数量尤为稀少的物理、化学、生物或医学奖上的女性获得者。不仅关注其科研成果，也要了解其生平经历。专题展这一形式，能够将书本上一个个冷冰冰的名字变得温暖起来，使这些科学家的人物形象更加鲜明、生动，富有个性。

（二）科普场所新

这一专题展的科普场所可以不仅仅局限于科技馆、中小学等科普场所，在地铁站、公交车站、广场等公共场所也可以开展这一专题展，甚至可以在车站的灯箱或者是拉手上放置这些内容。以此营造一种浓厚的科普氛围，使大众在不知不觉中了解这些女性。当然，在互联网背景下，也可以充分利用微信、微博等公共平台进行科普推广。

（三）科普形式新

本项目突破以往传统的文字介绍，以专题展的形式并借助相应的互动模型，向大众科普诺贝尔科学奖女性得主的科研经过及其生平经历。一旦专题展成功展出，那么全国各地的科技馆等能够进行科普活动的场所都可以开展这一专题展。此外，也可以将这些内容编辑成科普读物、科普漫画或者是科普小视频，使专题展得到最大化的产出。

四　应用价值

本项目的应用价值主要在于通过多次展出，向大众科普诺贝尔科学奖女性得主的科研成果及其生平经历，提高大众对女性科学家的关注，改变对女性科学工作者的刻板印象，增强女性学习者在科学学习中的自信，帮助中小学女生树立从事科学事业的志向，鼓励更多的女性从事科学研究。

参考文献

1. 彭湃．场馆学习中的"注意力—价值"模型及其启示[A]．全球科学教育改革背景下的馆校结合——第七届馆校结合科学教育研讨会论文集[C]．科学普及出版社，2015：7.

2. 徐雯雯．数字资源呈现形式对学习注意力的影响研究[D]．武汉：华中师范大学，2014.

3. 王朝阳．情感化设计在助行康复机器人中的应用研究[D]．哈尔滨：哈尔滨工程大学，2013.

4. 李利．论场馆学习支持设计[J]．现代教育技术，2014，24（5）：19–25.

面向乡村小学生环保科普行动的立体展品设计

项目负责人：金潇

项目组成员：王榕彬　詹行　李湖月　张纪博

指导教师：陈庆军

摘　要： 环境是人类社会生存和发展的基础。中国是一个农业大国，农村环境质量直接关乎乡村振兴战略的实施。乡村是科学普及与科普公共服务供给的最大短板，迫切需要环保科普教育。而乡村小学更是乡村环保科普教育的重要场所。本项目以乡村小学生为研究对象，探索如何将创新设计融入乡村的环保科普教育。首先，通过实地调研、分析当下乡村环境现状，得出了环保科普教育主题和内容；其次，从受众出发，探索环保科普教育创新设计形式的可行性，并与相关课堂教学形成有效补充；最后，将环保知识转化成符合乡村小学生认知规律的设计形式，制作成集互动性、趣味性、立体性为一体且方便携带、易于传播环保科普知识的立体展品。以此来培养乡村小学生热爱自然、保护环境的责任意识，以及科学思维和创新能力。

一　项目概述

（一）项目研究缘起

我国顶层设计早已把生态文明建设纳入国家发展总体布局，农村环境的优劣直接影响农村的发展与未来。实施乡村振兴战略是建设美好中国的重要举措，良好生态环境是农村的最大优势和宝贵财富。因此，在乡村小学开展环保科普教育刻不容缓、势在必行。

联合国教科文组织通过的 17 项可持续发展目标中有 7 项与环境和教育主

461

题有关；党的十八大报告也指出"教育是民族振兴和社会进步的基石"；习近平总书记强调"科技创新和科学普及是实现创新发展的两翼"。在此国情下，探索乡村环保科普教育的创新设计，是一个具有重要现实意义的选题。而由中科协承办的"2018年度研究生科普能力提升项目"，恰好给我们提供了一个良好的机遇和展示的平台。

（二）项目研究过程

2018年11月初，按照中科协有关文件要求，我院成立项目团队，申报了"面向乡村小学生环保科普行动的立体展品设计"项目，旨在贯彻落实习近平总书记生态文明思想，从文创设计的角度对乡村振兴战略的生态振兴、人才振兴进行探索。在导师的指导及太湖科协的支持下，团队成员历经选题论证、立项答辩等环节，于2018年11月24日成功立项。在此前后，团队多次深入太湖县几个乡村小学进行实地考察、调研分析，得出了与乡村小学生息息相关的环保科普教育主题，探索适合受众的环保科普教育创新形式，学以致用。历经数月，终于完成了该项目的创新设计，制作出了适合乡村小学生认知规律的环保科普立体展品。笔者按照项目任务书的要求，认真组织实施该项目并于2019年3月参加了中期汇报。根据评委专家的建议，对项目不断改进完善，最终完成了结题报告，于6月29日参加了项目结题答辩。太湖县科协为项目的申报以及后期研究推进，提供了大力支持，该项目将纳入太湖县2019年创全国科普示范县重点申报项目，项目成果将在太湖县乡村小学落地实施。

（三）项目主要研究内容

1. 乡村小学环保科普教育的主题确定

本项目启动之初，团队进行实地调研（见图1），立足于乡村的生产和生活现实，概括出了一些与农村小学生密切相关的环保主题，即生活垃圾分类、节约用电、可持续能源、饮用水安全、节约用水、防治水污染、食品安全、预防大气污染、保护森林资源、秸秆综合利用、农药污染防治等。这些主题将转化为后期乡村小学环保科普教育的立体展品设计的内容。

在我国乡村，生活垃圾随意堆放、任意燃烧等现象正严重威胁乡村的环境（见图2）。2019年6月初，习近平总书记对垃圾分类工作做出重要指示，7月

图1 乡村实地调研

资料来源：笔者拍摄。

1日，《上海市生活垃圾管理条例》正式实施，全面实施垃圾分类已是大势所趋。垃圾种类繁多，对于乡村小学生而言，可以使其从身边的生活垃圾分类开始，从小培养其良好的生态理念、文明习惯和公共意识。我国的生活垃圾一般分为：可回收物、有害垃圾、厨余垃圾和其他垃圾。将生活垃圾分类，可变废

图2 乡村生活垃圾随意丢弃场景

资料来源：笔者拍摄。

为宝、节约资源，还可减少处置成本和占地，对环境保护和人民健康都是非常有益的。

可持续能源涵盖面广，包括可再生能源，如太阳能，风能、地热能等。实现能源可持续性不仅需要在提供能量的方式上有改变，而且需要在使用能源的方式上也有所改变，因此将"可持续能源"主题与"节约用电"主题合二为一，使学生在了解太阳能发电原理的同时增强节电意识。

水是生命之源，并非取之不尽、用之不竭。乡村小学生对于水的节约利用和环保意识还较为淡薄，不少乡村的池塘与河岸边缘垃圾堆放现象严重，这也造成了水体污染。因此，展品中关于水的环保主题有节约用水、饮用水安全以及防治水污染三类。

2. 乡村小学生认知现状

（1）乡村小学生认知规律

本项目研究对象为6~12岁左右的乡村小学生。本团队实地调研并对安徽省太湖县某乡村小学4~6年级学生做了现场问卷调查。

抽样调查数据显示，极大部分乡村小学生对环保知识感兴趣，但相关知识面狭窄，对生态环保各方面的认识也参差不齐，多数小学生具有一些环保意识，却没能更好地落实在日常行动中。大部分乡村小学偶尔会举办一些环保方面的活动，但相对于文化课来说，其对环保教育的重视程度远远不够。加之他们难以直接接触科技馆、博物馆、科普展示等教育资源，大多通过书本、电视或网络获取相关图文知识，接受环保科普教育的途径较为单一，因此缺乏真实的参与感与体验感。

乡村小学生的人生观和价值观还没有完全形成，他们的行为和意识都具有可塑性，他们易接纳新鲜事物，更容易被生动形象、色彩鲜艳的图表和卡通造型等吸引。因此，集互动性、趣味性、立体性为一体的环保科普展品十分符合乡村小学生的认知规律，这种展示方式更受他们的欢迎，也更易被接受。

不同地区、不同年龄阶段的学生具有个性化和多样化等不同的特征，其认知规律也千差万别，因此，环保科普教育就是要有针对性地因材施教、因人施教。

（2）乡村环保科普教育现状

目前，我国乡村环保教育机制不健全、师资队伍结构不合理、环保教育经验不足、应试教育负面影响等严重制约了农村环保科普教育的发展和进步。加之地区间发展不平衡、教育资源分布不均衡、思想观念认识不到位，广大乡村环保科普教育现状不容乐观，乡村环保科普教育发展依然任重道远。

二　研究成果

（一）渗透式教学利于乡村环保展品形式创新

目前，许多优秀的环保主题作品都是从国外作品翻译而来的，很多本土的环保科普读本或作品创作也并非完全站在孩子的视角来看待自然与生态，往往与乡村小学生的实际生活环境存在一定的差距。面向乡村小学生，如果环保科普展品能融入他们的生活背景和文化内涵，且具有灵活多样、生动形象的特性，就更易被他们接受。另外，将环保科普展品融入课堂，能与课堂教学形成有效补充。这种以渗透各学科为基础的环保课堂教学也有利于拓展乡村环保科普教育的丰富内涵和促进乡村环保科普展品的形式创新，以此激发乡村小学生的环保热情，提高他们的学习积极性。

（二）互动体验助力乡村环保展品形式创新

让乡村小学生亲自调查周边存在的环境问题，有利于使他们从小培养环境忧患意识，并形成良好的行为习惯。而让乡村小学生参与环保科普展品互动体验，除了能够使其获得对环保科普教育的感性认识之外，还能培养他们相关的分析和解决问题的技能。通过巧妙的设计，让乡村小学生主动参与其中，与信息互动、与图文互动。这种打破传统说教式、以互动体验为主的教学方式可以将参与性渗透进环保科普展示的每一个环节，让乡村小学生能够亲自参与、体验，进而使其对环保理念的感受更为直观，对环保知识的理解也更为深刻。反之互动体验又可以促进乡村环保展品形式的进一步创新，二者相辅相成、互相促进。

（三）"绿行箱"系列展品标志设计

品牌和文化之间存在不可分割的密切关系。将此展品起名为"绿行箱"，也与它的文化内涵密不可分。"绿"为绿色、环保之意，概括了这一系列展品的展示内容；"行"为行动、行走之意，体现了这些展品可移动并且方便携带的特点；"箱"既代表手提箱，又与"乡"同音。这组展品寓意是装满了"绿色环保知识"的手提箱，好似在乡村之间行走的"绿色环保"使者。"绿行箱"的标识将抽象的绿色山水图形融入具象化的手提箱图形，契合"绿水青山就是金山银山"的生态理念，突出了展品的主题（见图3）。

图3 "绿行箱"logo

（四）"绿行箱"系列展品设计结构

"绿行箱"系列展品的载体为一组环保科普教育木箱子，每个箱子展现的是一种环保主题，为了方便携带，箱子都配有锁和提手。箱盖顶部设计了用激光雕刻的"绿行箱"标志（见图4）。

图4 箱体实物

打开箱盖后，箱盖内部有卡通造型的环保主题字，在有些箱盖内部还会设置互动装置或者放置道具用的置物袋。箱体内部主要呈现各环保主题展示内容（见图5）。

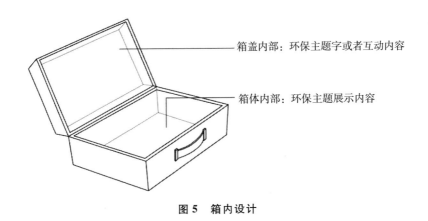

箱盖内部：环保主题字或者互动内容

箱体内部：环保主题展示内容

图 5　箱内设计

（五）"绿行箱"系列展品所用材料和技术

此次环保科普展品主题有很多种，所运用的材料和技术也各不相同。由于木材是环保的天然材料，展品载体便选用了木质箱体，展示的内容以纯手工制作为主。

箱体在内部空间形式上根据具体主题会有相应变化。

在家庭垃圾分类的主题中，先用手工将冰棒棍制作成垃圾桶，并以四种颜色区分。然后用超轻黏土捏制成各种类别的垃圾用来填充垃圾桶。由于冰棒棍恰好是夏季的常见生活垃圾，将其"变废为宝"，用在垃圾分类主题中正合题意。为贴近乡村小学生们的生活，使用一些模型材料搭建出一个乡村场景，再用图表卡片等形式传达环保科普知识并融入场景。为了增加其互动性与趣味性，箱盖内部设计了可翻转小圆牌，用于垃圾分类知识问答，同学们通过与之互动来加深印象。垃圾分类主题示意见图 6。

在节约用水主题中，我们会看到两种极端的场景——沙漠与绿洲。在"沙漠"部分展示的是一个拧开的水龙头，但是已经没有水能流出来了，表明如果一直浪费水资源，我们赖以生存的地球就会因缺水而变成不宜生存的荒漠；在"绿洲"部分，水杯中的水意味着节约下来的水，积小溪而成江河，其源源不断地倾入沙漠，同样可以变沙漠为绿洲。箱盖内部展示自来水生产、净化流程图，科普淡水是如何通过循环旅行到达家中的，使学生明白饮用水也并非唾手可得，是需要倍加珍惜的。学生可在小牌子上写下生活中常见的有关节水的案例。通过参与互动，学生不仅加深了对相关知识的印象，而且提高了其节水的

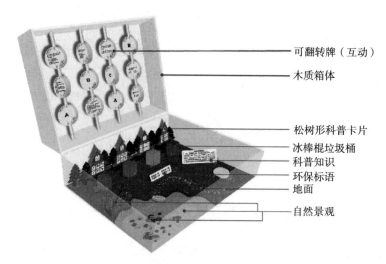

可翻转牌（互动）

木质箱体

松树形科普卡片
冰棒棍垃圾桶
科普知识
环保标语
地面

自然景观

图6　垃圾分类主题示意

积极主动性。

　　在可持续能源主题中，通过在箱子里展示风车模型、太阳能电池板等来科普太阳能、风能等。另将太阳能电池板连接到灯泡，以此来展示太阳能发电原理。为了使同学们能更直观地进行了解，展品同样使用一些环保材料搭建场景：街道两边的路灯、冰棒棍搭建的小木屋都可以依靠太阳能发电明亮起来。此外，为了增加其互动性与趣味性，箱子顶部采用迷宫的形式，进行答题互动，回答正确者将顺利找到出口。在游戏中获取相关知识不仅能充分调动小学生参与的积极性，发挥他们的聪明才智，而且更能加深小学生对环保知识的理解和印象。

　　"绿行箱"系列展品的多样化形式创新设计使其展品更为立体、开放、生动，具有一定的形象性、趣味性及艺术性；展品使用的绿色环保材料，多为纯手工制作而成，科学经济，符合环保理念；而且展品方便移动展示，易于随时随地在乡村进行传播。

　　由于笔者专业设计水平有限，在此只能量力而行、抛砖引玉，更多的环保主题和形式还有待于进一步挖掘和展示，希望更多的人参与其中。

三　创新点

　　本项目探讨的乡村环保教育具有社会创新设计的内涵。乡村小学环保教育的立体展品设计，是一项典型的社会创新设计实践，具有以下特点。

（一）内容的准确性

结合国家相关政策，运用多种科学的研究方法，查阅各大科普网站相关信息和相关文献、书籍等资料，以科普信息化为核心，以科技创新为导向，围绕本项目主题，保证环保科普内容的多样性与准确性。

（二）知识的趣味性

环保科普知识不再局限于传统图文中，将环保科普知识融入现实场景，生动有趣地展现出来，能够最大限度地激发乡村小学生的学习兴趣与热情，并且拓展教学课堂和改进教学模式。

（三）理解的通达性

以乡村小学生能够理解易于接受的传达方式，为其创作环保科普展品，让乡村小学生充分理解、学习多种多样的环保科普知识，从而全面增强他们的科学素养和环保意识。

（四）体验的互动性

将理论与实践相结合，在环保科普展品中融入一些体验内容，有利于提升展品趣味性、生动性和环保科普内容的创新性，强化乡村小学生与环保科普展品的互动性，从而更好地发挥他们的主动性、积极性和创造性。

（五）视觉的艺术性

环保科普展品还具有一定的审美性，通过展品设计创新、色彩变幻等视觉冲击力来引发学生的想象力和创造力，提升乡村小学生的艺术审美能力。

（六）成本的可控性

环保科普展品大多通过手工制作而成，项目组自行采购原材料，还将废弃物合理利用到部分展品中，成本较低且不影响品质。

四　应用价值

本项目以乡村小学生为研究对象，探索将创新设计融入乡村的环保科普教育新形式。通过乡村小学环保科普立体展品的制作和展示，将环境保护的意识和观念融入小学课堂内容。探索适合新时代乡村小学生个性特点，以及乡村小学教育环境的环保教育创新的新思路，推动乡村环保教育创新进一步发展，以此达到通过环保科普教育来提升对乡村小学生综合素质教育的目的。希望相关研究者以此项目开展为契机，使这类创意能够得到社会各界的高度关注以及学校的进一步重视，后期能继续探索研究，将创新设计成果系统化展示，并在未来实践活动中进一步应用、推广，使之惠及更多的乡村小学。

面向乡村小学生环保科普行动的立体展品设计，是一项典型的社会创新设计实践，而当今小学生正是推动未来创新发展的主力。本项目希望通过强化乡村环保教育的创新设计，为乡村学生提供更多接受环保教育和参加科普活动的机会。同时吸引更多的人加入乡村环保科普的行列，将科学的环保观念深扎于心，并在日常生活中力践于行。

隐形的手

——电磁力自适应平衡杠杆

项目负责人：彭玉钦
项目组成员：韩刚　赵伦武　厉玉康
指导老师：黄海鸿

摘　要： 针对现有电磁力科普设备大多不能定量分析的弱点，本项目根据电磁力平衡杠杆的电磁力原理，设计了基于51单片机的自适应杠杆平衡系统，通过添加/移除砝码的方式来实现电磁力平衡杠杆的调节。项目组采用角度传感器MMA7361进行角度检测，设计了角度检测系统；利用高精度的模数转换芯片ADS1115，实现角度数据的精确采集；采用51单片机，实现信号的分析与处理；利用亥姆霍兹线圈，形成稳恒磁场；利用步进电机模块，实现电流的实时调节；采用可调直流稳压电源，实现电流的调节。

一　概述

（一）研究背景

回顾历史，人类对于磁现象的观察、研究和应用有着悠久的历史。作为世界文明发源地之一的中国更是走在了世界各国的前面。"慈石召铁，或引之也""山上有慈石者，其下有铜金"等是对磁石吸铁的记载；司南的制作、指南针的制作和罗盘应用于航海，是古代对于磁场的应用；电动机、磁悬浮列车的发展是现代对于电磁现象的应用。然而，由于电磁场的特殊性，它既看不见，也摸不着，在没有一定的专业知识积累的情况下，难以学习与理解。

为了能够向青少年科普关于电磁力的知识，很多科普工作者开发了各种磁场测量与显示的设备。中国科学技术馆开发的可伸缩的线圈科普设备，由刚性螺线管和软螺线管两部分组成。该设备通过软螺线管的收缩与刚性螺线管周围小磁针的转动，直观地反映了互感现象和通电线圈的电磁场的分布。中国石油大学（北京）的冷文秀教授设计并制作了安培力演示仪，其将线圈绕在永磁体上，同时让线圈通电，使线圈旋转，将电磁场的问题转换为线圈的收缩现象，将抽象的安培力通过具象的运动来表现，达到科普的效果。扬州大学附属中学的方红霞老师发明了便携式高精度安培力探究仪，其选用强磁铁来模拟匀强磁场，通过测力计来测量导线在磁场中的受力，并通过显示屏显示。该设备采用力矩磁强计的原理，将安培力的大小通过力传感器等元件直接测量出来，具有很强的科学性。安徽探奥自动化有限公司将线圈置于马蹄形磁铁形成的磁场中，通过旋转磁铁，产生电流，点亮小灯泡。此外，转动手轮调整线圈的角度，会发现灯泡的亮度随之变化。该设备主要向青少年科普了磁生电的原理，将感应电流的强弱通过光线的强弱表现出来，具有一定的交互性。

由上述案例可知，目前关于电磁学的科普设备，普遍具有较高的科学性。但是在保证趣味性与交互性时，大多不能进行定量分析；而能进行定量分析时，又难以保证装置的趣味性与交互性。目前仍缺乏一套设备，在保证科学性的前提下，既能够定量分析电磁场的大小，又不失交互性与趣味性。

（二）研究过程

本项目拟设计一个电磁力自动平衡设备，将电磁场的相互作用转换为较为直观的力学平衡问题。利用杠杆平衡原理来平衡通电线圈受到的电磁力，通过调节电磁力大小来实现杠杆的平衡。本项目的研究过程分为以下几个步骤：前期准备；资料搜集、核实与整理；前期总体方案设计；机械结构设计、电气系统设计与程序设计；样机搭建；样机调试。

（三）研究内容

本项目主要研究内容包括以下几个方面：确定设备的总体设计方案，使其适用于科普展览与演示；设计合理的机械结构，使其具有较高的刚度、强度、稳定性和一定的灵敏度，同时在使用过程中，杠杆结构的自动平衡过程应当平稳、可靠；设计合适的控制系统，能够采集角度检测模块数据，通过调节亥姆霍兹线圈的电流电压，平衡杠杆结构；设计合适的电源控制方法，实现电源的有效调节；确定线圈主要参数，通过实验来确定合理的线圈匝数、导线长度、电流参数等关键参数，完成关键部件的试制。

二 芯片介绍

（一）MMA7361

为实现角度测量，选用的是 FREESCALE 公司生产的 MMA7361 芯片。该芯片是低功耗、低轮廓电容式的微机械型加速度计，具有信号调节、温度补偿、自我测试等功能，0g-Detect 检测线性自由落体，G-Select 允许选择两种敏感度。该芯片采用 LGA 封装，具有低电流消耗，高灵敏度、可选灵敏度，快速启动时间等特点，自身检测针对自由落体检测来诊断。低通滤波用于信号调节，其高性能设计可应对冲击力，符合 RoHS 标准，具有低损耗的特点。

该传感器模块测量的角度值是其 X，Y，Z 三轴与重力加速度之间的夹角，因此传感器测量范围选用 ±1.5g，其对应的灵敏度为 1g/800mV。角度测量以 X 轴为例，设定在 X 轴水平时，传感器输出电压为 V_0，X 轴在任意角度下为 V_1，计算 $\Delta V = V_1 - V_0$，根据所选的量程，计算 g_x = ΔV/0.8，再利用反三角函数将电压值转换为角度值，其计算公式为：Degree_X = asin（g_x）×180/3.14，从而确定 X 轴所对应的角度。

（二）ADS1115

ADS1115 是具有 16 位分辨率的高精度模数转换芯片，采用超小型的无引线 QFN – 10 封装。具有宽电源范围供电的特点，能达到 2.0V 到 5.5V，具有低功耗的特点，其采集速率可调节，内部可生成低漂移电压基准。具有内部振荡器，内部可编程增益放大器，采用 IIC 通信接口，具有四个单端输入或两个差分输入口。该芯片具有较高的精度，能够准确地采集 MMA7361 模块的模拟量数据，从而传送给单片机。为此，我们采用这一款芯片进行模数转换。

三 研究成果

（一）机械结构设计

本项目的机械结构主要实现的是各个元器件的连接、支撑以及演示的作用。电磁力自适应平衡杠杆机械部分主要包括杠杆结构、托盘、砝码、矩形线圈、亥姆霍兹线圈。

1. 杠杆结构、托盘、砝码

杠杆结构用于实现平衡电磁力与砝码的质量，同时充当整个结构的支撑件和连接结构，需要具有较高的刚度、强度、稳定性和一定的灵敏度，同时在使用过程中，杠杆结构的自动平衡过程应当平稳可靠，满足科普展示的要求。

杠杆结构选用的材质为铝材，该材料需要具有较高的刚度、较好的强度与较低的密度。杠杆总高为40cm，杠杆臂高度可调，利用螺栓可以实现杠杆臂高度的调整。杠杆臂长为55cm，其左右两端有连接件，可以用来连接砝码与线圈。杠杆两端各伸出一段丝杆，上面有一个微调螺母，可用于杠杆结构平衡位置的微小调整。杠杆结构具有较大的底座，能够保证自身稳定性。整个杠杆可以很方便地连接与拆卸，适用于科技场馆。砝码选用的是10个50g的小钩码以及10个10g的小钩码，能够方便地连接。

2. 线圈

在本项目中采用的线圈包括矩形线圈以及亥姆霍兹线圈。

矩形线圈主要包括框架以及漆包线。矩形线圈的下半部分为漆包线，可在亥姆霍兹线圈中充当电流元，产生电磁力。由于它需要连接在杠杆臂的右端，需要矩形线圈具有较小的质量。为了能够测得通电导线在匀强磁场中的受力方向，线圈需要具有规则的形状。为了便于连接在杠杆臂右端，需要设置连接孔。设计的矩形线圈的框架应当能够放置在亥姆霍兹线圈的磁场均匀区。

在本项目中，为了产生匀强磁场，让矩形线圈产生电磁力，需要选用合适的磁场发生装置。亥姆霍兹线圈是一种制造小范围区域均匀磁场的器件。由于亥姆霍兹线圈具有开敞性质，很容易将其他仪器放入或者移除，也可以直接做视觉观察实验。为此，我们选用亥姆霍兹线圈来产生匀强磁场。

亥姆霍兹线圈选用的是湖南省永逸科技有限公司生产的圆形亥姆霍兹线圈，用于产生标准磁场。其具体型号为 FE-1MF120，线圈常数 $K=0.1186cm$，单线圈匝数 $N=80T$，总线圈电阻为 $R=1.05\Omega$。其1A的电流可以产生磁通密度为12Gs的磁场，可以达到较大的磁场强度，同时具有较大的均匀区，有利于样机的制作。其所能容纳的最大的线圈尺寸达到10cm。

（二）电气系统设计

电磁力自适应平衡杠杆的电气系统主要实现角度检测与电流调节两个功

能，用于控制杠杆结构的自适应平衡。

1. 稳压电源模块

为了给亥姆霍兹线圈提供直流稳压电流源，我们采用可调直流稳压电流源 TASI – 1305，其允许的最大电流为 5A，最大电压为 30V。TASI – 1305 的电流分辨率为 0.001A，具有较高的电流分辨率，能够精确控制。

2. 电源调节模块

为实现对矩形线圈电流的调节，选用了带有电位器的开关电源。为实现开关电源的调节，我们选用步进电机模块进行输出电流大小的调节。电源调节模块主要包括步进电机、ULN2003 驱动模块、连接支架以及联轴器。

步进电机选用的是小型的 5 线 4 相步进电机，采用单极性直流电源供电，供电电压为 5V。仅需给步进电机的各相绕组按合适的时序通电，就能使步进电机转动。对于 4 相步进电机，按照通电顺序的不同，可以分为单四拍、双四拍和八拍三种工作方式。在本设备中，我们选用的是单四拍的工作方式。

由于单片机的驱动能力较小，我们还需要选用 ULN2003 驱动模块。ULN2003 是高耐压、大电流复合晶体管，由七个硅 NPN 复合晶体管组成，每一对达林顿管都串联成一个 27k 的基极电阻，在 5V 的工作电压下，它能够与 TTL 和 CMOS 电路直接相连。在本项目中，它能够用于驱动 5 线 4 相步进电机。

为了连接电位器以及步进电机，实现开关电源电流大小的调节，我们需要设计连接支架。主要包括左右两块连接板以及支撑底座。整个连接支架总高为 50mm，总宽为 50mm，总长为 69mm，厚度为 3mm，采用 3D 打印加工而成。左连接板中的凹槽用于连接电位器，采用螺栓连接，增加垫片以保证连接的可靠性。右连接板的凹槽用于放置步进电机的输出轴，板上的两个孔用于连接步进电机。支撑底座上有四个通孔，可以用来固定。电位器的转轴与步进电机的输出轴采用联轴器连接，联轴器采用 3D 打印技术加工而成。

3. LCD 显示模块

在操作本设备的过程中，杠杆结构的角度值在实时变化，为了准确读出角度值，采用 LCD 显示模块进行倾角的显示。该 LCD 显示模块主要用于显示杠杆结构的倾角值，其能够在显示倾角正负的同时保证一定的精度。

4. MMA7361

采用 MMA7361 芯片，将杠杆臂的倾角值检测出来，利用反三角函数，可以实现角度值的计算。由于该款芯片具有自检端口，可以减少环境带来的干扰。该芯片具有两种增益模式，可以根据不同的量程采用不同的增益系数，从而提高检测的准确性。

5. ADS1115

为实现倾角值的准确检测，通过采用 16 位高精度模数转换芯片，实现系统模拟量的转换，该款芯片通过采用 IIC 通信接口，仅使用单片机的两个 I/O 口就能够实现传感器信号的输入，并且具有一定的转换速率。对寄存器的合理配置，能够将信号以一定的频率传送到单片机中。

（三）程序设计

在本项目中，为实现杠杆结构的自适应调整，需要 51 单片机根据采集到的倾角值实时调整输出的电流大小，从而控制杠杆的平衡状态。为此，我们的单片机程序流程包括 MMA7361 配置、LCD 显示屏初始化、IIC 总线配置、ADS1115 配置、ADS1115 数据读取、数据转换、LCD 显示、角度值判断和步进电机转动等（见图 1）。

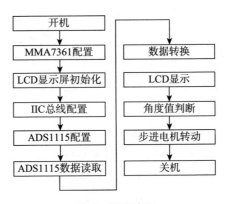

图 1　程序流程

（四）样机展示

本项目的样机如图 2 所示，其主要包括以下部分：①角度传感器 MMA7361；②模数转换芯片 ADS1115；③51 单片机开发板；④杠杆结构；⑤可调直流稳压电流源；⑥矩形线圈；⑦亥姆霍兹线圈；⑧可调开关电源。

图2 样机

四 总结

（一）使用流程

在制作完成的样机通电的情况下，手动调节电流大小，杠杆能够从倾斜状态转换为平衡状态，也能够从平衡状态转换为倾斜状态，样机能够平稳运行，倾斜角度明显，同时所测的角度值也能够实时显示。

（二）创新点

该样机的创新性体现在以下方面。①采用了杠杆结构辅助磁场测量，将晦涩难懂的电磁学现象转换为青少年易于理解的力学现象，降低了认知电磁场的难度。②可以通过改变砝码数量，实现杠杆结构的自动平衡，与传统的电磁力演示结构相比，杠杆结构能够产生不同大小的磁场强度，适合青少年操作，具有较好的互动效果，激发青少年探索电磁知识的兴趣。③采用了自动控制系统，通过自动控制算法，采集杠杆倾角，调节亥姆霍兹线圈的激励电流/电压，最终实现杠杆的平衡。

（三）应用价值

本设备面向青少年，将看不见摸不着的电磁力转换为直观的杠杆运动，通过添加/移除砝码的方式，增加了操作的趣味性，利用LCD显示屏来实现数据的显示，提高了本设备的交互性与趣味性。由于设计小巧，本设备能够在科技馆中实现展示，也能够以流动的形式展示。

参考文献

1. 钟锡华. 大学物理通用教程：电磁学[M]. 北京：北京大学出版社，2012.

2. 冷文秀，张默，贺艳丽，钟寿仙，陈少华. 安培力演示仪的设计与制作[J]. 物理与工程，2016（5）：37 - 39.

3. 方红霞，王君. 便携式高精度安培力探究仪[J]. 物理实验，2017（2）：61 - 63.

一种直线电机倒立摆系统

项目负责人：王祁

项目组成员：何湘粤　崔亚磊　陈伟涛　解正宇

指导教师：甄圣超

摘　要： 倒立摆被誉为控制领域的"明珠"，是验证控制方法和理论的实验平台，控制理论和方法做得越好，实现的倒立摆级数就越高，多级倒立摆是世界公认的科学难题。研究控制理论算法过程中，可以将其用于验证各种先进算法，帮助理论研究走向实际应用，如航空航天、仿人机器人等工业领域，同时其形象生动、操作安全，具有很强的科普研究意义。传统倒立摆采用的是旋转电机驱动，其具有振动大、精度差的缺点，本项目采用永磁同步直线电机（PMSLM）驱动，设计了一级直线电机倒立摆，去除了复杂的传动机构，极大地减少了误差。本项目的设计包括机械结构、硬件构成和 GUI 界面，图形化编程通俗易懂，方便对广大青少年进行科普教育。

一　概述

（一）研究背景

倒立摆系统（The Inverted Pendulum System，IPS）是典型的多变量、非线性、自然不稳定和强耦合不确定系统。20 世纪 50 年代，为了解决发射过程中火箭助推器的姿态问题，科学家提出了倒立摆的物理模型，为倒立摆系统的研究打开了大门。具有恒定不稳定性的系统或设备的学术名称叫作"倒立摆"，例如行走中的人类。它可以有效地反映控制过程中的许多关键问题，是测试各种控制理论的理想模型。以倒立摆为控制对象，研究者已对各种控制理论进行了验证，控制目标一般分为稳摆和起摆两种。相关的理论算法成果已在各领域得到了广泛应用，如仿人机器人平衡控制、火箭的姿态控制和直升机飞行控制等。

倒立摆系统在运动形式上可分为平面、直线、环形倒立摆等。随着摆杆数量的增加，控制难度也相应增加，一级和二级倒立摆较为常见，也有多级倒立摆。轨道形式不同，有水平或倾斜导轨的倒立摆。驱动电机可以不止一个，但数量要小于系统自由度，因为倒立摆是欠驱动系统。总之，倒立摆有多种形式。

（二）研究过程

控制器的设计是倒立摆系统的核心内容，因为倒立摆是一个绝对不稳定系统，为使其保持稳定并且可以承受一定的干扰，需要给系统设计控制器，目前典型的控制器设计理论及方法有：最优控制理论、模糊控制理论、PID 控制、根轨迹以及频率响应法、状态空间法、神经网络控制法、拟人智能控制法、鲁棒控制法、自适应控制法。我们根据前人做的论文研究工作，自行设计了倒立摆平台，采用了两种经典方式建模，梳理出采用 MBD 建模方式的倒立摆稳摆程序，以及倒立摆起摆程序。

（三）主要内容

在实验平台搭建方面，基于 MBD 流程开发，主要由机械结构、系统硬件架构、软件资源与交互界面共同构成。硬件架构采用 DSP28335 作为主控芯片，集成化设计了核心板与主控制板；基于 MATLAB/Simulink 软件，设计了针对硬件板卡的接口模块来生成直接使用的工程文件和 C 代码，并自动进行烧写功能；交互界面可实现数据的实时观测、保存等功能，并可以在线修改参数并下载，方便进行实验的调整。采用所设计的硬件和软件资源，基于 MATLAB - 2018 和 CCS 6.2，以及 TI 的 C2000 硬件支持包，通过配置，可使 Simulink 的 slx 模型文件自动编译生成可执行的 C 代码文件，并烧写到 DSP 控制卡上，实现对数据的采集、运算，并和交互界面关联起来，可以实时显示数据，方便科普控制理论及动手体验。

仿真与实验方面，采用基于滑模变结构的鲁棒 H_∞ 控制算法（SMHC），应用于倒立摆平台，根据控制器搭建模型，通过实验来验证其是否能稳定运行。然后采用基于能量约束的起摆算法 ECBC，设计起摆控制器，采用 SMHC 算法作为稳摆控制器，实现了直线倒立摆的自动起摆与稳摆。

二　研究成果

（一）倒立摆平台

直线电机是一种将电能直接转换成直线运动机械能的电机，具有高速、高加速、高精度的特点，本系统所采用的是无铁芯永磁同步直线电机，主要的性能指标是最大速度为 1m/s、最大加速度为 40m/s^2、额定推力为 30N、峰值推力为 60N、空间分辨率为 5um 等。

本系统设计的直线电机倒立摆平台是在直线电机的基础上构建的，由支撑座、导轨、小导轨、磁栅、直线电机定子、直线电机动子、小车、U 形支座、支板、固定板、角度编码器、线性编码器、底座、摆杆、拖链、拖链盘、连接板、防撞块等部分组成。倒立摆小车部分与直线电机的动子进行刚性连接，当直线电机工作时，小车可以在导轨上自由运动，并且直线电机的导轨是台湾 HIWIN 公司的高性能直线导轨，摩擦力非常小，这就克服了因传动机构的存在而引入的间隙、摩擦力、传送带的振动、伸缩、延迟等因素的干扰。

主要组件包括直线电机平台（带直线光栅）、一级倒立摆组件（带角度编码器）、DSP 控制板、一级倒立摆 DSP 控制软件。直线电机倒立摆系统如图 1 所示。

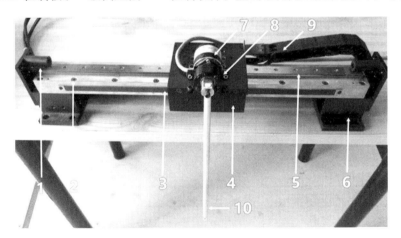

图 1　直线电机倒立摆系统

注：1—缓冲垫、2—直线电机、3—位移传感器、4—小车、5—导轨、6—支座、7—角度编码器、8—连杆机构、9—拖链、10—摆杆。

摆杆通过连接机构与角度编码器相连，小车与直线电机动子刚性连接，在导轨上可以左右移动，导轨安装在直线电机定子外表面，直线位移传感器用于检测小车的位移情况，该倒立摆机械结构去除了旋转电机复杂的联轴器、皮带等连接机构。

在图1的基础上，增加一级摆杆和相应的编码器，就可以进行二级倒立摆的实验，其中靠近小车的摆杆称为一级摆杆，与其相连的摆杆称为二级摆杆（见图2）。倒立摆相关参数见表1。

图2　直线电机二级摆机械结构示意

表1　倒立摆相关参数

参数	一级直线电机倒立摆	二级直线电机倒立摆
摆杆长度（m）	一级 0.24	一级 0.2／二级 0.36
摆杆重量（kg）	一级 0.05	一级 0.04／二级 0.07
连接块重量（kg）	0.1	0.1
小车重量（kg）	1.4	1.4
电机导轨长度（m）	0.5	0.5

（二）倒立摆拉格朗日建模及仿真

采用拉格朗日（Lagrange）方法建模。拉格朗日方程为：

$$L(q, \dot{q}) = T(q, \dot{q}) - V(q, \dot{q}) \tag{1}$$

其中 L 为拉格朗日算子，q 为广义坐标，T 为系统的动能，V 为系统的势能。

拉格朗日方程可变为：

$$\frac{\mathrm{d}}{\mathrm{d}(t)}\left(\frac{\partial(L)}{\partial(q_i)}\right) - \frac{\partial(L)}{\partial(q_i)} = f_i \tag{2}$$

式中 $i = 1$，2，$3 \cdots n$，f_i 为系统在第 i 个广义坐标上的外力。在一级倒立摆上，系统有两个广义坐标，分别为 x 和 θ。

另外，沿广义坐标方向 θ 不存在作用力，对广义坐标的拉格朗日方程为：

$$\frac{\mathrm{d}}{\mathrm{d}t}\left(\frac{\partial L}{\partial x}\right) - \frac{\partial L}{\partial x} = f_i \tag{3}$$

$$\frac{\mathrm{d}}{\mathrm{d}t}\left(\frac{\partial L}{\partial \dot{\theta}}\right) - \frac{\partial L}{\partial \dot{\theta}} = 0 \tag{4}$$

系统的动能和势能是由各个部件的（小车和摆杆）的能量之和得出来的：

$$V = V_m + V_M \tag{5}$$

$$V = V_m + V_M \tag{6}$$

其中：$V_M = 0$ （小车的势能）；

$V_m = mgl\cos\theta$ （摆杆的势能）；

$T_M = 0.5M\dot{x}^2$ （小车动能）；

$T_m = T'_m + T''_m$ （摆杆动能）；

设以下变量：

$xpend$——摆杆质心横坐标；

$ypend$——摆杆质心纵坐标

有：

$$xpend = x - l\sin\varphi \tag{7}$$

$$ypend = l\cos\varphi \tag{8}$$

T'_m 和 T''_m 分别为摆杆的平动动能和转动动能：

$$T'_m = \frac{1}{2}m\left[\left(\frac{\mathrm{d}(xpend)}{\mathrm{d}t}\right)^2 + \left(\frac{\mathrm{d}(ypend)}{\mathrm{d}t}\right)^2\right] \tag{9}$$

$$T''_m = \frac{1}{2}J\omega^2 = \frac{1}{6}m\,l^2\dot{\varphi}^2 \tag{10}$$

于是有系统的总动能：

$$T_m = T'_m + T''_m = \frac{1}{2}m\left\{\left[\frac{\mathrm{d}(xpend)}{\mathrm{d}t}\right]^2 + \left[\frac{\mathrm{d}(ypend)}{\mathrm{d}t}\right]^2\right\} + \frac{1}{6}m\,l^2\dot{\varphi}^2 \tag{11}$$

系统的势能为：

$$V = V_M + V_m = mgl\cos\varphi \tag{12}$$

将动能和势能代入拉格朗日公式，则有：

$$L = T - V = \frac{1}{2}M\dot{x}^2 + \frac{1}{2}m\dot{x}^2 - ml\dot{x}\dot{\varphi}\cos\varphi + \frac{2}{3}ml\dot{\varphi}^2 - mgl\cos\varphi \tag{13}$$

选取状态变量 $X = (x, \varphi, \dot{x}, \dot{\varphi})$，初始位置令各个状态变量都为 0，线性化处理为：

$$\cos\theta \approx 1, \sin\theta \approx \theta, \theta \approx 0 \tag{14}$$

输入量 $\ddot{x} = u'$，Y 为输出量，X，$\dot{X}$ 为状态变量，求解状态方程：

$$\begin{cases} \dot{X} = AX + B\,u' \\ Y = CX \end{cases} \tag{15}$$

需要求解 $\ddot{\varphi}$。

因此设：

$$\ddot{\varphi} = f(x, \varphi, \dot{x}, \dot{\varphi}, \ddot{x}) \tag{16}$$

在平衡位置附近进行泰勒级数展开，并线性化，可以得到：

$$\ddot{\varphi} = k_{11}x + k_{12}\varphi + k_{13}\dot{x} + k_{14}\dot{\varphi} + k_{15}\ddot{x} \tag{17}$$

其中：

$$k_{11} = \left.\frac{\partial f}{\partial x}\right|_{x=0, \varphi=0, \dot{x}=0, \dot{\varphi}=0, \ddot{x}=0} \tag{18}$$

$$k_{12} = \left.\frac{\partial f}{\partial \varphi}\right|_{x=0, \varphi=0, \dot{x}=0, \dot{\varphi}=0, \ddot{x}=0} \tag{19}$$

$$k_{13} = \left.\frac{\partial f}{\partial \dot{x}}\right|_{x=0, \varphi=0, \dot{x}=0, \dot{\varphi}=0, \ddot{x}=0} \tag{20}$$

$$k_{14} = \left.\frac{\partial f}{\partial \dot{\varphi}}\right|_{x=0, \varphi=0, \dot{x}=0, \dot{\varphi}=0, \ddot{x}=0} \tag{21}$$

$$k_{15} = \left.\frac{\partial f}{\partial \ddot{x}}\right|_{x=0, \varphi=0, \dot{x}=0, \dot{\varphi}=0, \ddot{x}=0} \tag{22}$$

下面利用 Mathematica（由美国物理学家 Stephen Wolfram 领导的 Wolfram Research 公司开发的数学系统软件，拥有强大的数值计算和符号计算能力。负责计算的是 kernel 进程，负责跟用户交互的是 mathematica 进程。对于多核的电脑，一般默认会由多个 kernel 启动。共享一个 kernel 进程的多个 session 是连续的，对于不同的 notebook，定义的变量是要跟 kernel 通信的，都是同一个 kernel，重复赋值会覆盖）对直线一级倒立摆的建模进行计算，程序如图 3 所示。

```
xpend = x [t] - l * Sin [φ [t]]; (* 摆的质心横坐标 *)
ypend = l * Cos [φ [t]]; (* 摆的质心纵坐标 *)
tpend = 1/2 * m * ((∂t xpend) ^2 + (∂t ypend) ^2) + 1/6 * m * l^2 * (φ' [t]) ^2; (* 摆的平动动能加转动动能 *)
Simplify [tpend];
v = m * g * ypend; (* 摆杆势能 *)
lang = tpend - v; (* 求出拉格朗日算子 *)
Simplify [lang]; (* 简化算子 *)
ldad = ∂φ'[t] lang; (* 拉格朗日算子对广义坐标的某一项的一级导数求偏导，根据一级倒立摆情况输入小车加速度，得到 2 个广义坐标变化 position、angle，因为 angle 方向没有外力，外力输入小车方向 *)
Simplify [ldad]; (* 简化求偏导表达式 *)
fa = ∂t ldad - ∂φ[t] lang; (* 对 ldad 求时间偏导减去拉格朗日算子对广义坐标的某一项求偏导 *)
Simplify [fa]; (* 简化 fa *)
Solve [ {fa == 0}, {φ" [t]}]; (* 解方程倒立摆，摆杆角度方向无外力，拉格朗日算子为 0 *)
add = φ" [t] /. %;
k11 = ∂x[t] add /. x [t] - >0 /. φ [t] - >0 /. x' [t] - >0 /. φ' [t] - >0 /. x" [t] - >0
k12 = ∂φ[t] add /. x [t] - >0 /. φ [t] - >0 /. x' [t] - >0 /. φ' [t] - >0 /. x" [t] - >0
k13 = ∂x'[t] add /. x [t] - >0 /. φ [t] - >0 /. x' [t] - >0 /. φ' [t] - >0 /. x" [t] - >0
k14 = ∂φ'[t] add /. x [t] - >0 /. φ [t] - >0 /. x' [t] - >0 /. φ' [t] - >0 /. x" [t] - >0
k15 = ∂x"[t] add /. x [t] - >0 /. φ [t] - >0 /. x' [t] - >0 /. φ' [t] - >0 /. x" [t] - >0
(* 0 附近泰勒展开并线性化，求 x、θ，及其一级导数，x 的二级导数 *)
g = 9.8;
l = 0.12
Simplify [k12]
Simplify [k15]
```

图 3　直线一级倒立摆建模计算程序

运行程序（按下 Shift + Enter 组合键运行程序）得到以下结果（见图4）。

Out [14] = {θ}	
Out [15] = {$\frac{3g}{4l}$}	$k_{11} = 0$
	$k_{12} = \frac{3g}{4l}$
Out [16] = {θ}	$k_{13} = 0$
Out [17] = {θ}	$k_{14} = 0$
Out [18] = {$\frac{3}{4l}$}	$k_{15} = \frac{3}{4l}$
Out [21] = {61.25}	
Out [22] = {6.25}	

图4　运行程序结果

三　创新点

（一）稳摆控制实现及其算法创新

1. 一级倒立摆的状态空间方程：

$$\dot{X} = \begin{bmatrix} 1 & 0 & 0 & 0 \\ 0 & 0 & 0 & 0 \\ 0 & 0 & 0 & 1 \\ 0 & 0 & 61.251 & 0 \end{bmatrix} X + \begin{bmatrix} 0 \\ 0.714 \\ 0 \\ 4.464 \end{bmatrix} (u - w) \tag{23}$$

$$Y = \begin{bmatrix} x \\ \theta \end{bmatrix} = \begin{bmatrix} 1 & 0 & 0 & 0 \\ 0 & 0 & 1 & 0 \end{bmatrix} X \tag{24}$$

一级倒立摆的控制目标是镇定控制，即使 $X \to 0$，小车位置和摆杆角度的检测值即等于误差 e，为此设计了基于滑模变结构的鲁棒 H_∞ 控制器。

$$u = u_H + u_{SMC} = u_H + u_{eq} + u_{sw} = Kx - (B^T PB)^{-1} B^T PAx(t) - (B^T PB)^{-1} [|B^T PB| \delta + \varepsilon] \mathrm{sat}(s) \tag{25}$$

初始状态取 $x = 0.1m$，$\dot{x} = 0$，$\theta = -0.2rad$，$\dot{\theta} = 0$，期望控制目标为 $x = 0$，$\dot{x} = 0$，$\theta = 0$，$\dot{\theta} = 0$，δ 取 0.30，ε 取 0.15。在 MATLAB 中编写 S-function 仿真程序，解出滑动模态矩阵 P 和鲁棒 H_∞ 状态反馈矩阵 K，从而可得：

$$P = \begin{bmatrix} 0.0861 & 0.0460 & -0.2624 & -0.0418 \\ 0.0460 & 0.1144 & -0.3337 & -0.0918 \\ -0.2624 & -0.3337 & 4.0527 & 0.4305 \\ -0.0418 & -0.0918 & 0.4305 & 0.1216 \end{bmatrix} \quad (26)$$

$$K = [\, -0.8780 \; -1.0544 \; 33.4427 \; 1.7964 \,] \quad (27)$$

图 5 为一级倒立摆仿真曲线，图中（a）为小车位置响应曲线，（b）为摆杆角度响应曲线。

由图 5 可以看出，小车位置和摆杆角度都在 4s 以内从初始位置回到镇定位置，响应速度较快且平稳。另外，在第 8s 加入一个摆杆角度的阶跃干扰信号，模拟现实中摆杆受到的外界干扰，如人手触碰。可见在 2s 左右倒立摆整体回到到镇定状态，鲁棒性能优秀，具有较强的抗干扰能力。

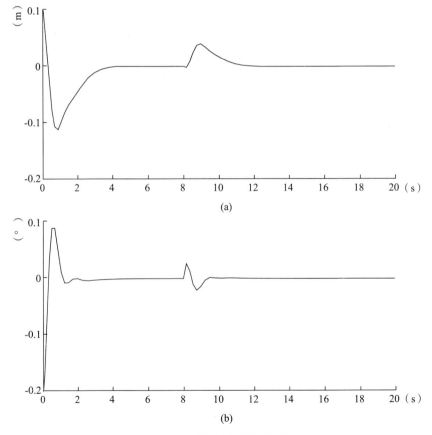

图 5　一级倒立摆仿真曲线

2. 二级倒立摆的状态空间方程：

$$
X = \begin{bmatrix} 0 & 0 & 0 & 1 & 0 & 0 \\ 0 & 0 & 0 & 0 & 1 & 0 \\ 0 & 0 & 0 & 0 & 0 & 1 \\ 0 & 0 & 0 & 0 & 0 & 0 \\ 0 & 71.159 & -11.235 & 0 & 0 & 0 \\ 0 & -59.299 & -57.218 & 0 & 0 & 0 \end{bmatrix} X + \begin{bmatrix} 0 \\ 0 \\ 0 \\ 0.714 \\ 5.186 \\ -0.151 \end{bmatrix} (u - w) \tag{28}
$$

$$
Y = \begin{bmatrix} 1 & 0 & 0 & 0 & 0 & 0 \\ 0 & 1 & 0 & 0 & 0 & 0 \\ 0 & 0 & 1 & 0 & 0 & 0 \end{bmatrix} X \tag{29}
$$

二级倒立摆的控制目标是镇定控制，即使 $X \to 0$，小车位置和摆杆角度的检测值即等于误差 e。

$$
u = u_H + u_{SMC} = u_H + u_{eq} + u_{sw} = Kx - (B^T PB)^{-1} B^T PAx(t) - (B^T PB)^{-1} [\,| B^T PB | \delta + \varepsilon] \mathrm{sat}(s)
$$

$$
\tag{30}
$$

初始状态取 $x = 0.05m$，$\theta_1 = -0.05rad$，$\theta_2 = 0.05rad$，$\dot{x} = 0$，$\dot{\theta}_1 = 0$，$\dot{\theta}_2 = 0$，期望控制目标为 $x = 0$，$\theta_1 = 0$，$\theta_2 = 0$，$\dot{x} = 0$，$\dot{\theta}_1 = 0$，$\dot{\theta}_2 = 0$，δ 取 0.30，ε 取 0.15。在 MATLAB 中编写 S-function 仿真程序，解出滑动模态矩阵 P 和鲁棒 H_∞ 状态反馈矩阵 K。

图 6 为二级倒立摆仿真曲线，（a）为二级摆杆角度响应曲线，（b）为一级摆杆角度响应曲线，（c）为小车位置响应曲线。

图 6 可以看出，二级倒立摆在 4s 以内实现了稳摆控制，小车和二级摆杆、一级摆杆都是从非零位置开始运动，响应迅速，稳定效果优秀。在第 8s 加入一个阶跃干扰信号来模拟现实情况中的外界干扰，从图 4 可以看出，在 2s 以内，二级倒立摆实现稳定，抗干扰能力优秀，表现出优秀的鲁棒性。

（二）起摆控制实现及其算法创新

倒立摆的自动起摆控制一般是结合稳摆控制进行的，通常做法是设计两个控制器，一个负责起摆阶段的控制，当摆杆摆到接近平衡位置时，切换为稳摆控制器。自动起摆控制过程存在以下几个问题：

一是导轨长度的限制，使得小车左右移动的距离有限；二是摆杆摆动到切

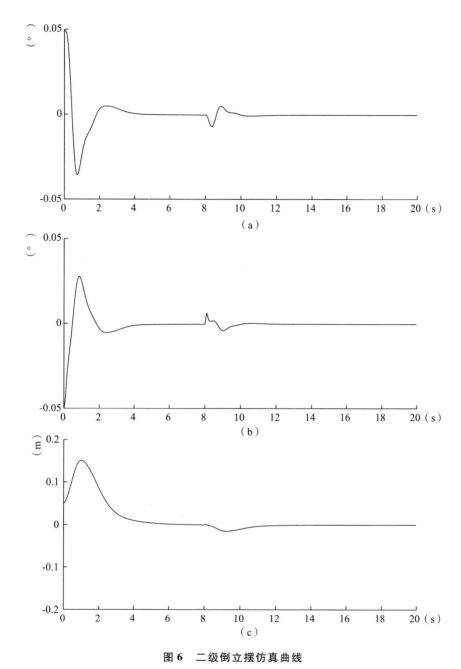

图6　二级倒立摆仿真曲线

注：（a）纵坐标为二级摆杆角度响应，（b）纵坐标为一级摆杆角度响应。

换角度，如何实现平稳切换控制器；三是如何尽量缩短起摆时间，减少摆动次数，实现快速起摆。

最早的自动起摆控制算法是 Bang-Bang 控制，其相当于一种"开关"控制，优点是控制简单，控制强度大，可实现快速起摆，缺点是这种控制相当于一种开环的控制，成功率无法得到保障，且容易引起小车撞边的问题。而基于能量反馈的控制算法，通过小车的移动来不断加大摆杆的能量方式，控制摆杆逐渐起摆的角度，这种方法理论上相对可靠，但在直线电机倒立摆上进行验证时，由于导轨长度、小车速度等问题的存在，实验效果受到了影响。

因此，考虑实际实验中出现的问题和相关控制算法研究的优缺点，采用一种基于能量约束的自动起摆控制（ECBC）算法，通过对能量的约束来耦合导轨长度、小车速度等限制因素，使摆杆摆起过程平稳，最终在到达稳摆切换位置时的速度最小、惯性最小，切换平稳，从而保证成功率。

基于能量约束的控制算法，原理是通过约束摆杆的能量使其从小到大，从而使摆杆摆动角度不断加大，同时结合 Bang-Bang 控制的特点，添加约束函数，从而使自动起摆不会过冲，摆起过程快速、切换过程平稳。

摆杆由垂直向下开始摆动的过程中，摆杆能量为：

$$E = \frac{1}{2}J\dot{\varphi}^2 + mgl(1 - \cos\varphi) \tag{31}$$

其中，m 为摆杆质量，l 为摆杆质心到转轴的距离，J 为摆杆转动惯量。一级直线倒立摆运动方程如下：

$$J\ddot{\varphi} + mgl\sin\varphi - mul\cos\varphi = 0 \tag{32}$$

其中，u 为控制力输入量。联立以上两式，求摆杆能量对时间导数：

$$\frac{dE}{dt} = J\dot{\varphi}\ddot{\varphi} + mgl\dot{\varphi}\sin\varphi = mul\dot{\varphi}\cos\varphi \tag{33}$$

为确保摆杆能量增加，定义摆杆在平衡位置时 $E_0 = 2mgl$，在初始位置时 $E = 0$，构造李雅普诺夫函数如下：

$$V = \frac{1}{2}(E - E_0)^2 \tag{34}$$

要求系统稳定，则：

$$\dot{V} = mul(E - E_0)\dot{\varphi}\cos\varphi < 0 \tag{35}$$

则可设：

$$u = -k(E - E_0)\dot{\varphi}\cos\varphi \qquad (36)$$

其中，k 恒为正，同时，因为摆杆无法保持在 $\dot{\varphi} = 0, \cos\varphi = 0$ 的状态，所以满足 $\dot{V} < 0$，则摆杆能量在控制过程中趋向于 E_0。

由上式可知，小车所受外力的方向和大小受到 k、$\dot{\varphi}$、$\cos\varphi$、$(E - E_0)$ 的共同作用，结合上一节中对摆杆运动状态的分析，取外力为：

$$u = -k \cdot \text{sgn}\left[(E - E_0)\dot{\varphi}\cos\varphi\right] \qquad (37)$$

$\dot{\varphi}$、$\cos\varphi$ 在控制过程中变化较大，虽然可以缩短起摆时间，但是会因控制力变化较大而引起振动。采用符号函数 $\text{sgn}(x)$ 虽然降低了这种变化，但是在实际控制中也会导致振动。因此，这里用饱和函数 $\text{sat}(x)$ 来代替，则：

$$u = -k \cdot \text{sat}\left[(E - E_0)\dot{\varphi}\cos\varphi\right] \qquad (38)$$

图 7 为 Simulink 控制程序，控制量通过 out1 和 out2 端口输出到驱动模块进行 DA 转换。

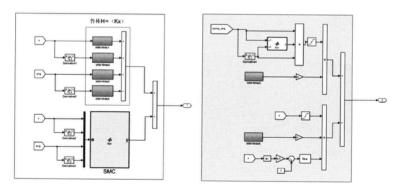

图 7 Simulink 控制程序

注：左为 SMHC 稳摆控制器，右为 ECBC 起摆控制器。

经实际实验发现，摆杆在 ECBC 起摆控制器作用下经过 6 次摆动，成功摆起到切换位置，切换为 SMHC 稳摆控制器，并成功控制在平衡位置附近，起摆时间约 7s，且小车未撞边，左右运动在 $-0.07 \sim 0.1\text{m}$，范围较小，起摆快速稳定，体现了控制算法的有效性。ECBC 自动起摆实验见图 8。

图 9 为实验现场视频，图中（a）为摆杆从初始位置开始运动，（b）为摆杆左右摆动过程，（c）为摆杆摆动到切换角度，（d）为成功切换为稳摆控制之后的效果。

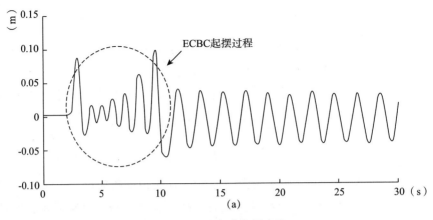

图 8　ECBC 自动起摆实验

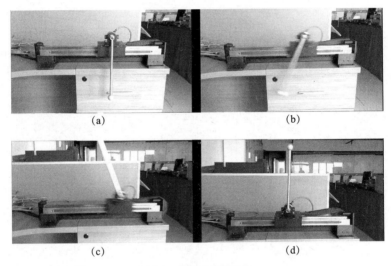

图 9　实验现场视频

四　应用价值

在系统动力学建模方面，介绍了直线电机倒立摆系统的特性和工作原理，并介绍了永磁同步直线电机的特性和工作原理。采用 Lagrange 方法，推导了倒立摆的数学模型，并分析了模型特性，得到倒立摆系统自身不具稳定性，但可观、可控的结论。为滑模变结构控制、神经网络控制、模糊控制等更先进的现代化智能控制算法的应用以及验证提供便捷。

在起摆控制器方面，基于能量约束的一级倒立摆起摆控制在实际实验中的效果不错，降低了 Bang-Bang 算法撞边的概率，为后续通过进一步研究来实现二级摆的起摆控制提供思路和帮助。

在实验平台的设计方面，采用直线电机作为驱动机构，减少了机构间隙、皮带振动等干扰，为下一步采用 5G 无线方案进行角度信号的发送、接收提供基础，进一步提高展品平台的精确度和美观性。

参考文献

1. 叶云岳. 直线电机原理与应用［M］. 北京：机械工业出版社，2000.

2. 宋书中，胡业发，周祖德. 直线电机的发展及应用概况［J］. 控制工程，2006（3）：199 - 201.

3. 孙灵芳，孔辉，刘长国，毕磊. 倒立摆系统及研究现状［J］. 机床与液压，2008（7）：306 - 310.

4. 付莹，张广立，杨汝清. 倒立摆系统的非线性稳定控制及起摆问题的研究［J］. 组合机床与自动化加工技术，2003（1）.

5. 孙宗宇. 永磁同步直线电机的矢量控制［D］. 兰州：兰州理工大学，2009.

6. Olalla C，Leyva R，Aroudi A E，et al. Robust LQR Control for PWM Converters：An LMI Approach［J］. IEEE Transactions on Industrial Electronics，2009，56（7）：2548 - 2558.

7. Lu H. Robust H-infinity Control for the Vertical Lifting System Driven by Permanent Magnet Linear Synchronous Motor（PMLSM）［C］// International Conference on E-product E-service & E-entertainment. 2010.

8. Lin F J，Lee T S，Lin C H. Robust H ∞，Controller Design with Recurrent Neural Network for Linear Synchronous Motor Drive［J］. IEEE Transactions on Industrial Electronics，2003，50（3）：456 - 470.

9. 杨平，徐春梅，王欢，朱颖，于超. 直线型一级倒立摆状态反馈控制设计及实现［J］. 上海电力学院学报，2007（1）：21 - 25.

10. Mori S，Nishihara H，Furuta K. Control of Unstable Mechanical System Control of Pendulum［J］. International Journal of Control，1976，23（5）：673 - 692.

11. Furuta K. Control of pendulum：From Super Mechano-system to Human Adaptive Mechatronics［C］//42nd IEEE International Conference on Decision and Control（IEEE Cat. No. 03CH37475）. IEEE，2003，2：1498 - 1507.

12. 刘文秀，郭伟，余波年. 倒立摆状态反馈极点配置与 LQR 控制 Matlab 实现［J］. 现代电子技术，2011（10），88 - 90.

"香薰球"式"载人平衡车"科普展品设计

项目负责人：郑露露
项目组成员：赵孟　杨琼　杨建
指导老师：施威

摘　要： 在国家高度重视科学技术普及工作和中国传统机械工艺复兴的背景下，本项目以"香薰球"为研究对象，设计科普展品，以实现对青少年进行良好的科普教育的目的。通过充分的理论分析和实践调研，完成展品运行原理的编制、确定展品设计要素与思路、设计展品基本框架和关键零件。此展品将香薰球作为设计原型，创新性地体现了历史文化内涵与科学知识的高度统一，促进青少年科普教育与人文教育的结合。在未来的实际科普工作中，本项目的顺利实施将有助于良好的经济和社会效益的形成。

一　项目概述

随着科学技术日新月异的发展和国际竞争的日趋激烈，创新能力已经成为21世纪的中国发展的主旋律。所谓"少年强则国强"，培养青少年的科学素养和创新能力不仅影响青少年自身的发展，还关系国家和民族的未来。因此，党和国家高度重视科学技术普及和创新文化建设工作，《"十三五"国家科普与创新文化建设规划》中就重点提出要以提高青少年科学素质为目标，积极开展青少年研究性学习与科学实践、社会服务和社会实践活动，鼓励社会各界广泛参与。

中华民族有几千年的发明史，古机械面广量多，涉及农业、手工业、军事等多个领域，这其中蕴含的科学创新精神是中华民族能长久屹立于世界民族之林的重要原因。香薰球（也称"被中香炉"）作为古机械中的佼佼者，设计精巧、运转精妙，它的核心部分——万向支架的机械构造原理令当今人类叹为观止并被广泛应用。科普展品活动作为科普教育的重要一部分，不同于学校的理论教育，具有一定的科学性、互动性与趣味性，更能激活青少年学生的兴趣。让原本抽象、复杂的科学原理或技术等更生动、真切地展现出来，由此可见，以香薰球为原型设计科普展品具有可行性，不仅可以入情入理地向青少年传达万向支架的科学原理，更重要的是能引导学生向更深更广的科学领域去研究，挖掘学生科学潜力、培养其科学素养，从而实现良好的科普教育。

本项目的研究过程分为准备阶段和实施阶段两个部分。项目组在准备阶段首先完成申报工作并统筹规划小组合作与分工。通过一系列书面资料和实际案例的分析研讨，对有关香薰球的科学文化知识，特别是构造原理展开剖析和思考，并不断丰富有关科普展品设计的经验和理论知识，为后期的展品设计做铺垫。在此过程中，明确本项目的科普教育意义和展品设计目标。实施阶段以项目目标为主导，以香薰球的万向机械原理、展品设计等理论知识为基础，综合考量项目实施过程中的各方面因素。最终完成展品设计原理的编制、机械设计图的绘制、展品样机的制作与调试等工作。

二　研究成果

（一）展品的运行原理及其编制

明代田艺蘅在《留青日札》卷二十二中述："今镀金香球，如浑天仪然，其中三层关掞，轻重适均，圆转不已，置之被中，而火不覆灭，其外花卉玲珑，而篆烟四出。"从考古记载以及考古实物中发现，因为被中香炉的壳内部装有大小两个环（平衡环），不论香炉的外壳如何滚动，置放香料的金碗在重力作用下，能始终保持水平状态。香薰球的平衡环相当于我们现在所说的万向支架，其中蕴含的"平衡原理"才是核心所在。

本项目所要传达给青少年的科技知识，便是使香薰球能够任意翻转而不倾覆的万向支架的机械奥秘。为了让青少年真正理解并接受这一科学知识，在编制展品设计原理时，不仅要以万向原理为运动规则，还要尽可能地体现展品的创新性和趣味性。为此，我们受宋代《梦溪笔谈》中记载的有关"大驾玉辂"的启发，将万向支架原理以动态形式展现出来，设计载人平衡车，让参与者身处"常平"之中，在亲自实践中达到感性体验与科学理论的融合与升华。

从设计原理来看，载人平衡车的常平支架将由三个同心机环组成，每一环由金属轴连接在一起，外环通过另一转轴与外架相联结，基座则由第三个转轴挂在内环上。为了保证载人平衡车无论怎样运动而基座方向不变，根据物理学的角动量守恒原理，这三个转轴在空间中需相互垂直。只要转轴制作精巧，有足够的灵活性，当外壳沿三个方向旋转时，内层基座便会由于重力的作用保持空间位相不变，重心始终保持下垂，基座与地面永远保持平行。

（二）展品设计要素与思路

本项目以设计载人平衡车为目的，此平衡车不仅可以作为"万向"原理的讲解道具和展品，展示中国古机械的结构、设计原理和运行过程，而且可以作为青少年的交互体验道具。基于资料分析和实践经验，在展品造型设计、展品交互过程、科普知识传播上，项目组从不同维度去考虑青少年群体的需求，力求保证此次科普展品教育的科学性、趣味性、互动性与安全性。

1. 展品造型设计

产品的外观往往决定了用户对产品的第一印象。这就要求科普展品能够在第一时间给青少年以强烈的感官刺激，让青少年有继续了解下去的兴趣。

（1）形态设计

本展品外壳可以采用镂空图案或绘一些受青少年喜欢的元素，作为展品整体形态的基础（但要有可透视性，便于体验者观察外界环境，感受其运动）。

（2）颜色搭配

对于科普展品来说，恰到好处的色彩搭配会在第一时间吸引青少年的注意。因此，载人平衡车展品在色彩搭配上，应以明亮鲜艳的色彩搭配为主。

（3）材质舒适

从科普展品设计的角度来看，展台的高低、大小等都是对观众舒适度关怀的体现。本次科普展品中与青少年直接接触的座椅的材料必须能兼顾舒适度与安全性。

2. 展品交互过程

本展品设计既要考虑展品的科学性，也要顾及展品交互过程的趣味性，避免太复杂的互动过程使观众产生不敢参与的心理，使受众逐步失去探索的兴趣。

（1）互动过程简单有趣

此次科普展品设计主要面向好奇心强烈的青少年群体，因此在展品互动的环节中，可以设计实践任务，以青少年亲身体验展品为主，以视频讲解、现场模型拆分为辅。

（2）信息反馈及时准确

衡量一个科普互动过程的好坏，不仅要看它在操作上是否简单可行，更重要的是它给用户的反馈是否达到甚至超出了用户的预期。因此，讲解员要与青少年积极互动，一方面要增强展品的耐玩性和趣味性，另一方面要检验青少年对本次科学知识的接受程度，达到一个有效的双向沟通。

3. 科普知识传播

一个展品的科普效果在一定程度上代表这个科普展品设计得是否成功。完成交互任务后的青少年，思考之后才会形成对该知识点的记忆。因此，本展品所传达的科普知识要在一定程度上生活化，知识结构更加简单化。

（1）科普知识生活化

青少年的思维逻辑还在形成阶段，而很多科学知识比较晦涩、抽象，他们不能直接理解。因此，本次科普展品在知识点上要注意把抽象的万向原理与青少年的生活实际相结合。

（2）知识结构简单化

科普展品在知识结构的设计上不能超出青少年现阶段的认知能力，避免对他们造成无效的科普，应采用理解性的引导方式为主。本次科普教育可以拆分、组合万向支架模型，通过由简单到困难、由单一到复杂的方法来介绍万向原理。

（三）展品框架和关键零件设计

展品（载人平衡车）构成：球形外壳×1、万向支架（三个同心机环）×1、座椅×1、承重轴（连接钢管）×10、轴承×10、螺丝若干、橡胶材料若干。

球形外壳。本展品外壳为球形，外壳需要足够坚固且具有韧性，可以任意滚动并能承受相当的重量，因此，初步采用以钢铁制作、螺丝拼接的方法。外形为镂空设计，以保证体验者能够观察到内部环境，从而感受到相对运动，真正体验"常平"运动。规格：内直径为220cm。

万向支架。万向支架（万向轴）也就是平衡环，包括大小三个环，大环装在球壳上，中环则用螺丝套在大环内，小环套在中环上，三个环的轴相互垂直。万向支架同样采用钢铁材料。外环：210cm。中环：200cm。内环：190cm。

座椅。座椅通过承重轴固定在内环上。考虑到体验者的安全性和舒适度，给座椅装配了安全带，并使用皮质半包裹安全座椅。长度：70cm。深度：75cm。高度：120cm。

承重轴（连接钢管）。承重轴用于连接载人平衡车的各个部分。例如将座椅与内环钢圈相连，并使承重轴与内环的轴保持垂直。采用低合金高强度钢。大型承重轴（直径）：40mm。小型承重轴（直径）：25mm。

轴承。轴承用于支撑机械旋转，降低运动过程摩擦系数。材质采用专用滚动轴承钢。内径：25mm。外径：52mm。

螺丝。螺丝用于组装整个展品，考虑到安全性，全部使用光滑的圆角螺丝，保证载人平衡车展览和操作时的安全性和方便性。

橡胶。橡胶用于球壳外壳等易于碰撞的部件，以求增强展品的防撞能力，保障青少年的安全。

展品示意见图1。

图1　展品示意

三　科学与历史文化价值并存的研究对象

科普展品设计不仅需要注意展品的科学性与可操作性，还要尽可能考察展品深层意义上的内涵与精神，因为往往文化上的熏陶与共鸣更能首先引起参观者的兴趣，这也能为下一步传达科学知识做好铺垫。香薰球作为本科普项目的研究对象，是两千多年前中国古人智慧的结晶，其深厚的历史底蕴使人们对其赋予更多的生命注解。青少年在学习万向原理知识的同时，可以通过它穿越时光隧道，追逐并领略博大深远的历史文化。

香薰球具有优美的视觉艺术效果，其表面通体镂空，表面纹饰都以中心对称式分布，多为连续性的图案，主要有卷草纹、莲花纹、几何纹等。其本身所代表的香文化的美学价值也是不容忽视的。唐代韦应物的《长安道》和北宋陆游的《老学庵笔记》中均提及"香车宝马"，而在古时，香薰球也是文人雅士的心爱之物，置于厅堂或书房案头，读书时，可闻到缕缕清香，因此便有了"红袖添香夜读书"的美妙意境。

香薰球也作为一个独特意象时常出现在文人墨客的诗词歌赋中，例如唐代词人温庭筠，在《更漏子·相见稀》中写道："垂翠幕，结同心，待郎熏绣衾。"牛峤在《菩萨蛮·玉钗风动春幡急》中写道："熏炉蒙翠被，绣帐鸳鸯睡。"而韦庄的《天仙子·怅望前回梦里朝》中写道："绣衾香冷懒重熏。"宋代诗人陆游写过赞美香薰球的诗篇《香炉》。香薰球在文学作品中所营造的情景意蕴与文人的情感精神状态达到物我合一的境界，并由此增添了香薰球不同于冰冷器具的另一种关于文化艺术的独特内涵。

因此，本科普项目以中华古代机械"香薰球"为研究对象，以万向原理为核心，不仅是以传播科学知识为目的的科普教育，能够培养青少年创新思维能力，还是以古代历史文化熏陶为核心的人文教育，能够加强青少年对中国传统机械的整体认知与体验，以此激发青少年的民族自豪感，为中华民族的伟大复兴而奋斗。

四 应用价值与前景

万向原理的应用历史实际上已经非常悠久。中国最早的应用便是香薰球，古人用它来熏香、取暖。意大利工程师焦瓦尼最早在《机械》一书中提出利用常平支架来减轻车辆在颠簸不平的道路上的震动的想法。直至 19 世纪，欧洲人将罗盘和万向支架这两种发明物组合在一起，发明了航海使用的罗盘，以在波涛汹涌的海上辨明方向。

当今时代，以万向支架为核心的陀螺仪的应用也越来越广，除了用于航母、飞机、火箭、导弹、鱼雷等飞行体的航向控制外，还大量用于维持坦克与火炮的稳定、车辆特别是单轨车辆的稳定、工作平台与测量仪器的稳定等方面。本项目的载人平衡车以万向原理为核心技术点，创新性地拓展了古代仅用于熏香、取暖的香薰球的功能，使其变为可以载人的工具。在科技馆中，其可以作为青少年交互体验的道具，通过亲身体验"常平"状态，达到对万向原理知识的认识。如若深入研究与设计，以载人平衡车为原型，或许可以延伸出多种商业产品，如家居平衡椅、创意容器（类似不倒翁）、装饰品（如香薰灯、项链、手链）等，将会带来良好的社会和经济效益。

参考文献

1. 田艺蘅. 留青日札［M］//《丛书集成》初编. 上海：上海古籍出版社，1992：1.

2. 武际可. 被中香炉与万向支架［J］. 力学与实践，2007（4）.

3. 厚宇德，马国芳. 中国历史上的重要奇器———被中香炉［J］. 广西民族大学学报（自然科学版），2014（2）.

4. 黄祯翔. 薰香球开创了人类运用机械的奇迹［J］. 发明与革新，2000（11）：25.

5. 全唐诗［M］. 上海：上海古籍出版社，1986.

6. 石云柯. 唐代被中香炉设计窥探［J］. 艺海，2017（4）.

7. 罗建明. 中国古代发明中的物理学原理赏析［J］. 物理通报，2012，11.

8. 李约瑟. 中国科学技术史（第四卷）物理学及相关技术（第二分册）机械工程［M］. 鲍国宝，译. 北京：科学出版社，1999：249.

9. 戴念祖. 中国古代物理学［M］. 北京：中国国际广播出版社，2010.

10. 沈飞. 大处着眼，小处着手———青少年校外科普教育基地在科技教育中的作用［J］. 农村实用技术，2018（5）.

11. 吴利峰. 用户体验设计的主要支撑理论探析［J］. 设计，2015（4）：46－48.

12. 向纹谊. 工艺美术在现代科技馆展教活动中的结合运用探析［J］. 青年时代，2017（19）：44－45.

13. 杨健，陈洋，王丹丹，钟方旭. 基于情感化理念的科普展品交互界面设计研究［J］. 包装工程，2016（6）：109－113.

14. 邱腾. 探讨科技馆在青少年学生科学教育活动中的实践［J］. 科学大众（科学教育），2017（3）.

基于电磁力的系列互动展品的设计与实现

项目负责人：李广迎
项目成员：李乐康　杜淑卿　车彦秀　孔丹
指导老师：陈传松

摘　要：为了丰富科技馆里关于电磁力的展品并且更好地提升科学普及的效果，以及加深大众特别是青少年对于电磁力的认识，本项目提出了电磁力的系列互动展品的创新设计。本系列互动展品利用磁场对通电流体产生磁力作用的原理来进行设计，主要包括流动的液体、磁力喷泉、磁力船三个展品设计。通过设置外部电源开关按钮，以及参观者动手设置展品参数来实现展品互动性。不仅能很好地实现科普知识的传播，并且符合科技馆展品设计的创新性、互动性、经济性等原则。

目前，科技馆成为科学和技术普及的重要场所，而科普展品是科技馆的灵魂，是科技馆实施科学教育的主要载体。科普展品以向大众普及科技知识为目的，重要的是向大众揭示或引导公众体验展品背后的技术和原理，使公众在参观或动手操作过后受到一定的启发和教育。为了提升展品科普传播的效果，崔滢滢指出展品的设计要符合科学属性，好的展品应该能够完美体现现代科学从诞生到发展的过程，并且能够渗透于国民经济和现代科学进步的整个过程之中；孙晓军指出要想使展品更好地发挥传播科学知识的功能，在设计展品时还要具备集成创新的思维，集成创新即将两种或两种以上的展品进行组合和搭配，集成一个有意义的系列展品，这些展品可以是并集的关系，也可以是包含的关系，目的是提高集成展品的整体的教育功能；为了使展品更具有吸引性和趣味性，李春富、李丹熠指出设计的展品还要能够进行动态地展示，即通过动态展示和互动体验的方式，使参观者亲身感受一些现象，提高参观者的兴趣；另外唐罡指出展品的设计要符合多方面的要素，将科学性、创新性、安全性、趣味性、互动性等要素融合到展品当中。

通过实地调研科技馆和在网上查阅资料，发现科技馆关于电磁力的展品虽然有很多，但是涉及的领域范围还是比较狭窄，电磁力的展品设计主要集中在磁场对于通电导体或导线产生磁力的角度上，而没有涉及磁场对于通电流体产生磁力的角度。并且科技馆里的展品大部分都是单独存在，没有集成创新的展品设计。因此，为了丰富科技馆里关于电磁力的展品以及加深公众对于电磁力的认识，故设计关于电磁力的系列互动展品。本系列互动展品包括流动的液体、磁力喷泉、磁力船。本系列展品将多个展品设计要素进行了融合，既向公众揭示了展品基本的原理，又将此原理渗透到了现代科学进步的过程之中；既具有不同于现有科技馆展品的创新之处，又具有集成创新性；即具有互动性，又符合保证安全性的展品设计原则。

一　电磁力系列互动展品设计理念

第一，科学性。展品设计最基本的要求就是符合科学性原则，展品的目的就是向公众揭示现象背后的科学原理和基本知识。让公众理解电磁力是什么以及电磁力的产生应该具备哪些条件。

第二，创新性。该展品以科学、互动为设计理念，使参观者特别是青少年在做中学、玩中学，激发他们的兴趣、引发他们的思考。要想达到此目的就要创新展品的设计，利用参观者在生活当中见不常见的、新奇的现象去引起他们的好奇心，促使其产生探索的欲望。

第三，互动性。在展品设计的过程当中，要让参观者的手、眼、脑并用，从而实现人与展品的互动性，因此该展品设计应尽量使公众参与其中，可动手操作展品的部分按钮或调节某几个参数，体验动手的乐趣。

二　展品材料选取

（一）电极选取

常见的电极为金属电极和惰性电极两种，为了使展品实现更好的展示效果，必须选择合适的电极。金属电极在电解时首先会自己参与电解，因此在电解时会产生金属单质；惰性电极（石墨）在电解时本身不会参加反应，而是溶液中的正负带电离子参与电解过程。展品的设计要符合可行性原则，若用金属电极，其电解出的金属单质会污染电解质溶液，影响参观者的参观效果。因此，项目组选取石墨作为电极。

（二）电解质溶液选取

电解质溶液的选取要符合经济性和安全性原则。实验室中通常选择易取得的氯化钠溶液作为电解质溶液，但是在电解的过程当中电解质溶液中的氯离子会参与反应而形成有毒的氯气，科技馆是人数聚集的场所，因此采用氯化钠作为电解质溶液不符合展品设计安全性的原则。而硫酸钠溶液在电解时实际上是水在参加电解，产生的是无毒无污染的氢气和氧气，因此，选择硫酸钠溶液作为本系列展品的电解质溶液。

三　展品设计内容

本系列互动展品基本原理是溶液中具有速度的带电离子，在磁场的作用下受到洛伦兹力而产生定向移动，本系列互动展品主要包括三个部分，分别是流动的液体、磁力喷泉和磁力船。本系列展品不再局限于磁场对于通电导体或导线产生磁力的角度，而是从另一个动态的角度展现电磁力产生的神奇现象，能够丰富科技馆展品以及激发参观者的好奇心和求知欲。

1. 流动的液体

水槽内放置硫酸钠电解质溶液，使溶液中存在能够自由移动的正负离子。为了使溶液中的正负离子产生定向移动，在盛有硫酸钠溶液的水槽内放置在竖直方向平行的两片石墨电极，将两片石墨电极分别连接到电路板上，电路板用来提供12V的电压和控制电路。为了使现象更加明显，可以在水槽内放置小彩球，电源开关闭合之后，溶液开始定向流动，小彩球也会随着溶液的流动而运动，这样就体现了液体奇妙的流动现象。流动的液体的展品如图1所示。

为了实现展品设计的互动性原则，在展品外部设置红黑开关按钮，一方面可用来实现电源开关的闭合，另一方面可用来实现极板电压正负极的转换，从而实现小彩球运动方向的改变。当参观者按下红色和黑色其中任何一个按钮后，电源接通，人们会看到液体的定向流动现象，整个过程会持续一分钟；当参观者在一分钟之后再次按下不同颜色的按钮，溶液流动的方向便会发生改变。需要注意的是，当按下红色或黑色按钮之后，整个过程会持续一分钟，在这一分钟之内，即使参观者多次按下按钮，展品也不会执行任何操作。

图1　流动的液体展品

2. 磁力喷泉

本展品由喷泉和水槽两部分组成，喷泉部分是由亚克力板组成的一个无下盖的长方体，上盖钻有小孔，可引出吸管。长方体两组对边分别固定磁铁以及石墨电极，水槽部分的作用是盛放电解质溶液。将喷泉部分固定在水槽当中，按下展品的外部按钮便可以观察到溶液的向上涌动现象。磁力喷泉展品如图2所示。

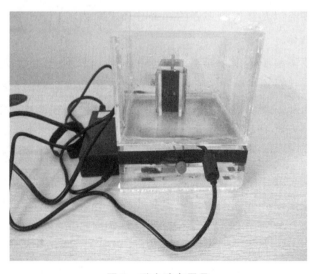

图2　磁力喷泉展品

本展品的操作方法为，将此展品连接到220V的电路当中，按一次按钮，我们可以观察到喷泉一分钟持续喷出的状态。需要注意的是，按下按钮之后的一分钟内都会持续此状态，此时即使参观者再次或多次按下按钮，展品也不会执行任何操作。在使用本展品的过程中，参观者会观察到气泡从喷泉涌出的现象，产生此现象的原因是硫酸钠在电解的过程当中会产生氢气和氧气两种气体。

参观者在按下按钮通电之后，便可观察到液体从塑料管内涌出而形成的喷泉，不再需要利用水的压力来实现，从而使洛伦兹力的展现形式更加多样，更能够引起观察者的兴趣。

3. 磁力船

长方体的带盖水槽内放置硫酸钠电解质溶液，在长方体的上盖和下盖上布满磁铁，制造一个竖直方向上的磁场，用轻薄的材料做成一个小船，小船下部固定两块平行的石墨电极，选用9V电池给小船供电。小船上的电池通过导线连接石墨电极，通电之后小船便可以在水中运动。磁力船展品如图3所示。

参观者将开关调到ON档之后，便会观察到小船在溶液中移动的现象。磁力船的设计和磁流体推进器技术相结合，一方面使展品设计渗透到现代科技进步的过程之中，另一方面通过形象的动态展现形式，使大众了解科技背后的基本原理。

图3 磁力船展品

通过这一系列集成创新的互动展品，参观者能够更加深入地认识电磁力，同时将参观者对于电磁力的认识的视野从导体切割磁感线产生电磁力，拓展到磁场对于通电流体产生的电磁力上，丰富了电磁力的表现形式。本系列展品还与磁流体推进器等一些前沿科技结合起来，使展品的设计渗透到人文社会进步的过程当中，从而使参观者感受到科技的进步并激发其探究兴趣。

四 展品设计原理

电解质溶液中有大量正负带电离子，石墨电极加上电压之后便会产生从正极板到负极板的电场，溶液中的正负带电离子在电场力的作用下分别向正负极板移动，此时运动的离子便具有了速度，当具有速度的离子在受到与速度反向垂直的磁场时，便会因受到洛伦兹力（可用右手螺旋法则和左手定则来判断）而开始运动，从而带动液体流动。正负离子运动如图4所示。

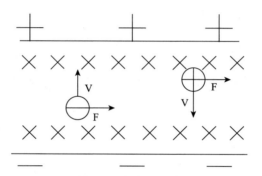

图4 正负离子运动

五 结语

电磁力的系列互动展品的设计开拓了电磁力的另一个领域，拓展了参观者对于电磁力认识的视角，使参观者对于电磁力认识的视角不再局限于磁场通过通电导体或导线产生电磁力的角度。展品设计以其他学者的研究成果为基础进行进一步创新，符合科技馆展品设计的创新性、互动性、经济性等原则，加深了参观者对于电磁力的认识。

参考文献

1. 崔滢滢. 浅谈科技馆展品的评价标准[J]. 科技传播，2018（12）：142－143.

2. 孙晓军. 浅析科技馆基础科学展品的创新研发及教育活动设计——以展品"随风而动"为例[J]. 学会，2018（1）：62 – 64.

3. 李春富，李丹熠. 科技馆展品及其展示形式设计研究[J]. 包装工程，2010（16）：62 – 65.

4. 唐罡. 科技馆展品开发标准研究与思考[J]. 中国标准化，2016（2）：71 – 74.

5. 谭杰，韩景红，杨涛，王京春. 基于互联网的科普展品远程操作和体验系统的设计与实现[J]. 实验技术与管理，2016（9）：134 – 136.

6. 陈亮，张元丞. 当前群众文化对科技馆展览设计的需求探讨[J]. 新媒体研究，2015（15）：63 – 64.

7. 郭娜. 科技馆常设展览设计与展览教育活动融合的可行性[J]. 科学咨询（科技·管理），2018（9）：30 – 31.

8. 黄凯. 工匠精神与科技馆展品设计的创新实践——以"力与旋律"展项的概念设计为例[J]. 科学教育与博物馆，2015（3）：162 – 165.

9. 崔希栋. 科技馆展品的创新[J]. 科技馆，2001（3）：5 – 7.

10. 崔希栋. 科技馆展品设计的一般原则[J]. 科技馆，2004（4）：6 – 9.

11. 刘昕东. 科技馆互动体验展品的设计研究[J]. 求知导刊，2016（22）：71 – 71.

"会说话的喷泉"

—— 基于激光通信原理的声音传输效果展示

项目负责人：方丽丽
项目组成员：王士鑫　杜颂　方玉　李梦飞
指导教师：杜军　李健

摘　要： 激光通信，即用激光作为信息的载体来实现通信任务，与传统的无线电通信相比，具有保密性好、可靠性高、信息容量大、传输距离远、费用低等优点，近年来成为通信领域的研究热点。本项目以将新科技成果转化为科普展品为着眼点，设计了一种基于激光通信的音乐传输系统，用于激光通信的科普展示及教学工作。文中介绍了整个系统的物理结构及原理分析，本系统能够实现激光传输声音信号的功能，并在接收端采用了喷泉音箱来放大呈现效果。实验中，还原出的音频品质较高，音乐喷泉五彩纷呈，系统的展示效果良好。

一　项目概述

（一）研究缘起

20 世纪 60 年代，激光器的诞生和激光技术的迅速发展给予激光通信以新的生命。激光是通过受激辐射而发射出来的一种新型光源，具有亮度高、单色性好、方向性好和相干性好等普通光源所没有的优异特性。激光技术已经应用于社会各个领域，尤其是近年来在激光通信方面的应用得到迅猛发展，光纤通信和无线激光通信技术在民用和军用方面都有独特的优势。

调研发现，目前科技馆展出的与激光相关的展品大多数与激光的基本物理特性有关，如激光的亮度、颜色，传输路径和干涉、衍射等，而与激光可以传递信息这一方面特性有关的展品很少，这主要是与激光通信的设备制作成本和操作技术有一定的难度有关。因此，为了将这一技术更好地普及给青少年群体，本项目组决定设计一个基于激光通信原理的科普展品，并在效果呈现上利用声音律动的方法来普及激光可以传输信息这一原理，以期丰富科技馆展品的多样性和科学性。

（二）研究过程

本项目组主要分为八个阶段来开展实施研究。第一阶段通过对各地市科技馆的调研，发现适合科技馆展出的展品一般具有的特点为教育性、科学性、参与性、趣味性、易用性、唯一性、安全性，因此本项目组在决定将激光通信作为展品设计的方向时，在展品设计方面结合了以上这几个特点进行研究与开发。第二阶段主要是搜集相关文献资料，评估本项目组所在学院的实验条件，认为可以实现本项目展品的开发。第三阶段，考虑到激光类展品的安全性，我们确定了激光的安全功率范围，即 $3 \sim 5mw$，属于国家 3A 级标准，可以用肉眼进行短时间的观察，不会产生危害。第四到第七阶段属于实验阶段，主要包括确定系统结构及电路设计方案、电路原理图设计及电路仿真、PCB 画板及制板、电路焊接与调试，最终确定了 AM 的调制方式，其能够实现声音信号和光信号之间的转换。最后一个阶段是样机包装，为了能呈现更好的效果，本项目组借鉴了物理实验中的小孔成像的灯具座的原理，将展品包装成一个整体，两部分电路也放在了接收和发送盒中，使其外观更加整洁，有观赏性。

（三）主要内容

本装置的呈现效果是，在话筒端收集音源，将声音通过调制器转换为光信号，光信号会随着声音大小、强度的变化而变化，光信号在空气中传播、在接收端被接收，并通过解调还原为声音信号，伴随不同的声音信号，喷泉呈现不同的喷射效果。当阻断光路时，不管音源处的声音如何变化，喷泉都不会有所反应。这一装置能够激发青少年的好奇心，促使他们对激光通信的工作原理有一定的认识和了解，装置整体效果见图1。

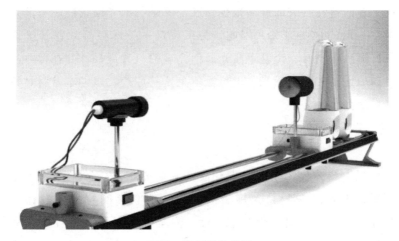

图 1 装置整体效果

二 研究成果

（一）电路模块框图

手机或麦克风输出的信号通过发送模块发出，从而使激光器发射出不同频率的激光，在被接收器接收以后，通过接收模块还原出声音信号，并利用喷泉音箱将效果呈现出来。系统整体电路框架如图 2 所示。

图 2 系统整体电路框架

手机或麦克风等输出的音频信号本质上是一种电信号，激光音乐传输系统主要是靠激光信号传输的，所以系统必须要有电信号到光信号的转换，同理，也应该有光信号到电信号的转换。一般来说，人声的频率为 300Hz ~ 3400Hz，歌曲的伴奏频率为 20Hz ~ 20000Hz，对于电信号来说，属于高频信号。电路中的晶体管会处于高速转换的状态，系统内部会产生频率噪声，并易受外部噪声的影响，音频会产生严重失真。因此，仅通过简单的电光转换电路，系统的实验效果是很不理想的。

本项目在研究过程中主要涉及两种调制方式。

第一种采用的是 PWM 调制方式。发射部分的结构中，输入的音频信号经混频后进入低通滤波器，然后与电路产生的三角波波形进行 PWM 调制，调制后的信号可驱动激光头。接收头的信号经前置放大电路后进入整形电路，随后在解调电路中进行解调，恢复原始的声音信号，然后驱动喇叭工作。但是在实际工作过程中发现，三角波的产生不够明显，导致声音信号和光信号在转化过程中的噪声较大，因此需要对电路进行改进，经过多次调试和仿真，最终确定了采用 AM 调制的方式进行调制。

第二种采用的是 AM 调制方式，能够在保证音频信号不失真的情况下，离散原始音频信号，相较于直接将电信号加载到激光器两端，该方式下电路产生的噪声低、抗干扰能力强、可靠性较高。在这种调制方式中，输入的音频信号经放大后与波形发生器产生的脉冲信号相乘，完成对原始音频信号的调制，调制后的信号经放大后可驱动激光器工作。为保证发送电路的稳定性，所有的放大电路均采用差动放大电路，差动放大电路不仅能有效地放大交流信号，而且能有效地减小由于电源波动和晶体管随温度变化而引起的零点漂移，因此被广泛应用于微弱信号的放大。激光发送模块电路框如图 3 所示。

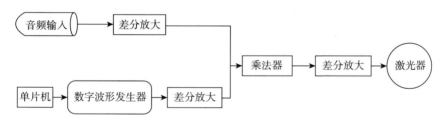

图 3　激光发送模块电路框

激光信号经过传输后，强度会大大下降，再加上激光器与接收器本身的误差，在激光接收器的输出端，电信号已经是非常微弱了，因此需要对信号进行适当放大，以使信号具备驱动音箱的能力。在接收端，激光接收器输出的电信号分别经过三个放大器进行信号的放大，其中，前置放大器起输入缓冲作用，一级放大和差分放大起信号放大作用，同时差分放大器抑制了电路的零点漂移，使得电路的放大效果更好。激光接收模块电路框如图 4 所示。

改进电路模块后，最终实现了声音信号和光信号的转换，在音乐传输的过

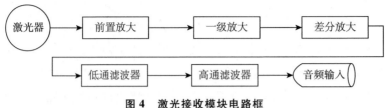

图4 激光接收模块电路框

程中能够实现两种信号的清晰转换。

（二）样机展示

本项目设计了基于激光通信的声音传输系统样机，整个系统包括光具座、激光头、接收头、发射盒、接收盒、喷泉音箱六个部分。样机整体尺寸为 $100\,cm \times 15\,cm \times 35\,cm$，光具座作为整个系统的基座，起固定和保护作用。发射盒及激光头用于将手机或麦克风输入的声信号转换为光信号。接收头及接收盒用于将光信号转换为电信号。基于激光通信的声音传输系统样机如图5所示。

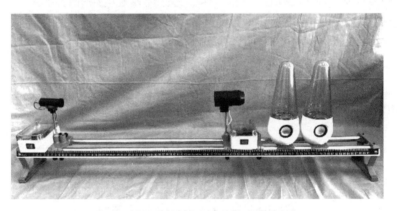

图5 基于激光通信的声音传输系统样机

其中激光头由激光发射管和金属罩组成。激光发射管的出光功率小于 $5\,mw$，激光波长 $650\,nm$，为可见红光。金属罩可屏蔽激光污染，防止人眼直视激光。接收头由硅光敏二极管和塑料外壳组成。硅光敏二极管是一种能将光信号转换成电信号的半导体器件，具有灵敏度高、噪声低、响应时间短等独特优点，广泛应用于光开关、光隔离、光纤通信、激光测距等领域。塑料外壳主要防止激光因镜面反射造成的光污染。发射盒和接收盒用于电光转换及光电转换。发射盒及接收盒采用ABS塑料材质，该材质绝缘、耐化学腐蚀、耐热，具有一定的表面硬度，可以保护盒内的电路板，防止静电和环境噪声的影响。光具座常用于"小孔成像"等光学教学实验，本设计中，光具座对系统起固定和保护作用。光具座包含刻度尺、滑轨、光源支架等部分。光源支架用于固定激光发射头和接收头，滑轨可以调整激光传输的距离。

（三）使用说明

首先，需要在系统供电线中连接音频线，包括手机或麦克风到输入端的音频连接，以及输出端到喷泉音箱的音频连接，音频线均采用 3.5mm 接头的连接线。音频线连接完毕后，需接入系统电源线，包括发射盒及接收盒使用的 12V 直流电源及喷泉音箱使用的 USB 接口 5V 电源。接线完毕后，分别打开发射盒和接收盒上面的开关，使用手机播放音乐或麦克风输入，喷泉音箱即可正常工作。使用挡光板遮住激光发射头和接收头之间的激光路径，喷泉音箱就会立刻停止工作，拿开挡光板，喷泉音箱即恢复工作，以此达到激光通信的展示效果。

（四）安全注意事项

本作品使用的激光头出光功率小于 5mw，处于国内激光安全等级划分下的 3A 等级，理论上不会对人眼造成任何伤害，但为了确保安全性，本作品的激光头配有金属罩，且严禁观察者用眼睛直视激光头，以免对眼睛造成损伤。

三　创新点

科技馆作为落实《中华人民共和国科学技术普及法》《全民科学素质行动计划纲要》和传播"四科"的重要阵地，是推动科学普及的重要场所，但是就科技馆行业总体现状而言，展品模仿和复制现象严重，缺乏原创性。因此，本项目组着眼于通信领域而不是传统的物理、化学、生物等基础学科方面，将激光通信新技术转化为原创展品，以期促进科技馆展品的多样性和科学性。

在研究方法上，本项目在研究过程中参考了中学物理的拓展性实验，如自制激光通信演示仪等实验，并在电路设计专业人员的指导下完成，经过多次电路的改进、仿真、模拟以及实际的电路实验测试、调试，最终确定了本项目的发送和接收电路，这两个电路模块能够实现声音的清晰传输，而且在互动过程中，参与者可以通过阻断光路来实现对声音传输路径的阻断，从而使他们了解激光通信在日常生活中的基本运用。

研究思路上，本项目组参考了著名认知心理学家诺曼提出的"用户体验"的概念，认为人的体验普遍分为3个层次：本能层、行为层和反思层。在本能层次上，利用喷泉多彩的效果可以在视觉上产生冲击感，给予青少年良好的第一印象。在行为层次上，参与者通过阻断光路来阻断传播路径，同时参与者还可以通过话筒来输入声音信号，然后在喷泉端放大声音效果，互动方式简单有趣，可以即时反馈给参与者信息，给人轻松、愉悦的互动体验。在反思层次上，与展品进行互动，除了可以使青少年明白光的一些基本特性外，还可使其了解到光能传输信息的相关知识点，并且启发他们进一步思考激光是如何传输信息的。通过这一层次的体验，可以使青少年学习到新的东西，产生新的认识。

四 应用价值

随着人们社会文化生活水平的不断提高，科技馆的社会科普职能变得越发重要，常常需要开展很多的科普巡回展出活动，其中无疑要求展品要更加稳定，这就需要在展品设计、使用和维修的过程中确保其可靠性。本展品具有完整的电路设计图和样机尺寸图，所需材料简单易得，可以批量生产，而且展品结构清晰，方便维修，因此适合作为科技馆展品展出。

此外，本展品还可作为中学物理的拓展性实验教具，给学生普及光还能传递信息的科学知识。目前科技馆已经有了大量的关于光的基本物理特性的展品，如涉及光沿直线传播、光的折射、反射、干涉、衍射等基本物理特性，因此可以将本展品和这一系列展品整合为一个光的主题展，让青少年在主题展中体验光的奥秘。

参考文献

1. 赵巍. 科技馆展品设计方法探讨［D］. 武汉：华中科技大学，2007.

2. 陈日升，张贵忠. 激光安全等级与防护［J］. 辐射防护，2007（5）：314 – 320.

3. 徐士斌. 关于科技馆原始创新展品主要来源路径探讨［J］. 科普研究，2013，8（1）：43 –

47、53.

4. 〔美〕诺曼．情感化设计［M］．付秋芳，程进三，译．北京：电子工业出版社，2005.

5. 桂茂亭，杨勤．基于用户体验的科普展品设计要素研究［J］．设计，2018（13）：135－137.

6. 耿旭云．论科技馆展品设计、使用和维修的可靠性［J］．黑龙江科技信息，2015
（33）：126.

附 录

中国科协2018年度研究生科普能力提升项目资助名单

一　网络科普作品创作及活动策划类

编号	学校	姓名	项目名称
kxyjskpxm2018001	清华大学	刘楠	虚拟现实（VR）技术在生物科学普及中的应用
kxyjskpxm2018002	北京航空航天大学	张雨薇	啄木鸟为什么不得脑震荡？
kxyjskpxm2018003	北京航空航天大学	栾皓童	"航空那些事儿"动态科普条漫创作
kxyjskpxm2018004	北京师范大学	许健	揭秘水果的前世今生
kxyjskpxm2018005	北京师范大学	杨凯钦	化学元素的伯乐
kxyjskpxm2018006	北京师范大学	夏爽	基于ChatBot聊天机器人化学科普游戏设计与开发
kxyjskpxm2018007	北京师范大学	李燕勤	提升小学生自然观察能力的科学手帐App开发
kxyjskpxm2018008	北京师范大学	王宇菲	地震科普——《营救计划》的设计与开发
kxyjskpxm2018009	浙江大学	曾剑平	荧光造影手术原理及技术流程的科普性图文展示
kxyjskpxm2018010	浙江大学	陆璇	丙型病毒性肝炎防治科普漫画
kxyjskpxm2018011	浙江大学	余悦雯	基于Minecraft的Python编程活动设计
kxyjskpxm2018012	华东师范大学	林靖哲	超科学剧场——共创网络科普电台
kxyjskpxm2018013	华东师范大学	陈玮	旨在普及免疫学知识的跨平台游戏——Battlefield Cell设计开发

编号	学校	姓名	项目名称
kxyjskpxm2018014	华东师范大学	刘天澍	利用化学实验探究科普"酒"中的科学知识
kxyjskpxm2018015	华东师范大学	赵舒旻	享"瘦"科学——基于短视频平台的科普活动策划
kxyjskpxm2018016	华东师范大学	曾文娟	抑郁症系列科普动画作品创作
kxyjskpxm2018017	华东师范大学	方慧玲	分一分——垃圾分类科普游戏
kxyjskpxm2018018	华中科技大学	孙宇雯	基于 Minecraft 3D 沙盒游戏的沉浸式虚拟科普园区设计
kxyjskpxm2018019	北京大学药学院	吴一波	药学科普音乐的理论研究与创作推广
kxyjskpxm2018020	合肥工业大学	廖一汉	厉害了，我的桥！——斜拉桥索力调整科普微视频
kxyjskpxm2018021	福建医科大学	郑智源	药学科普书籍的编写与出版
kxyjskpxm2018022	湖南工业大学	李孟婷	用技术刺激你的想象——电影艺术与科技发展
kxyjskpxm2018023	湖南工业大学	陈威	区块链技术在农业中的应用
kxyjskpxm2018024	济南大学	刘健成	特殊孩子不特殊
kxyjskpxm2018025	南京航空航天大学	徐媛媛	方寸间的航天——科普新媒体作品
kxyjskpxm2018026	首都师范大学	苗黎薇	基于场馆展品的青少年科普教育微课设计与制作
kxyjskpxm2018027	西安交通大学	王学敏	青少年科普定格动画创作——《走近无人驾驶》
kxyjskpxm2018028	西安理工大学	刘泽晨	光学知识科普网页游戏
kxyjskpxm2018029	长春师范大学	卢超逸	从对特殊儿童生活现状视频制作浅析"弱有所扶"
kxyjskpxm2018030	中国地质大学（北京）	刘松岩	新媒体科普系列——地质公园背后的故事
kxyjskpxm2018031	中国地质大学（武汉）	孙晓鑫	矿山的前世与今生——探秘国家矿山公园
kxyjskpxm2018032	中国科学技术大学	纪敏	丹霞奇石列传：前世今生以及未来的命运
kxyjskpxm2018033	中国科学院大学	韩正强	播火者：四位中国杰出现代 X 射线物理学家剪影

二 场馆科普活动策划类

编号	学校	姓名	项目名称
kxyjskpxm2018034	北京师范大学	尹默	基于 5E 教学模式的密码学科普类探究性活动设计
kxyjskpxm2018035	北京师范大学	王舒萍	"丝丝入扣"——科技馆主题探究式教育活动设计与开发
kxyjskpxm2018036	北京师范大学	吴超	基于 ARCore 平台的 AR 场馆学习系统的设计开发
kxyjskpxm2018037	北京师范大学	刘启盈	数学史科普教育活动——数史通折的设计与开发
kxyjskpxm2018038	北京师范大学	马祎曦	基于场馆的中国古天文科普活动设计
kxyjskpxm2018039	华东师范大学	宋晓东	基于地理核心素养的馆校结合互动式活动设计
kxyjskpxm2018040	华中师范大学	柳絮飞	"A4 纸的工程 PARTY"——基于科学与工程实践的科普活动设计
kxyjskpxm2018041	华中师范大学	陈倩倩	培养高阶能力的基于知识创新的馆校结合设计——以"探索宇宙"为例
kxyjskpxm2018042	华中师范大学	王梦倩	"小杠杆撬起大世界"——STEM 理念下的教育活动设计
kxyjskpxm2018043	山东师范大学	李乐康	便捷的风能——馆校合作下 STEM 综合实践活动

三 科普展品设计类

编号	学校	姓名	项目名称
kxyjskpxm2018044	清华大学	王琨	自然教育之蝴蝶科普展示设计方案
kxyjskpxm2018045	清华大学	殷雪琪	心慌方——体验式心理障碍科普展
kxyjskpxm2018046	北京航空航天大学	郭一然	太空垃圾清理宇宙超人 VR 体验
kxyjskpxm2018047	华东师范大学	金怡靖	无"线"可能！——无线充电小车科普展品设计

续表

编号	学校	姓名	项目名称
kxyjskpxm2018048	华东师范大学	张静娴	改变世界的她们——诺贝尔科学奖女性得主的专题展
kxyjskpxm2018049	安徽大学	金潇	面向乡村小学生环保科普行动的立体展品设计
kxyjskpxm2018050	合肥工业大学	彭玉钦	隐形的手——电磁力自适应平衡杠杆
kxyjskpxm2018051	合肥工业大学	王祁	一种直线电机倒立摆系统
kxyjskpxm2018052	南京信息工程大学	郑露露	"香薰球"式"载人平衡车"科普展品设计
kxyjskpxm2018053	山东师范大学	李广迎	基于电磁力的系列互动展品的设计与实现
kxyjskpxm2018054	山东师范大学	方丽丽	"会说话的喷泉"——基于激光通信原理的声音传输效果展示

图书在版编目（CIP）数据

科普资源开发与创新实践. 2018：中国科协研究生
科普能力提升项目成果汇编／中国科学技术馆编. -- 北
京：社会科学文献出版社，2020.12
ISBN 978 - 7 - 5201 - 7450 - 3

Ⅰ.①科…　Ⅱ.①中…　Ⅲ.①科学普及 - 资源开发 -
研究 - 中国　Ⅳ.①N4

中国版本图书馆 CIP 数据核字（2020）第 198523 号

科普资源开发与创新实践（2018）
——中国科协研究生科普能力提升项目成果汇编

编　　者／中国科学技术馆

出 版 人／王利民
组稿编辑／邓泳红
责任编辑／吴云苓　张　超
文稿编辑／张　格

出　　版／社会科学文献出版社·皮书出版分社（010）59367127
　　　　　地址：北京市北三环中路甲 29 号院华龙大厦　邮编：100029
　　　　　网址：www. ssap. com. cn
发　　行／市场营销中心（010）59367081　59367083
印　　装／三河市龙林印务有限公司

规　　格／开本：787mm×1092mm　1/16
　　　　　印 张：33　字 数：567 千字
版　　次／2020 年 12 月第 1 版　2020 年 12 月第 1 次印刷
书　　号／ISBN 978 - 7 - 5201 - 7450 - 3
定　　价／198.00 元